普通高等教育"十一五"国家级规划教材
科学出版社"十三五"普通高等教育本科规划教材

植物害虫检疫学

（第三版）

张宏宇　主编

科学出版社
北京

内 容 简 介

本教材是在"互联网＋"的教育改革推动下，由长期从事植物害虫检疫学教学的一线优秀教师，联合植物检疫部门专家在原有第二版基础上的修订版本。绪论和第1～3章分别论述植物害虫检疫概念及发展历史、植物害虫检疫的理论依据及风险分析、检疫性害虫的检疫程序与方法、植物害虫的检疫处理与防治，重点突出检疫性害虫的检疫检验与检疫处理的理论基础与方法。第4～8章分别介绍了我国规定并公布的主要检疫性害虫的分布与危害、形态特征、发生规律、传播途径、检疫检验方法以及检疫处理与防治方法，重点突出检疫性害虫的形态鉴定及检验检疫的操作技术。每章前面有指导学习的内容提要；每章后均附有一定数量的复习思考题，以便于复习和自学。书中配有黑白插图。特别根据植物害虫检疫学研究新成果和信息技术进步，按照新形态教材要求，本教材运用形式多样的数字资源，以文字、黑白插图、彩色图片、行业标准等多种形式，多方位呈现了检疫性害虫的分布与为害、形态特征、检疫处理与防治技术及鉴别近似种的检索表等。此外，各章节还配有一定数量的风趣典故、危害实例等，以增加教材的趣味性。最后附有主要参考文献。

本教材不仅可满足广大高等院校植物保护、动植物检疫等相关专业本科生、研究生学习的需要，还可作为植物检疫相关工作人员的参考书。

图书在版编目（CIP）数据

植物害虫检疫学 / 张宏宇主编. —3 版. —北京：科学出版社，2020.11
普通高等教育"十一五"国家级规划教材·科学出版社"十三五"普通高等教育本科规划教材
ISBN 978-7-03-066619-2

Ⅰ. ①植… Ⅱ. ①张… Ⅲ. ①植物害虫-植物检疫-高等学校-教材 Ⅳ. ① S41-30

中国版本图书馆 CIP 数据核字（2020）第 210857 号

责任编辑：丛 楠 马程迪 / 责任校对：严 娜
责任印制：张 伟 / 封面设计：迷底书装

科学出版社 出版

北京东黄城根北街 16 号
邮政编码：100717
http://www.sciencep.com

北京科印技术咨询服务有限公司数码印刷分部印刷
科学出版社发行 各地新华书店经销

＊

2005 年 8 月第 一 版 开本：787×1092 1/16
2020 年 11 月第 三 版 印张：19 3/4
2024 年 8 月第三次印刷 字数：518 000

定价：59.80 元
（如有印装质量问题，我社负责调换）

第三版编写人员

主　编　张宏宇

副主编　王进军　仵均祥　原国辉　陈乃中

　　　　　周忠实　郑薇薇　王　星　饶　琼

参加编写单位及人员（按单位笔画排序）

单位	人员	
广州海关技术中心	胡学难	
云南农业大学	肖　春	唐国文
中国计量大学	韩宝瑜	潘　铖
中国农业大学	秦誉嘉	赵紫华
中国农业科学院植物保护研究所	周忠实	
中国检验检疫科学研究院	陈乃中	
西北农林科技大学	仵均祥	张　皓
西南大学	王进军	魏丹丹
华中农业大学	张宏宇	郑薇薇
	蔡万伦	张振宇
安徽农业大学	黄衍章	
河南农业大学	原国辉	
浙江农林大学	饶　琼	
海南大学	吴少英	
湖南农业大学	王　星	

第一版序一

　　植物害虫检疫是我国植物保护体系的一个重要组成部分，对保障我国农林业生产及生态环境安全，促进国民经济发展，有着十分重要的意义。

　　随着我国加入世界贸易组织，国际和国内各地区贸易频繁，植物检疫工作倍受重视，有关许多大学陆续开设动植物检疫专业或开设动植物检疫有关课程，植物害虫检疫也成为应用昆虫学研究的热点之一。目前在国内，较系统阐述植物害虫检疫的教材和参考书仍十分缺乏。因此，华中农业大学等单位组织编写了《植物害虫检疫学》教材。该教材的编著者均为多年从事植物害虫检疫教学与研究的专家、教授及科技人员，具有坚实的理论基础和丰富的实践经验。在编写过程中，他们广泛参考了国内外有关文献资料，收纳了新的研究成果和新经验，编写内容充分反映了当代植物害虫检疫的新理论和新进展。全教材构思新颖、结构严谨、内容丰富、文笔流畅、图表清晰、风格活泼，是一本难得的好教材。

　　在编写中注重了理论与实际紧密结合，对检疫性害虫的检验检疫技术及检疫处理进行了充分的阐述，这也正是该教材的特色之处。

　　该教材适用于农林院校、植物检疫、植物保护、森林保护等专业的本科生及研究生的教学，而且还可作为植物检疫、粮食、商业等部门技术人员的重要参考书。

　　该教材的出版无疑对我国植物害虫检疫学科的发展具有积极的促进作用。

张生芳 研究员

中国检验检疫科学研究院

动植物检疫研究所

2005 年 6 月 2 日

第一版序二

随着全球农产品贸易自由化的发展，国际经济合作和科技交流的日益频繁，加之运输方式日趋多样化与现代化，植物检疫问题已引起世界各国和有关国际组织越来越多的关注。这是因为危险性有害生物入侵的风险增大，如近年来我国发生了许多外来有害生物入侵的严重事实，其中以危险检疫性害虫的比例大，如美国白蛾、稻水象甲、松材线虫（主要传播途径是墨天牛）、红脂大小蠹、蔗扁蛾等等。美洲斑潜蝇自1994年发现，至今已扩散到除西藏以外的全国各省。2005年1月17日我国农业部郑重宣布广东省吴川市发现了红火蚁 [*Solenopsis invicta*（Buren）]，并将其定性为中华人民共和国进境植物检疫性有害生物和全国植物检疫性有害生物。从口岸检疫的实际情况看，所截获大多是害虫，2002年在截获有害生物1000多种，2万批次中，60%是害虫，这些害虫入侵后不仅带来巨大的经济损失，而且对特定的生物系统产生的破坏是不可逆转的。从以上事实可以明确地知道，在国际贸易中害虫检疫的重要性在不断增强，害虫检疫在整个植物检疫中的地位不断提高，是植物检疫中值得关注研究的重要问题。我国加入WTO，就意味着要按照国际规则行事，在检疫方面将全面执行SPS协定，这就给植物检疫工作提出了更高的要求。2004年5月在北京召开的第15届国际植物保护大会参会者最关注的是如何防止危险性生物的入侵和对已入侵的物种的治理，因而应用高新技术加强对检疫害虫的研究则是当务之急。所以说这本《植物害虫检疫学》是与时俱进的产物，植物害虫检疫学是植物保护学的一个领域和应用昆虫学的一个分支学科，也是植物检疫的重要组成部分。

该书由华中农业大学等大专院校，植物检疫科研单位和管理部门的专家、教授、科技工作者分工撰写而成。该书系统阐述了植物害虫检疫理论和实践操作，广泛吸纳了国内外有关最新研究成果，反映了学科的最新进展。该书结构合理、图文并茂，可作为植保、植检、粮食、商业专业的本科和研究生教材，也是植物检疫工作者具参考价值的工具书。

教授

华中农业大学
植物科技学院植物保护系
2005年6月3日

第三版前言

　　植物害虫检疫是植物检疫的一个重要组成部分，是害虫综合治理中的首要预防措施。在经济全球化、国际贸易自由化的21世纪，频繁的国内外贸易，加之快捷的现代化交通工具，日益加剧危险性害虫的传播、蔓延。为防止危险性害虫的传入和扩散蔓延，保障我国农林牧业安全生产和生态环境安全，促进国民经济可持续发展，2005年华中农业大学组织国内相关大学和科研机构专家编写出版我国第一本植物害虫检疫学全国性统编教材《植物害虫检疫学》（第一版），以加强我国植物害虫检疫工作和人才培养。2007年其被列为普通高等教育"十一五"国家级规划教材后，按照"精、简、新"和知识传授连续性的编写理念，对本书进行了第一次修订，出版第二版，受到各高校和检疫相关部门专业技术人员的高度赞许，并得到普遍使用。近十年来植物害虫检疫研究取得一系列新成果，法律法规不断完善修订，另外由于现代信息技术的进步，教材编写形式也发生显著的变化。为此，《植物害虫检疫学》编委会根据植物害虫检疫研究新成果和互联网、信息技术的进步，对《植物害虫检疫学》重新修订，编写《植物害虫检疫学》（第三版）新形态教材。

　　本教材是在"互联网＋"的教育改革新趋势下，从教学内容和教学模式等方面开展的修订工作。在教学内容上，增加了重要检疫性害虫彩图、各类检疫性有害生物名录及其形态检索表、相关国家或部门标准或规程、最新检疫检验和处理技术等，丰富了教学内容，拓展了学生视野；在教学模式上，新增资料大部分以二维码链接形式插入，拓展知识面，方便学生课堂上及课外随时随地学习新知识，增加学生的学习积极性。

　　本版的编写分工如下：绪论由张宏宇负责编写，第一章由张宏宇、周忠实、秦誉嘉和赵紫华编写，第二章由原国辉和吴少英编写，第三章由王进军和魏丹丹编写，第四章由郑薇薇、魏丹丹、蔡万伦、张皓、肖春编写，第五章由郑薇薇、王星、张振宇、饶琼、黄衍章编写，第六章由韩宝瑜和潘铖编写，第七章由仵均祥、张皓编写，第八章由原国辉、吴少英和唐国文编写。陈乃中和胡学难负责整理彩图和出入境检验检疫行业标准的工作，最后由张宏宇和郑薇薇统稿。

　　本教材得到华中农业大学教材建设基金资助。

　　本教材虽然再次修订，但难免存在不妥之处，恳切希望读者不吝赐教，以利于《植物害虫检疫学》未来的完善和修订。

《植物害虫检疫学》编委会

2019年10月于武汉狮子山

第一版前言

在经济全球化、国际贸易自由化的 21 世纪，国际和国内各地区之间的商品贸易和科学文化交流更加频繁，加上现代化的交通工具，危险性害虫传播、蔓延的可能性大大增加。因此，为防止危险性害虫的传入和扩散，保障我国农林业生产和生态环境安全，促进国民经济可持续发展，必须进一步加强植物害虫检疫工作。

植物害虫检疫是植物检疫的一个重要组成部分，是害虫综合治理中的首要预防措施。随着科学技术的进步，人类对危险性植物害虫认识的不断提高和植物害虫检疫的广泛开展，植物害虫检疫已具有自己独特的研究对象、研究内容和研究方法，已由过去仅作为一项"植物保护措施"逐渐发展形成一门新的分支学科——植物害虫检疫学。因此，现有的教科书及专著已难以适应学科的发展和植物害虫检疫教学与实践的要求。

我国高等院校为适应社会的需要和学科的发展，不断进行教学改革和调整专业设置。早在 1993 年华中农业大学等农业院校已在植物保护专业设置"植物检疫"方向，并面向全国招生。近年来华中农业大学、湖南农业大学、河南农业大学等高校相继开设"动植物检疫"专业。为满足本科生和研究生的教学以及植物害虫检疫工作者的实际需要，在科学出版社的大力支持下，由华中农业大学牵头，组织湖南农业大学、河南农业大学、西南农业大学、中国农业大学、西北农林科技大学、中国检验检疫科学研究院、福建农林大学、惠州学院、山西农业大学、湖北出入境检验检疫局、湖北省植保总站、广西大学等单位从事植物害虫检疫学教学、科研的专家、教授和科技人员，联合编写了我国《植物害虫检疫学》教材。

本教材由主编提出编写大纲草案，参编人员分头审阅，提出修改意见，制定正式编写大纲，然后各尽所长，分工编写各章节，最后经过主编、副主编会议统一定稿。因此，本教材集中了全体参编人员的智慧和经验，是团结协作的结晶。

本教材坚持科学理论与实际操作技术相结合的编写原则，按照重理论、强实践、广适应的要求，广泛收集国内外有关植物害虫检疫的文献资料，力求反映本学科发展的新理论、新成就和新技术。

全书设上、下两篇，共分九章。其中上篇包括 1～4 章，分别论述植物害虫检疫概念及发展历史、植物害虫检疫的生物学基础与风险分析、植物害虫检疫检验与检疫处理的原理与方法等。重点突出检疫性害虫检疫检验和检疫处理的理论基础与方法。下篇包括 5～9 章，分别介绍了我国危险性及检疫性害虫的分布、危害、生物学特性、形态鉴定特征、检验检疫技术以及检疫处理与防治方法。重点突出检疫性害虫检验检疫的操作技术。每章前面有指导学习的导读；每节后面根据需要，附有帮助鉴别近似种的检索表；每章后均附有一定数量的复习思考题，以便于复习和自学；书中配有大量黑白插图（163 幅），简明扼要，形象直观；此外，各章节还配有一定数量的风趣典故、危害实例等，以增加教材的趣味性。全书最后附有重要参考文献。在编写过程中，我们注重知识介绍的准确性、条理性、新颖性、通俗性，本教材不仅满足本科生、研究生植物害虫检疫学教学的要求，而且可作为植物检疫相关人员的参考书。

由于编者水平所限，加上时间仓促，书中难免存在不妥或错误之处，恳请读者批评指正，以便再版时修订。

在编写过程中，得到了所有参编单位领导、教务处的关心与支持，宋旭红、邱艳、杨杉等同志对全书稿进行校对，在此一并表示衷心感谢。同时，对本教材编写过程中参考的所有有关著作、教材、论文的作者表示谢意。

《植物害虫检疫学》编委会

2005 年 5 月

目　　录

绪　　论

内容提要：概述了植物害虫检疫学的性质、任务、研究内容、与其他学科的关系及植物检疫发展简史与展望等。

一、植物害虫检疫学的性质、任务和研究内容

植物害虫检疫是为防止检疫性害虫的进入和传播蔓延，而由政府部门依法采取的治理措施，是贯彻我国"预防为主，综合防治"植保方针的一个不可缺少的组成部分，也是最具预防性的防治措施。其中，检疫性害虫是指经过风险分析后，国家或省、直辖市、自治区颁布的植物检疫法规中明确规定的害虫，或双边协定中确定需要进行检疫的危险性害虫。检疫性害虫可分为进境植物检疫性害虫、全国农业植物检疫性害虫、全国林业检疫性害虫、双边协定中确定的检疫性害虫等。

扩展阅读 0-1

扩展阅读 0-2

扩展阅读 0-3

随着植物害虫检疫研究的不断深入和植物检疫工作的广泛开展，植物害虫检疫已具有自己独特的科学理论体系，以及研究对象、研究内容和研究方法，成为一门新的学科——植物害虫检疫学。植物害虫检疫学是一门对害虫进行风险分析，研究检疫性害虫的形态识别，生物学特性，发生与环境的关系，分布与传播途径及其扩散规律，检疫检验与处理，监测、预警与田间应急防治和综合防治的原理与方法，以及检疫决策、法律法规，以阻止危险性与检疫性害虫随应检货物的调运而传播的科学。植物害虫检疫学主要研究本国或本地区当时没有，或者部分分布但仍然在官方控制下的检疫性害虫，内容包括：①风险分析。通过风险分析判断外来害虫的风险性，确定检疫性害虫名录，研究这些害虫传入本国或本地区的可能性或可能途径，以及适生区和潜在分布区，进而拟定出科学的管理策略和措施等。②分布与传播规律。包括国内外分布、疫情、传播途径。③发生与危害及其规律。包括为害性、生物学特性、发生与环境的关系。④检验与处理技术。包括形态特征、检疫检验及鉴定技术、检疫处理方法，以及新技术、新手段在检疫中的应用等。⑤监测、预警与田间防治理论与技术。

植物害虫检疫学是植物检疫学和应用昆虫学的一个新的分支学科。但植物害虫检疫工作与一般的害虫防治工作相比，具有自己独特的性质，即具有预防性、战略性、法制性、权威性和国际性。

（1）预防性　　通过害虫的风险分析，预测潜在危险性害虫的危害性及其适生区域、潜在分布区及其扩散趋势，确定检疫性害虫名录，从而采取相应的检疫检验与检疫处理对策，防止危险性害虫传入和扩散蔓延，它是植物保护的边防线，因而植物检疫是所有害虫防治措施中最具预防性的措施。

（2）战略性　　害虫检疫工作的好坏，关系到国家农林牧业生产安全和我国的国际威

望及信誉。因此，检疫法规、检疫性害虫名单的制定及各项检疫措施的实施，都是着眼于本国或本地区的全局和长远利益，而不是计较一时一地的得失和效益。有时为了全局和长远利益，不惜牺牲一时一地的利益，检疫处理与检疫性害虫防治不太考虑基于防治的经济效益的经济阈值，因而具有战略性，不仅其法律、法规具有战略性，害虫检测与防治策略和技术也具有战略性思维。例如，有时为了彻底扑灭刚传入或在局部地区刚发生的危险性害虫，必须彻底销毁带有这类危险性害虫的进口材料，把发生危险性害虫的局部地区划为疫区进行封锁，阻止或严格检疫相关农产品外运和销售。

扩展阅读 0-4

（3）**法制性**　植物害虫检疫通常由国际组织或一个国家或地方政府，有时是几个国家的政府联合颁布有关法律、法规来指导工作，如检疫性害虫名单、检疫的范围、检疫的程序、处理办法、疫区或保护区的划定等都是由有关法律、法规确定的。植物检疫机关及检疫人员的工作，实际上是代表国家执行有关植物检疫的法律、法规。

扩展阅读 0-5

（4）**权威性**　植物检疫法规是国家或政府颁布的法令，具有法律所共有的严肃性和权威性。它必须由官方的执法机关（植物检疫机构）来执行，任何集体和个人（包括执法人）都必须依法办事。例如，凡是引进或输出植物检疫法规所规定的植物及其产品，必须向植物检疫机关申请检验，并服从检疫机关依法做出的处理。检疫机关及检疫工作人员也必须按照检疫法规的规定进行必要的检验，并依法做出科学的、实事求是的检疫处理意见。

扩展阅读 0-6

（5）**国际性**　植物害虫检疫工作，尤其是对外检疫工作，主要针对出入境植物及其产品等，其阻止与防范的主要是国外发生的危险性害虫的入侵和国内危害性害虫传出国境。因此，必须了解和掌握国外危险性害虫发生、为害、传播蔓延的动态和规律，了解国外的植物检疫法规等。为了达到既促进各国或地区间的贸易往来以及科学技术和自然资源的交流，又防止彼此间危险性害虫扩散传播的目的，就必须加强植物检疫和植保领域的国际合作。执行《实施动植物卫生检疫措施的协议》（SPS 协议）与《国际植物保护公约》（IPPC）等国际协议和法律、法规。

扩展阅读 0-7

植物害虫检疫学的基本任务是防止危险性害虫传入、传出及扩散，保护本国或本地区农林牧业生产及生态环境安全，维护本国的外贸信誉，促进国内外贸易的发展和经济繁荣。具体包括以下三方面的目的任务：①防止危险性害虫传入，保护本国或本地区农林牧业生产及生态环境安全；②有效阻止害虫的传出及扩散，维护本国的外贸信誉，促进国内外贸易的发展和经济繁荣；③建立合理的技术壁垒，保护本国或本地区农林牧业市场，同时突破其他国家不合理的技术壁垒，促进国内外贸易。

二、植物害虫检疫学与其他学科的关系

植物害虫检疫学以昆虫学为基础，涉及多方面的知识，它是与法学、经济学、商品贸易学、植物学、动物学、普通昆虫学、农业昆虫学、林业昆虫学、城市昆虫学、生态学、植物检疫学、地理学、气象学、分子生物学、信息学等许多学科有关的一门科学。因此，要学好植物害虫检疫学，还应具备以上相关学科的知识。

植物害虫检疫学是应用昆虫学的一门分支学科，但与农业昆虫学、森林昆虫学、园艺昆虫学及城市昆虫学等其他应用昆虫学存在明显不同。

（一）研究对象不同

植物害虫检疫学研究和控制的对象主要是植物检疫法规中指明的检疫性害虫，这些害虫大多数是当时本国或本地区未发生或局部发生，但仍然由官方控制的，并且主要通过人为传播的检疫性害虫。农业昆虫学等的研究和防治对象主要是本国或本地区已发生，并对农林牧业危害较大的有害昆虫及其他有害动物等。

（二）研究内容和研究方法不同

由于植物害虫检疫学研究的对象多是本国或本地区所没有的或局部地区分布的危险性害虫，它的着重点在于根据国内外有关这些危险性害虫的疫情，深入开展检疫性害虫的风险分析、形态识别与检验检疫技术、检疫处理措施及监测预警与防治等研究；而农业昆虫学等研究主要在实验室和田间进行，重点研究当地已造成危害的重要害虫的形态识别、生物学特性、发生规律、预测预报及综合治理技术。

（三）采取的防治策略和防治方法不同

出入境植物及其产品经检验以后，如发现有检疫性害虫名单或贸易合同中所规定的害虫时，根据实际情况做出检疫处理。检疫灭虫处理一般采取全部种群治理（TPM）策略，以达到彻底消灭害虫的目的；对于已传入某一地区但立足未稳、分布面积很小的检疫性害虫田间防治，也应采取 TPM 策略，并要求比一般大田害虫防治更快速、更彻底。而农业害虫防治目前一般采取有害生物综合治理（IPM）策略，协调应用各种防治措施，把害虫种群密度降低到经济损失允许水平之下，允许有少量害虫存在。

（四）工作方法不尽相同

害虫检疫工作事实上是国家植物检疫机构的执法过程，具有法律的严肃性和权威性，它必须由官方的执法机关（植物检疫机构）来执行，任何集体和个人（包括执法人）都必须依法办事，具有强制性。害虫检疫防治工作更需要依靠国际检疫部门间的合作，国内各部门、各单位（如外贸、交通、运输、海关、民航、旅游、邮政等部门及种子管理与粮食部门等）的密切配合，以及全国范围内省、市、县级行政区域（包括自治区、自治州等）间的联防。农业害虫防治一般由植保等农业技术部门和专家指导，各生产单位自行执行。

三、植物检疫发展简史与展望

（一）植物检疫的起源及早期发展

植物检疫的传统概念，是从预防医学借用的。"检疫"（quarantine）一词源于拉丁语 quarantum，原意是 40 天。14 世纪意大利的威尼斯为预防在欧洲流行的鼠疫、霍乱等烈性传染病的传播，规定对抵港船只实行强制性隔离 40 天，认为这些传染病在 40 天内有可能通过潜伏期而表现出来，经检查无病者才允许登岸（图 0-1）。其后这种隔离措施用于预防动物传染病，最后又应用到植物保护中以防止危险性病、虫、杂草的传播蔓延，这称为植物检疫（plant quarantine）。

作为植物检疫工作的基础，检疫立法是先决条件。在世界农业史上，1660 年法国卢昂地区为了控制小麦秆锈病菌（*Puccinia graminis* f. sp. *tritici*）流行而提出的有关铲除小檗（*Berberis thunbergii*）（小麦秆锈病菌的转主寄主）并禁止其输入的法令是防止病虫害传播的早期法规之一。19 世纪后期，世界上发生了一系列因重大病虫害传播、蔓延而造成农林业生产巨大损失的事例。例如，原产于美国的葡萄根瘤蚜（*Viteus vitifoliae*），1858 年随葡萄枝

图 0-1 植物检疫起源（仿夏红民，2002）

条的输出而传入欧洲，1860 年传入法国，在 25 年内毁坏了法国的 250 万英亩[①]葡萄，使法国的葡萄酿酒业遭受沉重打击，法国于 1872 年率先颁布了禁止从国外输入葡萄枝条的法令。1873 年德国、俄国也颁布了类似的禁令。19 世纪 70 年代，马铃薯甲虫（*Leptinotarsa decemlineata*）随马铃薯从美国传入欧洲，导致马铃薯严重减产，1873 年德国明令禁止进口美国的植物及其产品，以防止毁灭性的马铃薯甲虫传入。随后，法国、俄国、英国也先后颁布了同样的禁令。1877 年，英国在利物浦港口码头发现一只活的马铃薯甲虫，立即引起政府的高度重视，随即制定和公布了防止危害各类作物的昆虫传入和扩散的《危险性昆虫法》。进入 20 世纪以来，随着全球经济的快速发展，国际贸易日益频繁，世界各国非常重视植物检疫工作。在加强立法的同时，陆续成立了专门负责防范危险性有害生物传播扩散的动植物检疫机构，执行法律所赋予的检疫权利。1912 年，美国在世界上率先颁布了《植物检疫法》；1935 年，又正式颁布了《动植物检疫法》。日本自 1914 年先后制定了《出口植物检查证明规程》《进出口植物检疫取缔法》等。1960 年以后，新西兰、英国、法国、意大利等许多国家，先后制定了各自不同的植物检疫法律、法规。当前世界上绝大多数国家制定了自己的植物检疫法规。据统计，已有 160 个国家和地区制定了有关检疫法规（条例）。

（二）植物检疫国际公约及有关组织

由于植物检疫工作的国际性，世界各国在国际合作方面也做了大量的工作。1881 年 11 月 3 日欧洲各国政府在瑞士伯尔尼共同签订了《防止葡萄根瘤蚜蔓延国际公约》，该公约是世界上第一个众多国家共同防治危险性病虫害传播的国际公约。1889 年 4 月 15 日在柏林签订了《葡萄根瘤蚜防治补充公约》。1929 年 4 月 16 日一些国家在这两个公约的基础上，在罗马签署了《国际植物保护公约》（IPPC），并于 1951 年联合国粮食及农业组织（FAO）第六次会议正式通过，1952 年正式生效，成为第一个国际性的防治危险性有害生物传播扩散的公约。1979 年和 1997 年，FAO 根据《实施动植物卫生检疫措施的协议》（SPS 协议）要求，对 IPPC 进行了两次修订，增加了采取植物检疫措施的技术合理性和透明度，以减少对贸易构成不必要限制的规定。目前，IPPC 成员国有 177 个。

《国际植物保护公约》的目的是确保全球农业安全，并采取有效措施防止有害生物随植物和植物产品传播与扩散，促进对有害生物的控制。《国际植物保护公约》为区域和国家植物保护组织提供了一个国际合作、协调一致和技术交流的平台。为了更好地在世界贸易组织（WTO）和 IPPC 的框架下使全球的植物卫生措施协调一致，1992 年，FAO 在其植物保护处下设立了《国际植物保护公约》秘书处，负责管理与 IPPC 有关的事务，主要包括三方面内容：制定《植物检疫措施国际标准》（ISPM）；向 IPPC 提供信息，并促进各成员间的信息交

---

① 1 英亩≈4046.856m²

流；通过 FAO 与各成员国政府和其他组织合作提供技术援助。1993 年，IPPC 秘书处制订了临时标准制定程序（interim standard-setting procedure），成立了植物卫生措施专家委员会［简称 CEPM，2000 年，CEPM 被临时标准委员会（ISC）所代替］。1997 年，植物检疫措施临时委员会（ICPM）成立，负责评估全球植物保护现状，并向 IPPC 秘书处提出工作建议。

（三）植物检疫区域性组织

为了协调区域内各国对危险性病虫害的防范和防治，及时沟通有关情报，加强科研合作，区域植物保护组织（RPPO）也随即出现，如亚洲及太平洋区域植物保护委员会（APPPC，成立于 1956 年）、欧洲与地中海区域植物保护组织（EPPO，成立于 1951 年）、北美洲植物保护组织（NAPPO，成立于 1976 年）、加勒比海区域植物保护委员会（CPPC，成立于 1967 年）、南锥体区域植物保护组织（COSAVE，成立于 1980 年）、卡塔赫拉协定委员会（CA，成立于 1969 年）、泛非植物检疫理事会（IAPSC，成立于 1954 年）、区域国际农业卫生组织（OIRSA，成立于 1953 年）和太平洋植物保护组织（PPPO，成立于 1995 年）等。另外，世界各国在贸易和其他交往中，为了加强合作，还签订了一些协定、备忘录或其他法律文书，以期达到防止危险性病虫害传播、蔓延和危害的目的。

（四）中国植物检疫发展史与展望

我国植物检疫工作是在国际植物检疫不断发展的基础上应运而生并不断发展完善的。早在 1928 年，就有了《农产物检查所检查农产物规则》《农产物检查所检验病虫害暂行办法》等规章制度，并且成立了“农产物检查所”，执行农产品的检验和植物检疫任务，是中国官方最早的动植物检疫法规条例和相关机构。然而，1931 年之后，中国动植物检疫工作基本处于停滞状态。也正是此时，蚕豆象（*Bruchus rufimanus* Boheman）、棉花枯萎病［尖镰孢萎蔫专化型（*Fusarium oxysporum* f. sp. *vasinfectum*）］、甘薯黑斑病［甘薯长喙壳菌（*Ceratocystis fimbriata*）］等重大病虫害陆续传入我国。

1949 年以来，我国政府非常重视植物检疫工作。1949 年建立了由中央人民政府贸易部领导的商品检验机构，1952 年明确由对外贸易部商品检验总局负责对外动植物检疫工作。1953 年 5 月农业部提出设立农业部领导下的植物检疫局，1954 年农业部在检保局内设立植物检疫处。1954 年政务院颁发了《输出输入植物检疫暂行办法》和《输出输入植物与检疫对象名单》等。1956 年 2 月，国务院批准成立农业部领导下的植物检疫实验室。1957 年 10 月，国务院批准农业部公布《国内植物检疫试行办法》，并附有《国内植物检疫对象和应受检疫的植物、植物产品名单》。同年 12 月，农业部正式公布《国内植物检疫试行办法》。1964 年 2 月，国务院将动植物检疫划归农业部领导（动物产品检疫仍由商品检验总局办理）。同年 10 月，国务院批准成立农业部植物检疫实验所。1965 年在全国 27 个口岸设立动植物检疫所，并根据形势发展的需要，在开放口岸设立进出境动植物检疫机构。

1966 年左右，进出境动植物检疫工作一度陷入混乱，针对这一情况，农业部于 1966 年制定了《农业部关于执行对外植物检疫工作的几项规定（草案）》，规范了当时的植物检疫和口岸执法工作；同年 6 月，农业部公布修订的《国内植物检疫对象名单》，检疫对象共计 29 种，其中害虫 13 种；9 月，农业部、对外贸易部印发《进口植物检疫对象名单》，名单中进口检疫对象共计 34 种，其中害虫 17 种。1974 年农业部制定了《对外植物检疫操作规程》，对动植物检疫工作起到了指导和规范作用。

改革开放以来，动植物检疫恢复了正常的工作秩序，并得到迅速发展。农业部在总结各地植物检疫工作实践经验的基础上，于 1980 年 3 月印发了《关于对外植物检疫工作的几项补充规定》，要求"进口植物、植物产品及其运输工具都应实施检疫，但在检疫程序上可根据不同产品类别，区别掌握"。1981年9月，国家农业委员会同意成立农业部领导下的国家动植物检疫总所；11月，国务院印发《国务院批转农业部关于严防地中海实蝇传入国内的紧急报告的通知》。1982年，国务院正式批准成立国家动植物检疫总所，行使对外动植物检疫行政管理职能，同年还颁布了《中华人民共和国进出口动植物检疫条例》，其中明文规定对"运载动植物、动植物产品的车、船、飞机""可能带有检疫对象的其他货物和运载工具"实施检疫。1983年，农牧渔业部（现农业农村部）根据条例授权，制定了《中华人民共和国进出口动植物检疫条例实施细则》，之后又发布了《进口植物检疫对象名单》《禁止进口植物名单》等规章制度，使进出境动植物检疫工作更加规范化和制度化。1991年全国人民代表大会审议并通过了《中华人民共和国进出境动植物检疫法》，并于1992年4月1日正式施行，以法律的形式明确了动植物检疫的宗旨、性质、任务，为口岸动植物检疫工作提供了法律依据和保障。1992年7月，农业部印发的《中华人民共和国进境植物检疫危险性病、虫、杂草名录》中，包括害虫39种。

1995年，国家动植物检疫总所更名为国家动植物检疫局。1996年12月，国务院颁布了《中华人民共和国进出境动植物检疫法实施条例》，细化了动植物检疫法中的原则规定。1997年11月，国家动植物检疫局制定下发了《中华人民共和国进境植物检疫危险性病、虫、杂草名录（试行）》，其中包括害虫148种，并制定了《中华人民共和国进境植物检疫禁止进境物名录》等，对于实现进出境动植物检疫"把关、服务、促进"的宗旨发挥了重要的作用。

为适应我国对外开放和外贸发展的需要，1998年3月，国务院机构改革方案确定国家进出口商品检验局、国家动植物检疫局、国家卫生检疫局合并组建国家出入境检验检疫局。2001年，国务院又将国家出入境检验检疫局和国家质量技术监督局合并成立国家质量监督检验检疫总局，领导全国出入境检验检疫工作，并先后出台了多项管理办法和措施（图0-2）。2003年4月，国家质量监督检验检疫总局下发《关于加强防范外来有害生物传入工作的意见》，要求加强防范外来有害生物入侵，保护我国农林业生产、生态环境安全和人体健康。2004年和2006年又先后施行了《出入境人员携带物检疫管理办法》《进境货物木质包装检疫监督管理办法》。2007年5月28日，农业部、国家质量监督检验检疫总局根据《中华人民共和国进出境动植物检疫法》及其实施条例等法律、法规，并按照《植物检疫措施国际标准》，再次修订了《中华人民共和国进境植物检疫性有害生物名录》，名录中检疫性有害生物种类由原来的84种扩大到435种，其中包括害虫152种，保护面明显扩大，同时增加了有害生物的防范力度，提高了进境植物检疫门槛。2017年由于相关政

图0-2 国家质量监督检验检疫总局成立
（仿夏红民，2002）

策、法律、法规和检疫性有害生物分布的变化，有关部门再次修订了《中华人民共和国进境植物检疫性有害生物名录》，名录中检疫性有害生物种类由原来的 435 种进一步扩大到 441 种，而害虫种类缩减至 148 种。2018 年出入境检验检疫归属海关总署管理，海关总署负责我国出入境植物检疫；国内不同地区之间的对内全国农业植物检疫和全国林业检疫则分别由农业农村部和国家林业和草原局负责。

随着经济全球化的进程，越来越多的生物也在环球"旅行"，时空和距离不再是生物入侵的屏障，生物可以通过多种途径迅速传播到世界各地，外来生物入侵对世界各国农林牧业生产安全、生物多样性和生态环境构成了严重威胁。植物检疫与国家主权、外贸的关系密切。植物检疫是国家职能部门根据有关法律、法规开展的执法过程，是国家主权的体现。1949 年之前，一些外来危险性病虫如棉红铃虫、甘薯小象甲、蚕豆象、苹果绵蚜、葡萄根瘤蚜、柑橘吹绵蚧、马铃薯块茎蛾、棉花枯萎病、棉花黄萎病、水稻白叶枯病、水稻恶苗病、稻粒黑粉病、马铃薯环腐病、甘薯黑斑病等病虫害传入我国，引起我国巨大的经济损失，至今仍然是我国的重要病虫害。

我国自 2001 年 11 月加入世界贸易组织以来，对外贸易发展迅猛，现已成为第一大贸易国，其中 2019 年货物进出口贸易总额超过 31.54 万亿美元，农产品进出口额达到 2300.7 亿美元，出口农产品 791 亿美元。与此同时，我国口岸从进境植物及其植物产品中截获有害生物呈大幅增长趋势。外贸加速有害生物的扩散蔓延，呈现出如下 3 个特点：一是传入速度加快。据统计，20 世纪 70 年代，我国仅新发现 1 种外来检疫性有害生物，80 年代发现 2 种，90 年代发现 10 种，2000～2007 年新发现 20 种。由于有关产品贸易量的增长，口岸害虫截获量不断增长，据不完全统计，2001 年为 2600 余批次，2002 年就达到 13 800 多批次，2003 年为 30 000 多批次，2004 年增加到 52 600 多批次；2006 年，我国截获检疫性有害生物计 123 种（属），占检疫性有害生物总数［431 种（属）］的 28.5%，共 10 434 批次，占截获总量的 7.28%；2014 年，全国出入境检验检疫部门仅在进口的农产品检疫过程中就截获有害生物超过 80 万批次，其中危害严重的外来有害生物超过了 300 种。二是已经传入的疫情向内地扩散为害。稻水象甲自 1988 年传入河北省唐山市后，现已在 14 个省（自治区、直辖市）的局部地区发生；红脂大小蠹 20 世纪 80 年代初随木材贸易从美国传入，1999 年在山西大面积暴发，使大片油松林在数月之间毁灭，现已蔓延到河北、河南和陕西等省（自治区、直辖市）；湿地松粉蚧 1988 年被人为携带传入广东，1999 年发生面积就达 35.24 万 hm^2，其中受害面积达 23.16 万 hm^2；日本松干蚧 20 世纪 30 年代末随日本赤松和黑松苗木传入我国，1996～1998 年在吉林、辽宁、山东、江苏、浙江等地每年的发生面积约 11 万 hm^2，仅辽宁每年造成的松树木材损失就达 3 万 hm^2；苹果蠹蛾自 1989 年传入甘肃后，现已突破河西走廊的天然屏障，到达甘肃省兰州市，对我国苹果优势产区直接构成严重威胁。三是潜在威胁巨大。例如，俄罗斯滨海地区已经普遍发生马铃薯甲虫，距黑龙江边境仅 50km，已经传入我国新疆，造成严重危害；中西亚的玉米切根叶甲正向新疆边境逼近；小麦印度腥黑穗病、香蕉穿孔线虫、马铃薯金线虫、地中海实蝇也经常在我国沿海沿边各口岸被截获。由此可见，加强植物检疫工作，把好国门，保障我国农林业生产安全，成为摆在我们面前的一个更加光荣而艰巨的任务。此外，应加强植物检疫，维护本国的外贸信誉，突破外国的检疫壁垒，保证对外贸易。2002 年我国因动植物卫生检疫壁垒（sanitary and phytosanitary barrier，SPS 壁垒）造成农产品出口的直接和间接损失已达 100 亿美元，而来自欧盟、日本和美国三大市场的损失分别占总损失的 41%、30% 和 24%。因此，SPS 壁垒已成为农产品国际贸易的重要障碍。建立非疫区和加强植物检疫检验工作，维护本国的外贸信誉，是打破检疫壁垒、促进国内外贸易发展的重要措施。同时通过建立合理技术性检疫壁垒，也有利于保护本国或本地区农林牧业市场及农民和农业的利益。

复习思考题

1. 植物害虫检疫学的性质和任务是什么？
2. 植物害虫检疫学有哪些主要研究内容？
3. 植物害虫检疫学与其他应用昆虫学有哪些主要区别？
4. 简述我国植物检疫发展简史。

第一章 植物害虫检疫的理论依据及风险分析

内容提要： 本章分两节，第一节从昆虫的多样性、害虫分布的区域性、害虫传播的人为性、害虫入侵生物学及危害性等方面，详细论述了植物害虫检疫学的生物学理论基础，回答了为什么要开展植物害虫检疫。第二节介绍了有害生物风险分析定义及有关学术名词、有害生物风险分析发展简介、有害生物风险分析国际标准和中国有害生物风险分析程序。详细论述了有害生物风险分析三个基本阶段：风险分析启动、风险评估和风险管理的原理与方法及其影响因素；阐述了国内外有害生物风险分析的基本程序。

第一节 植物害虫检疫的理论依据

昆虫种类众多，与人类关系十分复杂。多数昆虫由于环境及生态条件的限制，仍然只分布在它能够适生的"局部"区域，都有扩张其地理分布范围的潜能和趋势。人类活动加速了昆虫的扩散，特别是在 21 世纪，由于经济全球化、国际贸易自由化，加之现代化交通工具的发展，危险性害虫的扩散已是一个新的全球化现象，有可能引起巨大的经济损失和生态危害。因此，必须进一步加强植物害虫检疫工作。本节重点阐述开展植物害虫检疫的生物学理论依据。

一、昆虫的多样性

昆虫形态多样，种类多、数量大。昆虫纲是动物界最大的纲，占已知动物种类的 2/3，即 100 多万种；植物的已知种类为 33.5 万种左右，只及昆虫种类的 1/3。而且昆虫种内个体数量巨大，一棵树可集聚 10 万蚜虫个体，阔叶林土壤可聚集弹尾目昆虫 10 万头 $/m^2$，30cm 深麦田有昆虫 6000 个 $/m^2$，荒草地有昆虫 8700 个 $/m^2$，一窝蚂蚁可达 50 多万个体。

昆虫适应能力强、分布广，遍及全球每个地区和一切有机物中。从深层土壤到冰雪覆盖的高山，从炎热的赤道到寒冷的两极；从海洋、河流等水体环境到干燥的沙漠等都有昆虫存在；从动植物外表到体内，甚至植物残体和分泌物、动物尸体与排泄物等一切有机物中都可以发现昆虫的存在。

昆虫寄主多、食性复杂。有些昆虫以植物为食，有些取食腐烂物质，还有些为肉食性。据估计，植食性昆虫约占 48.2%，捕食性昆虫约占 28%，寄生性昆虫约占 2.4%，腐食性昆虫约占 17.3%。由于不同昆虫口器构造不同，取食方法和取食寄主的部位也存在多样性。例如，数量最大的植食性昆虫有的取食植物组织，如蛀茎、咬根、取食花朵和种子，有的可取食几个部位，有的则吸取植物汁液。因此，在同一种植物上可以有几种到几十种甚至几百种昆虫。另外，不同昆虫的食物范围也存在明显分化，有的只取食一种植物及其近缘种植物，即单食性昆虫，如三化螟只取食水稻，梨实蜂只为害梨，豌豆象只为害豌豆；有些昆虫可取食一个科及其近缘科内多种植物，即寡食性昆虫，如小菜蛾幼虫能取食十字花科的 39 种蔬菜；还有些昆虫可取食在自然分类系统上几乎无亲缘关系的多个科的植物，即多食性昆虫，如棉铃虫幼虫，可取食 20 多科 200 多种植物。

此外，昆虫在生殖方式、生物学习性等方面也存在多样性。昆虫除了常见的两性生殖外，还存在孤雌生殖、多胚生殖、胎生和幼体生殖等；昆虫能够进行休眠和滞育以渡过不良的环境条件；昆虫可以通过混隐色、瞬彩、警戒色和拟态等多种多样的色彩防御外来危险等。

昆虫危害严重。"虫灾""水灾""旱灾"是我国历史上的三大自然"灾害"。据估计，世界上农作物害虫至少 10 000 种。其中许多种类为危险性害虫。所有农作物，从种子到收割后储藏运输每个阶段都受到昆虫的为害，给农林牧业生产造成巨大损失，在我国因病虫害造成粮食损失 5%～10%，棉花损失 20% 左右，贮粮害虫对粮食的损失达 5%～10%，果树蔬菜的损失一般在 15%～20%。此外，昆虫还是植物病害、人类疾病的重要媒介。

二、害虫分布的区域性

昆虫自起源后，就主动或被动地不断扩张其地理分布范围，但受到外界生态环境因素的限制，大部分昆虫仅"局部分布"在它适宜生存的区域，而未"广泛分布"在它适宜生存的所有区域。所有这些昆虫仍存在扩大地理分布范围的潜力和趋势，这种"局部分布"是暂时的、相对的，而"广泛分布"在其能够生存的区域是必然的趋势。昆虫不断进化，环境条件也不断变化，所以昆虫的地理分布区域是动态的，也在不断变化，昆虫在自然界的地理分布范围是昆虫与其生态环境相互作用的结果。影响昆虫地理分布的主要因素包括气候条件、地理环境、土壤条件等非生物因素，以及与其相关的生物因素和人类活动等。

扩展阅读 1-1

1. 气候条件

气候的综合效应决定着昆虫的分布和一般的生态特征，是昆虫扩大其地理分布的主要制约因素。影响昆虫分布的气候因素主要有温度、湿度、降雨、降雪及风等，尤其温度是对昆虫影响最为显著的气候因素。昆虫是变温动物，外界环境温度的高低直接影响虫体温度，进而影响昆虫新陈代谢的速度。不同昆虫种类对温度的反应是不同的。不同昆虫、同种昆虫不同发育阶段的发育起点温度及完成一个世代的有效积温存在差异。每种昆虫都有它生存的最低和最高温度区，在温度过高即致死高温区，昆虫先表现兴奋，继而昏迷，体内酶系被破坏，部分蛋白质凝固，可在短时间内死亡；在温度过低即致死低温区，昆虫因体液冻结，原生质受冻发生机械损伤，脱水而失去活性，或因虫体生理失调，有毒物积累而死亡。昆虫的一切代谢都以水为介质，虫体内的整个联系，如营养物质的运输、代谢产物的输送等都只有在溶液状态下才能实现，水分的不足或无水会导致昆虫正常生理活动的中止，甚至死亡。湿度就是通过影响虫体含水量进而影响昆虫新陈代谢的。温度和湿度还通过影响昆虫寄主生长及土壤含水量等其他生态条件，最终间接影响昆虫的存活和种群密度。此外，降雨、降雪可改变大气或土壤的湿度或通过直接冲刷等机械作用，影响昆虫。风也影响昆虫的地理分布和生活方式，小风能改变环境小气候，进而影响昆虫的热代谢，大风能把昆虫带到很远的地方，加速昆虫的扩散蔓延，而风对昆虫地理分布的影响主要表现在飞行的类群上，特别影响昆虫的迁飞行为。

2. 生物因素

生物因素包括食物、竞争者、捕食性和寄生性天敌及各种病原微生物等。尽管生物因素对昆虫的影响一般只涉及种群的部分个体，影响种群密度，但是有时仍然影响昆虫在自然界的分布。食物是昆虫存在的基础，若无寄主植物存在就不可能有该种昆虫的分布和为害。害虫宽阔的寄主范围有利于昆虫的生存，寄主分布越广，害虫分布可能就越广。

竞争者同样影响昆虫的生存，如橘小实蝇属海洋气候适宜种，在海洋气候区域，生存竞争强。据报道，1946 年在夏威夷发现橘小实蝇，1947～1949 年，夏威夷连年发生，柑橘类几乎 100% 受害，并很快抑制住了当地早已大发生的地中海实蝇（*Ceratitis capitata*），而使地中海实蝇几乎绝迹。据研究认为，橘小实蝇雌成虫可以敏锐地发现并利用地中海实蝇的产卵孔产卵，其卵孵化迅速，并抑制地中海实蝇卵的孵化。同样，在澳大利亚，当地昆士兰实蝇抑制地中海实蝇的发生。此外，昆虫病原微生物流行也影响昆虫的生存。

3. 土壤条件

土壤是昆虫的重要居住场所。有 98% 以上的昆虫种类或多或少与土壤相联系。有些昆虫如蝼蛄、伪步行虫等生活史各阶段几乎全在土壤中生活，有些在个体发育某一阶段或一定的季节内生活在土壤中，如金龟子科、叩头虫科、步行虫科昆虫等的幼虫期生活在土壤中。土壤的干湿度常常影响土壤昆虫的分布，如沟金针虫主要分布在平原旱地，湿地虽有发生，但一般密度较小，其分布区内全年降水量为 500～750mm，平均温度在 10～14℃。细胸金针虫的分布与沟金针虫相反，主要分布在水地或湿度较大的洼地。土壤酸碱度也影响昆虫的存在，如小麦红吸浆虫最适宜在碱性土壤生存，在 pH 为 3～6 的土壤中不能生活。土壤含盐量对昆虫分布也有一定影响，如蝗虫的分布（图 1-1），土壤含盐量在 0.3%～0.72% 的地区，东亚飞蝗、土蝗等多数都能分布，在土壤含盐量为 0.75%～1.32% 的地区则仅有土蝗的分布。

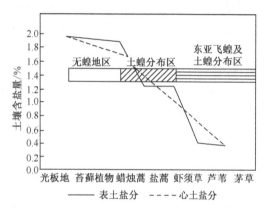

图 1-1　蝗虫的分布与植被及土壤含盐量的关系
（仿陈永林，1979）

4. 地理条件

影响昆虫地理分布的地理条件主要有高山、沙漠、海洋、湖泊等大面积水体以及大面积不同植被等自然屏障，阻隔昆虫的扩散和蔓延，阻止昆虫的扩张。因此即使气候条件极其相似的不同地区，由于地理屏障限制其昆虫群落的交互传播，经过长期的进化和演变，也会形成不同的昆虫群落结构和组成。例如，纬度基本一致（北纬 23°），气候条件也极相似的广州和古巴两地水稻害虫组成中，除稻绿蝽（*Nezara viridula*）为两地共有外，其他种类都不同。但人类活动可帮助昆虫超越这些地理障碍，广州和古巴两地有不少相同的柑橘介壳虫种类，这些原产东洋区的介壳虫就是随柑橘苗木经美国南部，被人为传到古巴的。

此外，地理条件还影响气候，进而影响昆虫的分布。一般海拔每增加 100m，温度平均下降 0.6～1℃；地形影响风、雨、寒流和暖流的发生；高山地区还形成植物的垂直分布范围等，进而影响昆虫的地理分布。例如，云南高海拔地区存在不少古北区昆虫种类，而低海拔地区则属于典型东洋区系。

5. 人类活动

人类在进行生产、运输及贸易等活动的同时常常伴随着传播植物或植物产品中携带的害虫，加速昆虫的扩散，甚至跨越昆虫自身无法跨越的大海、高山、沙漠等地理障碍，促使昆虫更广泛分布。人类活动的影响主要有：①协助昆虫传播或限制害虫扩散蔓延；②影响昆虫的生态环境，造成对昆虫有利或不利的环境条件；③直接杀灭害虫或抑制其生长发育与繁殖等。

因此，昆虫在自然环境中的分布是昆虫与环境相互作用的结果，每种昆虫都有一定的适生地理分布范围和实际分布区域。根据Wallace（1876）的 *The Geographical Distribution of Animals*（《动物地理分布》）划分，且至今仍被广泛接受的世界动物地理区系，将全世界分为6个地理区，每个区都有代表性种类：①古北区。包括欧洲全部、非洲北部地中海沿岸、红海沿岸及亚洲大部分，以撒哈拉大沙漠与非洲区相连，而以喜马拉雅山脉至黄河长江之间地带与东洋区分界。本区昆虫种类组成中，舞毒蛾（*Lymantia dispar*）是该区广泛分布的代表种之一。②东洋区。喜马拉雅山脉至黄河长江之间地带以南地区，包括亚洲南部的半岛及岛屿，代表种如乌柏天蚕蛾（*Attacus atlas*）。③非洲区。撒哈拉沙漠及其以南的非洲地区，阿拉伯半岛南部和马尔加什，代表种如采采蝇（*Glossina*）。④新北区。包括北美及格陵兰，代表种如周期蝉（*Magicicada*）。⑤新热带区。中美洲、南美洲及其所属岛屿，代表种如大翅蝶科（Brassolidae）、透翅蝶科（Ithomiidae）和长翅蝶科（Heliconiidae）。⑥澳洲区。澳大利亚及其附近岛屿，代表种如古蜓科（Petaluridae）昆虫。我国地域辽阔，横跨古北区和东洋区两区，两区以喜马拉雅山系及秦岭为界。

根据害虫为害情况可将害虫的为害地区分为：①分布区。可以发现害虫的地域，包含为害区、间歇性严重为害区或偶发区以及严重为害区。②为害区。生态条件一般适宜该害虫的生存和繁衍，害虫种群密度较大，能对作物造成经济损失的地区。包含间歇性严重为害区或偶发区及严重为害区。③间歇性严重为害区或偶发区。该地域生态条件（尤其气候条件）有些年份适宜某种害虫生存、繁衍，造成危害，有时不适宜而表现出害虫偶然性或间隔性地发生。④严重为害区。这个地区的生态条件特别适合某种害虫的发生和为害，常年均能造成较大的危害，如不进行人为控制，则该害虫能造成严重经济损失，或经常发生数量最多，形成蔓延中心的地区。

例如，三化螟在我国的分布区域中，其分布北限稻区，三化螟并不造成危害，但中南部造成直接经济损失，为害程度与水稻的栽培制度密切相关，分属于为害区和严重为害区。一般早、中、晚稻混栽地区，三化螟为害最重。栽培制度单一地区三化螟发生数量比栽培制度复杂的地区少，特别是水稻生长发育期与三化螟发生期在物候上不吻合的地区，三化螟为害更轻。

掌握害虫在世界的分布与为害情况，以及预测预报害虫扩散、蔓延趋势的方法有多种（详见第二节"植物害虫的风险分析"）。

1）实地调查：就危险性害虫对本地区、本区域或本国及发生区进行定期调查，是掌握其分布与为害情况最直接、最可靠的方法。

2）收集相关情报资料：由于人力与财力等原因，掌握危险性害虫在世界的分布与为害，主要通过各种数据库、互联网等电子文献，学术期刊等纸质文献，进行统计、分析整理。

3）通过对有关生态因素的调查分析，评估和预测危险性害虫扩散蔓延的可能性与趋势。

三、害虫传播的人为性

昆虫自起源就不断扩大地理分布范围，其传播、扩散有多种途径。主要有以下三种：①依靠昆虫自身能力不断扩散蔓延，如昆虫的飞翔、爬行、游泳及跳跃等。②借助自然界的外力传播，如随风、雨、流水及寄主动物等扩散。③人类活动加速昆虫的扩散。除了少数迁飞性昆虫外，昆虫主要是伴随人类生产、运输及贸易等活动而迅速扩张其地理分布范围，进行远距离扩散传播。许多昆虫或因为生活史某一个或几个发育阶段生活在植物种子、苗木或植物产品内部，或黏附在外表，或因混杂其间，随着人类活动如贸易、运输、邮寄及携带这些植物或植物产品而迅速传播。北美洲现有 60% 以上害虫由欧洲传入；地中海区域 107 种柑橘害虫中有 50 种是外来种；入侵我国的外来物种有 400 多种，其危害较大的有 100 余种，对我国农林牧业生产影响比较大的传入昆虫有棉红铃虫、甘薯小象甲、蚕豆象、苹果绵蚜、葡萄根瘤蚜、柑橘吹绵蚧及马铃薯块茎蛾等。在世界自然保护联盟公布的全球 100 种最具威胁的外来物种中，我国就有 50 余种。2003 年 3 月，国家环境保护总局公布的首批入侵我国的 16 种外来物种，分别为紫茎泽兰、薇甘菊、空心莲子草、豚草、毒麦、互花米草、飞机草、水葫芦、假高粱、蔗扁蛾、湿地松粉蚧、强大小蠹、美国白蛾、非洲大蜗牛、福寿螺、牛蛙。

人类的活动加速了昆虫的扩散，加剧了昆虫的危害性，古今中外有些危险性害虫因人类活动而被引进，并定殖到新区，给后者造成巨大的损失和绵绵不断的后患。例如，棉红铃虫（*Pectinophora gossypiella*）原产印度，随着棉籽的调运，1903 年传入埃及，1913 年传到墨西哥，1917 年在美国被发现，1918 年随美国棉籽倾销传入我国，至 1940 年已遍及当时 79 个棉花种植国家中的 71 个，引起棉花损失 1/5～1/4，而中美洲国家损失甚至高达 1/3～1/2，且使棉花品质下降，至今仍是我国棉花主要害虫和世界上六大害虫之一。葡萄根瘤蚜（*Viteus vitifoliae*）原产美洲，1860 年左右随葡萄种苗传入法国，由于欧洲葡萄品种感虫，染上后，葡萄根瘤蚜快速繁殖，引起断根，造成整株死亡。在以后的 25 年，葡萄根瘤蚜摧毁法国约 1/3 栽培面积的葡萄园，致半数葡萄酒厂停业倒闭。中国在 1892 年从法国引进葡萄种苗时将该虫引入我国山东，虽未酿成大害，但它使我国葡萄栽培业在相当长时间内发展不起来，直到 1949 年以后从东欧引进抗虫品种后，局面才有所改观。

这些事例说明了人类活动的参与加速了危险性害虫的扩散蔓延，特别是在经济全球化、贸易自由化的今天，植物及植物产品贸易量日益增加，人为传播害虫的机会骤增，而且由于现代化交通工具的使用，国际贸易和人员往来更快捷、方便，短时间到达异国腹地，使得害虫的传播完全不受地理屏障和距离的制约。正如世界自然保护联盟于 2000 年 2 月在瑞士通过的《防止因生物入侵而造成的生物多样性损失》中指出："千万年来，海洋、山脉、河流和沙漠为珍稀物种和生态系统的演变提供了隔离性天然屏障。在近几百年间，这些屏障受到全球变化的影响已变得无效，外来入侵物种远涉重洋到达新的生境和栖息地，并成为外来入侵物种。"

四、害虫入侵生物学及危害性

1. 外来有害昆虫的危害性

外来害虫的入侵不仅可能暴发成灾，引起巨大经济损失，而且可能对当地生态系统、人类健康及社会安全等造成危害。

（1）对经济安全的影响　昆虫是最普遍的入侵物种，如在欧洲 2500 多种非本地陆地无脊椎动物中，昆虫占了 87%，外来入侵昆虫可直接造成严重的经济损失。初步统计，在商品与服务行业，每年因入侵昆虫造成的全球经济损失至少有 70.0 亿美元，而在人类健康方面的医疗成本超过 6.9 亿美元。在全球范围内，因入侵昆虫造成经济损失最大的是北美洲，超过 27.3 亿美元 / 年，其次是欧洲，为 3.6 亿美元 / 年。有些重大入侵昆虫，其单个种类就能导致巨大的经济损失，如仅台湾家白蚁（*Coptotermes formosanus*）每年造成的全球经济损失就超过 30.2 亿美元。在我国，仅稻水象甲、美国白蛾、日本松干蚧、斑潜蝇等 6 种外来入侵昆虫，每年就给农林生产造成 97.33 亿元的经济损失。

稻水象甲（*Lissorhoptrus oryzophilus* Kaschel）、湿地松粉蚧［*Oracella acuta*（Lobdell）］、松突圆蚧［*Hemiberlesia pitysophila*（Takagi）］、日本松干蚧［*Matsucoccus mastsumurae* (kuwana)］、美国白蛾［*Hyphantria cunea*（Drury）］等入侵害虫，其发生与危害面积逐年增加。例如，1988 年湿地松粉蚧被人为携带传入广东，1999 年发生面积就达 35.24 万 hm²，其中受害面积达 23.16 万 hm²；1982 年 5 月在广东珠海马尾松林内首次发现松突圆蚧，至 1996 年发生面积已达 80.9 万 hm²，并以每年 6 万～7 万 hm² 的速度向西北等方向蔓延；20 世纪 70 年代末在辽宁丹东首次发现美国白蛾，此后疫情不断扩散，至 1998 年发生面积已达 9.9 万 hm²，暴发时几乎食光所有绿色植物叶片，仅山东省受害林木花卉就达 17.29 万株；20 世纪 30 年代末随日本赤松（*Pinus densiflora*）和黑松（*P. thunbergii*）苗木传入我国的日本松干蚧，1996～1998 年在吉林、辽宁、山东、江苏、浙江等地每年的发生面积约为 11 万 hm²，仅辽宁每年造成的松树木材损失面积就达 3 万 hm²；1988 年稻水象甲在河北唐海县暴发成灾，发生面积达 33 万 hm²，一般水稻产量损失 5%～10%，严重田块达 40%～60%，少数田块基本无收成，每年造成经济损失 4.3 亿元；20 世纪 80 年代初随木材贸易从美国传入的红脂大小蠹（*Dendroctonus valens* Leconte），1999 年在山西大面积暴发，使大片油松林在数月之间毁灭，现已蔓延到河北、河南和陕西等地；1993 年在海南首次发现的美洲斑潜蝇［*Liriomyza sativae*（Blanchard）］目前已传播到几乎全国的所有省份，每年有 133.33 万 hm² 蔬菜受害，损失率高达 30%～50%，有的地方甚至绝收。B 型烟粉虱是世界自然保护联盟公布的全球 14 种最具威胁的入侵性昆虫之一，也是国际科技界有史以来唯一被冠以"超级害虫"称谓的昆虫。20 世纪 80 年代该害虫入侵美国，随后迅速入侵世界各地，目前至少已有 39 个国家的棉花、木薯、番茄等遭到毁灭性的危害。美国于 20 世纪 90 年代初因其造成的危害，每年蔬菜作物等的损失高达 5 亿美元以上。在烟粉虱入侵我国的近 10 年中，其种群迅速增长并扩散，大量取食危害我国番茄、烟草、棉花等数十种重要经济作物，烟粉虱与其所携带的双生病毒常导致大棚蔬菜作物毁灭性绝收，严重危害种植业的持续发展和食品安全。

外来入侵昆虫还可通过其他方式间接造成严重的经济损失：①传播植物病毒。例如，烟粉虱除了直接吸取植物汁液造成危害外，还可传播 111 种植物病毒，包括双生病毒科（Geminiviridae）菜豆金色花叶病毒属（*Begomovirus*）、长线病毒科（Closteroviridae）毛病毒属（*Crinivirus*）、马铃薯 Y 病毒科（Potyviridae）香石竹潜隐病毒属（*Carlavirus*）或甘薯轻型斑驳病毒属（*Ipomovirus*）病毒；另外，还传播一些没有明确分类地位的或不知名的病毒。②影响出口创汇。许多外来入侵昆虫阻碍农产品进出口国际贸易，严重影响国家利益。许多入侵昆虫使我国的进出口贸易面临"出口受阻、进口受损"的残酷局面，如蚕豆象［*Bruchus rufimanus*（Boheman）］是影响我国蚕豆产量和品质的主要外来入侵昆虫。近年来，因出口创汇的需要，蚕豆已从原来收摘干豆作粮食为主转变为以收摘鲜荚作蔬菜保鲜出口为主。但是蚕豆象幼虫蛀入孔形成的小黑点影响了豆粒的外观品质，造成产品出口合格率低。据有关资料统计，由于蚕豆象的为害，一般大田收购的鲜荚蚕豆符合出口标准要求的豆粒仅 3～4 成，因此提高了加工厂家的成本，降低了农民的种植效益。美国以我国发生橘小实蝇［*Bactrocera dorsalis*（Hendel）］为由，禁止我国鸭梨出口美国。③影响旅游开发。例如，美国白蛾不仅严重影响发生区内的农林业生产，而且严重威胁着园林绿化旅游开发等事业的发展。

（2）对生态安全的影响　　外来入侵昆虫一般具有繁殖力高、生命力与适应能力强等特点，在气候、寄主、土壤等生态条件适宜的情况下，很容易大肆扩散蔓延，威胁本地昆虫的生存，造成生物多样性的丧失，有时还会形成单一优势种群，影响当地生物群落的组成和结构。在我国，一些外来入侵昆虫对生物资源、物种多样性以及生态环境等构成直接威胁：①威胁生物资源。一些外来入侵昆虫物种对资源昆虫造成严重的生态影响，如意大利蜂（*Apis mellifera* L.）的优良品种陆续被引进我国后，使我国土著物种东方蜜蜂（*A. cerana* F.）受到严重危害，其分布区域缩小 75% 以上，种群数量减少 80% 以上；还使山林植物授粉总量减少，严重影响本地植物种群的发展，导致植物多样性降低。②影响物种多样性。一些外来入侵昆虫不仅通过捕食、竞争等方式对我国土著物种构成严重威胁，还会间接影响生态平衡，如红火蚁是由南美洲经北美洲传入我国的外来入侵昆虫，它除了危害地栖性脊椎动物外，还影响植物群落组成和其他物种的生物多样性；再如从中国入侵欧美的异色瓢虫体内携带着大量的寄生微孢子虫的孢子，其产下的卵内也含有微孢子虫的孢子，使本地瓢虫取食异色瓢虫卵时，其后代会中毒而大量死亡，最终导致本地瓢虫种群数量和多样性急剧降低。③影响生态环境。在我国大陆，椰心叶甲 [*Brontispa longissima*（Gestro）] 危害面积约为 4167 万 hm^2，受害棕榈科植物约有 110 万株，不仅严重威胁广大椰农的生活，而且对海南和广东的生态环境产生极大的破坏性。此外，针对外来入侵昆虫的某些控制管理措施，如对农田、林间或仓储内大面积化学防治，不仅消耗人力、物力，还会对生态环境造成严重污染，杀死大量的天敌而可能引起害虫的局部大发生。

（3）对人类健康和社会安全的影响　一些外来入侵昆虫能够影响人类健康或破坏公共设施，影响社会安全。例如，德国小蠊、澳洲大蠊 [*Periplaneta australasiae*（Fabricius）] 等能够传播多种人类疾病。红火蚁会叮咬人、畜，人被叮咬后皮肤会出现红斑、红肿、痛痒，一些体质敏感的人可以产生过敏性休克反应，严重者甚至死亡。红火蚁还可破坏生态环境，危害公共设施或电器设备，如电缆线箱、变电箱等，造成电线短路或设施故障，给电力设施安全运行带来严重隐患。

此外，外来有害昆虫等导致的生物入侵可能衍生出的农业生物恐怖涉及国家安全，实质上已交织成一个复杂的政治、经济、科学、社会与伦理问题。

2. 外来有害昆虫的入侵过程

对于特定的生态系统与栖境而言，任何非本地的物种都称为外来物种（alien species），它通常是指物种出现在其正常的自然分布范围之外的一个相对概念。而外来入侵物种（invasive alien species，IAS）是指对生态系统、栖境、物种、人类健康带来威胁的外来物种，它应满足以下三个基本条件：侵入其自然分布区以外；在侵入地区能自我繁衍；对经济、生态或社会产生危害。这是外来入侵物种的生态学定义，实际上，外来入侵物种在时间和空间上很难定论。因此，一般把从国外传入或引入、国内以前没有分布与发生的物种称为外来物种，其中造成危害与损失的称为外来入侵物种。

外来入侵昆虫是我国农林生态系统中一个大的重要类群。例如，烟粉虱 [*Bemisia tabaci*（Gennadius）]、红火蚁 [*Solenopsis invicta*（Buren）]、稻水象甲（*Lissorhoptrus oryzophilus* Kuschel）、蔗扁蛾 [*Opogona sacchari*（Bojer）]、苹果绵蚜 [*Eriosoma lanigerum*（Hausmann）]、美国白蛾 [*Hyphantria cunea*（Drury）]、红脂大小蠹（*Dendroctonus valens* Leconte）、湿地松粉蚧 [*Oracella acutus*（Lobdell）]、松突圆蚧 [*Hemiberlesia pitysophila*（Takagi）]、美洲斑潜蝇 [*Liriomyza sativae*（Blanchard）]、南美斑潜蝇 [*Liriomyza huidobrensis*（Blanchard）]、美洲大蠊 [*Periplaneta americana*（L.）]、德国小蠊 [*Blattella germanica*

（L.）]、西花蓟马 [*Frankliniella occidentalis*（Pergande）] 等均是在我国危害比较严重或具有较大潜在危害性的外来入侵昆虫。

一般认为，外来物种的入侵过程分为传入、定殖、潜伏、扩散和暴发 5 个阶段，即外来物种传入新的栖息地，初始定殖和建立种群后，一般经历一个潜伏期，随后进行一定的种群扩散和再次传入新的栖息地，最后平衡失控导致暴发成灾。

（1）外来物种的传入（introduction）　　传入是指物种从原产地到达新栖息地的过程，它是外来物种成功入侵的第一步。外来物种的传入一般分为 3 种途径，即以人类活动为主的无意识引入（如随农产品、生产材料、生活用品、运输工具、货物包装箱、远距离游行、旅游等携带）、有意识引入（如资源交换、引种等）及自然传入（如迁徙、气流、水流等）。其中，人类活动在外来物种的传入过程中起着重要作用，多数长距离的外来物种传入是人类活动直接或间接导致的结果。例如，一些外来入侵植物最初常作为饲料植物、药材植物、观赏植物、苗木等被人为直接引入，而后扩散成灾；许多入侵节肢动物则是随农产品贸易、各种包装箱、林木等无意传入的。

在传入过程中，一般仅是外来物种的少数个体越过地理屏障传播到新的栖息地。在此阶段的影响因子主要有传播载体、传播途径、传入途径的强度以及繁殖体压力，它们对外来物种后来的成功建群具有重要影响。资料表明，不同外来物种的传播载体与传播途径显著不同，而且存在动态变化。沿着传播途径传播的物种数量及释放时这些物种的存活力（即传入途径的强度）越大，建群的可能性就越高。到达某一区域或生态群落中外来种的数量（即繁殖体压力）对于外来物种的成功建群也具有重要影响。但繁殖体压力并非决定外来物种建群成败的唯一机制，它还与干扰、生活史机制等相互作用而影响外来物种的成功建群。

（2）初始定殖（initial colonization）、种群的成功建立（establishment）与潜伏期　在传入新的栖息地后，外来物种要在新的栖息地定殖并建立一个具有自我繁衍能力的种群。在初始种群定殖和种群开始快速增长及扩散之间，常有一个停滞时期。

生殖策略、遗传变异以及表型可塑性等均是影响初始种群成功定殖的重要因素：①在定殖过程中，外来物种的生殖策略起着重要作用。这些生殖策略包括隔离植物个体的自体受精、具备多种生殖方式（如孤雌生殖、两性生殖等）、雌性昆虫和脊椎动物储存精子以及生殖方式的改变等。②在定殖过程中，外来物种由于瓶颈效应、遗传漂变以及来源单一，其种群遗传多样性降低很多。关于遗传多样性的降低与外来物种建群失败之间关系的研究较少，一般认为遗传多样性的降低可能产生两种结果，一是近亲交配可能限制种群的增长，降低种群持续存在的可能性；二是降低的遗传多样性将限制种群进化的能力。但也有资料表明，遗传多样性的降低有时能够促进外来物种的入侵性，如 Tsutsui 等（2000）通过研究提出了阿根廷蚂蚁 [*Linepithema humile*（Mayr）] 成功入侵的"瓶颈假说"，即阿根廷蚂蚁入侵种群的遗传瓶颈使得入侵种群同质性增加，减少了入侵种群不同巢穴间的争斗，从而形成了有利于其入侵的行为特性。研究还发现，某些外来入侵物种种群遗传多样性没有降低，可能与其复杂的传播模式有关，也可能与产生杂交或变异有关。③表型可塑性（phenotypic plasticity）也常常是入侵物种定殖新地区的生活史特征，它是指同一个基因型对不同环境应答而产生不同表型的特性并具有确定的遗传基础，其本身是一种可以独立进化的性状，可能在这些物种的成功入侵和随后的扩散中起着关键作用。高度的表型可塑性对于生物适应环境变化及其扩大分布范围具有重要的意义，这种特征使物种在一系列的异质生境下以较低的代价取得较高的适合度。

潜伏期常被认为是外来物种入侵过程中的生态学现象，是种群指数增长期。同时，也常被认为是外来物种的进化过程，该过程包括适应新环境的进化、入侵生活史特征的进化或者清除近亲交配衰败（inbreeding depression）的遗传负荷（genetic load）。许多案例表明，可能存在外来物种成功入侵的遗传抑制因子，潜伏期可能是外来物种克服这些遗传抑制因子而进行适应进化的时间。潜伏期的一个小小的遗传变异可能产生很大的生态影响。

外来物种建群过程中的生态策略可能与定殖过程中的生态策略并不一致。在建群过程中，不同的分类单元建群所需的生态策略可能并不一致。例如，对不同目昆虫的比较研究表明，成功建群的可能性与较小的体积呈正相关；而对脊椎动物和无脊椎动物的综合研究则表明，成功建群的可能性与中型体积呈正相关。除了与生态策略相关外，外来入侵物种的生物学特性在建群过程中也起着重要作用。外来入侵物种在种群建立过程中往往比土著物种具有更强的竞争能力，如阿根廷蚂蚁在资源干涉竞争以及资源利用竞争方面均比土著蚂蚁具有优势。同时，外来物种种群本身需要进行生态学与遗传学上的"前适应性"调整，即外来物种需要依赖于本身所具有的侵略特征以及个体的快速适应与变异等。例如，入侵美洲的果蝇（*Drosophila subobscura* Coll.）在翅的大小上出现了变化；入侵北美的阿根廷蚂蚁、红火蚁表现出不同于原产地的行为特征，在侵入地区巢穴间的种内竞争明显减少。

（3）扩散（spread）和再次传入新的栖息地　　一旦完成初始定殖和种群建立，外来物种可以借助外部因素（自然或人类协助）进行长距离的扩散（跳跃式扩散），或者通过已建成种群边缘扩散而进行短距离的扩散（传播扩散）。在此过程中，扩散载体、自身扩散能力、繁殖体数量、扩散模式、生命率（出生、死亡）、气候、人类活动等均是影响外来物种扩散的重要因素。

在种内以及种间水平上，外来物种种群自身以及其他物种种群均需要进行生态学与遗传学上的"后适应性"调整，即外来物种种群在扩散过程中需要自身种群的遗传变异，以及种群繁殖、发育、生长、扩散等策略的改变；外来物种与土著物种之间产生竞争、捕食、互利、抑制、遗传侵蚀以及表观竞争等相互作用及调整。外来物种在扩散到新的栖息地后，其种群在群落或生态系统内进一步扩散并对后者造成不同程度的负面影响；同时，新的环境因子或其他影响因子与外来物种种群形成新的关系。在群落与生态系统水平上，群落或生态系统对外来物种入侵的抵御机制、外来物种侵入后的遗传学与生态学效应、系统的生态调控与生态修复机制及人类活动与生物入侵的关系，均是该阶段需要探讨的主要科学问题。

（4）暴发　　入侵昆虫在入侵地，由于其新生环境缺乏能制约其繁殖的自然天敌及其他制约因素，其后果便是迅速蔓延，大量扩张形成优势种群，并与当地物种竞争有限的食物资源和空间资源，不仅引起严重的生态灾难，而且造成巨大的经济损失。此时，其种群分布广泛，已不能对其进行根除与灭绝处理，需要采用综合治理措施对其进行减灾与持续控制。例如，烟粉虱、橘小实蝇、西花蓟马等入侵昆虫，其种群在我国大部分地区都已经成为农业生产上的重大或重要害虫，应该更多地研究这些入侵昆虫的种群发生与灾变规律，以便实现科学有效的防控。

3. 外来有害昆虫的入侵机制

Williamson（1996）研究表明，约 10% 的传入物种成为偶见种群（casual population），其中约 10% 的偶见物种成为建成种群（established population），又有约 10% 的建成种群成为有害生物，这一经验规律被称为"十数定律"。"十数定律"说明不是所有的外来物种都能成为入侵种，只有少数外来物种能够适应新的环境成为有害物种。害虫传入新区后能否定殖、建立稳定的种群，主要取决于气候条件是否适宜和是否存在适生的寄主植物。新区的气候条件、寄主植物、地理特点、天敌、竞争者等生态条件影响新传入害虫的种群密度及其危害性。一般害虫传入新区后有以下几种发展趋势。

（1）不能存活或不能建立起稳定的种群而自行消亡　　新区气候条件不适宜，或无寄主植物，新传入害虫不可能存活，新区不是该种害虫的分布区。例如，我国北方低温，褐飞虱、稻纵卷叶螟等有一定的分布北界。橘小实蝇更适合生存在海洋气候，所以主要分布在气温为 20~30℃ 的地区，冬季气温在 20℃ 的地区为害最重。马铃薯甲虫一般不能在一年中日均气温 15℃ 以上的天数少于 60d，最冷月 20cm 土层温度低于 −8℃ 的地区发生。在检疫工作中，对这类害虫，这类非分布区一般可不加限制，害虫传入定殖可能性不高，但也应注意寄主植物等分布情况的变化。

（2）新区成为该害虫新的分布区，甚至成为严重为害区　　新区气候、生态等环境条件与原区相似，且有合适寄主，从而成为该害虫新的分布区，甚至成为严重为害区。因此，新区应加强这类害虫的检疫，严防侵入。否则，这类害虫一旦传入定殖，将对当地相关作物生产造成巨大经济损失，且后患绵绵不断。例如，棉红铃虫于 1918 年传入我国后，对我国棉花生产造成巨大损失，至今仍是我国主要棉花害虫。美国白蛾于 1979 年在我国辽宁丹东发现后，不断在我国扩散蔓延，对当地阔叶树林造成严重危害。

（3）害虫传入新区后危害性比原产地加重　　由于新区生物群落组成及生长条件不同，在原产区危害不大的害虫，传入新区后危害加重，甚至造成毁灭性灾害。对这类潜在危险性害虫，由于事先对其危害性认识不足，很难判断，在检疫上易遗漏。所以应加强危害生物风险分析，科学预测，以严防传入。当然，有些国家实行"全面检疫"策略，严禁有害生物活体入境，可有力杜绝这类潜在的危险性害虫传入。

这类害虫传入新区后危害性比原产地加重的原因是多方面的，主要有以下几个原因。

1）新区寄主植物分布广，抗虫性弱，或更适宜，为入侵害虫提供更适合生存繁殖的食物。例如，马铃薯甲虫原产墨西哥北部落基山东麓，取食没有什么经济意义的一种野生茄科植物水牛刺，后随美国对西部的开发，大量种植马铃薯而转食马铃薯，随后迅速传遍北美及欧洲大陆，成为马铃薯毁灭性害虫。葡萄根瘤蚜原产于美国，后随葡萄种苗传入法国，由于欧洲葡萄品种抗虫性弱而快速繁殖，成为当地毁灭性害虫，直到引入抗虫葡萄品种，才控制其危害。

2）新区缺乏有效的天敌因素。在自然生态环境，生物因素通过食物链、食物网相互联系、相互制约而达到一个相对平衡状态。新入侵害虫由于失去原有天敌的控制，其种群密度迅速增长而蔓延成灾。例如，美国白蛾在原产地美洲发生并不十分严重，属次要害虫，而在欧洲、亚洲为害很重，造成巨大损失，一个重要原因就是新区缺乏有效的天敌。原产美国的苹果绵蚜，属偶发性害虫，后随苗木传入欧洲后，由于失去原产地天敌日光蜂的控制而造成严重为害，直到引入日光蜂，才有效控制其为害；又如原产澳大利亚的柑橘吹绵蚧，在当地并不是主要害虫种类，后随柑橘苗传入美国之后，由于失去其捕食性天敌昆虫澳洲瓢虫，其种群密度迅速增加，成为美国柑橘的主要害虫。因此，在植物检疫学上，如果发现新的入侵害虫扩散蔓延，并暴发成灾，则确定入侵害虫的来源地，研究其原产地天敌类群是进行综合治理的一个重要组成部分。

此外，有利的新区气候条件或其他生态因素也有利于新传入害虫的生长繁殖，加剧其危害。

为了揭示外来有害物种的入侵机制，一些学者还提出了许多假说，其中具有影响力的几种假说主要有多样性阻抗假说（diversity resistance hypothesis，DRH）、天敌逃逸假说（enemy release hypothesis，ERH）、增强竞争力的进化假说（evolution of increased competitive ability，EICA）、生态位机遇假说（niche opportunity hypothesis）、空余生态位假说（empty niche hypothesis，ENH）、干扰假说（disturbance before or upon immigration hypothesis）、新武器假说（novel weapon hypothesis）以及资源机遇假说（resource opportunity hypothesis，ROH）等。上述假说中，多数假说能够相互支持或相互补充，某些假说间也存在一定的争议。

下面介绍几种假说的内涵：①多样性阻抗假说是 Elton（1958）提出的一个经典假说。该假说认为，群落的生物多样性对于抵抗外来物种的侵入起着关键作用，物种丰富的群落比物种组成简单的群落具有更强的入侵抵抗能力。一些数学模型与野外调查的结果支持这一假说，但也有一些研究结果与这一假说不符。一般情况下，这种假说在小尺度上得到了实验和理论的支持，但大尺度的野外调查和实验研究都有与之相反的结果。②天敌逃逸假说认为，许多物种的成功入侵是由于缺乏对其有效控制的天敌。由于它们的种群不再直接被取食者和病原菌所抑制，从而获得比土著物种更大的竞争优势（Mitchell and Power，2003）。③生态位机遇假说是将群落生态学理论中的生态位概念应用于外来物种及其侵入群落中来分析生物入侵的机制。生态位机遇是指促进生物入侵的条件，主要包括资源、天敌和物理环境间的相互作用以及它们在时空中的变化方式。生态位机遇越低，群落对入侵的抵抗能力就越强。

第二节　植物害虫的风险分析

自然灾害和意外事故是客观存在的，但这样的不幸事件何时何地发生，造成何种程度的损失通常是难以预测的。对于某些特定事物而言，人们对事物是否会遭遇不幸以及在不幸中受到多大损失也是未知的。因此风险具有客观性、偶然性和可变性三个特征。

本书旨在以生物学和经济学为基础、以科学为依据、以政策为措施、以法律为准绳、以组织机构为保障，立足于风险的可变性特征，通过对有害生物的风险分析，从而有针对性地提出防控措施建议，将植物害虫风险降为可接受的水平，极力减少对人类造成的损失。

植物害虫是有害生物范畴中的一部分。有害生物风险分析的国际标准、程序方法等也适用于植物害虫的风险分析。因此，本节将重点介绍有害生物风险分析。

一、有害生物风险分析的概念

1. 有害生物风险分析（PRA）

联合国粮食及农业组织《国际植物保护公约》秘书处在 2003 年 4 月签署的《植物检疫措施国际标准》第 11 号标准、第 1 修订版中明确定义："有害生物风险分析"是以生物学、经济学或其他学科的证据为基础的评估过程，以确定某种有害生物是否应该被管控以及管控所采取各种植物检疫措施的强度。它包括有害生物风险评估和有害生物风险管理两部分主要内容。

2. 检疫性有害生物风险评估

检疫性有害生物风险评估是指评价有害生物传入和扩散的可能性及有关潜在经济影响。

3. 检疫性有害生物风险管理

检疫性有害生物风险管理是指评价和选择备选方案以减少有害生物传入和扩散的风险。

4. 植物检疫法规

为防止检疫性有害生物传入和（或）蔓延，或为限制非检疫性有害生物所造成的经济影响而做出的官方规定，该规定包括建立植物检疫证书体系。

5. 有害生物

任何对植物或植物产品有害的植物、动物、病原体及它们各自的种、株（品）系或生物小种。

6. 检疫性有害生物

尚未发生但对某地区经济重要性具有潜在威胁的有害生物，或者已经发生但尚未广泛传播并且正在被有关部门所监控的有害生物。

7. 植物检疫措施

以防止检疫性有害生物传入和（或）扩散为目的的任何立法、法规或官方程序。

二、有害生物风险分析发展简介

（一）国外发展状况

自有动植物国际贸易以来就有动植物检疫措施的需求，有害生物风险分析是制定动植物检疫措施的基础。世界各国、各地区都有各自的风险分析发展历程和检疫措施以及组织机构。由于各国对有害生物风险分析的理解和认识有所不同，在实际检疫措施的操作中存在着差异和特色。

1. 美国的有害生物风险分析发展

美国是贸易往来大国，同时也是世界上新的动植物被带入和定殖较多的国家之一。据文献报道，在近 500 年的时间里，美国的昆虫总量增加了 1%，有近 1120 种新的昆虫在近 5 个世纪定殖美国。

美国最初的有害生物风险分析模型建立在 20 世纪 70 年代。当时美国为了保护本国农业生产安全，控制外来有害生物的侵入，根据经济影响、社会影响和环境影响，对尚未在加利福尼亚州定殖的外来有害生物进行风险评估，辅助利用计算机系统分级打分，分数越高，危险越大。美国把有害生物危险性分析分为定殖潜力及定殖后结果两部分。定殖潜力下设 4 个指标，即寄主上的有害生物、进境潜力、定殖潜力和扩散潜力；定殖后结果设 3 个指标，即经济损失、环境损失和可察觉的损失。该有害生物风险分析的研究模型具有一定的代表性，在世界植物检疫历史上占有重要地位，经常被文献引用。1993 年 11 月，美国还完成了"非本土有害生物风险评估通用步骤"模型，采用高、中、低打分方法估计外来有害生物传入的风险程度。当时的有害生物风险分析被划分为三个阶段，与后来的联合国粮食及农业组织的"准则"基本一致。

美国有害生物风险评估特点是根据生物学特性，研究有害生物传播可能性、定殖难易度、生态学范围占寄主作物范围百分比等十几项内容。自 20 世纪 90 年代以来，美国研发的 @RISK 软件成为 PRA 领域开展入侵可能性评估的重要工具，如美国农业部（USDA）利用 @RISK 等针对我国进口美国的带有小麦矮腥黑穗病菌的磨粉用小麦开展了入侵风险评估。

2. 新西兰的有害生物风险分析发展

新西兰开展有害生物风险分析工作较早。真包虫（扁形动物门绦虫纲棘球绦虫属）可以引起许多动物肝脏疾病，甚至致命，但是它并不危害寄主（一般是绵羊和犬类）的健康。

自从许多年前在新西兰阿日阿帕瓦（Arapawa）岛的一只绵羊身上发现了可繁殖的真包虫包囊以后，一场全民控制根除真包虫的运动便开始了。新西兰农业部和人民卫生部一直致力于完善和发展针对真包虫的管理措施，相应的《生物安全法案》及其修订案、《国家有害生物管理办法》陆续产生。1982～1996 年 6 月 30 日，新西兰一直采取措施控制真包虫的传播和控制犬类行为。1996 年 7 月以后新西兰又通过和实施了《生物安全法案第四次修订案》和《国家有害生物管理办法》，这些法案和办法弥补了一些政策和措施的漏洞，确保了根除真包虫计划的顺利完成。经过几十年的不懈努力，新西兰农林部依据 1993 年的《生物安全法案》第 131 节内容终于在 1996 年 8 月 22 日正式宣布新西兰已经可以有效地控制真包虫的传播了。

在这一运动中，新西兰采取了强力有效的措施，要求强制实施下列控制措施。

1）在控制区内，所有的反刍动物和猪的屠宰地必须设置防狗护栏，以确保这些屠宰的副产品不被犬类接近。

2）在控制区内的犬类不得喂食绵羊、牛、猪和山羊等的屠宰剩余物（屠宰副产品），除非它们经过至少 30min 的沸煮。

3）在控制区内，必须防止犬类接触家畜尸体。

4）在控制区内，必须防止犬类接触野生动物的尸体。

5）在控制区内的所有庄园主有义务管控他们自己的家畜，防止它们迷路离群，误入毗邻庄园。

在这场"持久战役"中，新西兰在有害生物风险分析方面积累了丰富的经验，早就将"植物有害生物风险分析程序"列为国家标准（1993 年 12 月），是世界上领先国家之一。

新西兰有害生物风险分析的显著特点是国家有关部门能够很好地将科学研究与检疫决策相结合，已经形成从科研队伍及其成果到管理决策的基本体系，同时能够将联合国粮食及农业组织的植物检疫国际标准具体化、风险评估项目内容定量化。

3. 澳大利亚的有害生物风险分析发展

澳大利亚开展有害生物风险分析工作已有多年，早期的有害生物风险分析工作主要有稻米的有害生物风险分析、进口新西兰苹果梨火疫病的有害生物风险分析、实蝇对澳大利亚园艺工业的影响分析、种传豆类检疫病害的评价等。

澳大利亚将有害生物风险分析作为制定检疫政策的基础。1988 年 5 月在"澳大利亚检疫工作的未来"的报告中明确提出了"可接受的风险"或"最小风险"概念，1991 年澳大利亚检验检疫局（AQIS）将此概念中的"可接受的风险水平"纳入了进境检疫的有害生物风险分析程序中，作为澳大利亚检疫决策重要的参照标准之一。

澳大利亚还将有害生物风险分析作为履行有关国际协议的重要手段，一方面有害生物风险分析结果可以作为阻止有害生物进境的理由，另一方面可以作为向一些国家提出市场准入请求的依据。例如，向美国出口草种，向日本出口芒果新品种，向新西兰出口切花和各种实蝇寄主商品等。

澳大利亚的国家管理体制有其独特性，自然学科方面的内容评估由国家检验检疫局进行，社会学科方面的内容评估由政府指定的部门负责。因此，在进行植物检疫决策时，国家检验检疫局一般仅从生物学角度评估入境有害生物的风险性，不考虑经济学影响，或仅进行一般性的经济学评估。政府指定的部门则进行经济、社会、政治方面的评估。

在进行生物风险评估时，主要特点是结合一些适生性分析软件，如 CLIMEX 进行风险分析。评估规定了 7 个主要指标：有害生物的进境模式、原产地有害生物的状况、有害生物的传播潜能及其在澳大利亚的定殖潜能、其他国家类似的植物检疫政策、供选择的植物检疫方法和策略、有害生物定殖对澳大利亚产品的影响、分析中存在的问题。

风险管理在检疫决策中的重要性是澳大利亚有害生物风险分析工作中特别强调的一点。除此之外，澳大利亚还非常重视分析有害生物的潜在风险性，对进口入境的有害生物确认其潜在的进口风险分析（import risk analysis），同时进行风险分级，并制定风险管理程序。

1997 年澳大利亚开始采用新的入境有害生物风险分析咨询程序。新的程序将入境申请分为两大类：相对简单的入境申请和较复杂的入境申请。两类申请分别采取不同的风险分析步骤：简单的入境申请可以履行常规的风险分析步骤，复杂的入境申请需要进行非常规的风险分析步骤。常规的和非常规的两种风险分析步骤在 1998 年澳大利亚检验检疫局出版的《AQIS 入境风险分析步骤手册》一书中都有详细描述。新程序中对入境商品要求至少公布两个文件：一是入境风险分析报告草案；二是入境风险分析报告最后确定稿。

4. 加拿大的有害生物风险分析发展

加拿大农业部于 1995 年按照 FAO 的准则制定了本国的有害生物风险分析工作程序，由有害生物风险评估、有害生物风险管理、有害生物风险交流三部分组成。

加拿大有专门的机构负责管理植物有害生物风险分析，由专门的机构进行风险评估和提出可降低风险的植物检疫措施备选方案，最后由管理部门进行决策。

在风险评估中，加拿大主要考虑有害生物传入后对寄主、经济和环境所造成的后果，同时研究不确定因素，并陈述所利用信息的可靠性，然后根据风险评估结果，结合不定因素的分析，将风险划分为极低、低、中、高 4 个等级，最终确定总体风险。

加拿大的有害生物风险分析特色是重视与有关贸易部门的交流，及时沟通风险评估结果。

一方面世界各国对有害生物风险分析的理解有所不同，乃至在实际操作中存在着差异，另一方面世界国际性组织在努力工作，使有害生物风险分析标准趋于统一。北美洲植物保护组织（NAPPO）在 1983 年创建了植物检疫术语词汇表，1987 年经联合国粮食及农业组织（FAO）的非正式磋商，被采纳并被修订为 NAPPO/ FAO 植物检疫术语表。在联合国粮食及农业组织接受了关税及贸易总协定（GATT）授予在植物检疫学科中的技术权限以后，在《国际植物保护公约》的合作条款下，正式建立了一个区域性植物保护组织（RPPOs），以建立植物保护检疫原则和程序，作为一项全球协调的基础。为了减少动植物检疫行为对贸易往来的影响和贸易壁垒，世界贸易组织（WTO）于 1994 年在日内瓦（Geneva）颁布了《实施动植物卫生检疫措施的协议》（SPS 协议）。SPS 协议中指出，在植物健康方面的国际标准、准则和建议是指《国际植物保护公约》秘书处与该公约框架下运行的区域性组织合作制定的国际标准、准则和建议。1996 年联合国粮食及农业组织颁布了有害生物风险分析准则，各成员可以在总原则下选择具体评价因素及评价方法，建立自己的分析模式，从而使有害生物风险分析的标准趋于统一。

目前多数国家在风险评估方面主要是进行生物学评估。澳大利亚、美国等发达国家，在定量评估模型和软件方面开展了更多的工作、做出了更大的贡献，于 20 世纪 80 年代起陆续推出了 CLIMEX、@RISK、MaxEnt、DIVA-GIS、GARP 及 SOM 等模型和软件，用于有害生物入侵风险的定量评估。但仍有一些国家还只是相当笼统地规定国际贸易中植物及其材料的有害生物，这些国家采取的植物检疫措施主要是依靠行政手段，进行严格的法律限制，很少与科研相联系，缺乏科学依据，缺乏量化的风险评估方法进行概率和不确定性分析，因而尚未实现真正意义上的风险评估。

（二）国内发展状况

有害生物风险分析在我国的外贸工作中扮演着重要角色，我国加入世界贸易组织以后，国际贸易往来愈加频繁，有害生物风险分析在保护本国农业免受外来有害生物的入侵、促进国内农产品出口中的重要性就更加突出。

扩展阅读 1-2

我国的有害生物风险分析发展历程大致可以分为 4 个时期，即孕育期、雏形期、成长期、壮大期。

（1）孕育期（1916～1980 年）　　我国植物病理学的先驱邹秉文先生和朱凤美先生早在 1916 年和 1929 年就分别撰写了《植物病理学概要》和《植物之检疫》，书中提出并强调病虫害传入的风险性，建议设立检疫机构，防范病虫害传入。我国植物保护专家曾经在 1949～1956 年根据进口贸易的情况对一些植物有害生物进行了简要的风险评估，提出了一些风险管理的建议。据此，我国政府于 1954 年制定了《输出输入植物检疫种类与检疫对象名单》，显现出有害生物风险分析的雏形，标志着我国 PRA 工作的开始。

（2）雏形期（1981～1990 年）　　我国农业部植物检疫实验所的研究人员从 1981 年开始对引进植物及植物产品可能传带的昆虫、真菌、细菌、线虫、病毒、杂草 6 类有害生物开展了"危险性病虫杂草的检疫重要性评价"研究。研究根据不同类群的有害生物特点，按照为害程度、受害作物的经济重要性、在中国的分布状况、传播和扩散的可能性、防治难易程度对有害生物进行了综合评估，制定了评价指标和分级办法，根据分值大小排列出各类有害生物在检疫中的重要程度和位次，提出检疫对策，从而使评价工作由定性阶段逐步走向定性和定量相结合阶段，为以后各项工作的开展提供了科学依据。

继"危险性病虫杂草的检疫重要性评价"研究以后，我国又建立了"有害生物疫情数据库"和"各国病虫草害名录数据库"。在此基础上，1986 年制定和修改了《进口植物检疫对象名单》和《禁止进口植物名单》，并提出了相关的检疫措施。与此同时，还用农业气候相似分析系统"农业气候相似距库"对甜菜锈病、谷斑皮蠹和小麦矮腥黑穗病的适生性进行了以实验研究和信息分析为主的适生性分析研究。

总之，上述一系列工作的开展积累了科学数据和工作经验，促进了我国有害生物风险分析工作的发展，为以后真正意义上的有害生物风险分析奠定了扎实的基础。

（3）成长期（1991～1994 年）　　在 1990 年以前我国还没有接触有害生物风险分析（PRA）这一名词，直至 1990 年亚洲及太平洋区域植物保护委员会（APPPC）专家磋商会召开，我国才开始了解有害生物风险分析的概念及其内涵。从此之后，我国积极与有关国际组织联系，学习研究北美洲植物保护组织起草的"生物体的引入或扩散对植物和植物产品形成的危险性的分析步骤"，了解关于有害生物风险分析的新进展，积极开展有害生物风险分析的研讨。经过不懈的积极努力，我国于 1992 年正式施行自己的相关法律——《中华人民共和国进出境动植物检疫法》。

第 18 届亚洲及太平洋区域植物保护组织会议在北京的召开，以及联合国粮食及农业组织和区域性植物保护组织对有害生物风险分析工作的重视，促进了我国有害生物风险分析工作的发展。农业部动植物检疫局高度重视我国有害生物风险分析工作，专门成立了中国有害生物风险分析课题工作组，进行了一系列的风险分析研究。国家"八五"攻关也将有害生物风险分析列为重点课题，课题组人员广泛收集国外疫情数据，学习其他国家的有害生物风险分析方法，研究探讨中国的有害生物风险分析工作程序，在此期间制定了《中华人民共和国进境植物检疫危险性病、虫、杂草名录》和《中华人民共和国进境植物检疫禁止进境物名录》（1992 年），颁布了《中华人民共和国进境植物检疫潜在危险性病虫杂草名录（试行）》（1997 年），修订了《中华人民共和国进境植物检疫禁止进境物名录》（1997 年），使我国的有害生物风险分析进入了一个发展时期，标志着我国在动植物检疫方面的成长。

（4）壮大期（1995～2005 年）　尽管我国的有害生物风险分析工作在成长期有了长足发展，但是仍然处在科学研究阶段，远远不能满足国际贸易的发展和动植物检疫的需要。再合理可行的政策措施，如果没有相应的组织机构来组织、协调、推动和实施，也不能见到效果，组织机构是各项政策落实的保障。因此，国家于 1995 年 5 月成立了由农业部动植物检疫局直接领导的中国有害生物风险分析工作组。该工作组是一个技术紧密型和政策权威性的专家组，由一个办公室和两个小组组成。办公室由专家和项目官员组成，主要负责协调工作组与政策制定部门的关系，推动有害生物风险分析工作；两个小组为风险评估小组和风险管理小组。评估小组负责评估工作，提出可行的植物检疫措施建议；管理小组负责确定检疫措施。工作组的基本任务是以生物学为基本科学依据确保植物检疫政策和措施的制定。工作组的成立意味着中国植物检疫的壮大，表明中国对《实施动植物卫生检疫措施的协议》（SPS协议）赋予了具体行动上的承诺，成为中国 PRA 发展历程中的里程碑。

我国在加入世界贸易组织后，有害生物风险分析工作得到了更大的重视。工作组在联合国粮食及农业组织《植物检疫措施国际标准》"有害生物风险分析准则"和世界贸易组织《实施动植物卫生检疫措施的协议》基础上，根据中国国情制定了"中国有害生物风险分析程序"和有害生物风险评估的具体步骤和方法，使我国的有害生物风险分析工作进入了与国际接轨时期。

三、有害生物风险分析国际标准

（一）标准简介和概要

1. 标准简介

扩展阅读 1-3

在植物检疫措施标准方面，联合国粮食及农业组织做了不懈的努力，于1995～2003 年陆续制定了相关的 19 个国际标准，使植物害虫等有害生物风险分析的国际标准逐渐细化和全面。

为方便各个相关部门充分理解各标准中的专业术语和重点内容，联合国粮食及农业组织还于罗马进行了两次术语表补编，与此同时，对各标准在实施过程中发现的欠缺内容进行了补充，尤其强调了潜在经济重要性。

此外，为了保护环境和生物多样性，避免其对贸易造成隐蔽壁垒，联合国粮食及农业组织《国际植物保护公约》秘书处 2003 年 4 月在第 11 号《植物检疫措施国际标准》中增补了"包括环境风险分析在内的检疫性有害生物风险分析"标准，作为第 11 号《植物检疫措施国际标准》的第 1 修订版。该标准详细介绍了有害生物风险分析定义、作用、目的、操作程序、应用范围以及关于植物有害生物对环境和生物多样性风险的分析等。该标准用于风险评估的完整过程以及风险管理备选方案的选择。该标准还以附录的形式对《国际植物保护公约》有关环境风险范围做了解释性说明。

2. 标准概要

有害生物风险分析的目的是确定某一特定地区检疫性有害生物和（或）它们的传播途

径，评估它们的风险性；确定威胁区域范围，选定适宜的风险管理方案。

检疫性有害生物风险分析过程可分为三个阶段：风险分析启动、风险评估和风险管理（图 1-2）。

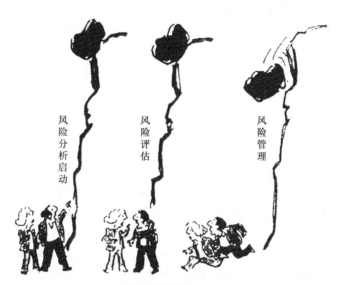

风险分析的过程

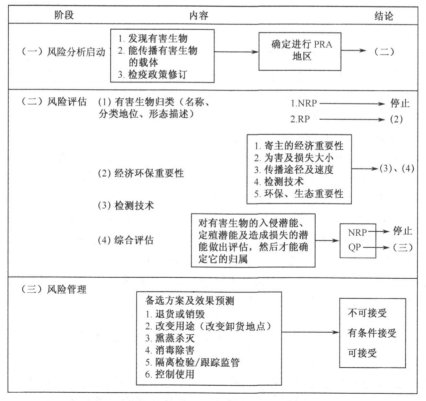

图 1-2　有害生物风险分析流程示意图（许志刚，2003）

NRP 为非管制性有害生物；RP 为管制性有害生物；QP 为检疫性有害生物

（二）有害生物风险分析国际标准程序

1. 第一阶段：有害生物风险分析启动

风险分析启动程序为风险分析工作的初始阶段，目的是确定检疫工作中关注的有害生物和（或）它们的传播途径及威胁区域范围。

（1）**启动要点**　确定传播途径、确定有害生物、修订植物检疫政策。

1）传播途径的确定。为详细、准确地分析传播途径，应该注意下列情况：以前未输入该国的动植物或动植物产品；新开始进行国际贸易的动植物或动植物产品，包括转基因植物；新输入的动植物品种作为育种等科研材料；生物商品的其他传播途径（自然扩散、包装材料、邮件、垃圾、旅客行李等）。与商品传播途径有关的有害生物名单来源可以是官方信息、数据库、科学文献、其他文献或专家研讨会等。专家对有害生物分布、类型的判断以及重点顺序是分析传播途径的主要依据。如果确定没有任何潜在的检疫性有害生物可能通过这些途径传播，有害生物风险分析可到此为止。

2）有害生物的确定。主要依据是：在某地区发现新的有害生物已蔓延或暴发等紧急情况；在输入商品中截获某种新的有害生物；科学研究已查明某种新的有害生物的危害风险；某种有害生物传入了一个地区；有报道表明某种有害生物在另一地区造成的为害比原产地更大；某种有害生物多次被截获；某种生物被多次提出可以输入；已经查明某种生物为其他有害生物的传播媒介；某种转基因生物已经被清楚地查明具有潜在的危害性。如果某有害生物发生上述情况之一，则这种有害生物需要进行有害生物风险分析，若这种有害生物已有风险分析报告，则需要修订。

3）植物检疫政策的修订。下述情况发生时需要从植物检疫方针政策角度制定或修订有害生物风险分析：国家决定审议植物检疫法规、准则或措施；审议一个国家或一个国际组织（区域植物保护组织、粮食及农业组织）提出的建议；旧处理系统丢失或新处理系统、新程序、新信息对原有方针政策产生影响；由植物检疫措施引起的争端；一个国家的植物检疫状况发生了变化；建立了一个新国家；政治疆界发生了变化。

（2）**风险区域**　尽可能准确地确定有害生物风险区域，以获取该区域的必要信息。

（3）**信息收集**　在有害生物风险分析的每个程序中，信息收集都是一个必要组成部分。启动阶段的信息收集更显得重要。信息的收集主要围绕有害生物的特性、现有分布、寄主植物及其相关商品等方面进行。随着有害生物风险分析的进展，将陆续收集其他信息，以做出必要的风险决定。信息来源可以多渠道，《国际植物保护公约》中规定官方有义务提供关于有害生物特性等方面的信息（《国际植物保护公约》第Ⅷ.1c 条款），官方协调机构有责任督促履行该项义务（《国际植物保护公约》第Ⅷ.2 条款）。

环境风险方面的信息一般要比植物保护风险方面的信息来源广，可能需要更多的人力与时间投入和更广泛的信息收集渠道。这些信息来源中可能包括环境影响评估，需要注意这种评估与有害生物风险分析的风险评估目标不同，二者不能混淆和替代。

还应该收集国内外信息，以弄清某种有害生物是否已经进行了有害生物风险分析，如传播途径、检疫性、检疫措施等。如果已经进行了有害生物风险分析，则应核实其有效性，因为情况和信息可能已经发生变化。还应该收集信息，以弄清类似的传播途径或有害生物能否部分地或全部地以旧代新，用旧的、已有的风险分析代替新的、即将进行的风险分析。

（4）**启动程序小结**　在第一程序结束时，达到的目的应该是：明确了启动要点，包括有害生物及其传播途径和威胁（风险）区域；收集到了相关信息；确定了检疫对象和即将采取的检疫措施；同时还应该明确传播是单一途径传播还是多途径传播。

2. 第二阶段：有害生物风险评估

有害生物风险评估过程大致可分成相互关联的三个步骤：有害生物归类；对有害生物传入和扩散的可能性评估；对有害生物潜在的经济影响的评估。

在大多数情况下，有害生物风险分析将按次序采取这些步骤，但并不一定要按照特定的顺序。有害生物风险评估只是需要从技术上证明有害生物的风险程度。评估的标准要求按照联合国粮食及农业组织 1995 年签署的《植物检疫措施国际标准》第 1 号标准——与国际贸易相关的植物检疫原则，根据必要性、最小影响程度、透明度、等同性、风险分析、风险管理和无偏见（无歧视）的原则，对具体的有害生物做出风险判断。

（1）有害生物归类　在启动程序中，可能对某种有害生物是否需要进行风险分析还不十分清楚，所以在归类过程中要检查每一个有害生物是否完全符合检疫性有害生物定义中确定的标准。有害生物归类的重要意义在于不做无用功，只有在生物体被确认为检疫性有害生物之后，才会考虑下一步的评估。有害生物归类的一个优势是需要相对较少的信息（相对进行风险评估时所需要的信息量）就可以进行。然而，必须有足够的信息才能进行正确的归类。

是否将一种有害生物归为检疫性有害生物，主要考虑 5 个方面的归类要素：某种有害生物的生物学特性；在检疫风险区的分布，即有害生物在可能被传入地区（检疫风险区）的发生状况（有发生或无发生）；检疫管控现状，即有害生物是否可以或即将可以被控制，以及是否有管理和实施控制的机构、部门；在风险区域定殖和扩散的可能性；在检疫风险区造成经济影响（包括环境影响）的可能性。

1）有害生物的生物学特性。这一要素的核心是根据有害生物的生物学特性来确定该检测到的有害生物是否应该被确定为检疫性有害生物。因此，应该根据检测到的生物体的形态特征和危害特征，参照生物学和其他学科的正确信息进行生物学特性方面的分析。如果某些特征还不很确定，则应该参考相近的检疫性有害生物的形态和危害等特征，将该有害生物视为具有传播风险的有害生物，列为检疫性有害生物。

有害生物的分类应该鉴定到种，使用高一级或低一级的分类单元应该有充足的科学依据和强有力的理论根据。一旦需要将被检测到的有害生物分类到种以下阶元，应该有足够的理由来说明如毒力、寄主或毒性传播介体（如蚜虫等病毒传播媒介）等因素对检疫特性的影响明显强于将检测到的有害生物分类到种。一旦涉及毒性传播介体时，也将传播介体视为可被传播的有害生物，其具有传播风险，应列为检疫性有害生物。

2）发生状况。在可能被传入的全部地区（风险分析地）或部分限定地区不应该有这种有害生物的发生和分布。

3）检疫管控现状。如果有害生物在风险分析地有发生，但是分布不是很广，这种有害生物应该已经有效地被官方控制了，或者在近期将要被官方有效地控制。

涉及产生环境风险的有害生物的官方防治时，除包括国家植物保护组织（NPPO）外，可能还包括有关环境保护方面的一些机构。但是，也可以参考《植物检疫措施国际标准》第 5 号标准、补编 1 ——植物检疫条款术语表中规定的关于官方防治的内容，特别是第 5.7 节的内容。

4）定殖和扩散的可能性。要有充足的资料证明被检测的有害生物在风险分析地定殖和扩散的可能性。如果风险分析地的生态或气候条件适合有害生物生长发育，同时又有合适的寄主，则有害生物有可能在该地区定殖和扩散。

5）潜在的经济影响。应该有明显迹象表明被检测的有害生物在风险分析地可能产生无法接受的经济影响（包括环境影响）。无法接受的经济影响的含义，在《植物检疫措施国际标准》第 5 号标准、补编 2——关于理解潜在经济重要性和有关术语的准则中有阐明。

综上所述，如果已确定该有害生物有成为检疫性有害生物的可能，有害生物风险分析程序应当继续。如果有害生物不符合检疫性有害生物的所有标准，关于该有害生物的风险分析程序即可停止。如果缺乏足够信息或参考资料，应查明不确定性，有害生物风险分析程序应该继续。

（2）对有害生物传入和扩散的可能性评估　　有害生物的传入包括进入和定殖。对传入的可能性评估需要对与有害生物从来源地到风险分析地相关的每个渠道进行分析。在有害生物风险分析中，对特定渠道（通常为商品进口）的风险分析是应该放在第一位置考虑的。因此，首先要对有害生物随进口商品传入途径进行可能性评价。还需要调查其他有关的传入途径，以评估有害生物通过该渠道侵入的可能性。

另外，对已开始的、尚未考虑随着某种具体商品或途径传入的某种（些）有害生物的风险分析，应考虑各种可能的传入途径。

扩散的可能性评估主要依据那些已经进入和定殖的、具有相似生物学特性的有害生物。

至于考虑到有害生物对植物的直接危害，在通常情况下，是指有害生物的植物寄主或寄主范围。因此，应该把适宜的寄主和寄主范围理解为有害生物在风险分析地内的一种适宜的生境（即植物的适宜生存和生长的环境）。

预期生境是指植物适宜生长的、人们有目的输入的地方，非预期生境则指植物不适宜生长的（暂时）、非人们有目的输入的地方。一般情况下，哪里有适宜的寄主，哪里就会有有害生物定殖和扩散的可能性。

一旦有害生物的寄主植物是从风险分析地以外的地区输入（进口）的，那么对有害生物的进入、定殖和扩散等的评估概念将是另外一种情况。

1）有害生物进入的可能性。有害生物进入的可能性取决于从输出国到目的地的经由路径，也取决于有害生物的数量和与这些路径接触的次数。经由路径越多，有害生物进入风险分析地的可能性就越大。

应该关注文献记载的关于有害生物进入新地区的经由路径，如通知、报告、新闻报道、科技文献、发表论文等。潜在的进入途径可能尚未有记载和报道，需要估计和科学合理地推测。有害生物被截获的数据资料可以用来证明该有害生物有可能通过某种路径被带入，并且有能力在运输途中或储藏期间存活。

在进口植物的情况下，这种植物本身进入的可能性是不需要评估的。但是，要对有害生物可能被输入植物带入的可能性进行评估（如在输入的种植用种子中夹带着昆虫、杂草种子等）。

2）有害生物进入途径的确定。所有有关的途径都应该考虑。原则上根据有害生物的地理分布和寄主范围来确定。在国际贸易往来中，植物和植物产品货物的托运过程（发货、运送、交托、经由途经地点等）是重要考虑的途径，这种现存的贸易模式在很大程度上决定了一些相关的进入途径。其他途径的进入也应酌情考虑，如其他种类的商品、包装材料、人员、行李、邮件、运输工具和科学材料的交换。也应该考虑自然进入途径，因为自然进入和自然扩散的有害生物可能降低植物检疫措施的效果。

A. 从来源地途径进入的可能性。应该对在空间上或时间上与有害生物来源地有关的进入途径进行评估。考虑的因素有：来源地有害生物的流行，如果有害生物在来源地普遍发生和流行，则该生物被带入风险分析地的可能性很大；有害生物发生期与商品、包装或运输工具的联系，即有害生物的发生期是否与商品的形成、装箱、运输的时间吻合，如果发生时期基本一致，则通过来源地途径进入的可能性很大，风险也就很大；有害生物随商品流通的数量和频率；有害生物随商品流通的季节和时间；来源地对有害生物采取的管理措施、栽培程序和商业贸易环节（如植物保护产品的使用、处理、精选、淘汰、分级等）。

B. 运输或储存过程中存活的可能性。应该考虑的因素有：运输的速度和条件以及有害生物的生活史或生活周期与运输和储存过程的持续时间；在运输或储存过程中有害生物生活史的薄弱环节（抗性较差的龄期或阶段）；有害生物在货物托运过程中的流行；在来源国、目的国和在运输或储存过程中对货物所履行的商业贸易托运程序（如冷藏等）。

C. 有害生物逃避当前管理措施的可能性。应该评价在货物托运过程中，现有的有害生物管理程序（包括植物检疫程序）是否能够有效地阻止有害生物从来源地传入目的地。应该评估有害生物未被查出而被带入风险分析地的可能性，或者评估采用其他现有的植物检疫程序后有害生物仍然存活的可能性。

D. 向适宜寄主转移的可能性。考虑的因素有：扩散机制，包括携带介体从进入路径到适宜寄主的扩散机制；输入（进口）商品将被运往风险分析地的少数几个地点还是很多地点；入境点、过境点和运输终点（目的地）是否邻近适宜寄主；商品在一年中的进口（输入）时间（何时进口）；预期的商品用途（如用于种植、用于加工、用于消费等）；来自于副产品和废弃物的风险。

用于某些用途的商品所带来的传入风险可能性远远高于另外一些用途的商品，如用于种植的商品，其传入有害生物的可能性要比用于加工商品的传入可能性高得多。对任何有生命的生物商品、生物加工商品或垃圾处理商品都应该考虑向附近适宜寄主转移的可能性。

3）有害生物定殖的可能性。为了估计有害生物定殖的可能性，应当从当前有害生物发生地获取可靠的生物信息（生活史、寄主范围、流行病学、存活能力等），然后比较有害生物风险分析地的情况，应该注意玻璃温室、塑料大棚或暖房等这些保护地的特殊环境，有害生物在这样的环境中定殖的可能性与在露天条件下的不同。专家的判断和意见可以用于评估定殖的可能性，也可以考虑比较曾经发生过的有害生物的案例。应考虑的因素有：有害生物在风险分析地是否有适宜的寄主、寄主的数量和分布；风险分析地环境对有害生物的适宜性；有害生物在风险分析地的适应潜力；有害生物在风险分析地的繁殖方式或生殖策略；有害生物在风险分析地的生存方式或存活手段；栽培方法和防治措施。

在考虑定殖的可能性时，应注意一种临时性有害生物（见《植物检疫措施国际标准》第8号标准——某一地区有害生物状况的确定）可能在风险分析地不能定殖（由于气候条件不适宜等原因），但仍然可能导致无法接受的经济损失（见《国际植物保护公约》第Ⅶ.3条款）。

至于进口（将要输入的）植物，其定殖可能性的评估涉及非预期生境。

A. 风险分析地适宜寄主、替代寄主及介体的有效性。评估有害生物在风险分析地是否有适宜的寄主（第一寄主）、替代寄主（中间寄主）以及携带介体时应该考虑以下因素：适宜寄主和替代寄主是否存在，它们的数量有多少或可能分布的范围有多广；适宜寄主和替代寄主是否在相当近的地理范围内出现，从而可使该有害生物有完成其生活史的可能性；当通常的寄主品种不存在时，是否有其他植物品种可以作为适宜的寄主；如果该有害生物扩散需要由介体携带，则应该考虑该介体是否已经在有害生物风险分析地发生或者有可能被传入；在有害生物风险分析地是否有另一种传播媒介。

寄主的分类地位通常应该是"种"。当需要采用更高一级或更低一级的分类水平时，应该有足够的科学依据来说明。

B. 环境的适宜性。考虑有害生物对环境的适应性时，应该明确影响有害生物生长发育的环境因素（如适宜的气候、土壤、有害生物和寄主竞争力）、有害生物的寄主以及携带介体（如果有携带介体的话）、有害生物在恶劣气候条件下存活以及完成生活史的时期。应该注意到，即使是相同的环境条件，对有害生物、寄主及其携带介体也可能产生不同的影响。这需要证实一下，以确定在来源地这些生物之间的相互关系是否在有害生物风险分析地仍然保持。另外，还应考虑保护地的特殊环境，如有害生物在玻璃温室中定殖的可能性。

可以利用气候模拟系统比较有害生物在已知发生地和风险分析地的气候数据。

C. 栽培方式和防治措施。应该比较有害生物的寄主作物在有害生物来源地和在风险分析地的栽培管理措施，以确定是否有差别，是否可能影响有害生物的定殖。

如果风险分析地已经有较完整的有害生物防治方案，或者天敌已经存在，那么考虑降低定殖的可能性。难以防治的有害生物比容易防治的有害生物的风险度要大。在评估时还应当考虑有和没有适宜的根除有害生物方法的风险度的差别。有适宜、可行的根除有害生物方法的风险度小，反之，风险度大。

D. 影响定殖可能性的其他特性。影响定殖可能性评估结果的有害生物其他特性包括：①有害生物生殖对策和生存方式。应该考虑有害生物具有在新环境下有效繁殖的特性，如孤雌生殖（或自交）、生活周期、年发生代数、休眠期等。②遗传适应性。在评估中应该考虑有害生物是否具有多态性和适应风险分析地条件的能力，如有害生物仅有专一寄主还是具有广泛寄主（多寄主）或新寄主。这种基因型（和表型）的可变性有利于有害生物承受环境条件的波动，适应更广泛生境，产生抗药性和克服寄主抗性。③定殖种群数量阈值。如果可能的话，应该估计这个值，即定殖所需要的最小种群数量。

4）定殖后扩散的可能性。一种有害生物如果潜在的扩散能力强，则其潜在的定殖能力也强，因而对它的控制和根除的可能性将非常有限。为了估计有害物扩散的可能性，应该从有害生物普遍发生地区获得有关信息资料。要仔细比较风险分析地和有害生物发生区的条件状况，专家的判断可以用于扩散可能性的评估。比较有害生物发生的历史记录和文献记载，对评估定殖后扩散的可能性很有帮助。评估时要考虑的因素有：自然环境及管理环境对有害生物扩散的适宜性；自然阻隔是否存在；随日常用品和运输工具扩散的可能性；日常用品的预期用途；风险分析地有害生物的潜在携带介体；风险分析地有害生物的潜在天敌。

针对进口（输入）植物的评估，应该考虑有害生物从预期环境扩散到非预期环境中，有害生物可能在这里定殖，然后可能进一步扩散到其他非预期生境中，在非预期的栖息环境中远距离传播。

关于利用扩散可能性的信息估计有害生物对风险分析地的潜在经济价值的影响速度，即使某有害生物易于进入和定殖在潜在经济价值较低的地方，扩散可能性信息也是有意义的，因为有害生物有可能从潜在的经济价值低的地方扩散到潜在的经济价值高的地方。此外，在考虑对一个传入的有害生物采取控制还是根除措施时，风险管理程序是很重要的。

某些有害生物可能不会在它们刚进入栖息地时就对植物产生有害的影响，但是可能会在某段时间以后便开始蔓延。在评估有害生物扩散可能性时，一定要考虑有害生物的行为习性。

综上所述，完整的传入可能性评估应该以最适当的数据、最适宜的分析方法和最适于预期读者阅读的形式来表达。评估可以是定量的，也可以是定性的，因为无论是定量评估还是定性评估，每一种结果都是定量的和定性的信息相结合的结果。可以通过比较从风险分析地获得的关于其他有害生物的信息来表示该有害生物传入的可能性。

关于危险区域，应该明确风险分析地生态条件适宜有害生物定殖的地区，以便定义危险（受威胁）区域。危险区域可能是全部风险分析地，也可能是部分风险分析地。

（3）对有害生物潜在的经济影响的评估　在这一步骤中要求描述有关有害生物及其潜在寄主植物的信息，并且可以利用这些信息进行经济水平分析，以评估有害生物所带来的一系列影响，如潜在的经济后果。无论如何，应尽可能获得定量数据，提供货币价值参考，还可以利用定性数据。建议征求经济学家的意见，这是非常重要的。

许多实例表明如果有足够证据或者普遍认为有害生物的传入将产生不可接受的经济影响（包括环境影响），就不必对估计的经济影响进行详细分析。在这种情况下，风险评估主要侧重于传入和扩散的可能性。然而，当对经济影响水平有疑问时，或者需要用经济影响水平来评价风险管理措施的力度时，或评估排除或防治有害生物的经济费用时，检验经济要素的细节是很有必要的，在这种情况下，必须更加详细地考查经济因素，确定有害生物的传入带来的经济影响（包括环境影响）。

1）有害生物的影响。为了估计有害生物的潜在经济影响，应该从有害生物的自然发生地或传入地获得信息。应将这种信息同有害生物风险分析地区的情况进行比较。认真有效地与类似的发生案例比较是非常必要的。评估有害生物的潜在经济影响，可以是直接的影响，也可以是间接的影响。

本小节中对有害生物的潜在经济价值评估的基本方法也适用于：危害野生（非栽培或未管理）植物的有害生物；杂草和（或）入侵植物；间接危害植物的有害生物（通过影响其他生物体而影响植物的有害生物）。

评估有害生物直接或间接对环境产生影响需要有具体证据说明。

关于以种植为目的的进口（输入）植物，评估时要包括有害生物对预期生境的长期影响。种植植物的输入可能会影响进一步的使用价值或对预期生境产生有害影响。

评估中考虑的环境影响和后果一般参考的是有害生物对植物的影响。但是，有可能某些有害生物对植物的影响或产生的严重后果小于对其他生物或系统的影响。例如，一种不起眼的杂草可以严重引起人类过敏；一种微小的植物病原体可以严重导致牲畜中毒。然而，仅根据其对其他生物体或系统（如对人类健康或动物卫生）的影响而进行植物限定不属于《植物检疫措施国际标准》第1号标准的范围。如果通过有害生物风险分析过程发现有害生物对其他生物体或系统有潜在的危害，应该通知有关具有合法权益的部门来负责处理这一问题。

A. 有害生物的直接影响。为了确定和阐明风险分析地的有害生物对每个潜在寄主的直接影响或对专一寄主的影响，可以考虑以下内容：已知的或潜在的寄主植物（作物大田、栽培保护地、野生荒地）；危害植物寄主的种类、数量和危害频率；作物产量损失和数量损失；影响危害程度和造成产量损失的生物因素（如有害生物的适应性和毒性）；影响危害程度和造成产量损失的非生物因素（如气候）；有害生物的扩散率；有害生物的繁殖率；防治措施（包括现行措施）、防治效果和防治成本；有害生物对现行生产方法的影响；有害生物对环境的影响。

对每一潜在寄主，应根据上述要点估计可能受威胁作物的总面积和潜在受害地区的总面积。如果分析环境风险，可以考虑有害生物对植物的直接影响和（或）对周边环境的影响，如主要植物品种的减少；生态系统中植物主栽品种的减少（优势度降低或植物优势品种的种群数量减少）；当地植物品种受到威胁（包括对种以下分类阶元植物寄主的严重影响）；其他植物品种大量减少、被取代或淘汰。

对某地区的潜在受威胁的评价应涉及上述影响。

B．有害生物的间接影响。为了确定和描述有害生物在风险分析地的间接影响或非特定寄主的影响，可以考虑如下内容：对国内和出口市场的影响，特别是包括对出口市场准入的影响。应估计对市场准入的潜在影响，当有害生物定殖时可能产生这种影响，这需要考虑贸易伙伴实行的（或可能实行的）任何植物检疫法规的范围；生产者费用或投入需求的变化，包括防治费用；因质量变化而引起国内或国外消费者对产品的需求发生变化；防治措施的环境影响和其他不良影响；根除或封锁的可行性及成本；作为其他有害生物传媒介体的能力；进一步研究和提供咨询所需要的资源；社会影响和其他影响（如旅游业）。

如果分析环境风险，要考虑有害生物对植物的间接影响和（或）对环境的影响后果。例如，要考虑对植物群落产生的严重影响；对指定的环境敏感区或环境保护区产生的重大影响；使生态进程、生态系统的结构、稳定性或生态系统过程方面发生重大变化（包括对植物品种、侵蚀、水位变动、火灾危害增加、养分循环等产生进一步影响）；对人类利用产生的影响（如水质、娱乐用途、旅游、放牧、狩猎、捕鱼等）；环境恢复成本。

其他机构（主管部门）可适当考虑对人类健康和动物卫生的影响（如毒性、过敏等）以及对水位、旅游等的影响。

2）经济影响结果分析。

A．时间和地点因素。前面的经济风险分析都是假定有害生物已经传入，假定有害生物已经扩散、蔓延，根据这些假定表示出有害生物（每年）在风险分析地的潜在经济影响。然而，实际上经济影响可能是一年的影响，也可能是若干年或者是一个不确定时期的影响。因此，对有害生物的经济影响评估应该根据各种时间方案进行评估，可以对一年的经济影响进行评估，也可以对几年或不定时间段的经济影响进行评估。超过一年的总经济影响的评估可以用纯现价（现在净价值）来表示每年的经济影响，同时要选择合理的贴现率（折扣率）来计算纯现价。

对有害生物的经济影响评估还应该根据其他因素设计各种评估方案，如涉及有害生物在风险分析地发生地点的方案，有害生物可能发生在一个点，也可能发生在几个点。根据发生地点的数量来评估有害生物在风险分析地的潜在经济影响时，主要应该考虑有害生物在风险分析地区的扩散速度和方式。可以将扩散速度分为两种情况——慢和快。在某些情况下，可以假设扩散是可以被预防的。可以利用合适的分析来估计一定扩散时间段内有害生物在风险分析地的潜在经济影响。此外，还应该注意，上述许多影响因子可能随着时间的推移发生变化，从而影响对潜在经济影响的评估结果，因此必须要有专家的判断和评价。

B．贸易因素。正如上面确定的那样，有害生物对经济的大多数直接影响和部分的间接影响将根据贸易种类和具体某一市场而有所不同。这些影响可能是积极的，也可能是消极的，应该量化有害生物所产生的经济影响。考虑的因素如下：有害生物通过对产品成本、产量和价格产生的影响而对生产者的经济利益的影响；有害生物通过对商品需求量的影响，或对国内和国际消费者的商品付款价格的影响，包括产品质量的改变、为避免有害生物传入所采取的检疫措施及有关的贸易限制。

C．分析技术。用于检疫性有害生物的潜在经济影响评估的分析技术可以咨询经济学专家，然后制定详尽的技术方案。该方案应该整合所有的已经确定的影响因素。其技术要点包括：部分预算，如果有害生物的行为对生产商的经济利益影响较小，则适合估计为"部分预算"；部分平衡，如果在"贸易因素"分析中估计出生产者利益可能会发生重大变化，或者如果消费者的需求发生重大变化，有必要采用"部分平衡"的分析技术来衡量利益变化，或衡量纯变化，即由有害生物的影响产生的生产者和消费者的实际费用；全面平衡，对国民经济而言，如果经济变化巨大并可能引起工资、利率或汇率等要素发生变化，则可以采用"全面平衡"分析来确定整个经济影响范围。

然而，往往因为缺少数据，或数据不确定，或仅有定性化数据、没有定量化数据而影响分析技术的实施。

D．非商业贸易影响和环境影响。在有害生物传入的"直接影响"和"间接影响"的评估中所获取的一些数据和证据对经济影响分析将具有一定的经济价值，对有害生物传入的评估结果或许将影响某种经济影响评估，但是不会影响现存市场的评估，因为现存市场的有关因素已经存在，比较容易确定，估计偏差较小。在经济影响的评估中，可能无法充分衡量有害生物对商品价格和其服务市场价格的深层次影响，尤其包括有害生物进入产生的环境影响（如生态稳定性、生物多样性、环境舒适度）和社会影响（如就业、旅游）。这些影响可以用适当的非市场估价方法进行估计。

如果定量分析方法难以操作，在评估中可以提供定性信息，并要说明这些定性信息是如何整合到评估结果中的。

环境危险标准的应用要求对环境质量进行明确的等级分类并阐述如何进行的等级分类。可以采用不同的方法对环境进行评价，但是所选用的方法最好是向经济学专家咨询过的方法，这些方法可以包括两方面的考虑，即"使用"值和"非使用"值。"使用"值产生于自然环境要素的消耗，如存取净水、湖水中捕鱼等，"使用"值也产生于非消耗性活动，如林中散步等休闲性活动。"非使用"值可以分为选择值（以后某一时期使用的价值）、存在值（保持现存自然环境要素的知识价值）、遗产值（为子孙后代提供可利用的自然环境的知识价值）。

无论按"使用"值对自然环境要素进行评估，还是按"非使用"值评估，都已经有评价的方法，如市场基础法、代理市场法、模拟市场法和利益传递法等。每种方法都各有利弊，也各有独到之处，用以特别用途。

关于经济影响的定义已经在《植物检疫措施国际标准》第 5 号标准，补编 2——关于理解潜在经济重要性和有关术语的准则中进行了阐述。

综上所述，在适宜的情况下，这一步骤中说明的经济影响评估结果应以货币值表示。经济影响结果还可以不使用货币值，而用定性或者定量的分析方法表示。应该明确说明信息来源、假设和分析方法。关于受威胁地区的确定，要查明有害生物将在风险分析地造成重大经济损失的地域或地块。

（4）不确定性程度 估计有害生物传入的可能性及其经济影响涉及许多不确定性因素，尤其是根据有害生物发生地区的情况来假定风险分析地的情况进行推测和估计时更是如此。因此，在进行评估时，重要的是记录不确定部分（要点或内容等）及其不确定程度，并且指明哪些部分采纳了专家的意见，这对增加透明度非常必要，同时对确定研究项目、立项内容和项目排序有重要的指导意义。

应该指出的是，在评估有害生物威胁环境的可能性和后果时，对野生植物的不确定性往往比对栽培植物或管理植物的不确定性大，主要原因是缺乏相关参考信息和资料，生态系统相对复杂些，有害生物及其寄主与栖息环境容易改变。

（5）有害生物风险评估程序小结　　根据有害生物风险评估结果，所有或者部分归类的有害生物适合进行有害生物风险管理。对每一种有害生物而言，全部或者部分有害生物风险分析地可能被视为受威胁地区。该程序将完成关于有害生物传入可能性的定量或定性评估，以及相应的经济影响（包括环境影响）的定量或定性评估并形成文档，有些评估能够划分出整体等级级别。包括不确定性评估在内的这些有害生物风险评估都将用在有害生物风险分析的"有害生物风险管理"程序中。

3. 第三阶段：有害生物风险管理

有害生物风险评估的结果决定是否进行风险管理以及所采取管理措施的力度。因为零风险不是一种合理的选择方案，风险管理的原则是利用现有的条件和资源，采用切实可行的办法将风险管理至安全程度。有害生物风险管理（从分析的角度）是确定识别风险的途径、评估这些风险识别途径和方法的有效性、选择最佳处理方案的过程。在选择有害生物合适的管理方案时，应该考虑经济影响评估中和传入可能性评估中的不可确定性部分。

至于环境风险管理，应该强调在检疫措施中对不确定因素采取了哪些措施，并且要说明不确定因素在整个风险因素中占多少比例，要以风险比例的形式表示。制定风险管理方案时必须确定风险管理措施，并且要考虑经济影响评估中的和传入可能性评估中的不确定性程度，同时分别选择相应的技术措施。对由植物有害生物引起的环境风险的管理与由植物有害生物引起的其他风险的管理并无不同。

（1）风险水平　　"风险管理"原则（《植物检疫措施国际标准》第 1 号标准——与国际贸易有关的植物检疫原则）指出："由于某种检疫性有害生物的传入风险始终存在，各国在制定植物检疫措施时应同意采用风险管理政策"。在执行这一原则时，各国应确定何种风险水平可以接受。

可接受的风险水平可以用多种方式表达，例如：参照现有植物检疫要求；根据已经估计的经济损失指数；表示风险承受等级；比较其他国家可接受的风险水平。

（2）技术信息要求　　有害生物风险管理过程中所做的决定是根据前一个程序中所收集的信息。这些信息由以下几个方面组成：风险分析启动的理由；有害生物在风险分析地扩散的可能性；风险分析地潜在经济影响的评估。

（3）风险的可接受性　　总的风险是根据传入可能性和经济影响的评估结果确定的。如果根据评估结果发现风险不可接受，那么风险管理的第一步是确定可行的植物检疫措施，将风险降至可接受水平，或低于可接受水平。如果风险已经是可接受的，或者由于无法管理（如自然扩散）而必须接受，则不证实检疫措施是否可行。各国可以建立初级的监测或检查机构以坚持长期监测管理有害生物风险变化。

（4）确定风险管理方案的原则　　检疫措施是否适合，应该根据减少有害生物传入可能性的效果来确定。可以根据以下考虑来筛选，其中包括与国际贸易有关的植物检疫原则（《植物检疫措施国际标准》第 1 号标准）中的若干原则。

1）植物检疫措施经济、可行——采用的检疫措施要有益于阻止有害生物传入，从而对风险分析地没有潜在的经济影响。要对每一个安全性检疫措施进行成本效益分析，根据估计结果，选用益价比（利益/费用价格）高的措施。

2）最小影响原则——检疫措施不应超过贸易所必需的限制程度，而应该适于在必要的最小范围内应用，以有效地保护受威胁地区。

3）重新评估以前的必要条件——如果现行措施有效，则没有必要重新评估，强加新的措施。

4）等同原则——如果已经证明不同植物检疫措施具有同样的效果，那么有些措施应该作为备选措施。

5）无歧视原则——如果检疫性有害生物在有害生物风险分析地已经有分布，或已经定殖，但分布在有限范围内，并且已经在官方控制之下，则有关输入的检疫措施不应该过于严格，检疫措施不应比风险分析地所采用的措施更为严格。同样，在植物检疫状况相同的输出国之间，植物检疫措施不应有差别。无歧视原则和官方控制概念还包括下列范畴：有害生物对野生植物（非栽培/未管理植物）的影响；杂草和（或）入侵植物；有害生物通过影响其他生物而对植物的影响。

如果上述任何一种情况已经在风险分析地发生，如果官方采取的控制措施已经生效，则输入时的植物检疫措施不应当比官方的控制措施更为严格。

有害生物传入的主要风险是通过输入的货物（植物和植物产品）传入，可是同样要考虑（尤其对某种进行风险分析的有害生物）其他途径传入的风险（如包装材料、运输工具、旅客及其行李、有害生物的自然扩散）。

下列措施是在商品贸易中最常用的一些措施，通常是有害生物随寄主货物从来源地传入，适用于对传入途径的管理。管理措施应尽可能地准确到具体的货物种类（寄主、植物器官）和来源地，以避免产品受输入限制（在没有理由限制产品输入的地区），贸易往来受阻碍。为了将风险降至可接受的水平，可能需要结合两项或两项以上的管理措施。可以根据来源国有害生物传入的各种途径将现有的管理措施分为多种类别，它们包括：货物管理措施；防止或减少来源地有害生物侵袭作物的管理措施；确保生产地区无有害生物的管理措施；关于禁止商品的管理措施。

在风险分析地可以有其他管理措施的选择（限制商品使用），如采取防治措施、引进天敌（生物防治）、根除和隔离有害生物。如此这些选择方案也需要评估，而且适合用于有害生物在风险分析地已经存在但分布不广的情况。

（5）风险管理方案的筛选

1）针对货物的筛选方案。所采取的方案可以包括以下任何措施的组合：检查或检验有害生物的有无或有害生物的特殊忍耐性，检验时，抽样样本应该足够大，以保证检测结果代表货物总体；禁止寄主器官（部分寄主，如果树接穗、果实等）的输入；进入前或进入后的检疫系统——这个系统是目前最精细、最彻底的检查或检验形式，适用于设施和财力资源较好的地区，对某些不易发现的有害生物而言，这个系统是唯一可以选择的方案；预先规定货物的限定条件（如进行防止侵染或再次侵染的处理）；货物特别处理——这种处理方法适用于采收后处理，包括化学处理、高温处理、辐照或其他物理方法；限制商品的用途、分配和入境周期。

还可以采取管理措施限制携带有害生物的货物输入。"携带有害生物的货物"的概念用于某些植物性货物在其输入时被认为携带有害生物。这些"携带有害生物的货物"可限于产生较少风险的物种或品种。

2）针对防止或减少受侵袭作物的筛选方案。该项措施的选择可以包括：处理作物、大田或产地；限制货物组成，选择抗性品种或非易感品种的货物，在特别保护条件下种植植物

（温室、隔离区）；在一定的发育期或一年中特定的时间收获植物；按许可计划生产，因为官方监测的植物生产计划通常是从高度健康母株开始，监测管理多代，这样可以确切地说明植物来源于有限的少数几代。

3）确保作物及其生产地区、地域或地块无有害生物的筛选方案。管理措施可以确保的方面包括：非疫地区（无有害生物地区），对非疫地区状况的要求已经在《植物检疫措施国际标准》第4号标准——建立非疫地区的要求中进行了阐述；非疫生产地域或生产地块（生产地域或生产地块无有害生物），对非疫生产地域或非疫生产地块的要求已经在《植物检疫措施国际标准》第10号标准——建立非疫生产地域或非疫生产地块的要求中进行了阐述；检查作物，确认不携带有害生物。

4）针对其他形式入境的筛选方案。关于有害生物通过许多类型的路径进入的问题，还可以采用上面考虑的有关植物和植物产品的管理措施以检查货物中的有害生物或防止货物被侵染。有害生物进入途径的类型，应考虑以下因素：①有害生物的自然扩散，包括通过飞机、风、昆虫或鸟等媒介的自然迁移。如果有害生物正在通过自然扩散进入风险分析地或者在近期内可能进入，检疫管理措施可能很难奏效。在这种情况下，可以考虑在来源地采取防治措施，还可以考虑在有害生物进入之后在风险分析地进行隔离或根除，并辅以控制和监测措施。②关于旅客及其行李方面的措施可以包括针对性的检查、宣传和罚款或鼓励措施，在某些情况下，可以采取处理方法。③对于受污染的器械或运输工具（船、火车、飞机、公路运输），可以进行清洗或消毒。

5）输入国的境内筛选方案。也可以在输入国境内采用某些适用的措施，这些措施可以包括：对旅客认真解释，以尽早发现有害生物的进入；消灭任何疫源的根除计划；限制扩散的隔离措施。

关于进口植物，在有害生物风险较大的不确定性地区，可以在输入时不采取植物检疫措施，而是在进入后仅采用监测或其他步骤（如由国家植保机构监测，或在其监督下由相关部门监测）。

6）禁止商品进入。如果没有找到有效可行的措施将风险降至可接受的水平，最后方案可能是禁止有关商品输入。这种方法应作为最后方案，并应根据预期效率加以考虑，尤其对那些极力逃避海关检疫性检查的非法输入货物，更要重点考虑这一管理方案。

（6）植物检疫证书和其他遵循措施　　风险管理包括考虑遵循适合的检疫措施，其中最重要的就是出口证明（见《植物检疫措施国际标准》第7号标准——出口验证体系）。植物检疫证书的颁发（见《植物检疫措施国际标准》第12号标准——植物检疫证书指南）正式保证了所发送货物的安全性，表明货物无检疫性有害生物，符合输入缔约方的要求，即货物"据认为没有输入缔约方规定的检疫性有害生物，符合输入缔约方现行植物检疫要求"。植物检疫证书证实规定的风险管理方案已得到执行，也许需要另外声明来表示某项特别措施已经执行，可以根据双边或多边协定采用其他遵循措施。

（7）有害生物风险管理小结　　有害生物风险管理程序的结果应该是两种可能：要么未确定管理措施，认为没有适合的措施；要么选择了一个或几个管理措施，发现这些措施可以降低有害生物风险至可接受水平。这些管理方案构成植物检疫法规或要求的基础。

毫无疑问，《国际植物保护公约》缔约方有责任和义务坚持遵守这些法规。

植物检疫措施中涉及的环境风险部分，应该通知国家负责生物多样性政策、策略和行动计划的主管部门。

值得注意的是：与有关环境风险部门的及时沟通和交流特别重要。

"修改"原则中指出，"由于条件的变化和新情况的出现，应及时对植物检疫措施进行修改，要么修改包括禁止、限制或要求在内的必要措施，要么免除那些不必要的措施"（《植物检疫措施国际标准》第1号标准——与国际贸易有关的植物检疫原则）。

因此，并不是始终不变地执行植物检疫措施，而是在措施被采纳后，在应用过程中，通过追踪监测的方式确定成功的（能够达到预期目的的）管理措施，这常常是通过检查到达货物、通报截获案例或有害生物传入风险分析地的事件来检验管理措施的成功与否。有关有害生物风险分析的信息报道要定期更新，以保证及时发布新信息，以避免做出过期无用的决定。

（三）有害生物风险分析文档

1. 文档要求

《国际植物保护公约》和透明度原则（《植物检疫措施国际标准》第1号标准——与国际贸易有关的植物检疫原则）要求各国根据植物检疫要求建立有效的基本理由文档。各国应该充分记录从开始启动到有害生物风险管理的整个过程，以清楚的信息来源作为征求管理措施的反馈意见的依据，或出现争端时的依据。基本理由文档还可以清楚地作为管理决策的基本论据。

2. 文档的要点

有害生物风险分析的目的；有害生物种类、有害生物清单、传播途径、风险分析地、受威胁地区；信息来源；有害生物归类清单；风险评估小结，包括可能性、影响结果；风险管理，包括管理方案的筛选和最终确定。

四、中国有害生物风险分析程序

1995年，中国植物有害生物风险分析工作组在考察了联合国粮食及农业组织（FAO）《植物检疫措施国际标准》"有害生物风险分析准则"及世界贸易组织（WTO）《实施动植物卫生检疫措施的协议》（SPS协议）的基础上，结合中国实际情况制定了中国有害生物风险分析程序，工作流程如图1-3所示。

扩展阅读1-4

该程序是进行植物有害生物风险分析（PRA）的完整步骤，在实践中，可能会针对具体情况进行调整。

（一）从传播途径开始的风险分析

此情况通常是开始进行一种新商品（植物或植物产品）或新产地的商品的国际贸易，传播途径可能涉及一个或若干个原产地，应按以下步骤进行。

第一步，由输出国提出要求，并列入国家局计划，要求输出国检疫部门提供有关材料，包括随该商品可能传带的有害生物名单或该商品在产地发生的有害生物名单、进行官方防治的措施及风险分析所需的相关资料。

第二步，潜在的检疫性有害生物名单的确定。查阅文献资料，对输出国提供的有害生物名单进行核查与补充。提出可能随该商品传带的有害生物名单。根据检疫性有害生物定义，确定中国关心的潜在的检疫性有害生物名单。

第三步，对每一种中国关心的潜在的检疫性有害生物逐个进行风险评估。传入可能性评估包括进入可能性评估和定殖可能、扩散可能性评估、传入后果评估。

第四步，总体风险归纳。

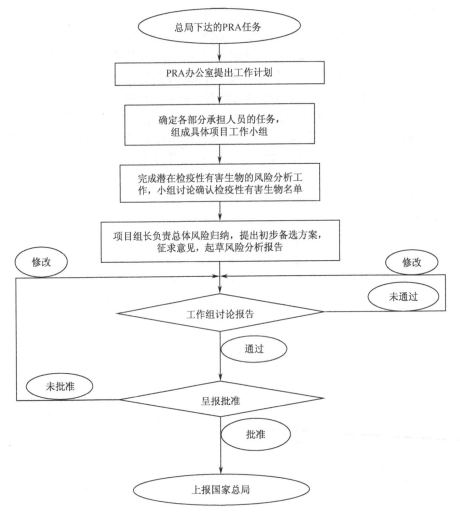

图 1-3　中国有害生物风险分析程序工作流程

第五步，备选方案的提出。根据总体风险，提出降低风险的植物检疫措施建议。

第六步，就总体风险和降低风险的措施方案征求有关专家和管理者意见。

第七步，评估报告的产生。评估报告的内容主要包括风险评估概要；工作流程交接登记表；风险评估要求描述；与商品有关的有害生物名单；潜在的检疫性有害生物名单，应列出筛选依据，逐条简述。

第八步，对风险评估进行评价，征求有关专家的意见。

第九步，风险管理。

适当保护水平（ALOP）的确定，必要时，结合经济、社会因素，提出 ALOP；降低风险备选方案的可行性评估；建议的检疫措施；征求意见。

管理报告主要包括适当保护水平的描述、对备选方案的可行性评价、征求意见及答复、决策建议及有关文件等。

第十步，完成风险分析报告。

将风险评估报告和风险管理报告综合为最终的 PRA 报告。报告内容包括有害生物名单、中国关心的检疫性有害生物名单及风险管理措施建议等。必要时，向出口国提供。

第十一步，在实施检疫措施后，应监督其有效性，必要时对建议措施进行评价。

（二）从有害生物开始的风险分析

参照 FAO "有害生物风险分析准则" 的有关内容，针对一种或多种有害生物进行风险分析，应按以下步骤进行。

第一步，有害生物的鉴定或选定。

第二步，对有害生物进行风险评估，以确定是否为潜在的检疫性有害生物：传入可能性评估，包括进入可能性评估和定殖可能性评估；扩散可能性评估；传入后果评估，包括经济、社会、环境等方面。

第三步，降低风险备选方案的提出，根据风险评估结果，提出降低风险的植物检疫措施建议。

第四步，风险评估结果和植物检疫措施建议，征求有关专家和管理者意见。

第五步，形成 PRA 风险评估报告。风险评估，包括寄主可得性及其适生性等。评估报告要包括数据单、参考文献等，降低风险的备选方案、征求意见的答复或解释。

第六步，征求有关专家对 PRA 报告的意见。

第七步，风险管理。适当保护水平（ALOP）的确定；备选方案的可行性评估；征求意见；决策建议。

第八步，PRA 报告的形成。包括风险评估报告和风险管理报告的综合，内容包括单一有害生物风险评估及风险管理措施建议等。

五、中国植物害虫风险分析案例

自 2002 年以来，植物害虫在中国的风险性分析案例报道陆续可见，尤其近年的案例报道逐渐增多，如纵坑切梢小蠹（*Tomicus piniperda* L.）、菜豆象 [*Acanthoscelides obtectus*（Say）]、草履蚧（*Drosicha corpulenta* Kuwana）、橘小实蝇（*Bactorocera dorsalis*）、三叶斑潜蝇（*Liriomyza trifolii* Burgess）、苹果绵蚜 [*Eriosoma lanigerum*（Hausmann）]、红棕象甲 [*Rhynchophorus ferrugineus*（Olivier）] 等。

扩展阅读 1-5

除此之外，为明确植物害虫在中国的潜在风险性，还见对某些植物害虫的潜在危险性的报道，如对刺桐姬小蜂（*Quadrastichus erythrinae* Kim）在中国的适生区预测等报道。

目前中国对植物害虫的风险性分析基本上采用相同的模式，即根据联合国粮食及农业组织（FAO）《国际植物保护公约》（IPPC）的 "有害生物风险分析准则"，依据《植物检疫措施国际标准》规定的有害生物风险分析（PRA）程序，运用有害生物风险分析的方法，从国内分布状况、潜在为害性、寄主植物经济重要性、传播扩散的可能性以及危险性的管理难度等方面，进行定性、定量分析，综合评价植物害虫的危险性。

下面以入侵植物害虫——苹果绵蚜在中国的风险性分析为例进行说明。

近年来，随着苹果栽培面积的增加，调运果树苗木和接穗的规模在不断增大，苹果绵蚜在我国部分地区的发生与为害日趋加重，蔓延逐渐扩大，是给我国农业生产带来严重危害的入侵植物害虫。

为保护我国生态环境和农业生产安全，吴海军等（2007）在广泛收集和分析苹果绵蚜的生物学、生态学以及其他相关资料的基础上，运用《植物检疫措施国际标准》的有害生物风险分析（PRA）程序，通过建立传入风险分析评估模型，采用定性分析和多指标综合评估相结合的方法对苹果绵蚜的风险性进行了定性和定量分析，从国内分布状况、潜在危害性、寄主植物经济重要性、传播扩散的可能性以及风险管理难度等方面综合评价了苹果绵蚜在我国的危险性。

1. 定性分析

对于苹果绵蚜在中国的风险性分析，按照顺序分解为：国内外分布状况（P_1）、危害性（P_2）、寄主情况（P_3）、传播扩散的可能性（P_4）及风险管理难度（P_5）。

（1）国内外分布状况（P_1）

1）国外分布（P_{11}）。苹果绵蚜原产于北美洲东部，最早发现于美国，后传入欧洲、大洋洲和亚洲的日本、朝鲜、印度等国家。现分布于 70 余个国家和地区。

2）中国分布（P_{12}）。根据近年来的普查和公开文献统计，目前该虫在我国辽宁、河北、山东、云南、西藏等地局部发生。

（2）危害性（P_2）

1）潜在经济危害性（P_{21}）。苹果绵蚜生活周期短，繁殖能力强，虫口数量大。在我国已发生的山东青岛一年发生 17～18 代，河北唐山 12～14 代，辽宁 11～13 代，云南昆明 23～26 代，西藏 7～23 代。

该虫主要以无翅胎生雌蚜和若虫危害寄主植物的枝干和根部，多密集在苹果树背光的病虫伤口、剪锯口、新梢叶腋、果柄、萼洼以及地下根部和露出地表的根际处危害，吸取树液养分，渐渐在枝干或根被害部形成虫瘿，以后形成肿瘤，久则破裂，造成大小、深浅不同的伤口，更适合此虫的危害。

苹果绵蚜的为害，首先严重影响苹果树的生长发育和花芽分化，在较短的时间内使树势衰弱，输导组织破坏，树龄缩短，产量及品质下降，甚至绝收。其次由于瘤状虫瘿的破裂，容易招致其他病虫害的侵袭，严重时可造成整株枯死，直至毁园。1985 年山东烟台约 86 万棵苹果树遭到苹果绵蚜危害，虫株率达 10%，减产 4%～25%。

2）其他检疫性有害生物的传播媒介（P_{22}）。该虫不传带其他检疫性有害生物。

3）国外重视程度（P_{23}）。为世界性检疫害虫。

（3）寄主情况（P_3）

1）受害寄主的种类（P_{31}）。苹果绵蚜的寄主植物以苹果为主，其次有海棠、沙果、山荆子等。在原产地还以杨梨、山楂、美国榆等为寄主。

2）受害寄主植物的栽培面积（P_{32}）和经济重要性（P_{33}）。苹果是中国最主要的果树树种之一，广泛种植于全国南北各地，种植面积名列世界首位。全世界苹果栽培总面积约在 563.5 万 hm^2，而中国的苹果栽培面积达 225.4 万 hm^2，占世界苹果栽培面积的 40%，占全国水果栽培面积的 25%；全世界苹果总产量达 5991.49 万吨，而中国的苹果总产量有 2043.1 万吨，占世界苹果总产量的 34.1%，占全国水果总产量的 33.3%。中国苹果产值年均达到 346 亿元，占全国水果总产值的 43.3%。

加入 WTO 以后，苹果是我国为数不多的具有明显国际竞争力的农产品之一。全国出口苹果 29.8 万吨，出口金额达 0.97 亿美元，约占世界苹果出口量的 5%。由此可见，苹果在我国具有重要的经济价值和生态效益。

（4）传播扩散的可能性（P_4）　苹果绵蚜传播途径主要靠苗木、接穗、果实及其包装物、果箱、果筐等远距离传播。据报道，该蚜虫最早于 1914 年传入我国山东和辽宁；以后又于 1926 年从日本传入大连，之后又传至天津；云南昆明的苹果绵蚜是 1930 年由美国带进的 4 株苹果苗而传入；西藏的苹果绵蚜由印度传入。2006 年广东检验检疫局又在辖区范围内从进境的美国水果中截获到苹果绵蚜。

苹果绵蚜在田间靠有翅蚜或剪枝、疏花疏果等农事操作而迁飞扩散。苹果绵蚜的适应性很强，根据其生物学特性，我国大部分苹果产区都是苹果绵蚜的适生区。

苹果绵蚜传入并扩散为害的可能性较大，可随交通工具和进口货物传入我国。一旦传入，将会迅速扩散蔓延，给我国的苹果生产和出口带来重大损失和影响。

（5）风险管理难度（P_5）　苹果绵蚜虫体小，检疫鉴定有一定难度。该虫生活周期短，一年可发生多个世代。在我国为孤雌生殖世代，常寄生于寄主的枝干和根部，并在根部的土层中越冬。同时由于苹果绵蚜各种虫态均覆有白色绵状物，不利于药剂防治，在条件适宜的环境下极易暴发成灾，很难根治。

扩展阅读 1-6

苹果绵蚜的传播途径广、速度快、为害大、隐蔽强、生态适应性强、难防治等这些生物学特点，导致检疫和根除的难度较大。

2. 定量分析

（1）苹果绵蚜风险性评估体系的建立　根据我国有害生物风险评估定量分析指标体系及多指标综合评估方法，对苹果绵蚜的指标体系进行量化分析和赋予分值（表 1-1），对各指标（P_i）和综合风险值（R）进行计算。

表 1-1　苹果绵蚜风险性分析评估指标及赋值

评判指标	评判标准及理由	赋值
分布状况（P_1）		
国外分布状况（P_{11}）	标准：分布的国家占世界总数的 50% 以上，$P_{11}=3$； 　　　分布的国家占世界总数的 20%～50%，$P_{11}=2$； 　　　在 0～20%，$P_{11}=1$；无分布，$P_{11}=0$ 理由：该虫在世界 50% 以上国家有分布。分布于世界六大洲苹果产区 70 余个国家和地区	3
国内分布状况（P_{12}）	标准：无分布，$P_{12}=3$；分布面积在 0%～20%，$P_{12}=2$； 　　　在 20%～50%，$P_{12}=1$；大于 50%，$P_{12}=0$ 理由：国内 5 个省（自治区、直辖市）的局部地区发生，分布在 0～20%	2
危害性（P_2）		
潜在的经济危害性（P_{21}）	标准：预测造成的产量损失达 20% 以上，和／或严重地降低寄主产品质量， 　　　$P_{21}=3$；产量损失在 5%～20%，和／或较大地降低寄主产品质量，$P_{21}=2$； 　　　产量损失在 1%～5%，和／或较小降低寄主产品质量，$P_{21}=1$；产量损 　　　失小于 1%，对质量无影响，$P_{21}=0$ 理由：在山东烟台曾造成减产 4%～20% 的损失	2
是否为其他检疫性有害生物的传播媒介（P_{22}）	标准：可传带 3 种以上的检疫性有害生物，$P_{22}=3$；传带 2 种检疫性有害生 　　　物，$P_{22}=2$；传带 1 种，$P_{22}=1$；不传带，$P_{22}=0$ 理由：不传带其他检疫性有害生物	0
国外重视程度（P_{23}）	标准：有 20 个以上国家将其列为检疫对象，$P_{23}=3$；有 10～19 个国家将其 　　　列为检疫对象，$P_{23}=2$；有 1～9 个国家将其列为检疫对象，$P_{23}=1$；无国家，$P_{23}=0$ 理由：为世界性检疫害虫	3
寄主情况（P_3）		
受害栽培寄主的种类（P_{31}）	标准：受害农作物寄主达 10 种以上，$P_{31}=3$；受害寄主 5～9 种，$P_{31}=2$； 　　　受害寄主 1～4 种，$P_{31}=1$；无受害寄主，$P_{31}=0$ 理由：受害寄主 6～9 种	2

续表

评判指标	评判标准及理由	赋值
受害寄主的栽培面积（P_{32}）	标准：受害寄主的栽培总面积达 350 万 hm^2 以上，$P_{32}=3$； 受害寄主的栽培总面积达 150 万～350 万 hm^2，$P_{32}=2$； 受害总面积小于 150 万 hm^2，$P_{32}=1$；无受害寄主，$P_{32}=0$ 理由：全国苹果栽培面积超过 225.4 万 hm^2	2
受害寄主的特殊经济价值（P_{33}）	标准：由专家根据其应用价值、出口创汇等方面定级为 $P_{33}=3$ 或 $P_{33}=2$；或 $P_{33}=1$；或 $P_{33}=0$ 理由：对生态效应、出口价值、经济价值和社会价值影响很大	2
传播扩散的可能性（P_4）		
截获频繁程度（P_{41}）	标准：经常被截获，$P_{41}=3$；偶尔被截获，$P_{41}=2$； 从未被截获或历史上只截获过少数几次，$P_{41}=1$； 因现有技术原因，本项目不设 0 级 理由：在口岸偶尔被截获	2
运输中有害生物的存活率（P_{42}）	标准：运输中有害生物的存活率在 40% 以上，$P_{42}=3$； 在 10%～40%，$P_{42}=2$；在 1%～9%，$P_{42}=1$； 存活率为 0，$P_{42}=0$ 理由：苹果绵蚜具较强的生存能力，存活率 40% 以上	3
国内的适生范围（P_{43}）	标准：在国内 50% 以上地区适生，$P_{43}=3$；在 25%～50%，$P_{43}=2$；在 1%～24%，$P_{43}=1$；无适生地，$P_{43}=0$ 理由：预计苹果绵蚜在国内适生范围在 25%～50%	2
传播途径或能力（P_{44}）	标准：有害生物通过气体传播，$P_{44}=3$；由活动能力很强的介体传播，$P_{44}=2$； 通过土壤或有害生物传播力很弱，$P_{44}=1$；本项目不设 0 级 理由：苹果绵蚜属于由活动能力很强的介体传播的有害生物	2
风险管理难度（P_5）		
检验鉴定的难度（P_{51}）	标准：现有检验鉴定方法可靠性很低，花费时间很长，$P_{51}=3$；现有检验鉴 定方法可靠性较低，花费时间较长，$P_{51}=2$；方法基本可靠性，简便， $P_{51}=1$；方法可靠，快速，$P_{51}=0$ 理由：现有检验鉴定方法可靠，但花费时间一定的时间	2
除害处理的难度（P_{52}）	标准：现有除害处理方法几乎完全不能杀死有害生物，$P_{52}=3$；除害率在 50% 以下，$P_{52}=2$；除害率在 50%～100%，$P_{52}=1$；除害率 100%， $P_{52}=0$ 理由：用熏蒸和药剂处理苗木，除害率在 50% 以下	2
根除难度（P_{53}）	标准：田间防治效果差，成本高，难度大，$P_{53}=3$；田间防治效果较差，成 本较高，有一定难度，$P_{53}=2$；田间防治效果一般，防治成本和难度 都一般，$P_{53}=1$；田间防治效果显著，成本低，简便，$P_{53}=0$ 理由：田间防治困难，不能完全根除	2

（2）苹果绵蚜风险性评判指标值和综合风险性 R 值计算　　根据综合评判方法，分别对各项一级指标值（P_i）和综合风险值 R 进行计算，其中：

$$P_1=0.5P_{11}+0.5P_{12}=0.5\times3+0.5\times2=2.5$$

$$P_2=0.6P_{21}+0.2P_{22}+0.2P_{23}=0.6\times2+0.2\times0+0.2\times3=1.8$$

$$P_3=\max（P_{31}, P_{32}, P_{33}）=\max（2, 2, 2）=2$$

$$P_4=（P_{41}\cdot P_{42}\cdot P_{43}\cdot P_{44}）^{1/4}=（2\times3\times2\times2）^{1/4}=（24）^{1/4}=2.2$$

$$P_5=（P_{51}+P_{52}+P_{53}）/3=（2+2+2）/3=2$$

$$R=（P_1\cdot P_2\cdot P_3\cdot P_4\cdot P_5）^{1/5}=（2.5\times1.8\times2\times2.2\times2）^{1/5}=（39.6）^{1/5}=1.92$$

根据 R 值的大小，可将风险程度划分为 4 级，其中 R 值 2.5～3.0 为极高风险；2.0～2.4为高风险；1.5～1.9 为中风险；1.0～1.4 为低风险；1.0 以下为无风险。

按照综合评判方法定量分析和计算出苹果绵蚜的 R 值为 1.92，即为风险中等程度偏高的有害生物，在中国具有较大的风险性，应实施检疫，与中国将其列为植物检疫潜在危险性害虫相一致。

3. 风险性管理

作为 WTO 成员，在制定检疫措施时，应符合 WTO 的 SPS 协议，考虑尽量减少对贸易的消极影响，现提出如下苹果绵蚜风险管理的备选方案并进行效率和影响评估，以期使苹果绵蚜传入风险减少到可接受水平。

（1）风险管理的备选方案

1）备选方案一：禁止从苹果绵蚜疫区国家和地区输入苹果绵蚜寄主植物的苗木、接穗和果实及其包装物。

2）备选方案二：对来自疫区或疫情发生区的苗木、接穗、果实及其包装物必须经过药剂或熏蒸除害等检疫处理。

（2）备选方案的效率和影响评估

1）备选方案一：本方案在考虑制定降低风险的管理措施时，首先考虑的是完全禁止从疫区输入苹果绵蚜寄主植物的苗木、接穗和果实及其包装物，从有效性、可执行性和可操作性来考虑，该方案最有效，可完全排除苹果绵蚜进入的风险。但是，完全实施检疫封锁将严重地影响我国的对外贸易，产生消极的贸易影响。所以，该备选方案的管理措施与 SPS 协议的原则不完全一致，建议不予采纳。因此除在紧急情况下，一般不应随便采用该方案。

2）备选方案二：使用化学药剂浸泡苗木和接穗以及用熏蒸剂（如溴甲烷等）熏蒸处理是植物苗木除害常使用的一种有效的处理手段，可有效地杀死苹果绵蚜，也是目前其他国家对来自苹果绵蚜疫区的寄主苗木和接穗所要求进行的处理措施。该备选方案的检疫处理措施将极大地降低苹果绵蚜传入中国的风险，是很有效的降低风险措施，可使苹果绵蚜传入中国的风险降低到我国可接受水平。

目前，世界上多数国家和地区均可方便地进行药剂和熏蒸等检疫处理，操作性强，由于需要进行检疫处理，将不可避免地增加一定的商业成本，但这种成本的增加是有限的，不足以对贸易产生大的影响，与苹果绵蚜在中国定殖并全面扩散、对苹果产业造成毁灭性打击相比，对贸易的影响是微不足道的。因此，该方案完全相符国际惯例以及 SPS 协议的"最低影响"原则和宗旨，是目前可供选择降低风险管理措施的最佳方案。此外，也可以采取其他经我国认可行之有效的除害处理方法。

复习思考题

1. 为什么要进行植物虫害检疫？

2. 影响昆虫地理分布的因素有哪些？

3. 害虫传播扩散的途径有哪些？

4. 举例说明害虫人为传播扩散的危害性。

5. 说明害虫传入新区后种群的几种发展趋势。

6. 说明有些害虫传入新区后危害性比原产地加重的原因。

7. 有害生物风险分析的概念、目的、作用、意义是什么？

8. 有害生物风险分析包括哪几个阶段？

9. 有害生物风险分析各阶段的要点是什么？

第二章 检疫性害虫的检疫程序与方法

内容提要：本章主要介绍与检疫性害虫有关的检疫程序与方法。在检疫程序方面，首先介绍了植物检疫的一般程序和相关概念，然后分别介绍了与检疫性害虫有关的国内植物害虫检疫程序和出入境植物害虫检疫程序。在检疫方法方面，按检疫物分别介绍了粮油和饲料、瓜果和蔬菜、植物繁殖材料、观赏植物和栽培介质、木材和竹藤及其他植物产品的检疫方法。

第一节 检疫性害虫的检疫程序

一、植物检疫的一般程序

植物检疫程序一般涉及检疫许可、检疫申报、检验检疫、检疫处理、出证放行和检疫监管6个环节（图2-1）。随着经济全球化和信息技术的发展，国内外贸易中商品的生产、加工、包装、运输、贮存和交易等方式发生了根本性的变化，因此探索适应快进出、少周转、"零"库存的现代物流需要，提高检疫工作的便利化水平越来越受到重视。

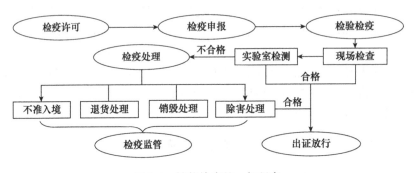

图 2-1 植物检疫的一般程序

（一）检疫许可

检疫许可是指在准备出入境或过境某些可能携带检疫性有害生物的检疫物时，货主单位或个人须向检验检疫机构提前提出申请，检验检疫机构审查并决定是否批准出入境或过境的法定程序。

1. 检疫许可的主要作用

（1）避免盲目入境，减少经济损失　　作为货主，对输出方检疫性有害生物的了解往往较为有限，对输入方植物检疫法律法规的掌握也不一定全面。因此，可能出现直接输入或引进某些货物的情况，而这些货物是需要经过检疫许可才能入境的。一旦这些货物抵达口岸或目的地，则会因违反植物检疫法律法规而被退回或销毁，从而造成经济损失。而经过检疫许可，能够明确拟输入、引进或过境的货物是否可以入境或过境，从而避免输入、引进或过境的盲目性。

（2）提出检疫要求，加强预防传入　　在办理植物检疫许可的过程中，检验检疫机构依据有关法律法规和输出方的有害生物疫情来决定是否批准输入。如果允许输入，则会提出相应的检疫要求，如要求该批货物不准携带某些有害生物或必须进行除害处理等。因此，检疫许可能有效预防检疫性有害生物的传入。

（3）依据贸易合同，进行合理索赔　　检验检疫机构将上述植物检疫要求通知货主后，货主即可告之输出方植物检疫要求，并将其写入贸易合同或协议中。货物到达口岸或目的地后，若输入方检验检疫机构确定不符合植物检疫要求，如检出某些不准输入的检疫性有害生物，货主可依据贸易合同中的植物检疫约定向输出方提出合理索赔。

2. 检疫许可的类型和范围

（1）检疫许可的类型　　依据植物检疫许可物的范围分为一般许可和特殊许可两种基本类型。一般许可主要针对通过货物贸易、科技合作、赠送、援助或携带、寄递等入境或过境的植物检疫许可物。特殊许可主要针对国家规定的禁止入境物，但因科学研究等特殊需要又必须引进的植物检疫许可物。

（2）检疫许可的范围　　在一般许可中，植物检疫许可物的范围主要包括粮食、饲料、瓜果、蔬菜等农产品，种子、苗木和其他繁殖材料，观赏植物、花卉和栽培介质，木材、木制品和木质包装物，竹、藤、柳、草等制品，棉花、烟草、中药材、茶叶等植物产品。在特殊许可中，植物检疫许可物的范围主要包括禁止入境的有害生物活体、动物尸体和标本、植物疫情流行国家或地区的有关植物、植物产品和其他检疫物、土壤等。

3. 检疫许可的基本手续

在我国，根据植物检疫物的不同，检疫许可归口不同部门的检验检疫机构审批。其中海关总署及其所属的检验检疫机构负责一般许可的植物及其产品和特殊许可的植物繁殖材料，农业或林业行政主管部门及其所属的植物检疫机构负责一般许可的农作物或林木种子、苗木和其他繁殖材料，如从国外引进蔬菜良种前需要在国务院或省级农业行政主管部门所属的植物检疫机构办理检疫许可手续（图2-2）。通常办理检疫许可包括以下3个环节。

图2-2　引进蔬菜种子的检疫许可（仿夏红民，2002）

（1）获取单证　　从相关检验检疫机构网站下载或到当地相关检验检疫机构领取植物检疫许可证申请表，并按要求填写打印。

（2）报请批准　　将申请表、上级主管部门的证明材料和植物检疫监督管理说明材料等报送检验检疫机构审批。

（3）批准输入　　检验检疫机构根据申请和待批检疫物入境后的用途等，签发许可证，标明批准的货物种类和数量、植物检疫要求、入境口岸、许可证有效期等内容。若变更输入物种类或数量、变更输出国家或地区、变更入境口岸或许可证超过有效期等，均需重新办理检疫许可。

（二）检疫申报

检疫申报简称报检，是指可能携带检疫性有害生物的检疫物出入境或过境时，货主或其代理人向检验检疫机构申请检验检疫的法定程序。检验检疫机构接到货主或其代理人递交的报检材料后，应准确核对相关单证和做好实施检验检疫的必要准备。

1．检疫申报的检疫物范围

在出入境植物检疫中有 4 类检疫物需要报检。一是输入或输出植物及其产品和其他检疫物；二是装载植物及其产品和其他检疫物的容器、包装物；三是来自检疫性有害生物疫区的运输工具；四是过境的植物及其产品和其他检疫物。在国内植物检疫中，检疫物范围根据国务院农业和林业行政主管部门公布的植物检疫名单和调入地省级农业和林业行政主管部门公布的补充名单确定。

2．接受报检的检疫机构

接受出入境或过境检验检疫申报的机构是到达口岸所在地的出入境检验检疫机构，其中入境或过境检疫物向入境口岸的检验检疫机构报检，出境检疫物向出境口岸的检验检疫机构报检。接受国内调运植物检疫申报的检疫机构是各省（自治区、直辖市）农业或林业行政主管部门所属的植物检疫机构及其授权的地（市）、县级植物检疫机构。

3．检疫申报的基本手续

出入境植物检疫申报由登记备案的报检企业进行，报检企业的报检员凭报检员证向检验检疫机构办理手续，报检员由检验检疫机构负责考核。办理检疫申报手续时，报检员首先填写报检单或通过自助式电子报检系统完成，然后将报检单、输出国家或地区官方机构出具的植物检疫证书、产地检疫证书、检疫处理证书、贸易合同、信用证、发票等单证一并交检验检疫机构。如果属于应办理检疫许可的检疫物，还需提供许可证或审批单。

国内调运植物检疫一般由供货单位、个人或其代理人办理。首先，供货单位或个人通过进货方向调入地植物检疫机构了解调入地的植物检疫要求。然后，凭介绍信或身份证向所在地植物检疫机构报检，填写植物及其产品调运检疫申报单，并加盖单位公章或个人私章。

遇有下述 3 种情况之一时，货主或代理人应及时向检验检疫机构申请办理检疫申报变更。一是货物运抵口岸或调入地后，在实施检验检疫前从提货单中发现原报检内容与实际货物不相符；二是出境或调出货物已报检，但原申报的输出货物品种、数量或输出地需作改动；三是出境或调出货物已报检，并经检验检疫或出具了植物检疫证书，但货主又需作改动。

（三）检验检疫

检验检疫包括现场检查和实验室检测两个方面。二者相辅相成，但在实施顺序、实施场所、主要任务、主要方法、所需设备以及对检验检疫人员要求等方面有所差别（表 2-1）。

表 2-1　现场检查和实验室检测的比较

比较内容	现场检查	实验室检测
实施顺序	先	后
实施场所	现场（机场、车站、码头、田间、仓库、邮局等）	实验室（检疫机构、检测中心等）
主要任务	检查单证、抽取样品	制备样品、鉴定种类
主要方法	肉眼检查	镜检、生化检测、分子鉴定等
所需设备	放大镜、多孔筛、X 光机、检疫犬等	解剖镜、显微镜、分析仪器等
人员要求	具备专业基础知识和现场检查经验	具备扎实的专业技能，熟悉仪器设备和检测技术

1. 现场检查

现场检查是检验检疫人员在现场环境中对输入或输出的检疫物进行检查和抽样，并初步确认是否符合相关植物检疫要求的法定程序。检查时主要对应检疫货物及其包装和运输工具、存放场所、携带物和寄递物等进行查验。在检查货物时，检验检疫人员应首先查验许可证、报检单、植物检疫证书等单证，检查是否与货物、报检情况相符合，然后对货物进行详细的检查和抽样。在检查包装材料和运输工具时，检验检疫人员在机场、码头（锚地）、车站等地，登机、登船、登车进行植物检疫，应着重检查装载货物的船舱、车厢或集装箱内外上下四壁、缝隙、边角，以及包装物、铺垫材料、残留物等容易潜伏有害生物的地方。在检查旅客携带物时，检验检疫人员可借助 X 光机、检疫犬（图 2-3）等检查行李中的携带物，发现可疑物时应要求旅客打开包裹进一步检查。

图 2-3　检疫犬检查行李
（仿夏红民，2002）

2. 实验室检测

实验室检测是借助实验室仪器设备对植物检疫物样品中的有害生物进行检查、鉴定。检验检疫人员依据相关法律法规以及输入国家或地区提出的植物检疫要求，对输出或输入的植物及其产品和其他检疫物进行实验室检测。这一环节对专业技能的要求较高，需要专业人员利用现代仪器设备和技术手段，对有害生物种类做出快速、准确的鉴定。

（四）检疫处理

检疫处理是检验检疫机构根据检查、检测的结果以及相关法律法规，采取一定的方式对检疫物实施处理的法定程序。检疫物经过现场检查和实验室检测后，若发现携带有相关的检疫性有害生物，需根据实际情况和法律法规要求进行检疫处理。植物检疫处理的主要方式包括退货处理、销毁处理和除害处理等，其中除害处理常用的方法有辐照处理、热处理、低温处理等（详见第三章）。

（五）出证放行

出证放行是检验检疫机构根据检验检疫或除害处理的结果，判断合格后签发相关单证并决定准予输入、输出、过境或调运的法定程序。对入境检疫物签发通关单，对出境、过境检疫物或国内调运检疫物按 GB/T 21760《植物检疫证书准则》签发植物检疫证书。

扩展阅读 2-1

1. 入境检疫物放行条件

经检疫合格或经除害处理合格的入境检疫物，由入境口岸检验检疫机构签发通关单或在运单上加盖检疫放行章，准许入境。通过国际铁路联运或海陆联运的检疫物，需在检疫结果得出之前向内地疏散或发运的，可以先由入境口岸检验检疫机构签发入境检疫处理通知单，通知报检人或收货人在货物抵达目的地后不得分散或使用，并等候检验检疫结果，同时通知到达地出入境检验检疫机构进行监督管理。

2. 出境和过境检疫物放行条件

经检验检疫合格或经除害处理合格的出境检疫物，由出境口岸检验检疫机构签发植物检疫证书，准予出境。输入国家或地区规定本批货物必须熏蒸处理后入境并要求签发熏蒸证书的，经熏蒸处理后复查未发现有害生物后，签发检疫熏蒸证书，准予出境。超过出境货物检疫有效期限的，应进行复检，合格后签发植物检疫证书。对过境植物及其产品和其他检疫物，经检验检疫未发现检疫对象或除害处理合格的准予过境。

3. 调运检疫物的放行条件

经植物检疫未发现检疫对象的调运检疫物，签发植物检疫证书并放行，调入地进行复检但不签证。发现携带或感染检疫对象的植物及其产品，除保留样品和标本外，签发植物调运检疫结果通知单，通知申报单位或个人立即采取消毒除害、改变用途、控制使用或销毁处理等措施，并监督执行。

（六）检疫监管

检疫监管是检验检疫机构对入境或调运货物的运输、存放、生产、加工和种植等过程实行监督管理的检疫程序。由于现场检查受时间和空间、技术手段、人员素质和进境植物及其产品的特性等因素的影响较多，部分入境植物及其产品在完成现场检查后，仍需要采取有效措施对其运输、存放、生产、加工和种植等进行监督和管理，以防止其可能携带的有害生物传入境内。特别是随着经济全球化向纵深发展和我国扩大进口战略的逐步实施，土地密集型和资源型农产品的进口量将大幅度攀升，如何协调好快速通关与有效把关这对矛盾，各地对检验检疫监管进行了多种探索和尝试，如从批批检验检疫转向对生产企业分类管理，通过全面考核运输、存放、生产、加工企业的内部质量管理体系、企业诚信、守法行为等，将企业划分为不同类型，并采取相应的检疫监管方式，对一类企业放手，重点抓好二三类企业的检疫把关；又如加大企业认证力度，从主要靠随机抽样检验检疫转变为在正确评估检疫风险的前提下，采取科学、可靠的检疫技术手段，从生产、加工等环节入手，进行生产全过程检验检疫监管。

二、国内植物害虫检疫程序

国内植物检疫根据检疫对象的不同分别归口农业和林业行政主管部门管理。对于局部地区发生、危险性大、能随植物及其产品传播的害虫，应将其列为植物检疫性害虫。能够传带检疫性害虫的植物及其产品和装载容器、包装材料、铺垫物，以及来自疫区的运载工具等为检疫的范围。对于种子、苗木和其他繁殖材料，无论是否列入检疫名单和运往何地，均应列入检疫范围。国内农业和林业植物检疫性害虫名单及应施检疫的植物及其产品名单分别由国务院农业和林业行政主管部门制定和公布，各省（自治区、直辖市）农业和林业行政主管部门可根据本地区的情况制定和公布补充名单，并分别报国务院农业和林业行政主管部门备案。以上两类名单是国内各级植物检疫机构执行检疫的基本依据。

（一）调运检疫

扩展阅读 2-2

扩展阅读 2-3

调运检疫是指植物检疫机构对调运的种子、苗木和其他繁殖材料，以及其他应检疫的植物及其产品进行的检疫。其中农业植物调运按 GB 15569《农业植物调运检疫规程》执行，林业植物及其产品的调运按 GB/T 23473《林业植物及其产品调运检疫规程》执行。一般包括受理申请、检验检疫、检疫处理、签发证书等环节（图 2-4）。

1. 受理申请

调运单位或个人向当地植物检疫机构提出检疫申请，填写申请表和准备相关单证。受理机构根据调运单位或个人的申请内容，准备检疫工具，确定检疫时间、地点和方法。

2．检验检疫

包括现场检查和实验室检测两个方面。现场检查重点检查调运的植物及其产品、包装和铺垫材料、运载工具、堆放场所等有无检疫性害虫，根据货物的种类、包装和数量，对应检疫植物及其产品进行抽样。抽样方法有国家或行业标准的按最新标准执行，无标准的按照目标检疫性害虫的发生分布特点、植物及其产品和包装物的具体情况，采用对角线5点或分层取样等方法。检查各类检疫物上有无检疫性害虫及其留存痕迹，鉴定害虫种类。现场难以鉴定种类时，应采集疑似检疫性害虫标本及其为害物，带回实验室进行检测。实验室检测通过直接镜检或解剖检查检疫物，采集害虫标本，鉴定害虫种类，对于难以准确鉴定的害虫卵、幼虫或蛹，应在规定的温度、湿度和光照条件下饲养至成虫，再进行种类鉴定。

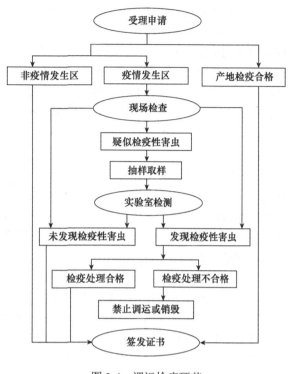

图2-4　调运检疫环节

3．检疫处理

经现场检查或室内检验发现携带有检疫性害虫的，检疫机构应向报检调运单位或个人签发检疫处理通知单。按要求完成检疫处理除害后，报检调运单位或个人须申请复检。

4．签发证书

在非检疫性害虫发生区调运植物及其产品，经核实后直接签发植物检疫证书。在检疫性害虫零星发生区调运种子、苗木等繁殖材料时，应凭产地检疫合格证签发植物检疫证书。在检疫性害虫发生区调运植物及其产品，经现场检查和实验室检测未发现检疫性害虫，或发现检疫性害虫后经检疫处理合格的，签发植物检疫证书。

5．验证复检

调入地省（自治区、直辖市）植物检疫机构或其授权的地（市）、县级植物检疫机构负责查验植物检疫证书，必要时可对调入的种子、苗木和其他繁殖材料、植物及其产品进行复检，复检不再签发植物检疫证书。

6．档案管理

调运检疫有关原始记录、单证等应保存归档。所有样品应保存1年及以上，并附有标签，注明取样时间、地点、取样数量、取样人、检验人等信息。

（二）产地检疫

产地检疫是指植物检疫机构对种苗及其他繁殖材料、植物及其产品等在原产地生产过程中进行的检疫。实行产地检疫至少具有5个方面的作用，一是可将调运时的检疫工作提前到产地进行，避免在调运检疫中由于植物材料种类多、数量大，受取样数量、取样方法及检疫时间等的限制而出现漏检现象。二是大多数检疫性害虫能在寄主植物生长季节表现出明显的被害状，易于发现和识别，比调运抽样检验快速、准确、可靠，且简便易行。三是可以避免在调运过程中发现检疫性害虫时，因采取必要的处理措施而造成的经济损失，以及因除害处理而带来的货物压港、压车、压仓和交通堵塞等弊端。四是在产地检疫过程中，可以在植物检疫机构的指导下，采取一系列预防措施和综合防治措施，及时铲除或控制检疫性害虫，把其控制在调出之前，防止检疫性害虫的传播蔓延。五是有利于促进植物检疫机构与种子、农林技术生产及推广部门的合作，建立无检疫性害虫的种苗繁育基地、母树林基地等，生产无虫种苗，使检疫工作由被动变为主动。

1. 受理申请

原种场、良种场、苗圃和其他种苗繁育基地等是产地检疫的重点。有关单位或个人应在每年的年初将本基地当年的种苗繁育计划报所在地的植物检疫机构，填写产地检疫申请书，标明种苗名称、品种及来源、繁育面积及地点、预计产量、联系人等，申请产地检疫。受理机构根据检疫性害虫常规普查和调查结果，提出繁育基地选址、选种和疫情处理等检疫建议，并制定产地检疫计划。

2. 基地选择

新建的原种场、良种场、苗圃等在选址前，应征求当地植物检疫机构的意见，选择无检疫性害虫分布的地区作为繁育基地。植物检疫机构应帮助种苗繁育单位或个人，选择符合植物检疫要求的地方建立繁育基地。繁育基地要有较好的自然隔离条件，与大田作物或林地有一定的间距。繁育基地内使用的种苗和粪肥不应携带植物病虫等有害生物，种苗应从无检疫性害虫等有害生物发生的地区调入，种植前要进行种子消毒处理。

3. 检疫检测

植物检疫机构应按制定的产地检疫计划，定期到繁育基地抽样调查，明确是否存在检疫性害虫等有害生物。调查过程中采集的害虫标本需要实验室检测时，进行实验室检测，鉴定害虫种类。

4. 疫情处理

植物检疫机构发现检疫性害虫等有害生物时，应指导繁育基地实施检疫处理或采取综合防治措施，及时铲除或控制检疫性害虫等有害生物的发生。

5. 签发证书

对产地检疫合格的种苗及其他繁殖材料、植物及其产品等，签发产地检疫合格证。产地检疫合格证只作为换发植物检疫证书的凭证，不能作为植物检疫证书使用，需要调运时凭产地检疫合格证换取植物检疫证书。对于检疫不合格的，不能作为种用和对外调运。

6. 档案管理

产地检疫有关原始调查数据、室内检测结果等资料、采集的检疫性害虫等有害生物标本和拍摄的声像资料均应保存归档，保存时间不少于2年。

（三）境外引种检疫

境外引种检疫是指对从境外引进的植物种子、苗木和其他繁殖材料进行的检疫，又称进境植物繁殖材料检疫。这些植物繁殖材料包括栽培或野生的可供繁殖的植物全株或者部分，如植株、苗木（含试管苗）、果实、种子、砧木、接穗、插条、叶片、芽体、块根、块茎、鳞茎、球茎、花粉、细胞培养材料（含转基因植物）等。检疫程序按 SN/T 2476《进境植物繁殖材料检疫规程》执行。

扩展阅读2-4

1. 检疫许可

我国实行严格的境外引种检疫许可制度，分别归口不同部门管理。其中国家海关总署所属的动植物检验检疫机构负责《中华人民共和国入境动植物检疫禁止入境物名录》规定的特殊许可植物繁殖材料，办理《进境动植物检疫许可证》。国务院农业和林业行政主管部门的植物检疫机构负责名录以外的一般许可植物繁殖材料，分别办理《引进种子、苗木检疫审批单》和《引进林木种子、苗木和其他繁殖材料检疫审批单》。

引种单位、个人或其代理人办理申请时，应说明申请引进的植物、植物部位和品种名称、引进用途和数量、输出国家或地区、引种后的种植区域等。若引进的繁殖材料为新引进或近3年未引进的，或可能潜伏有检疫性害虫的，引种单位或个人还应制定隔离试种计划。植物检疫机构受理申报后，应审查证件是否齐备，并根据输出国家或地区的疫情和两国间签订的植物检疫条款，签署审批意见，办理检疫许可。如有特殊要求的，要在审批意见栏中注明，如引进的植物繁殖材料需要隔离试种进行检疫观察的，应注明具体的条件和要求。

引种单位或个人凭许可证或审批单办理对外引种手续。必须在对外贸易合同或者协议中列入引进繁殖材料许可证或审批单上提出的对外植物检疫要求，并订明必须附有输出国家或地区出具的官方植物检疫证书，符合我国提出的对外植物检疫要求。许可证或审批单在有效期内有效，已逾有效期或需要改变引进繁殖材料品种、数量、输出国家或地区的，均须重新办理检疫许可手续（图2-5）。

2. 检疫申报

由收货单位或其代理人向植物繁殖材料入境口岸的检验检疫机构报检。报检时应提交引种检疫许可证或审批单、输出国家或地区出具的官方植物检疫证书、转口国家或地区签发的官方转口植物检疫证书、贸易合同或信用证、检验检疫机构辖区外的调离或隔离检疫场所植物检疫机构出具的同意调入函，

图2-5　重新办理检疫许可手续
（仿夏红民，2002）

以及发票、运输提单或装箱单等其他证明文件。受理检验检疫机构核对单证无误后，予以登记、编号，并安排检验检疫等事宜。

3. 检验检疫

引进繁殖材料到达口岸后，由入境口岸进行现场检查和实验室检测。检验检疫人员进行现场检查时，应首先核对品名、品种、批号、数量、唛头标记等货证是否与申报相符，不符部分予以退运或销毁处理。货证相符后再检查包装、铺垫材料、集装箱上有无黏附土壤、害虫等有害生物。然后以批次为单位，重点检查植物繁殖材料是否携带有土壤、害虫等有害生物，表面是否有明显的被害状，并进行拍照或录像，带有栽培介质的检查是否携带有土壤、害虫、植物残体等。最后进行现场抽查与抽样，出口国与我国签订有双边协定的按协定要求抽查与抽样，未签订双边协定的按 SN/T 2122《进出境植物及植物产品检疫抽样方法》进行。抽取的样品送实验室检测时，要按照相关标准和规程保证样品的时效性和完整性。现场检查过程中发现活的害虫等有害生物，须做好防止逃逸的防范措施，并按照要求对样品进行标识。现场检查完成后，填写现场检查记录和抽样凭证。实验室检测有国家或行业标准的按最

扩展阅读 2-5

新标准执行，无标准的可采用国际标准或先进国家或地区的标准，也可根据目标害虫的生物学特性直接镜检，也可以辅以分子生物学检测方法。实验室检测完成后，出具实验室检测结果报告。

4. 隔离检疫

引种检疫许可证或审批单要求进行隔离检疫的植物繁殖材料，应根据《进境植物繁殖材料检疫管理办法》和SN/T 1619《植物隔离检疫圃分级标准》核定相应的隔离场所，确定隔离

扩展阅读 2-6

检疫时间和措施。特许审批入境植物繁殖材料还需根据特许审批单的隔离要求，调入植物检疫隔离三级圃实施检疫与监管。植物繁殖材料在隔离种植期间，按照《进境植物繁殖材料检疫管理办法》和《进境植物繁殖材料隔离检疫圃管理办法》的有关规定执行。隔离检疫完成后，出具隔离检疫结果和有关的检疫报告。

5. 检疫处理

现场检查、实验室检测和（或）隔离检疫发现携带有检疫性害虫的，有有效检疫处理方法的出具检疫处理通知书，经检疫除害处理合格后方可准予入境；没有检疫处理方法的或无法检疫除害处理的，判定为不合格，禁止入境。需要索赔的出具植物检疫证书，作退货或销毁处理。现场检查、实验室检测或隔离检疫发现携带有限定的非检疫性害虫等有害生物的，按有关规定准予入境、除害处理、退货或销毁。

6. 信息上报

植物繁殖材料在口岸检验检疫和隔离种植期间发现禁止入境检疫性害虫等重大疫情的，除填写入境植物疫情及有毒有害物质报告表外，还应立即以书面形式向海关总署直属的检验检疫机构报告。

7. 档案管理

检验检疫完毕 7 个工作日内应将贸易合同、信用证、发票和装箱单、引种检疫许可证或审批单、输出或转口国家或地区出具的植物检疫证书、转口植物检疫证书、报检单、通关单、现场查验记录、出具的证书和证单、检验检疫鉴定结果报告单等有关单证进行归档。经实验室检测，发现检疫性害虫的，样品至少保存 6 个月，以备复查、谈判和仲裁，保存期满后应经无害化处理。对图片、影像等资料和害虫标本也应妥善保存。

三、出入境植物害虫检疫程序

出入境植物害虫检疫根据各国植物检疫法律法规和官方公布的检疫对象名录确定。其中我国入境植物检疫性害虫等有害生物名录和禁止入境植物及其产品名录，装载、包装、运输植物及其产品涉及的其他检疫物由国家海关总署会同国务院农业和林业行政主管部门制定，并对外公布。如果国外发生重大害虫等有害生物疫情并有可能传入我国时，国务院可以下令封锁有关口岸或禁止来自疫区的运输工具等入境。出境植物检疫性害虫及其相关的检疫物，依据输入国家或地区的植物检疫法律法规、公布的检疫对象名录、外贸合同、双边检疫协定或检疫备忘录等执行。

（一）注册登记

输入与输出国家或地区签订的双边协议、议定书等明确规定，或者输入国家或地区法律法规明确要求，对植物及其产品和其他检疫物的生产、加工、存放企业注册登记的，均需办理注册登记。输入与输出国家或地区签订的双边协议、议定书未有明确规定，且输入国家或地区法律法规未明确要求的，从事出入境检疫物生产、加工、存放企业也可申请注册登记。

注册登记程序包括提交申请、受理申请、申请评审和批准注册等环节（图2-6）。

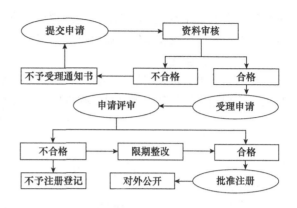

图2-6　企业登记注册程序

1. 提交申请

境外企业办理注册登记时，需通过所在国家或地区官方主管机构向我国海关总署检验检疫机构递交企业登记名册和相关材料。境内企业办理注册登记时，直接向所在地海关的检验检疫机构提交书面申请报告、申请企业法人资格证明复印件、生产、加工或存放场所平面图及相关照片、生产或加工工艺流程、管理制度和检疫措施等材料。

2. 受理申请

检验检疫机构对提交的申请材料进行初步审查，材料不全的出具补正材料告知书，不符合受理条件的出具不予受理通知书，符合受理条件的出具受理单。

3. 申请评审

对于受理的注册登记申请，检验检疫机构组织专家对申请材料进行书面审查，必要时派出专家进行实地核查，并在规定时间内完成评审。对于不予许可的境外企业，直接通知所在国家或地区递交材料的官方机构。对于不合格的境内企业，限期整改后仍不合格的出具不予注册登记决定书。

4. 批准注册

对于评审合格的境外企业由受理申请的海关总署检验检疫机构注册登记，网上公布，并通报输出国家或地区主管部门。对于评审合格的境内企业由受理申请的检验检疫机构发放注册登记证书，并报海关总署备案和对外公布。

（二）出境检疫

对输出境外的检疫物进行检疫，称为出境检疫。检疫对象、植物及其产品和其他检疫物的检疫通常包括检疫申报、检验检疫和出证放行等环节。

1. 检疫申报

货物出境前或出境时，由报检企业向启运地口岸的检验检疫机构报检。报检时填写动植物检疫报检单，并提交企业注册登记证、贸易合同或协议、装箱单等其他证明文件。受理检验检疫机构核对单证无误后，予以登记、编号，并安排检验检疫等事宜。

2. 检验检疫

受理报检机构派出检验检疫人员到仓库或货场进行现场检查，也可根据需要在生产、加工过程中实施检疫监督。出境前需经隔离检疫的，在检验检疫机构指定的隔离场所检疫。待检出境的植物及其产品和其他检疫物，应当数量齐全、包装完好、堆放整齐、标记明显，检验检疫合格的签发植物检疫证书、出境货物通关单或出境货物换证凭单等有关证单。运往出境口岸时，运输企业凭检验检疫机构颁发的单证运递，运递期间国内其他检验检疫机构不再重复检疫。

3. 出证放行

货物运达出境口岸时，若货物从启运地随原运输工具出境的由出境口岸检验检疫机构验证放行，若在口岸改换运输工具出境的换证放行。到达出境口岸后拼装的，因变更输入国家或地区而有不同检疫要求的，或超过规定的检疫有效期的，均应重新报检和检疫。

（三）入境检疫

对输入我国的检疫物进行的检疫，称为入境检疫。检疫对象、植物及其产品和其他检疫物的入境检验检疫包括入境许可、检疫申报、检验检疫、检疫处理和出证放行等环节。

图 2-7　植物及其产品进口前咨询
（仿夏红民，2002）

1. 入境许可

除了植物繁殖材料按前述的境外引种检疫分别在国家海关总署和国务院农业、林业行政主管部门办理许可外，其他所有通过贸易、科技合作、交换、赠送、援助等方式运输入境或通过携带、寄递等入境的植物及其产品和其他检疫物，均需事先向海关的检验检疫机构提出申请，办理检疫许可审批手续。进口单位或个人应在签订合同前到有关检验检疫机构咨询（图 2-7），了解是否允许进口。

需要办理入境检疫许可的检疫物共涉及三大类。一是一般许可的检疫物，包括粮谷类、饲料类、果蔬类、烟草类、薯类和植物栽培介质等。二是需要特殊许可的禁止入境的植物及其产品和其他检疫物。三是其他许可，主要针对旅客携带或寄递的少量植物繁殖材料，因特殊情况无法事先办理许可手续的，携带人、寄递人或收件人应当在货物抵达口岸时补办许可手续。取得入境检疫许可证后，若检疫物产地、种类或品种、数量、用途等改变，或输出国家或地区、入境口岸和时间、加工或使用单位等发生变更，或超过许可证有效期，均需重新办理入境许可。如果输出国家或地区在此期间突发重大植物疫情，根据国务院主管部门的公告或通知，已领取的入境许可证将自动作废。

2. 检疫申报

货物入境前或入境时，由报检企业向入境口岸检验检疫机构及其指定的地点或口岸的检验检疫机构报检。报检时填写动植物检疫报检单，并提交企业注册登记证、入境许可证、贸易合同或信用证、发票、运输提单或装箱单等其他证明文件。受理检验检疫机构核对单证无误后，予以登记、编号，并安排入境检验检疫等事宜。对于不符合检疫申报要求的入境货物，检验检疫机构可以根据具体情况，通知货主或其代理人进行退货或销毁处理。

3. 检验检疫

扩展阅读 2-7

包括现场检查和实验室检测两个方面。除了核查货证外，根据检疫物的不同采用不同的检验检疫规程，有国家或行业标准的按最新标准执行。无检疫物标准的按 SN/T 2959《昆虫常规检疫规范》执行，也可采用国际标准或先进国家或地区的标准。

4. 检疫处理

现场检查和实验室检测发现携带有检疫性害虫的，有有效检疫处理方法的出具检疫处理通知书，由货主或其代理人进行检疫除害，处理合格后方可准予入境。没有检疫处理方法的或无法检疫除害处理的，禁止入境。需要索赔的出具植物检疫证书，作退货或销毁处理。现场检查和实验室检测发现携带有其他非检疫性害虫等有害生物的，按有关规定准予入境、除害处理、退货或销毁。

5. 出证放行

入境的货物经检验检疫合格的，由入境口岸检验检疫机构在报关单上加盖印章或签发放行通知单。需要调离入境口岸海关监管区进行检验检疫的，由入境口岸检验检疫机构签发检疫调离通知单。入境的同一批货物需要分港卸货的，由卸毕港的口岸检验检疫机构汇总后统一出具检疫证明，在分卸港实施检验检疫中发现检疫性害虫，且必须进行船上熏蒸、消毒除害时，由该分卸港的口岸检验检疫机构统一出具检疫处理通知书，并及时通告其他分卸港的口岸检验检疫机构。货主或其代理人凭检验检疫机构在报关单上加盖的印章或签发的检疫放行通知单、检疫调离通知单等，办理报关、运递手续，海关核对无误后予以放行。运输企业凭单运递，运递期间国内其他检验检疫机构不再重复检疫。

（四）过境检疫

一个国家或地区输出的货物需经我国境内运往另一个国家或地区的称为过境，对过境货物进行的检疫称为过境检疫。植物及其产品和其他检疫物的过境检疫一般包括检疫申报、检验检疫、检疫处理和签证放行等环节。

1. 检疫申报

过境货物入境前或到达我国口岸时，报检企业或承运人、押运人向入境口岸的检验检疫机构报检。填写报检单并提供运单、植物检疫证书等单证，说明过境植物及其产品和其他检疫物的品名、数量、产地、输出国家或地区、输往国家或地区、过境路线、出境口岸、过境物品包装类型及包装材料、铺垫物或填充材料等。受理检验检疫机构核对单证无误后，予以登记、编号，并安排过境检疫等事宜。

2. 检验检疫

包括现场检查和实验室检测两个方面。货物陆运至口岸过境的，应根据整车过境运输、不能整车过境而需换装等情况，以及具体应检内容进行现场检查。货物海运至口岸后再换装车辆过境的，入境口岸检验检疫机构应在船舶未靠港前，在锚地进行现场检查。原装运输工具过境的，检验检疫人员应重点检查运输工具或装载容器的外表有无破损、撒漏，是否附着有土壤、害虫等有害生物。更换运输工具的，应全面检查原运输工具上有无过境检疫物的残留物及植物性铺垫物、填充材料、货物装载容器、包装物有无破损、撒漏或感染害虫等有害生物。对现场检查发现的害虫等有害生物，进行初步种类鉴定和记录，并抽扦样品带回实验室做进一步检测和鉴定。

3. 检疫处理

装载过境植物及其产品和其他检疫物的装载容器、包装物、运输工具应完好无损，不撒漏。经入境口岸检验检疫机构检查，发现运输工具或包装物、装载容器有可能造成途中撒漏的，承运人或押运人应当按照检验检疫机构的要求，采取密封措施。无法采取密封措施的，不准过境。装载过境植物及其产品和其他检疫物的运输工具、包装物经检验检疫发现检疫性害虫等有害生物的，出具检疫处理通知单，通知报检人进行清扫、喷洒药剂、熏蒸等除害处理，处理合格后准予过境。对于疫情严重，难以完成清扫、喷药、熏蒸等除害处理，而不符合检疫要求的不准过境。

4. 签证放行

经检验检疫未发现检疫性害虫等有害生物，或按照检验检疫机构的要求除害处理合格的，签发检疫放行通知单或在货运单上加盖检疫放行章，准予按指定路线和口岸过境。出境口岸检验检疫机构验证放行，不再重复检验检疫。若发现没有入境检疫放行章的漏检车体，应予以截留，通知入境口岸检验检疫机构处理，或接受其授权或委托在出境口岸处理，否则不准出境。

四、传带害虫物品检疫程序

除了植物及其产品可以直接携带、传播检疫性害虫等有害生物外，一些随行携带的物品、寄递的物品以及这类物品运输过程中的运输工具、装载容器、包装材料和铺垫物等，常常成为一些检疫性害虫等有害生物的潜藏场所，随这些物品的流动而传播蔓延。因此，对可能传带害虫的物品也必须进行检验检疫。

（一）携带物检疫

对出入境人员携带物进行的检疫，称为携带物检疫。其中出入境人员包括出入境旅客、具有外交或领事特权或豁免权的外交人员及其他人员、交通工具上的人员等。携带物包括随身携带物和随所搭乘交通运输工具上的托运物。携带物检疫一般包括检疫许可、检验检疫和检疫放行等环节。

1. 检疫许可

入境人员携带植物种子、苗木及其他繁殖材料入境时，必须按前述境外引种检疫的有关要求办理检疫许可。禁止所有入境人员未经许可携带水果、蔬菜等鲜活农产品入境，发现后全部予以没收和处理。出境人员携带物一般不进行检验检疫，但若出境人员有检验检疫要求的，由出境口岸检验检疫机构负责。

2. 检验检疫

入境人员携带植物种子、苗木及其他繁殖材料入境的，按前述境外引种检疫的有关要求办理检疫申报，由入境口岸检验检疫机构按照有关规定实施检验检疫和办理有关手续。入境人员携带的其他植物及其产品应如实填写入境申明卡或投入弃物箱内，入境口岸检验检疫人员在出入境人员通道、行李提取处等现场进行随机检查，必要时可以开箱（包）检查，入境人员必须配合。

3. 检疫放行

未发现携带物中有禁止入境检疫物的，当场予以放行。发现携带有植物繁殖材料，且不能提供检疫许可证或审批单或其他相关单证的，入境口岸检验检疫机构可予以暂时截留，并出具留验／处理凭证，在检验检疫机构指定的场所封存，截留期限不超过 7 天，在截留期限内补交相关有效单证，凭留验／处理凭证领取携带物，经检验检疫合格的予以放行。

（二）寄递物检疫

寄递是指通过寄递企业将物品、货物按照封装上的名址递送给特定个人或者单位的活动，对寄递物品或货物进行的检疫称为寄递物检疫。入境寄递物应当符合我国法律法规的规定和检验检疫的要求，出境寄递物应当符合我国和目的地国家或地区法律法规的规定，未经检验检疫机构允许不得擅自寄递。寄递物检疫一般包括寄递企业监管、通报告知与查验、报检与检疫检验和放行与检疫处理等环节。

1. 寄递企业监管

出入境寄递企业应当向所在地海关的检验检疫机构备案，提供查验、封存和检疫处理场所、设施设备和其他必要的工作条件，并与检验检疫机构联网，及时提供寄递物编号、内容物名称、收寄件人名称和地址等相关数据信息。寄递企业不能实现联网传输数据的，应当按照检验检疫要求提供电子数据或者纸质单证。

2. 通报告知与查验

寄递企业应与境外相关企业加强联系，主动通报我国禁止入境的寄递物和检验检疫的其他相关规定。寄递企业在办理寄递手续时，应告知收寄件人或其代理人我国禁止入境的寄递物和需要办理检疫许可的寄递物。寄件人应当如实提供寄递物信息，准确填写寄递单据，需要检疫许可的还必须附有植物检疫证书。经查验寄递物符合寄递要求的，办理寄递手续，否则应立即停止寄递，若发现禁止入境的寄递物还应报告检验检疫机构。

3. 报检与检疫检验

出入境货物类寄递物由收寄件人或其代理人或者委托寄递企业向检验检疫机构报检。出入境自用物品类寄递物一般不需要报检，但属于应当取得相应证明文件的物品或数量超出规定的限量，也应办理报检手续并提供相应的证明文件。

寄递物入境后由所在地的口岸检验检疫机构负责现场检查。检验检疫人员应审核单证并对包装物进行检验检疫。需拆包查验时，应结合海关的查验进行，原则上同一寄递物不重复开拆查验，重封时应加贴植物检疫封识。对于需作进一步实验室检测、隔离检疫或检疫处理的寄递物予以截留，在检验检疫机构指定的场所封存或者隔离。检验检疫机构与寄递企业办理交接手续，出具截留凭证，书面告知截留期限，由寄递企业通知收件人。截留期限一般不得超过 45 天，特殊情况需要延长期限的，应当书面告知寄递企业和收件人。

4. 放行与检疫处理

现场查验合格且无须作进一步实验室检测、隔离检疫或检疫处理的寄递物，予以当场放行移交寄递企业，需签发单证的签发相关单证。经现场检查、实验室检测或隔离检疫发现携带检疫物、无法提供相关检疫许可证或无法进行除害处理的，予以退回或销毁。其中对入境寄递物作限期退回处理的，检验检疫机构出具有关单证，由寄递企业负责退回。作销毁处理的，检验检疫机构出具有关单证，由寄递企业通知收件人。

（三）运输工具检疫

对来自疫区的船舶、飞机、火车、汽车等运输工具进行的检疫称为运输工具检疫。其中植物检疫主要针对来自检疫性害虫等有害生物发生区，尤其是装载植物及其产品和其他检疫物的进境或过境的运输工具。对于装载植物及其产品和其他检疫物出境的运输工具，应当符合目的地国家或地区法律法规的规定。运输工具检疫一般包括检疫申报、待检管理、检验检疫、检疫处理和放行与监管等环节。

1. 检疫申报

来自疫区的运输工具无论装载货物与否，均应向入境或过境口岸的检验检疫机构报检。报检人员填写报检单并提供相关单证，受理检验检疫机构审核合格后签发检验检疫通知单，并安排检验检疫事宜。

2. 待检管理

入境或过境的运输工具和人员必须在最先抵达口岸指定的地点接受检验检疫。在等待检验检疫期间，除引航员外，未经检验检疫机构许可任何人不得上下运输工具，也不准装卸行李、货物、邮包等物品。运输工具上的植物、植物产品、食品等自用物品，未经检验检疫机构批准，任何人不准带离运输工具。被检验检疫机构封存的运输工具上的自用物品，未经检验检疫机构许可任何人不得拆封。运输工具上的人员不得抛弃植物性废弃物、泔水和垃圾等。

3. 检验检疫

检验检疫人员应在口岸的联检现场登船、登机、登车实施检疫，运输工具负责人（船长、机长、列车长、汽车司机或他们的代表）应当接受检验检疫人员的询问并在询问记录上签字，提供运行日志和装载货物的情况，开启舱室等接受检验检疫。检验检疫时首先查验有关证件是否齐全、有效，然后重点检查运输工具上可能存在检疫性害虫等有害生物的场所，如交通员工和乘客生活与活动场所，船舶的厨房、储藏室和食品舱、火车的餐车、飞机的配餐间等存放植物类食品的场所，存放植物性废弃物、泔水和垃圾的场所和卫生间，货舱壁、船缘板、车厢壁、夹缝以及陆路口岸出入境汽车的驾驶室等。检验检疫过程中发现疑似检疫性害虫等有害生物，需作进一步实验室检测的应采集标本，并采取隔离措施。

4. 检疫处理

经检验检疫发现有我国规定的检疫性害虫等有害生物或一般性有害生物数量超过规定标准的，不准调离运输工具，必须进行熏蒸、消毒或其他除害处理。若装载的为植物及其产品和其他检疫物，必须连同货物一并进行除害处理。发现有禁止或限制入境的植物及其产品和其他疫物的，应予以封存或销毁。如果外国运输工具的负责人拒绝接受销毁处理，除有特殊情况外，准许该运输工具在检验检疫机构的监督下立即离开我国国境。

5. 放行与监管

经入境口岸检验检疫机构检验检疫合格或除害处理合格的，准予入境。运输工具负责人或其代理人要求出证的，签发运输工具检疫证书或消毒证书。对于必须封存的运输工具，未经入境口岸检验检疫机构许可不得启封动用。对于需要继续监管的运输工具，在我国境内停留或运行期间，交通员工和其他人员不得将所装载的植物及其产品和其他检疫物带离运输工具，需要带离时应当向口岸检验检疫机构报检和接受检验检疫。

（四）其他物品检疫

1. 集装箱检疫

集装箱检疫按 SN/T 1102《出入境集装箱检验检疫规程》和 SN/T 4412《进境集装箱空箱检疫规程》进行。来自检疫性害虫等有害生物疫区的实箱和空箱、装载有植物及其产品和其他检疫物或箱内带有植物性包装物、铺垫材料的集装箱，是出入境或过境检验检疫的重点。集装箱出入境前、出入境时或过境时，承运人、货主或其代理人须向出入境口岸的检验检疫机构报检，并提供相关单证。检验检疫机构接受报检后，详细审阅有关单证，了解集装箱数量、规格、启运地 / 目的地、装载 / 拟装货物名称、数量及箱内有无植物性包装、铺垫材料等，并制定检验检疫方案。

扩展阅读 2-8

扩展阅读 2-9

现场检查可结合装载货物、运输工具等的检验检疫同步进行。首先随机抽样并进行风险评估确定抽样查验数量及选点，然后逐箱检查抽样箱是否符合集装箱一般要求、检疫要求和适载性能检验要求等。进行植物检疫时，重点检查集装箱外表是否带有检疫性有害生物，箱体内部特别是上下四周是否有检疫性害虫等及其活动痕迹、土壤和植物残留物等，抽样和采集害虫等有害生物标本，带回实验室进行种类鉴定。

经检验检疫合格的予以放行。不合格的，通知报检人作熏蒸消毒或其他除害处理，检验检疫机构应对处理全过程进行监督。货主要求签发植物检疫证书或熏蒸处理证书的，检验检疫机构应当出具有关证书。

2. 包装铺垫材料检疫

对出入境或过境货物的包装铺垫材料进行的检疫，称为包装铺垫材料检疫。凡来自检疫性害虫等有害生物疫区，采用植物性材料包装、铺垫出入境货物的，均应进行植物检疫。这些植物性材料包括木材、藤竹、棉麻、茎秆、谷壳、草、纸等，若货物为植物及其产品和其他检疫物，而采用海绵、编织袋等非植物性包装铺垫材料的也应进行植物检疫。装载运输的货物为植物类货物，包装铺垫材料与货物一并报检，其中货物使用木质包装的应当在输出国家或地区官方机构的监督下，按照《国际植物保护公约》的要求进行除害处理并加施 IPPC 专用标识。装载运输的货物为非植物类货物，货主或其代理人、押运人应向抵达口岸的检验检疫机构单独报检（图 2-8）。报检时按要求提供相关单证，检验检疫机构受理后安排检验检疫事宜。

图 2-8　包装材料报检（仿夏红民，2002）

包装铺垫材料的现场检查可与货物同步进行或单独进行。入境货物一般在入境口岸检验检疫铺垫包装材料，也可经入境口岸批准同意，只检查装载容器和包装物外表，核对单证，签发检疫调离通知单，并通知到达地口岸的检验检疫机构进行开箱检查。现场检查时，货主或其代理人、押运人应按照检验检疫人员的要求，开拆箱和恢复原包装。经现场检查合格的入境货物包装铺垫材料，由入境口岸的检验检疫机构出具检疫放行通知单，需作检疫处理的按要求进行处理合格后予以放行。对于出境货物，由货物装箱地的口岸检验检疫机构实施检疫，出境口岸检验检疫机构验证，并在报关单上加盖印章交海关验放。需要在出境口岸拼装货物的，由出境口岸检验检疫机构进行包装铺垫材料检验检疫。

3. 入境废物检疫

我国允许进口可用作原料的木废料、软木废料、废纸等植物性固体废物和废旧船舶等，因其容易夹带检疫性害虫等有害生物，应进行植物检疫。检验检疫按照"先检验，后通关"的原则实行强制性检验检疫和海关监管。固体废物装运前，由海关总署的检验检疫机构指定或认可的国外检验检疫机构实施装运前检验检疫，出具装运前检验检疫证书。承运人在受理承运业务时，应当要求货运委托人提供固体废物进口许可证、进口废物原料境外供货企业注册证书和进口废物原料装运前检验检疫证书。货物到达口岸后，利用企业或代理进口商持固体废物进口许可证、进口废物原料装运前检验检疫证书及其他必要的单证，向入境口岸检验检疫机构报检。检验检疫机构经检验检疫符合环保要求且未查出检疫性害虫等有害生物的，出具入境货物通关单。对不符合环保要求或查出检疫性害虫等有害生物的，出具检验检疫处理证书，并移交海关和生态环境保护部门依法处理。

第二节　检疫性害虫的检疫方法

一、粮油和饲料的检疫方法

容易携带检疫性害虫的粮油包括粮食和油料作物的籽实及其初级加工品，如小麦、大麦、黑麦、燕麦、稻谷、玉米、高粱等禾谷类粮食作物的原粮及其加工品大米、米粉、麦芽、面粉等，大豆、绿豆、豌豆、赤豆、蚕豆、鹰嘴豆、菜豆、小豆、芸豆等豆类及其加工品豆粉、豆粕等，花生、油菜、芝麻、向日葵等油料作物籽实及其榨油后的饼粕，马铃薯、木薯、甘薯等薯类的块根、块茎及其加工品粒、粉、条等。饲料主要指植物性的饲用粮食、干草饲料、糠麸饲料、饼粕饲料及其加工的复合饲料，也包括需要进行植物检疫的动物性饲料等。粮油和饲料涉及的种类较多，不同种类的出入境检验检疫方法也不完全相同，已经有国家或行业标准的按最新标准执行（表 2-2），无标准的可采用国际标准或先进国家或地区的标准，也可根据粮油和饲料的种类，结合目标害虫的生物学特性制定。本节主要介绍出入境现场检查和实验室检测的通用检疫方法。

扩展阅读 2-10

表 2-2　出入境粮油和饲料检验检疫规程行业标准

标准号	标准名称	标准号	标准名称
SN/T 2504	进出口粮谷检验检疫操作规程	SN/T 1767	进出口双壳黑芝麻检验检疫规程
SN/T 2088	进境小麦、大麦检验检疫操作规程	SN/T 2546	进境木薯干检验检疫规程
SN/T 2478	进出口面粉检疫操作规程	S/NT 2460	出口橡子淀粉检验检疫规程
SN/T 1849	进境大豆检疫规程	SN/T 0800.20	进出境饲料检疫规程
SN/T 1808	进出境油籽检疫规程		

（一）现场检查

接受报检后应首先查验有关单证，然后根据报检粮油或饲料的种类、数量和包装、存放、运输方式等，依据 SN/T 0800.1《进出口粮油、饲料检验抽样和制样方法》，选择对应的取样和制样方法，携带相关取样工具或器械，如害虫标本采集与保存所用的剪刀、放大镜、镊子、白瓷盘、白塑料布、规格筛、指形管、样品袋等，以及现场检查记号笔、记录单、采样凭证和检疫记录等进行现场检查。

扩展阅读 2-11

1. 一般检验

首先核查货物的装载容器、规格、数量、批次代号、唛头标记和包装等是否与报检单证相符，然后检查运输工具、存放仓库或场所、包装物和铺垫物等。检查运输工具时，要仔细检查货舱、集装箱、车体等内外是否干净，是否有活虫或死虫残体、植物及其产品被害状或残留物等。检查存放仓库或场所时，应注意仓库四壁、角落、缝隙，堆垛的堆脚、袋角等处是否潜藏有活虫。检查包装物和铺垫物时，应注意其内外和周围环境等处有无虫害痕迹或活虫。对发现的害虫进行初步识别，必要时采集标本，装入指形管带回实验室供进一步鉴定。

2. 抽样检查

抽样检查在符合有关标准或规定的同时，还应考虑不同检疫性害虫的生物学特性。特别是对于那些活动性强，温度、湿度、光照等环境条件容易影响其活动和分布的害虫，取样时应注意在货物的不同部位取样。取样过程中发现害虫及其为害状时可拍照、录像，采集标本装入指形管带回实验室供进一步鉴定。抽取的样品应一分为二，1 份作为存查样品，1 份作为送检样品，分装于不同的样品袋中密封，防止有害生物的污染，并填写包括报检号、样品编号、货物名称、抽样时间和抽样人等内容的唯一性标识。

（二）实验室检测

1. 样品检测

针对不同检疫性害虫的为害特点采用不同的样品检测方法。对于钻蛀籽实内的害虫，可用染色法或软 X 射线照射等方法初步检测籽实内是否有钻蛀性害虫为害，也可用比重法筛选出可能被害的籽实，最后用解剖刀剖开或切片刀切开疑似潜藏有害虫的籽实，收集害虫标本，并置解剖镜或显微镜下观察害虫种类。对于非钻蛀性害虫，多根据检疫物粒径大小和拟检查害虫的虫体大小，选择若干不同孔径的标准筛，筛查采集害虫标本，气温较低时可适当加温，避免害虫有冻僵、假死、休眠的情况而难以筛出。

2. 种类鉴定

将现场检查和实验室检测采集的害虫标本，按照国家或行业标准规定的不同检疫性害虫的检疫鉴定方法进行种类鉴定，无标准时可参考有关分类鉴定文献。对于粮油和饲料应重点鉴定可能携带的谷象类、谷蠹类、谷盗类、皮蠹类、蛛甲类、豆象类、瘿蚊和螨类等检疫性害虫。若采集到的虫态为卵、幼虫或蛹而难以准确鉴定种类时，可在实验室用其取食为害的粮食或饲料，控制适宜的温度、湿度和光照条件，饲养获得成虫后再鉴定种类。

二、瓜果和蔬菜的检疫方法

容易携带检疫性害虫的瓜果包括鲜果和干果两大类，如西瓜、甜瓜、哈密瓜和香瓜等瓜类，葡萄、苹果、梨、桃、杨桃、樱桃、李、杏、杨梅、番石榴、柑、橘、橙、柚、柠檬、荔枝、枇杷、龙眼、香蕉、菠萝、芒果、沙果、山楂、红枣、柿子和猕猴桃等鲜果，苦杏仁、腰果、核桃、板栗、山楂干、红枣干和柿干等干果，其中干果检疫主要针对自然干燥的干果。蔬菜包括新鲜蔬菜和加工蔬菜两大类，如各种叶菜、果菜、花菜、肉质茎、根状茎、块茎、球茎、鳞茎、块根等新鲜蔬菜和蘑菇、香菇、松茸、猴头等新鲜食用菌类，以及经冷冻、干燥、脱水、腌渍等处理的加工蔬菜。其中加工蔬菜检疫主要针对自然干燥和果实中可能潜藏害虫的速冻蔬菜，而经过长期冷冻或脱水、腌渍等处理的加工蔬菜害虫很难存活，一般不作为检疫重点。瓜果和蔬菜涉及的种类较多，不同种类的检验检疫方法也不完全相同，已经有国家或行业标准的按最新标准执行（表 2-3），无标准的可采用国际标准或先进国家或地区的标准，也可根据瓜果和蔬菜的种类，结合目标害虫的生物学特性制定。本节主要介绍出入境现场检查和实验室检测的通用检疫方法。

扩展阅读 2-12

表 2-3　出入境瓜果和蔬菜检验检疫规程行业标准

标准号	标准名称	标准号	标准名称
SN/T 1156	进出境瓜果检疫规程	SN/T 3273.8	出境鲜果检疫规程　第 8 部分：杨桃
SN/T 2455	进出境水果检验检疫规程	SN/T 3273.9	出境鲜果检疫规程　第 9 部分：樱桃
SN/T 3273.1	出境鲜果检疫规程　第 1 部分：番石榴	SN/T 1424	对日本出口哈密瓜检疫规程
SN/T 3273.2	出境鲜果检疫规程　第 2 部分：李	SN/T 2077	进出境苹果检疫规程
SN/T 3273.4	出境鲜果检疫规程　第 4 部分：枇杷	SN/T 2958	出口鲜梨检验检疫规程
SN/T 3273.5	出境鲜果检疫规程　第 5 部分：桃	SN/T 2516	出口杨梅检验检疫规程
SN/T 3273.6	出境鲜果检疫规程　第 6 部分：西瓜	SN/T 1805	进出境葡萄检疫规程
SN/T 3273.7	出境鲜果检疫规程　第 7 部分：杏	SN/T 1806	出境柑橘鲜果检疫规程

标准号	标准名称	标准号	标准名称
SN/T 1807	进出境香蕉检疫规程	SN/T 3272.2	出境干果检疫规程　第2部分：苦杏仁
SN/T 1839	进出境芒果检疫规程	SN/T 3272.3	出境干果检疫规程　第3部分：山核桃
SN/T 2076	进出境龙眼检疫规程	SN/T 3272.4	出境干果检疫规程　第4部分：板栗
SN/T 0796	出口荔枝检验规程	SN/T 1104	进出境新鲜蔬菜检疫规程
SN/T 1803	进出境红枣检疫规程	SN/T 4552	进出境大蒜检疫规程
SN/T 3272.1	出境干果检疫规程　第1部分：通用要求	SN/T 1804	出境速冻豆类检疫规程

（一）产地检疫

我国对从事生产、加工、存放贸易性出境新鲜水果和干果、新鲜蔬菜和加工蔬菜的企业实行检验检疫注册登记。企业办理登记时应注明出口目的地国家或地区对检疫性害虫等有害生物的要求，以便检验检疫机构实施产地检疫。对于种植出口水果和蔬菜的原料生产基地，由检验检疫机构定期派出检疫人员到基地进行疫情调查，指导开展害虫防治。对于加工和存放企业应在产品加工、存放前，向当地口岸的检验检疫机构申请预检，检验检疫机构派检疫人员到企业进行加工过程和存放场所检疫监管，以保证初加工品无虫蛀、无害虫残体等有害生物。水果、蔬菜采摘后或加工完成后，检验检疫机构根据企业提供的生产、加工记录，详细审核产品类别、批号、规格、加工时间及贮存温度等，并按不同品种、规格做抽样检验检疫，符合要求的出具预检单。

（二）现场检查

接受报检后应首先查验有关单证。对进口企业要核查植物检疫证书，对出口企业应核查预检单。然后根据报检瓜果或蔬菜的种类、数量和包装、存放、运输方式和可能携带的检疫性害虫等，制定检验检疫方案，安排检验检疫人员携带检疫工具和记号笔、记录单、采样凭证和检疫记录等开展现场检疫。

1. 一般检验

首先核对相关单证和核查瓜果或蔬菜的品种、数量、产地、包装、唛头标记等是否与报检单相符。对于注册登记企业还要核查企业批号，对产地、加工和包装厂进行核实。对于冷藏的瓜果或蔬菜，还应了解速冻温度与时间、冷藏温度与冷藏时间。然后检查运输工具、存放场所地面和四周、外包装和铺垫物等处，查看是否有活虫或死虫残体、植物及其产品被害状或残留物等。对发现的害虫进行初步识别，必要时采集标本，装入指形管带回实验室供进一步鉴定。

2. 抽样检查

抽样时应综合考虑货垛的上、中、下等不同部位，采用棋盘式或对角线式随机抽取货物和样品。以每个检验检疫批次为单位确定抽样数量，一般瓜果10件以下或蔬菜5件以下全部抽检，数量较多时按标准规定或进口国家、地区的要求确定抽样比例和数量，发现可疑害虫等有害生物时应适当增加抽查件数。将抽取的样品装入样品袋后，应扎紧袋口，加贴样品标签，注明编号、品名、数量、产地、取样地点、取样人、取样时间等，对于新鲜蔬菜和冷藏蔬菜样品还应及时在0～4℃的温度条件下保存。取样过程中发现害虫及其为害状时可拍照、录像，采集标本装入指形管带回实验室供进一步鉴定。对于具有趋光性、趋化性的检疫性害虫，还应在货垛及其周围设置诱虫灯、性诱剂、引诱剂等诱捕害虫，采集标本。

（三）实验室检测

1. 样品检测

开箱检查时应首先检查包装物底部、四周、缝隙有无害虫活动，用肉眼或借助放大镜检查瓜果、蔬菜表面有无虫害的卵、幼虫、蛹或成虫及其为害状。检查新鲜瓜果时，应特别注意检查果蒂、果脐等部位有无害虫隐藏，瓜果表面有无孔洞和排泄物，必要时剖果检查。检查新鲜蔬菜时，可将蔬菜放于白瓷盘内，并根据不同类型的蔬菜分别用抖、击、剖、剥等方法将害虫检出，或将样品放入盛有1%淡盐水的盆、盘等容器内将害虫漂浮检出。检查干果或干菜时，可将样品倒入分样筛中，用回旋法过筛，将筛上物和筛下物分别倒入白瓷盘检查有无害虫。

2. 种类鉴定

将现场检查和实验室检测采集的害虫标本，按照国家或行业标准规定的不同检疫性害虫的检疫鉴定方法进行种类鉴定，无标准时可参考有关分类鉴定文献。对于瓜果和蔬菜应重点鉴定可能携带的卷叶蛾、蠹蛾、巢蛾、举肢蛾、野螟、灰蝶、天牛、象甲、叶甲、实蝇、介壳虫、蚜虫、粉虱、潜叶蝇、瘿蚊、蓟马、小蜂、叶蜂和螨类等检疫性害虫。若采集到的虫态为卵、幼虫或蛹而难以准确鉴定种类时，可在实验室用其取食为害的瓜果或蔬菜，控制适宜的温度、湿度和光照条件，饲养获得成虫后再鉴定种类。

三、植物繁殖材料的检疫方法

植物繁殖材料包括各种栽培或野生的可供繁殖用的草本或木本植物的全部或部分植株，如种子、苗木、接穗、砧木、根茎以及细胞繁殖体、试管苗等，统称为种苗。由于植物繁殖材料最容易携带检疫性害虫等有害生物，因此所有出入境的植物繁殖材料无论是否来自疫区，均必须进行植物检疫。对植物繁殖材料的检疫方法通常涉及产地检疫、出入境检疫和隔离检疫3个方面。

（一）产地检疫

产地检疫主要针对国内已存在或可能已传入的植物检疫对象，由种苗繁育所在地的农业或林业部门的植物检疫机构实施。不同种苗的产地检疫规范因检疫对象的不同而有所差别，已经有国家或行业标准的按最新标准执行（表2-4），无标准的可采用国际标准或先进国家或地区的标准，也可根据种苗的种类，结合目标害虫的生物学特性制定。本节主要介绍产地检疫田间调查的通用方法。

扩展阅读2-13

表2-4　种苗产地检疫规程国家和行业标准

标准号	标准名称	标准号	标准名称
GB 7412	小麦种子产地检疫规程	GB 7413	甘薯种苗产地检疫规程
GB 8371	水稻种子产地检疫规程	GB 8370	苹果苗木产地检疫规程
GB 7411	棉花种子产地检疫规程	GB 5040	柑桔苗木产地检疫规程
GB 12743	大豆种子产地检疫规程	GB/T 23622	香蕉种苗产地检疫规程
GB/T 23623	向日葵种子产地检疫规程	GB/T 36856	芒果苗木产地检疫规程
GB/T 36855	西瓜种子产地检疫规程	LY/T 2348	油茶苗木产地检疫规程
GB 7331	马铃薯种薯产地检疫规程		

1. 田间踏查

进行田间调查时一般先进行踏查，了解检疫性害虫等有害生物的大致发生情况。对于历史上曾经发生过检疫性害虫等有害生物的地块及其邻近地块，检疫性害虫中间寄主的栽种地块、种植比较珍贵品种的地块等，应作为踏查重点。踏查时间一般在害虫的发生为害高峰期进行，每年有多次发生为害高峰的踏查多次，对苗木的踏查每年不得少于 2 次。踏查时选择有代表性的路线，整体要穿过种苗繁育基地，查看植株各部位是否有虫体或其为害状。对于苗木要特别注意观察顶梢、叶片、茎干和枝条，对于根部害虫还要挖取苗木检查根部。通过踏查，初步确定害虫种类、分布范围、发生面积、发生特点、为害程度等。

2. 抽样调查

根据产地检疫申报时拟定的产地检疫计划进行抽样调查，踏查时发现检疫性害虫的地块，应作为抽样调查的重点。繁育基地面积较大时，也可按基地总面积的 1%～5% 选择有代表性的地块，作为抽样调查的标准地或样方。调查时间应在害虫发生盛期和末期或为害高峰期，对于有趋性的害虫，可在田间设置诱虫灯、黄色粘虫板，或放置性诱剂、引诱剂等进行系统诱捕监测。对于每个样点的调查一般应定点、定株，若为果树、林木等植株高大的种苗，还应注意选择植株上、中、下及内部、外部等不同部位。详细调查纪录害虫各虫态发生数量及其为害状等，根据调查结果统计调查的植株或部位总数、害虫种类或害虫编号、被害数和被害程度，计算虫口密度、有虫株率、被害株率等。

（二）出入境检疫

种苗的出入境检疫由出入境海关的检验检疫机构实施。检验检疫机构接受报检时应首先查验有关单证，尤其是国家海关总署办理的《进境动植物检疫许可证》或国务院农业或林业部门办理的《引进种子、苗木检疫审批单》或《引进林木种子、苗木和其他繁殖材料检疫审批单》和出口国家或地区官方出具的《植物检疫证书》。审核无误后根据报检种苗的种类、数量和包装、存放、运输方式和可能携带的检疫性害虫等有害生物，依据最新的国家或行业标准（表 2-5）制定检验检疫方案，无标准的可采用国际标准或先进国家或地区的标准，也可根据繁殖材料的种类，结合目标害虫的生物学特性制定。并安排检验检疫人员携带检疫工具和记号笔、记录单、采样凭证和检疫记录等进行现场检疫。

扩展阅读 2-14

表 2-5　出入境植物繁殖材料检验检疫规程国家和行业标准

标准号	标准名称	标准号	标准名称
SN/T 1809	进出境植物种子检疫规程	SN/T 1585	进出境苹果属种苗检疫规程
SN/T 2019	出入境杂交水稻种子检验检疫规程	SN/T 4718	进境槭属植物种苗检疫规程
SN/T 4336	进出境西瓜种子检疫规程	GB/T 20498	进口花卉种苗疫情监测规程
SN/T 4657	进境牧草种子检疫规程	SN/T 2586	进出境组培苗检疫规程
SN/T 1157	进出境植物苗木检疫规程		

1. 一般检验

首先核对相关单证和核查种苗的品种、数量、批号、产地、包装、唛头标记等是否与报检单相符。然后检查运输工具、存放场所地面和四周、外包装和铺垫物等处，查看是否有活虫或死虫残体、种苗被害状或残留物等。对发现的害虫进行初步识别，必要时采集标本，装入指形管带回实验室供进一步鉴定。

2. 抽样检查

对出入境种子类繁殖材料的抽检以货物批号为单位，无批号的以品种为单位。其中对作物、蔬菜等中低风险的种子按其总量的 5%～20% 随机抽检，一般包装的最低抽查数量不少于 10 件，小包装的只扦取实验室检测样品。对入境林木种子、草籽等高风险的种子和总量不超过 10kg 的种子全部检查。对入境高风险和不足最低抽查数量的苗木也全部检查，批量大的最低抽检 10 件，再根据苗木种类选择抽样数量，其中整株植物、砧木、插条不少于 500 株（枝），接穗、芽体、叶片不少于 1500 条（芽），试管苗不少于 100 支（瓶）。

抽样时要初步检查样品及其包装铺垫物上是否有检疫性害虫等有害生物和土壤，特别是苗木长势差和有明显被害状的样品。将抽取的样品装入样品袋后，应扎紧袋口，加贴样品标签，注明编号、品名、数量、产地、取样地点、取样人、取样时间等，并出具抽样凭证。取样过程中发现害虫等有害生物及其为害状时可拍照、录像，采集标本装入指形管带回实验室供进一步鉴定。

3. 实验室检测

借助实验室仪器设备对抽取的种苗样品进行逐一检查，详细观察根、茎、叶、芽、花和种子等各个部位有无检疫性害虫等有害生物以及变形、变色、枯死、虫瘿、虫孔、蛀屑、虫粪等为害状，必要时剖查种苗内部，检测过程中采集害虫标本。将现场抽查和实验室检测采集的害虫标本，按照国家或行业标准规定的不同检疫性害虫的检疫鉴定方法进行种类鉴定，无标准时可参考有关分类鉴定文献。若采集到的虫态为卵、幼虫或蛹而难以准确鉴定种类时，可在实验室用其取食为害的种苗，控制适宜的温度、湿度和光照条件，饲养获得成虫后再鉴定种类。检测完成后出具实验室检测报告，提出必要的检疫处理意见。

（三）隔离检疫

引种检疫许可证或审批单要求进行隔离检疫的种苗，完成入境检疫后应在指定的隔离场所种植，按 SN/T 3072《种苗隔离检疫操作规程》的要求，制定隔离检疫计划，进行隔离检疫。

扩展阅读 2-15

1. 初步检查

种苗进入隔离场所时，应进行接样检查。种苗有包装的，小心去掉包装，将种苗放在充分照明的实验台上，用肉眼或借助放大镜直接检查是否携带有害虫等有害生物或为害状，对于种子可选择合适孔径的分样筛过筛检查，对于潜藏为害的害虫可进行解剖镜检。经初步检查确认携带有检疫性害虫等有害生物的，应根据有关规定予以销毁或除害处理，经除害处理后的种苗方可进行隔离种植。对于不能确认是否携带有检疫性害虫等有害生物的，直接进行隔离种植。

2. 隔离观察

隔离种植前应对隔离场所的设施、用具及栽培介质等进行消毒除害，装备防控害虫等有害生物的设施。并根据种苗的栽培技术资料，采用适当的栽培管理措施，保证温度、光照、介质、肥料、水分等满足种苗的生长发育要求。隔离观察的时间因种苗而异，通常草本植物从种到收隔离观察 1 个生长季节，木本植物至少观察 2 年。隔离场所的技术人员应按照隔离检疫计划，采集隔离场所的环境温度、湿度、光照、降雨等数据，定时观察记录种苗生长发育状况、害虫等有害生物的发生为害情况，详细填写《种苗隔离检疫记录表》。发现可疑的检疫性害虫等有害生物时，应立即挂牌标记，详细记录和描述害虫种类、发生数量、发生过程和为害状等，并在 24h 内上报植物检疫机构。对于无法鉴定的害虫或为害状，应采集标本送实验室检测。

四、观赏植物和栽培介质的检疫方法

本节的观赏植物主要指用于观赏的各种木本和草本植物，种苗用的观赏植物按植物繁殖材料进行检疫，观赏植物包含各种植物盆景及其花卉、鲜切花等。栽培介质包括泥炭、泥炭藓、苔藓、树皮、椰壳（糠）、软木、木屑、稻壳、花生壳、甘蔗渣、棉籽壳等植物性介质和砂、炉渣、矿渣、沸石、煅烧黏土、陶粒、蛭石、珍珠岩、矿棉、玻璃棉、浮石、片岩、火山岩、聚苯乙烯、聚乙烯、聚氨酯、塑料颗粒、合成海绵等无机或人工合成介质。观赏植物和栽培介

扩展阅读 2-16

质涉及的种类较多，不同种类的出入境检验检疫方法也不完全相同，已经有国家或行业标准的按最新标准执行（表 2-6），无标准的可采用国际标准或先进国家或地区的标准，也可根据观赏植物或栽培介质的种类，结合目标害虫的生物学特性制定。本节主要介绍观赏植物和栽培介质出入境检疫和隔离检疫的方法。

表 2-6　观赏植物和栽培介质检验检疫规程国家和行业标准

标准号	标准名称	标准号	标准名称
SN/T 3459	进境参展植物检疫规程	SN/T 1386	进出境切花检疫规程
SN/T 1158	进出境植物盆景检疫规程	SN/T 4335	出境组培兰花检疫规程
GB/T 28061	鳞球茎花卉检疫规程	SN/T 2020	进出境栽培介质检疫和除害处理规程

（一）出入境检疫

观赏植物和栽培介质的出入境检疫由出入境海关的检验检疫机构实施。检验检疫机构接受报检时应首先查验有关单证，审核无误后根据报检观赏植物和栽培介质的种类、数量、包装、存放、运输方式和可能携带的检疫性害虫等有害生物，制定检验检疫方案，并安排检验检疫人员携带检疫工具和记号笔、记录单、采样凭证和检疫记录等进行现场检查。

1. 一般检验

首先核对相关单证和核查观赏植物和栽培介质的品种、数量、批号、产地、包装、唛头标记等是否与报检单相符，尤其是单独包装的栽培介质应仔细核查输出国家或地区官方出具的熏蒸 / 消毒证书或植物检疫证书。然后检查运输工具、存放场所地面和四周、外包装和铺垫物等，查看是否有活虫或死虫残体、植物被害状或残留物等。对发现的害虫进行初步识别，必要时采集标本，装入指形管带回实验室供进一步鉴定。

2. 抽样检查

对出入境观赏植物的植株、盆景或切花、切叶等以同一品种、等级、包装类型或运输工具等为 1 个抽样单位，抽样数量有国家或行业具体标准规定的按标准执行，无具体标准的按 SN/T 2122《进出境植物及植物产品检疫抽样方法》执行。总体数量少于最低抽样数量要求的，可仅抽取带有检疫性害虫等有害生物为害状的展品送样，必要时可将整批参展植物送实验室检测，待实验室检测合格后方准予其入境。抽样时要初步检查植株、枝干、叶片、花卉、果实等上是否有检疫性害虫等有害生物，特别是长势差和有明显被害状的样品，有钻蛀性害虫为害时应剖查植株。同时翻查其栽培介质，必要时可将植株连根拔起脱离栽培介质，检查根部有无害虫等有害生物，也可用水冲洗后检查。做好现场检查记录，将抽取的样品装入样品袋并扎紧袋口，加贴样品标签，注明编号、品名、数量、产地、取样地点、取样人、

取样时间等，并出具抽样凭证。取样过程中发现害虫等有害生物及其为害状时，可拍照、录像，采集标本装入指形管带回实验室供进一步鉴定。

对于单独的散装栽培介质每 75m³ 为一个检疫批次，棋盘式 10 点扦样 2kg 样品。对于单独的袋装栽培介质每 50t 为一个检疫批次，按货物堆垛的上、中、下部位随机抽包，每包再分上、中、下部用取样铲取出不少于 500g 样品。抽样过程中应查看堆垛及其周围和包装袋内外有无害虫、蜗牛等检疫性有害生物，并采集标本供进一步鉴定。

3. 实验室检测

借助实验室仪器设备对抽取的植株或花卉样品、栽培介质样品进行逐一检查。检测植株时，应详细观察根、茎、叶、芽、花和果实等各个部位有无检疫性害虫等有害生物以及变色、变形、枯死、虫瘿、虫孔、蛀屑、虫粪等为害状，必要时剖查植株内部，检测过程中采集害虫标本。将现场检查和实验室检测采集的害虫标本，按照国家或行业标准规定的不同检疫性害虫的检疫鉴定方法进行种类鉴定，无标准时可参考有关分类鉴定文献。若采集到的虫态为卵、幼虫或蛹而难以准确鉴定种类时，可在实验室用其取食为害的植株或果实、栽培介质，控制适宜的温度、湿度和光照条件，饲养获得成虫后再鉴定种类。实验室检测完成后出具实验室检测报告，提出必要的检疫处理意见。

（二）隔离检疫

检疫许可证或审批单要求进行隔离检疫的观赏植物，完成入境检疫后应在指定的隔离场所放置，按 NY/T 1217《境外引进植物隔离检疫规程》的要求，制定隔离检疫计划。本节主要介绍展览植物的隔离检疫。

扩展阅读 2-17

1. 隔离要求

用于展览的进境参展植物应相对隔离，不与国内参展植物位于同一展台，防止害虫等有害生物传播扩散和交叉感染。需要与国内参展植物交叉放置或混杂展出的，展会结束后主办方负责所有植物及废弃物的回收处理。进境参展植物为种子、种球的，应放置于密闭容器内展出。有栽培介质的，应栽培在能够防止水和介质流失的容器中。展览期间主办方应设置专门的废弃物处置箱，用于放置丢弃的植物残枝落叶及栽培介质，并安排专人每天进行回收、密封，未经检验检疫机构许可不得擅自销售、赠送、丢弃或带出展馆。

2. 日常巡查

检验检疫机构应派出检验检疫人员对展览现场实施巡查监督和疫情监测。巡查中发现未经申报的进境植物或发现检疫性害虫等有害生物疫情且无有效除害处理方法的，应立即责令主办方将植物撤下展台集中封存，并对展台周围区域进行除害防疫处理。也可根据目标害虫的趋性，在展出地和临时隔离场所设置诱虫器具，监测害虫发生情况。展览结束后，也可根据实际情况适当延长展出地和临时隔离场所内的检疫性害虫等有害生物监测时间。若诱捕到的害虫无法确认寄主植物，应对监测区域内的所有植物及场地进行防疫除害处理。

3. 展后处理

展览结束后，检验检疫机构应对展览场地和临时仓储地进行防疫除害处理。并监督主办方或其委托报检单位按检验检疫机构出具的《检验检疫处理通知书》要求，将展览期间封存的非法进境植物、植物性废弃物、展商放弃的植物和感染害虫等有害生物的植物集中进行销毁处理。对于需要留购、赠送的植物，应重新办理检验检疫手续。展会结束后 30 个工作日内，展会主办方及其委托的报检单位应向检验检疫机构办理展品核销与结案手续。

五、木材和竹藤的检疫方法

木材包括原木及其初加工后的锯材、单板、木片、软木和制作的木家具、木质包装材料等木制品，由于这些木材容易携带检疫性害虫等有害生物，被列为必须检疫的植物产品，而盛装酒类的橡木桶和经人工合成或经加热、加压等深加工的木质材料，如胶合板、刨花板、纤维板等，不易携带有害生物，一般不列为主要检疫物。竹藤包括竹、藤、柳、草等，由于这些植物材料可以编制加工各种工艺品、装饰材料等初加工产品，也被列为必须检疫的植物

扩展阅读 2-18

产品。木材和竹藤涉及的产品较多，不同种类的出入境检验检疫方法也不完全相同，已经有国家或行业标准的按最新标准执行（表 2-7），无标准的可采用国际标准或先进国家或地区的标准，也可结合目标害虫的生物学特性制定。本节主要介绍出入境检验检疫的方法。

表 2-7　出入境木材和竹藤检验检疫规程行业标准

标准号	标准名称	标准号	标准名称
SN/T 1126	进出境木材检疫规程	SN/T 0273	出口商品运输包装木箱检验检疫规程
SN/T 1639	进出境软木棒检疫规程	SN/T 1815	进出境竹制品检疫规程
SN/T 2369	进出境木制品检疫规程	SN/T 1078	进出境藤柳草制品检疫规程
SN/T 3068	出境木家具检验检疫操作规程		

（一）现场检查

1. 一般检验

首先核对相关单证和核查木材和竹藤柳草制品的种类、数量、批号、产地、包装、唛头标记等是否与报检单相符。对于带皮原木应仔细核查输出国家或地区官方出具的熏蒸／消毒证书，对木质包装材料应按 GB/T 28060《进出境货物木质包装材料检疫管理准则》的要求进行检疫除害处理，并加盖有国际认可的官方戳记或印记。然后检查运输工具、存放场所地面和四周、外包装和铺垫物等处。检查货物时，对入境木材必须先检后卸，出境木材必须先检

扩展阅读 2-19

后装。对于船运货物可结合卸货按上、中、下 3 层分别检查 3 次，无法检查中、下层时，也可在规定的堆放场所进行。对于具有趋光性、趋化性的检疫性害虫，还应在货垛及其周围设置诱虫灯、性诱剂、引诱剂等诱捕害虫。对发现或诱捕的害虫进行初步识别，必要时采集标本，装入指形管带回实验室供进一步鉴定。

2. 抽样检查

出入境原木的抽检以每批货物的总根数为单位，木制品和竹藤柳草制品以货物批次为单位，一般最低抽样数量不少于 10 根（件），10 根（件）以下的全部检查，超过 10 根（件）的按标准规定的比例抽样。对于难以搬动的大件物品，抽样后可直接在现场检查样品，查看有无虫体及其虫孔、蛀屑、虫粪等为害状，必要时用锯子、木凿、木工斧等工具剖开木材或竹藤柳制品，查看内部是否潜藏有害虫。取样和检查过程中发现害虫等有害生物及其为害状时可拍照、录像，截取代表性木段或树皮，抽取竹藤柳草制品，装入样品袋带回实验室供进一步鉴定。

（二）实验室检测

1. 样品检测

对于取样的木材及其制品，可用肉眼或借助放大镜检查表面有无虫孔、蛀屑、虫粪等为害状，并借助工具剖开查看有无检疫性害虫的卵、幼虫、蛹或成虫及其钻蛀为害状。对于

竹、藤、柳、草等制品，可放置于白塑料布上，通过击拍样品使隐藏的害虫等有害生物跌落于白塑料布上，收集标本用于种类鉴定。

2．种类鉴定

将现场检查和实验室检测采集的害虫标本，按照国家或行业标准规定的不同检疫性害虫的检疫鉴定方法进行种类鉴定，无标准时可参考有关分类鉴定文献。对于木材和木制品，应重点鉴定可能携带的钻蛀性天牛、蠹虫、吉丁虫、象甲、白蚁、树蜂等检疫性害虫。对于竹、藤、柳、草等制品，应重点鉴定可能携带的介壳虫、书虱、卷叶蛾、毒蛾、灯蛾和螨类等检疫性害虫。若采集到的虫态为卵、幼虫或蛹而难以准确鉴定种类时，可在实验室用其取食的木材或竹、藤、柳、草等，控制适宜的温度、湿度和光照条件，饲养获得成虫后再鉴定种类。

六、其他植物产品的检疫方法

其他植物产品主要涉及可能携带检疫性害虫等有害生物的棉花、烟草、植物性药材、茶叶、茶用花草、咖啡豆、薰衣草干花等原料和初加工品。这些植物产品多经过干燥处理，检验检疫方法有相同之处，但不同产品也有一些差别，已经有国家或行业标准的按最新标准执行（表2-8），无标准的可采用国际标准或先进国家或地区的标准，也可结合目标害虫的生物学特性制定。本节主要介绍出入境检验检疫的方法。

扩展阅读 2-20

表 2-8　出入境其他植物产品检验检疫规程行业标准

标准号	标准名称	标准号	标准名称
SN/T 1361	进出境棉花检疫规程	SN/T 4581	茶叶替代品（花草类）检验检疫规程
SN/T 1810	进出境烟草检疫规程	SN/T 4320	出口小粒咖啡豆检验检疫规程
SN/T 1508	进出境植物性药材检疫规程	SN/T 4644	出口薰衣草干花检验检疫规程
SN/T1490	进出口茶叶检疫规程		

（一）现场检查

1．一般检验

首先核对相关单证和核查植物产品的种类、数量、质量、级别、件数、产地、收获年份、包装、唛头标记等是否与报检单相符，对于来自疫区的棉花等植物产品应仔细核查输出国家或地区官方出具的熏蒸/消毒证书。然后检查运输工具、存放场所地面和四周、外包装和铺垫物等处。检查货物时应随机检查堆位上、中、下各层，对散装或集装箱装载的货物应在检验检疫机构指定的地点结合卸货进行检查。对于具有趋光性、趋化性的检疫性害虫，还应在货垛及其周围设置诱虫灯、性诱剂、引诱剂等诱捕害虫。对检查过程中发现或诱捕的害虫进行初步识别，必要时采集标本，装入指形管带回实验室供进一步鉴定。

2．抽样检查

出入境其他植物产品的抽样以每批货物为单位，并根据标准规定的抽样比例和不同包装，确定抽取的件、箱、袋、包等数量，总货物量低于最低抽样数量的全部检查。做好现场检验检疫记录，将抽取的样品装入样品袋并扎紧袋口，加贴样品标签，注明编号、品名、数量、产地、取样地点、取样人、取样时间等，并出具抽样凭证。抽样过程中应查看有无虫体及其虫孔、蛀屑、虫粪等为害状，发现害虫等有害生物及其为害状时可拍照、录像和采集标本。

（二）实验室检测

1. 样品检测

将抽取的样品置于白瓷盘或白塑料布上，采用拍击、抖动或过筛的方法检查叶、花和全草类样品，采用过筛的方法检查小粒种子和果实样品，采用折断、劈开或剖开等方法检查大粒种子和果实、根茎、枝条、树皮等样品。检查是否有害虫及其蜕皮、虫孔、蛀屑、虫粪等为害状，并采集标本。

2. 种类鉴定

将现场检查和实验室检测采集的害虫标本，按照国家或行业标准规定的不同检疫性害虫的检疫鉴定方法进行种类鉴定，无标准时可参考有关分类鉴定文献。对于这些经过初步干燥处理的植物产品，应重点鉴定可能携带的象甲、皮蠹、蚤类、螨类等检疫性害虫。若采集到的虫态为卵、幼虫或蛹而难以准确鉴定种类时，可在实验室用其取食为害的植物产品饲养，控制适宜的温度、湿度和光照条件，饲养获得成虫后再鉴定种类。

复习思考题

1. 简述植物检疫的一般程序。
2. 何谓检疫许可？检疫许可的主要作用有哪些？
3. 概述检疫申报的范围和基本手续。
4. 国内调运植物检疫的程序包括哪些步骤？
5. 产地检疫的主要作用有哪些？
6. 如何进行境外引种检疫？
7. 出入境植物害虫检疫程序包括哪些内容？
8. 怎样进行携带物和寄递物检疫？
9. 运输工具检疫包括哪些环节？
10. 试述现场检查时确定抽样方法的依据，如何才能保证取样的代表性？
11. 粮油和饲料的检疫包括哪些内容？检疫时应重点关注哪些害虫？
12. 瓜果和蔬菜检疫时应重点关注哪些害虫？
13. 为什么要进行瓜果、蔬菜和植物繁殖材料的产地检疫？
14. 为什么要对引进的种子、苗木和其他繁殖材料进行严格的检疫管理？
15. 种苗的隔离检疫包括哪些程序和方法？
16. 观赏植物的隔离检疫有哪些特点？如何进行检疫监管？
17. 木材和竹藤的检疫方法包括哪些内容？检疫时应重点关注哪些害虫？
18. 为什么要对木质包装材料和栽培介质进行检疫？
19. 棉花、烟草和茶叶等植物产品的检疫有何异同？
20. 查阅有关资料，概述现代检验检疫方法在植物检疫上的应用情况。

第三章 植物害虫的检疫处理与防治

内容提要： 发生于不同地域环境的为害农林的危险性有害生物，多是由人类通过贸易传播的。为防止有害生物的传播与扩散，检疫处理显得至关重要。检疫处理是检疫工作的重要环节，它通过多种方法以阻止或避免有害生物的人为传播，从而保证贸易和引种的正常进行，因而是一项积极的措施。检疫处理一般在检验不合格后，由检疫机关通知货主或其代理人实施，但有的检疫对象缺乏可靠的检验方法或不能实施检疫检验时，需要根据该检疫物是特定检疫对象的寄主或来自疫区等理由，进行预防性处理。检疫处理还作为进境的限制条件，有时甚至成为贸易的一种壁垒。

本章在掌握检疫处理的概念、原则与基本措施的基础上，进一步了解与掌握检疫处理与常规植物保护措施的差异以及不同检疫处理措施的原理和实施的具体要求。

第一节 检疫处理概述

一、检疫处理的概念

检疫处理是对国内或国际贸易调运植物、植物产品及其相关的容器、包装材料、填充物、运输工具以及货物堆放场所、仓库和加工点等进行检疫，经检疫发现有植物危险性病、虫、杂草或一般生活害虫超标时，为防止有害生物的传入、传出和扩散，由检验检疫机关依法采取强制性处理措施或行为，是确保植物检疫质量的重要手段。在检疫处理过程中，应将处理技术、标准和设施设备相结合，通过加强监管、风险控制与管理，才能保证检疫处理的安全有效性。

二、检疫处理原则和策略

（一）目的与策略

检疫处理的目的是严防植物有害生物的传入、传出和扩散，满足进出口贸易的检疫要求。旨在杀灭、灭活或消除在贸易调运物品中带有的危险性有害生物，防止限定性有害生物的扩散或确保其处于官方控制之下，从而使处理后物品的调运成为可能。否则，物品会由于携带有害生物而被禁止输入、输出或调运。从害虫治理的全局讲，检疫处理属于阻止外来有害物种传入及定殖的早期预防性措施。

当运输的物品可能存在危险性有害生物时，检疫法规可能要求将处理作为输入的一个条件。在保证有害生物不传入、传出和扩散的前提下，尽量减少货主的经济损失，以促进贸易和经济的发展。对于能进行有效检疫处理的，采取根除有害生物的策略，尽量不作退回或销毁处理。无有效处理方法或经除害处理不合格的，作退回或销毁处理。因此，检疫处理的针对性很强，只有发现了限定性有害生物，确认了某类货物的高风险性，才能实施检疫处理。然而检疫处理的这种做法虽目标明确，易于实施，但保护面窄，总体有效性并不高。特别是在不断变化的国际贸易新形势下，需进一步提高检疫有效性，应用生物安全新理念，不断推出新措施，只有这样才能从容面对进出口贸易的新要求。

（二）基本原则

对应检物品的检查是为了决定其能否调运。对于未发现列入检疫对象的危险性有害生物或一般生活害虫未超标时不必处理即可放行。经检查确认有危险性有害生物时，应将这种物品处理、销毁、拒绝调入、遣返起运地或转运别处，或者在各种限制条件下调入后再作清除或用于加工。为保证检疫处理顺利进行，达到预期目的，实施检疫处理应遵循科学有效、安全环保的原则，具体如下。

1）检疫处理措施应当是必须采取的，应设法使处理所造成的损失降低到最小，且必须符合检疫法规的有关规定，有充分的法律依据。

2）处理方法必须完全有效，能彻底除虫灭病，完全杜绝有害生物的传播和扩展；同时，处理方法还应不降低植物和植物繁殖材料的存活能力和繁殖能力，不降低植物产品的品质、风味、营养价值，不污损其外观。

3）处理方法应当安全可靠，不造成中毒事故，无残毒，不污染环境；凡涉及环境保护、食品卫生、农药管理、商品检验以及其他行政管理部门的措施，应征得有关部门的认可并符合各项管理办法、规定和标准。

（三）检疫处理与常规植物保护措施的差异

1）检疫处理是依照法律、法规，由检疫检验机关规定、监督而强制执行的，要求彻底铲除目标有害生物，所采用的方法往往是最有效的单一方法。

2）常规植保措施则把有害生物控制在经济允许损失水平以下，需要协调使用多种防治手段。

（四）检疫处理的方式与方法

检疫处理的方式总体上有四类，即退回、销毁、除害和隔离检疫。此外，还有转关卸货、改变用途、限制使用等避害处理，以及截留、封存等过渡性处理方式。执法部门根据贸易具体要求和不同疫情，采取适当的方式进行处理。

尽管各国或各地检疫机关认为他们采用的处理是有效的，但处理结果往往不可能令人十分满意。降低处理效果的因素有很多，具体包括：有害生物对药剂的抗性、不利的处理条件和错误的处理方法以及不合适的处理时机等。处理效果的降低可能导致有害生物生存下来或伤害物品。处理失败几乎总是由于疏忽或采用不正确的方法引起的。

在物品中发现一种害虫未必一定要处理，只有经过有害生物风险分析确认是危险性的有害生物，涉及国家农林业的重要种类才有必要。不少国家的法规对一些产品的强制处理作为进口的一个条件，因为在这些产品中难以查出一种特定有害生物的各个生活期，或者这种物品在产地国家是一种特定有害生物的寄主。对于极易遭受侵袭的物品，为了避免在目的地进行详细而费时的检查，作为预防性处理可规定某物品不应携带有危险性有害生物作为进口的一个条件。

检疫处理所需费用及后果均由货主承担。在进境物检疫时，遇到下列疫情时应退回或销毁：①事先未办理进境审批手续，现场又被查出有禁止或限止进境的有害生物的；②虽然已办理审批手续，现场检出有禁止进境的有害生物，但没有有效或彻底的杀灭方法；③危害已很严重，农产品已失去使用价值。

当植物种苗或植物产品上发现了有害生物，在有条件的情况下应采取除害处理，常用的方法有熏蒸、高温处理或冰冻处理等。有时可采用异地卸货、异地加工或改变用途等方法使之无害化。

在退货、销毁、隔离和除害处理这4种方式中，除害处理是主体，常用的是物理除害和化学处理两类。在出境物检疫时，同样也应严格把关，凡经检疫后发现不符合进口国要求的货物，实行退货或经除害处理后才能签证。

（五）检疫处理的程序

依照《中华人民共和国进出境动植物检疫法》第17条等有关规定，对进出境植物、植物产品和其他检疫物，经检疫发现有危险性病虫、杂草的，由出入境检验检疫机构根据检疫结果，对不合格的进出境检疫物签发《检疫处理通知单》，通知货主或者其代理人在出入境检验检疫机构的监督和技术指导下作除害、退回或销毁处理。经除害处理合格的，准予入境、出境、过境。《检疫处理通知单》是检疫处理措施的书面指令。

（六）检疫处理的发展趋势

随着基础研究的深入化和广泛化，检疫处理新技术、新方法、新标准、新理念也将更加丰富。处理技术将更加综合，利用多种检疫处理技术联合应用增效是今后检疫处理技术发展的趋势之一；同时也更加要求处理技术标准的多元化、精细化和国际化，从而使检疫处理更加高效、安全、经济、便捷。值得注意的是，一些检疫处理技术的更替，如溴甲烷熏蒸处理的替代技术的研发，进一步要求设施设备的多样化、智能化和普遍化。特别是在当今互联网技术长足发展的态势下，智能高科技化的检疫处理的成本会进一步降低，而效果会更加显著。

第二节　法 规 治 理

为了达到保护货品的目的，防止危险性有害生物的传播，又允许这些物品在一定条件下自由调运，植物检疫规程规定应对植物和植物产品等进行检查和处理。该举措是防范外来植物有害生物的传入，保护我国农林业生产安全、生态稳定或是设置实施技术性贸易措施的重要手段。植物检疫法律授予检疫官员检查有害生物和在有传播危险时采取适当措施的权力。

按照《中华人民共和国国境卫生检疫法》及实施细则、《中华人民共和国食品卫生法》《中华人民共和国进出境动植物检疫法》及其实施条例的相关规定，检验检疫机构所涉及的卫生除害处理的范围和对象是非常广泛的，包括出入境的货物、动植物、运输工具、交通工具的除害处理以及公共场所、虫源地等的除害处理等。本书仅介绍出入境货物、集装箱和植物及其产品的害虫除害处理。国内植物及其产品的检疫性害虫由相关的植物检疫行政单位根据国家及各地区的有关法律、法规实施检疫处理（图3-1）。

图3-1　按法规处罚（仿夏红民，2002）

扩展阅读 3-1

扩展阅读 3-2

一、对入境植物、植物产品的检疫处理

（一）确定处理原则

1. 按可传带植物危险性病、虫、杂草的分布范围、危害程度及传带概率

1）对具有毁灭性或潜在极大危险性的病、虫、杂草种类与危险性次之种类的处理区别。

2）对无分布的种类与国内已有局部发生种类的处理区别。

3）对通过输入植物、植物产品传带概率高的危险性病、虫、杂草种类与传带概率相对较低种类的处理区别。

2. 按引进寄主植物、植物产品本身的经济重要性

1）对作为国家重要种质资源或主要农作物、经济作物的种子、种苗等繁殖材料与生产用种子、种苗，在处理原则上应有不同。

2）对非繁殖材料，应区分其经济价值、产地疫情、传带病虫害的种类及其危险性等状况，处理原则也应有不同。另外，还要考虑有无有效的除害处理方法。

（二）入境植物危险性病、虫、杂草名录所列有害生物的检疫处理

1）禁止来自该种病虫流行区的寄主植物、植物产品入境。

2）经检疫发现输入植物、植物产品和其他检疫物感染检疫性害虫的，对其全批作除害处理，经除害处理合格的，准予入境。

3）无有效除害处理方法的，作退回或销毁处理。

（三）具体检疫处理要求

1. 有下列情况之一者，需作退回或销毁处理

1）输入《中华人民共和国进境植物检疫禁止进境物名录》中的植物、植物产品，未事先办理特许审批手续的。

2）经现场或隔离检疫发现植物种子、种苗等繁殖材料感染检疫性害虫，无有效除害处理方法的。

3）输入植物、植物产品，经检疫发现检疫性害虫，无有效除害处理方法的。

4）输入植物、植物产品，经检疫发现病虫害，危害严重并已失去使用价值的。

2. 有下列情况之一者可作化学、物理等除害处理

1）输入植物、植物产品，经检疫发现植物危险性病虫害，并存在有效除害处理方法的。

2）输入植物种子、种苗等繁殖材料，经隔离检疫发现植物危险性病虫害，有条件实施除害处理的。

3. 采用限制措施处理

输入植物产品、生产用种子、种苗等繁殖材料，能通过限制措施达到防疫目的，采用下列限制措施处理。限制处理也称为避害措施，即处理措施不直接杀死有害生物，仅使其"无效化"，使有害生物在时间和空间上与其寄主或适生地相隔离。限制处理方法如下。

1）限制卸货地点和时间。可将货物转港至指定口岸，如热带植物产品带有不耐寒的有害生物，可于冬季在北方口岸卸货、加工。

2）改变用途。例如，将植物种子改用于食用或加工。

3）限制使用范围和加工方式。例如，种苗可有条件地调往有害生物的非适生区使用。进口粮食等产品可在少数指定的城市进行保护性加工，以防止有害生物扩散进入田间。

发现《中华人民共和国进境植物检疫危险性有害生物名录》之外，对农、林、牧、渔业有严重危害的其他病虫害，按照相关文件规定处理。

扩展阅读 3-3

4. 交通运输过程中，车辆、检疫物等都需进行严格的防疫处理

入境的车辆，由出入境检验检疫机构作防疫消毒处理。转关或隔离种植的检疫物，在运输、装卸过程中，货主或其代理人应当按检疫要求采取防疫措施，其措施必须符合植物检疫和防疫的规定。

5. 国外发生重大植物疫情，需进行紧急防范处理

对于国外正在发生的重大植物疫情，有可能传入中国时，根据《中华人民共和国进出境动植物检疫法》采取的紧急防范措施有三种：禁止来自植物疫区的运输工具入境；封锁有关口岸；禁止疫情流行地区的检疫物入境。

二、对出境植物、植物产品的检疫处理

输出植物、植物产品或其他检疫物，经检疫不符合检疫要求的要作除害处理。无法进行除害处理或经除害处理不合格的不准出境。输出植物、植物产品或其他检疫物，经检疫发现一般生活害虫的，根据输入国有关检疫要求或贸易合同、信用证的有关规定，作除害处理或不准出境。

第三节　物 理 处 理

一、低温处理

温度对昆虫的影响很大。在正常的温度范围随着温度下降，昆虫的活动能力也会相应降低，并进入冷昏迷状态，代谢速度变慢，引起生理功能失调和新陈代谢的破坏。若昆虫长期处于冷昏迷状态，在温度和时间的综合作用下，就会死亡。低温处理技术在 20 世纪初期就被用于处理害虫。

（一）速冻

速冻是在-17℃或更低的温度下急速冰冻被处理的农产品，是控制害虫的一种处理方法。该方法对许多害虫有效，常用于处理那些由于害虫而不能出口的产品，特别是用于处理某些水果和蔬菜。这种处理方法包括在-17℃或更低的温度下冰冻，按规定保持一定时间，然后在不能高于-6℃的条件下保藏。速冻处理需具备满足上述温度处理的冷冻仓和贮藏仓，在冷冻仓内必须设置自动温度记录仪，记录速冻过程中温度的变化动态。

（二）冷处理

冷处理是指应用持续的不低于冰点的低温作为控制害虫的一种处理方法。这种方法对处理携带实蝇的热带水果有效，并已在实践中应用。处理的时间常取决于冷藏的温度。冷处理通常是在冷藏库内（包括陆地冷藏库和船舱冷藏库）进行的。处理的要求包括严格控制处理的温度和处理的时间，这是冷处理有效性的基本条件。

1. 冷藏库处理

陆地冷藏库和船舱冷藏库必须符合如下条件：制冷设备能力应符合处理温度的要求并保证温度的稳定性；冷藏库应配备足够数量的温度记录传感器，每300m³的堆垛应配备三个传感器，一个用于检测空气温度，两个用于监测堆垛内水果或蔬菜的温度；使用的温度

自动记录仪应精密准确，需获得检疫官认可；冷藏库内应有空气循环系统，使库内各部分温度一致。

2. 集装箱冷处理

具备制冷设备并能自动控制箱内温度的集装箱，可以在运载过程中对某些检疫物进行冷处理。为监测处理的有效性，在进行低温处理时，在水果或蔬菜间放置温度自动记录仪，记录运输期间集装箱内水果或蔬菜的温度动态，40 英尺①集装箱放置三个温度记录仪，20 英尺集装箱放置两个温度记录仪，集装箱运抵口岸时，由检疫官开启温度记录仪的铅封，检查处理时间和处理温度是否符合规定的要求。

二、热处理

热处理有害昆虫的机理主要包括破坏催化酶的活性或使蛋白质变性、破坏昆虫体壁蜡层和保护层导致其严重脱水。因此，热处理有害昆虫的效果取决于温度、穿透和持续时间。然而，杀死有害生物所要求的温度和寄主耐温能力相差的温度范围很小。因此，应用热处理时，务必严谨、准确。目前，热处理在国内主要应用于水果和苗木类有害生物的检疫处理以及一些木质包装的检疫处理。

扩展阅读 3-4

（一）蒸汽热处理

蒸汽热处理是利用热饱和水蒸气使农产品的温度提高到规定的要求，并在规定的时间内使温度维持在稳定状态，通过水蒸气冷凝作用释放出来的潜热，均匀而迅速地使被处理的水果升温，使可能存在于果实内部的昆虫死亡。蒸汽热处理主要用于控制水果中的实蝇及出入境木质包装材料。

水果蒸汽热处理设施包括三个部分：产品处理前的分级、清洁、整理车间；产品蒸汽热处理室，产品热处理后的降温、去湿、包装车间，这个车间应有防止产品再次遭到感染的设施。蒸汽热处理的主要设施及其功能如下。

1. 热饱和蒸汽发生装置

这一装置应能按规定要求自动控制输出的蒸汽温度，蒸汽的输出量应能使室内的水果在规定时间内达到规定的温度。

2. 蒸汽分配管和气体循环风扇

蒸汽分配管把蒸汽均匀地分配到室内任何一个果品的货位，循环风扇使室内蒸汽处于均一状态，使蒸汽热量均匀地被每个水果吸收。

3. 温度监测系统

温度监测系统包括多个温度传感器，温度传感器均匀分布在室内空间各个点，传感器的探头插入水果的内部，通过温度显示仪可以了解处理过程中室内各点水果果肉的温度动态。

检疫官员主要监督处理室内热蒸汽分布的均匀性、温度监测系统的准确性，以及产品处理后防止再感染的有效性。

（二）热水处理

热水处理又称为热水浸泡，可进行多种生物，如豆粒内害虫、各种球茎上的线虫和其他有害生物以及带病种子的处理。该方法有一个多世纪的使用历史，主要是将预处理的产品或

---

① 1 英尺≈0.3048m

货物浸泡在热水中，使其温度上升至规定的温度并持续一定的时间以杀灭农产品或货物中可能携带的有害生物。该处理方式多用于果蔬的检疫处理，对实蝇类害虫效果显著。

（三）干热处理

干热处理一般在烤炉或干燥窑里进行，将被处理的物品置于100℃的环境条件下，这种方法的关键是使处理的材料内部达到特定的温度，并保持到需要的处理时间。干热处理的方法应用有局限性，尤其是受害的植物材料要能承受较高温度处理。该方法多用于处理粮食、饲料、稻草以及木质包装等。干热处理一般不适用于活的植物材料，因为水分的损耗可使植物受到损害。

（四）其他热处理

微波加热处理是利用电磁场加热电介质，使其内部升温，从而达到灭虫效果。因粮食、食品、植物与昆虫均是介质，当它们处于电场中时，昆虫的内容物可因迅速加热和剧烈振荡而被破坏，最终导致死亡。而植物、种子和食品也会因过热而死亡或质量发生变化。微波加热的优点是升温快、穿透性强。介质内部的温度往往比外表高，与一般的热处理方式不同，温度由外向里升高需时较长，处理后的介质无残毒。主要缺点是介质的内容物组成不同和磁场不均匀，导致介质升温不均匀。因此微波处理可用于植物检疫中的少量农副产品的处理，在旅检中处理非种用材料较为理想。

高频介质加热是利用绝缘物质的分子在高频电场内被反复极化的过程中克服分子之间的作用而做功，从而把高频电能转化成热能来加热该种物质。该处理属于新型加热方式，多试验用于木包装加热和鲜活农产品加热。该处理方式加热速度快，效率高，加热均匀。

三、辐照处理

扩展阅读3-5

扩展阅读3-6

辐照处理就是利用离子化能照射有害生物，使之不能完成正常的生活史或发生不育现象，从而防止有害生物传播扩散或将其种群灭绝。常用的离子化能有γ射线、X射线、射电线等。由于γ射线、X射线都具有很强的穿透能力，所以它们在植物检疫上具有广泛的应用前景。辐照作为一种检疫处理手段是安全的，不会导致被处理物品产生放射性，用小于或等于1000Gy剂量处理的食品不会对人体健康产生危害。

1970年联合国粮食及农业组织（FAO）和国际原子能机构（IAEA）专家就目前已有的辐照处理知识和技术解决国际水果贸易中存在的检疫问题进行了探讨，并对其应用前景做出了积极评价。处理中无论使用哪种射线，都必须在固定的放射室中进行。放射室中主要包括辐射源（^{60}Co、^{137}Cs）、硬件设施（辐射器、携带设备和传输设备、控制系统及其他辅助设施）、场地、辐射防护棚及仓库等。美国食品药品监督管理局已批准使用小于或等于1000Gy的离子化能处理食品。据亚洲及太平洋区域植物保护委员会（APPPC）植物检疫处理程序手册的描述，以最低剂量辐照处理实蝇科（Tephritidae）（150Gy）、苹果蠹蛾（*Cydia pomonella*）（300Gy）、梨圆蚧（*Quadraspidiotus perniciosus*）以及芒果隐喙象（*Sternochetu smangiferae*）（300Gy）时，均可使其成虫的羽化受阻而死亡。

辐照处理的优点主要包括：①γ射线等穿透力强，可对已包装的农副产品进行深度杀虫，并可防止二次感染；②生产性辐照装置具备传送机构，可实行装卸自动化和连续作业，适合口岸应急处理；③对冷库出来的商品可在常温下立即进行处理，无须过渡到室温；④辐照不会增温，从而不会影响一些农产品的后熟；⑤辐照处理无残留，不污染环境；⑥使用剂量很低，处理后的食品对人体健康无害。

四、气调技术

气调技术（CA）是通过调节处理容器中的气体成分，给有害生物以一种不适宜其生存的气体环境而达到检疫处理的目的。气调技术长期以来被应用于储藏谷物的害虫防治，其工作原理是通过降低处理容器中氧气含量和增加二氧化碳的浓度而杀死害虫或减少害虫对谷物或干果的危害。气调技术虽然起源于对储藏品的保护，但可应用于检疫处理中。例如，实蝇类是世界水果和蔬菜的重要检疫性害虫类群之一，应用气调的方法对其防除也有很好的效果。研究表明，适当地采用气调技术可以杀死多种检疫害虫，如加勒比实蝇（*Anastrepha suspensa*）、苹果实蝇（*Rhagoletis pomonella*）、橘小实蝇（*Bactocera dorsalis*）以及苹果蠹蛾（*Cydia pomonella*）等。例如，将氮气与40%、60%、80%或100%的二氧化碳混合，可杀死加勒比实蝇的卵和幼虫。采用气调和低温综合处理技术，可以进一步提高处理效果，并大大减少处理时间。

第四节　化 学 处 理

化学处理是目前检疫处理中最常用的方法，主要包括熏蒸处理、防腐处理和化学农药处理等。

一、熏蒸处理

对于防治大量物品中种类繁多的有害生物来说，熏蒸处理是目前检疫处理中应用最为广泛的一种除害处理方法。它是利用熏蒸剂（fumigant）这一类化合物，在一定时间和可以密闭的空间内将有害生物灭杀。熏蒸处理具有很多优点，如杀虫灭菌彻底，操作简单，不需要很多特殊的设备，能在大多数场所实施，而且基本上不对熏蒸物品造成损伤，处理成本低廉。熏蒸剂气体能够穿透货物内部或建筑物等的缝隙将有害生物杀灭，这一特性是其他很多处理方法所不具备的。熏蒸处理具有悠久的使用历史（图 3-2），目前仍被广泛应用于原木和木制品、饲料、水果、花卉以及种苗等产品的检疫处理，

图 3-2　公元前 2000～公元前 1000 年埃及熏蒸装置

对控制生物风险和保障国际贸易顺利开展具有重要贡献。

检疫熏蒸（quarantine fumigation），是指为防止检疫性有害生物的传入、传出、定殖和扩散而实施的熏蒸处理，或者那些在官方控制下所进行的熏蒸处理。这里的官方控制是指由国家植物、动物或环境保护以及卫生等官方部门实施或授权。而检疫性有害生物是指那些在某一地区还不存在，但一经传入就会对该地区构成巨大威胁的有害生物，或指那些在某一地区虽有分布但分布不广泛而且仍处于官方控制下的有害生物。

根据《国际植物保护公约》（IPPC）的定义，对受控的非检疫性有害生物实施的熏蒸也应属于检疫熏蒸的范畴。IPPC 对受控的非检疫性有害生物的定义为：因为某种害虫的存在，直接影响了用于繁殖的植物材料的利用，在经济上造成了不可接受的损失。所以对进口国来

说，这种生物也是受控的。

装运前熏蒸（preshipment fumigation），是指直接与货物出口有关而且是在货物出口前进行的熏蒸。该处理的目的是为了满足进口国的植物检疫或卫生要求，或者出口国已有的植物检疫或卫生要求。可见，检疫及装运前熏蒸都属于官方要求的熏蒸，是为了防止有害生物自由传播的熏蒸。它与保证货物品质的商业熏蒸是不同的，它的要求更为严格。特别是检疫熏蒸，其熏蒸效果必须保证能够防止检疫性有害生物传入、传出所要求的检疫安全。

（一）熏蒸技术的基本原理

1. 熏蒸及熏蒸剂的概念

熏蒸是指借助于熏蒸剂，在密闭的场所或容器内杀死病原菌、害虫等有害生物的技术或方法。熏蒸剂是在一定温度和压力下，能够保持气态且维持将有害生物杀灭所需的足够高的气体浓度的一类化学物质。因此，熏蒸是以熏蒸剂气体来杀灭有害生物的，它强调的是熏蒸剂的气体浓度和密闭熏蒸空间。烟雾剂和气雾剂不是气体，所以利用烟雾剂和气雾剂来进行除害处理的方法不是熏蒸。

2. 熏蒸剂的气化

大多数熏蒸剂都是以液态形式储存于钢瓶中的。当这些液态熏蒸剂从钢瓶中释放出来后，就会吸收周围环境的热量，迅速变成气体。液态熏蒸剂从液态变成气态的过程，就是熏蒸剂的气化。熏蒸剂气化速度与熏蒸剂的沸点和气化潜热有关。

熏蒸剂的沸点是指液态熏蒸剂迅速转变成气态时的温度。有机化合物的沸点与它的相对分子质量有密切关系，相对分子质量越大，沸点越高。在常用熏蒸剂中，溴甲烷和硫酰氟的沸点例外，溴甲烷的相对分子质量为94.95，沸点为3.6℃；硫酰氟的相对分子质量为102.6，沸点为−55.2℃。

熏蒸剂的气化潜热是指单位质量的液体转变为相同温度的气体时吸收的热量。有机化合物在气化（蒸发）时，如果没有外部能源的补偿，就会因为液体中具有较高能量的分子的逃逸而导致液体总能量的损耗，即液体温度的降低。因此，气化（蒸发）是以消耗液体总能量来发生的。气化潜热是以每气化1g液体所损耗的热量（单位：cal）来表示的。可见，气化潜热越高，熏蒸剂气化所需的能量就越多，越难以气化。

3. 熏蒸剂的扩散与穿透

在一个温度和压强都较为均匀的混合气体体系中，如果某种气体成分的密度不均匀，则这种气体将由密度大的地方向密度小的地方迁移，直到这种气体成分在各处的密度达到均匀一致为止。气体由密度大的地方向密度小的地方的迁移就叫扩散。扩散速度与气体密度梯度及扩散系数成正比。扩散系数则与气体本身的性质有关，相对分子质量大的气体，其密度也大，但扩散系数小。同时，扩散速度与温度成正比，温度越高，扩散速度越快。

熏蒸剂气体的穿透是指熏蒸剂气体由被熏蒸货物的外部空间向内部空间扩散（迁移）的过程。熏蒸剂的穿透能力和速度要受到很多因素的影响。熏蒸剂气体浓度越高，穿透能力越强，穿透速度也越快；熏蒸剂的相对分子质量越大，自上而下的沉降速度越快，但在货物内部的水平扩散性较差；熏蒸剂的沸点越高，穿透性越差，吸附性增加。货物本身的性质也与穿透性有密切的关系。货物表面的含水量、含油量以及紧密程度等，都可以通过影响熏蒸剂气体分子的运动速度和对熏蒸剂的吸附，对熏蒸剂气体浓度产生不同程度的影响，从而影响熏蒸剂气体的穿透性及穿透速度。货物内部温度的均匀程度也能影响熏蒸剂气体的穿透性。

4. 熏蒸剂的吸附与解吸

吸附是指在整个熏蒸体系中，固体物质对熏蒸剂气体分子的保留和吸收的总量。吸附使熏蒸体系中部分熏蒸气体分子不能自由扩散或穿透进入货物内部，表现为熏蒸空间熏蒸剂气体分子的减少。因此，在熏蒸中，熏蒸剂气体的散失，除了泄漏外，最主要的原因就是被处理货物所吸附。吸附引起的熏蒸剂气体浓度的降低与熏蒸体系的气密性无关，只与货物的种类、装载系数和温湿度有关。在气密性很好的熏蒸系统中，吸附是引起熏蒸剂气体浓度降低的主要原因。吸附不仅直接影响密闭空间内熏蒸气体实际浓度的高低，而且还影响解吸时间的长短。吸附是一个渐进过程，熏蒸初期货物对熏蒸剂气体的吸附速率快一些，然后逐渐降低，其表现为在整个熏蒸过程中，熏蒸剂气体浓度的逐渐降低。吸附包括表面吸附、物理吸附和化学吸附 3 种。

表面吸附是指熏蒸剂气体分子和固体物质表面接触时，固体物质表面分子和熏蒸剂气体分子之间的相互吸引而引起的对熏蒸剂气体分子的滞留现象。被固体表面滞留的气体分子是可以重新回到自由空间的，也就是说，对气体分子的滞留是暂时的，是可逆的。

物理吸附是指熏蒸剂气体分子进入物体内部后，被存在于物体内部毛细管中的水或脂肪所溶。物理吸附的量直接与被熏蒸物品的种类和熏蒸剂在水及脂肪中的溶解度有关。

化学吸附是指熏蒸剂气体分子与被熏蒸物品的组成物质之间经化学反应而生成新的化学物质。这种化学反应是不可逆转的，因而新生成的化合物就成了永久性的残留物。

解吸是一个与吸附相反的过程，即被货物吸附的熏蒸剂气体分子挣脱货物表面分子的束缚或从毛细管中扩散出来，重新回到自由空间中。解吸过程是在熏蒸结束后的散气期间进行的。解吸的快慢与环境温度直接相关，温度越高，解吸越快。

5. 熏蒸剂的剂量与浓度

剂量是指熏蒸时单位体积内实际使用的药量。理想的剂量通常是浓度高到足以杀灭有害生物，而低到足以避免损害农产品或形成过多的有害残留物，并且两者之间要有一个较小的安全系数。在剂量的表示单位中，通常用每立方米克（g/m^3）来表示，这是因为在实际熏蒸中，熏蒸剂的重量和被熏蒸场所的体积容易确定。目前，利用 QFTU 移动熏蒸装置，可实现常压熏蒸全过程的自动化控制。其具有自动检测气密性、自动定量气化、自动循环、浓度检测、自动温度检测、加温保温等功能。

扩展阅读 3-7

浓度是指在熏蒸体系中，单位体积自由空间内熏蒸气体的量。因此，浓度和剂量之间虽然有联系，但也有本质的区别。也就是说，在一般情况下，剂量越高，熏蒸体系中熏蒸剂气体的浓度也越高；但在有些情况下（如熏蒸体系的密封不太好、货物对熏蒸剂的吸附特别强等），剂量高，浓度不一定高。可见，熏蒸期间熏蒸剂气体浓度的高低是判断熏蒸效果的唯一依据，熏蒸期间不测定浓度，而只凭剂量高低来推断熏蒸效果是不科学的。

6. 浓度和时间的乘积（CT 值）

（1）CT 值含义　　CT 值是指在一定的温湿度条件下和一定的熏蒸剂气体浓度及熏蒸处理时间变化范围内，使得某种有害生物达到一定死亡率所需的浓度和时间的乘积，即 $C \times T = K$（C 是指熏蒸剂气体浓度，T 是指熏蒸时间的长短，K 是一个常数）。从 CT 值的定义可以看出，在一定温湿度条件下，只要能满足一定的 CT 值要求，那么熏蒸杀虫效果就是一定的，而且熏蒸剂气体浓度和处理时间是可以根据实际情况在一定范围内进行变化的。但 CT 值的这一定义和上述的关系表达式应该说只是一种近似值，而具有普遍意义的关系式应是

$$C^n \times T = K$$

式中，指数 n 可作为毒性指标，是一个特殊值，可称为熏蒸剂毒力指数，代表了熏蒸剂与虫种，更确切地说包含了不同发育阶段之间的毒性关系。

熏蒸工作的重点就在于要知道使用熏蒸剂和害虫的 n 值。n 值越接近1，说明熏蒸浓度和时间同等重要，减少一定比例的熏蒸浓度可以通过增加熏蒸时间来补偿；实际熏蒸中可以通过提高熏蒸浓度来缩短熏蒸时间。如果 n 值大于1，说明熏蒸浓度更重要；如果 n 值小于1，说明熏蒸时间更重要，通过增加或降低熏蒸浓度来缩短或增加熏蒸时间效果不明显。从目前的研究结果来看，溴甲烷、氢氰酸等熏蒸剂在较大的浓度变化范围内比较好地遵从于 CT 值的规律，n 值接近于1，增加其熏蒸浓度和延长熏蒸时间同等重要。而磷化氢只在很小的浓度变化范围内遵从于 CT 值的规律，且 n 值一般为 0.5～0.7，对于磷化氢而言，要想达到相同的熏蒸效果，延长熏蒸时间比提高熏蒸浓度更加有效。

（2）CT 值的计算方法　　CT 值的单位为（g·h）/m^3。如果熏蒸期间熏蒸体系中熏蒸剂气体浓度始终保持不变的话，那么 CT 值的计算就非常简单，即熏蒸剂气体浓度和熏蒸时间的乘积，就是该次熏蒸的 CT 值。在实际熏蒸中，熏蒸体系内熏蒸剂气体浓度总是随时间的推移而不断产生变化，因此不能简单地用熏蒸剂浓度乘以熏蒸时间就得到 CT 值。一次熏蒸中总的 CT 值是通过多次测量熏蒸体系中熏蒸剂的气体浓度值，并以各时间间隔的 CT 值相加才能得到总的 CT 值。一次熏蒸中总 CT 值最精确的近似值是通过大量的浓度检测后获得的。由于条件限制，实际熏蒸中，不可能进行大量的浓度检测，因此可在施药后 2h、4h、12h 和 24h 测定熏蒸体系中的熏蒸剂气体浓度。一次熏蒸中熏蒸剂气体浓度的测量次数不能少于2次，否则无法计算总的 CT 值。

帐幕熏蒸中，熏蒸剂气体的损失率很高，在这种情况下 CT 值的计算方法最好用几何平均法，即

$$CT_{(n, n+1)} = (T_{n+1} - T_n) \times C_n \times C_{n+1}$$

$$CT_{总} = \sum CT_{(n, n+1)}$$

式中，$CT_{(n, n+1)}$ 为时间 T_{n+1} 和 T_n 之间的 CT 值；T_n 为第一次测定熏蒸剂气体浓度的时间（h）；T_{n+1} 为第二次测定熏蒸剂气体浓度的时间（h）；C_n 为 T_n 时测定的熏蒸剂气体浓度值（g/m^3）；C_{n+1} 为 T_{n+1} 时测定的熏蒸剂气体浓度值（g/m^3）。

在气密性较好的并已通过了压力试验的熏蒸环境（如熏蒸室）中，气体的损失率很低，此时可以用算术平均值进行 CT 值的计算。即

$$CT_{(n, n+1)} = (T_{n+1} - T_n) \times (C_n + C_{n+1})/2$$

$$CT_{总} = \sum CT_{(n, n+1)}$$

7. 影响熏蒸剂气体浓度衰减的因素

所有熏蒸过程都可以用这样3个阶段来表征：①熏蒸初始阶段，即密闭空间中熏蒸剂气体浓度建立阶段；②熏蒸剂气体浓度衰减阶段，在此阶段熏蒸剂气体浓度慢慢降低；③熏蒸结束后的散气阶段，即达到了所需 CT 值后将熏蒸体系中残存熏蒸气体排出的阶段。在整个熏蒸期间，期望熏蒸剂气体浓度能够维持在某一水平上，以满足杀灭某种有害生物所需的 CT 值。在给定数量的熏蒸剂和特定的熏蒸环境条件下，整个熏蒸期间所能达到的 CT 值，主要取决于衰减阶段熏蒸剂气体的损失率。在衰减阶段如果不补充熏蒸剂到密闭空间中，那么熏蒸体系中的熏蒸剂气体浓度（C）依据下列公式进行计算：

$$\ln C_0 - \ln C = K(t - t_0)$$

式中，C 为在时间 t 时的浓度（g/m^3）；C_0 为在 t_0 时的浓度（起始浓度）（g/m^3）；K 为浓度衰减常数，是单位时间内（如每天）熏蒸剂气体浓度衰减的速度常数。K 值可由浓度与时间的半对数坐标的斜率求得。对大多数熏蒸来说，在比较稳定的环境条件下，开始时浓度降低较快，而在密闭的大部分时间内浓度与时间的半对数坐标曲线是一条直线，在散气阶段也大致如此。

数值 K 受诸多因素的影响。可以把 K 值分解成环境条件的影响因素 K_1、吸附因素 K_2 和渗漏因素 K_3。因此，可用 $K=K_1+K_2+K_3$ 来表示。影响 K 值的因素作用的大小随熏蒸剂的种类和具体熏蒸情况有很大的差异。在一个漏气严重的仓内进行熏蒸，则环境条件成为引起熏蒸剂损失的主要因素，因此这部分影响就成为主要的支配因素。在实际熏蒸中，这些因素的任何一个都可能导致熏蒸的失败，因此一定要注意改进熏蒸方法，采取正确的熏蒸措施，从而减少这些因素的影响程度，确保熏蒸的成功。

（1）**环境因素** 影响浓度衰减常数 K 值的环境因素按其影响程度大致分为风和温度的影响。

1）风的影响。任何用于熏蒸的密闭空间都存在不同程度的漏气，尤其是帐幕熏蒸，因此风的影响是造成熏蒸剂气体损失或熏蒸失败的主要原因。风使密闭仓迎风面的压力增加，外界空气进入密闭熏蒸空间；同样，风使背风面的压力降低，熏蒸剂气体外泄出密闭空间。因此，风使密闭空间内熏蒸气体外泄而导致其有效浓度降低，熏蒸剂气体外泄的速度与风速成正比。然而，风对熏蒸剂气体泄漏的影响程度还取决于密闭空间的气密性，如在同样风力条件下熏蒸，气密性好的熏蒸仓，其熏蒸剂气体泄漏速度比气密性差的要慢 200 倍以上。可见，密封好坏是决定熏蒸成功的重要因素之一，但是在风力比较大的条件下不建议进行熏蒸。

2）温度的影响。密闭空间内外的温度不同，气体的相对密度也不相同，由此会导致密闭空间内外气体压力的差异。如有孔洞存在，熏蒸剂气体就会通过孔洞迅速泄漏。例如，夏天在阳光直射下进行帐幕熏蒸，由于帐幕内的气体受太阳光的照射而温度升高，密度变小，压力升高，此时帐幕内的熏蒸剂气体就会通过孔洞迅速外泄。夏天阳光直射下的集装箱熏蒸也是如此。因此，夏天在这些场所进行熏蒸，要特别注意密封。

（2）**吸附的影响** 货物吸附熏蒸剂气体分子的能力，不但与熏蒸剂的种类有关，而且也与货物的性质和环境条件有关。货物吸附熏蒸剂气体，主要发生在熏蒸刚开始的数个小时。一般来说，熏蒸剂气体的相对分子质量越大，沸点越高，越容易被吸附，就越不容易被解吸；货物颗粒比表面积越大、含水含油量越高，吸附能力越强；温度越高，货物的吸附能力越低；货物的装载量越大，被吸附的熏蒸剂气体总量也越大。吸附造成熏蒸气体浓度的降低，与气密性无关。为了弥补因吸附而造成的浓度衰减，必须增加投药量。

（3）**渗漏的影响** 熏蒸剂气体渗漏包括通过扩散并穿透熏蒸帐幕上的微孔而发生的泄漏以及通过因密封不严所留下的孔洞发生的泄漏。熏蒸剂气体分子通过扩散穿透帐幕发生外泄的量与熏蒸剂的种类、性质和帐幕的种类及厚度有关。一般而言，通过帐幕泄漏的量是很少的，而熏蒸空间密闭不严才是造成熏蒸剂泄漏的主要原因。

8. 影响熏蒸效果的因素

（1）**温度** 温度是影响熏蒸效果最重要的一个因素。在通常的熏蒸温度范围内（10~35℃），杀灭某一害虫所需的熏蒸剂气体浓度，随着温度的升高而降低。这是因为：①随着温度升高，昆虫的呼吸速率加快，昆虫从环境中吸收熏蒸剂有毒气体的量随之增多；②随着温度升高，昆虫体内的生理生化反应速度加快，进入昆虫体内的熏蒸剂有毒气体更易于发挥毒杀作用；③随着温度升高，被熏蒸物品对熏蒸剂气体的吸附率降低，熏蒸体系自由空间中将有更多的熏蒸剂气体参与有害生物的杀灭作用。

当温度低于10℃时，温度对熏蒸效果的影响就变得较为复杂了。温度降低，昆虫的呼吸速率也随之降低，昆虫从环境中吸入的熏蒸剂气体的量也相应减少，但昆虫虫体对熏蒸剂气体的吸附性有所增加，从熏蒸剂气体进入虫体的量来看，后者补偿了前者的不足。另外，低温造成某些害虫对熏蒸剂的抗性减弱，因此，对一些熏蒸剂来说，低于或高于某一温度都可以用较低的浓度来杀灭这些害虫。在检疫熏蒸中，熏蒸前测定大气温度和货物内部温度，并据此确定合理的投药剂量，是保证熏蒸成功的基本条件之一。此外，害虫在熏蒸前和熏蒸后所处的温度状况也会影响杀虫效果。熏蒸前害虫如处于低温环境，新陈代谢低，在移入较高温度下时熏蒸害虫的生理状态仍受前期低温的影响，抗药能力也较高。

（2）湿度　　湿度对熏蒸效果的影响不如温度的影响明显，但对于落叶植物或其他生长中的植物及其器官，熏蒸时必须保持较高的湿度，如对于种子等材料的熏蒸，湿度越低越安全。用磷化铝和磷化钙进行熏蒸时，湿度太低会影响磷化氢的产生速度，因此必须延长熏蒸时间。

（3）货物装载量及堆放形式　　在一定的温湿度条件下，每种货物（货物相同，容量也相同的条件下）对每种熏蒸剂都有一固定的吸附率。因此，熏蒸体系中货物填装量的不同，整个货物对熏蒸剂的吸附量也不尽相同，从而导致使用相同的投药剂量会产生不同的熏蒸结果。对于熏蒸室内的熏蒸，水果、蔬菜等的填装量不能超过总容积的2/3，其他农产品填装量的堆垛顶部与天花板之间的距离应不少于30cm。

（4）密闭程度　　投药期间，熏蒸体系中的压力随着投药量的增加而不断升高，熏蒸剂气体浓度不断增大。如果密封不好，即使是比较小的空洞，也会造成熏蒸剂气体的大量损失和有效浓度的降低，严重影响熏蒸效果。

（5）熏蒸剂的物理性能　　若熏蒸剂的挥发性和渗透性强，能迅速、均匀地扩散，可使被熏蒸物品各部位都接受足够的药量。溴甲烷、环氧乙烷和氢氰酸等低沸点的熏蒸剂扩散较快；二溴乙烷等高沸点的熏蒸剂，在常温下为液体，加热蒸散后，借助风扇或鼓风机的作用，方能迅速扩散。与熏蒸剂扩散和穿透能力有关的因子有相对分子质量、气体浓度和熏蒸物体的吸收力。一般而言，较重的气体在空间的扩散速度慢，气体浓度越大弥散作用越强，渗透性也增强。熏蒸物对熏蒸剂的吸附量，同该物体占容积的比例与吸附气体的浓度呈正相关。吸附性高可能影响被熏蒸物品的质量，如降低发芽率、使植物产生药害、使面粉或其他食物中营养成分变质，甚至有时由于熏蒸剂的被吸收而引起食用者的间接中毒。

（6）有害昆虫的虫态和营养生理状况　　不同虫态的昆虫对熏蒸剂的抵抗力是有差异的，一般来讲，卵强于蛹，蛹强于幼虫，幼虫强于成虫，雌虫强于雄虫。饲养条件不好，活动性较低的个体呼吸速率低，较耐熏蒸。近年来发现，昆虫对某些熏蒸剂产生了抗药性。据报道，谷斑皮蠹在斐济只有5年历史，而每年用磷化铝熏蒸，都能发现第1龄幼虫出现抗磷化氢现象（达40倍的品系），其他龄期也出现较高的抗性。溴甲烷现限于少数虫种，但多数处于边缘抗性的程度，应高度重视这类问题。

（二）检疫熏蒸的方式与操作程序

熏蒸方式一般分为常压熏蒸和真空熏蒸（减压熏蒸）。常压熏蒸按所熏蒸容器的不同又可分为集装箱熏蒸、圆筒仓循环熏蒸、帐幕熏蒸、熏蒸室熏蒸和大船熏蒸等。

1. 常压熏蒸

常压熏蒸的操作程序大体可分为熏蒸准备、熏蒸施药、散气和善后处理三个步骤。具体程序包括：选择合适的熏蒸场所，要求在空旷偏僻，距离人们居住活动场所20m以外的干燥地点进行，仓库应具备良好的密闭条件；做好熏蒸密闭工作；根据货物种类、害虫对象来确定熏蒸剂种类；计算容积，确定用药量；安放施药设备及虫样管，施药熏蒸；熏蒸期间测毒查漏；熏蒸后通风散气、处理残渣、熏蒸效果检查和填写熏蒸记录表。在整个熏蒸过程中，应特别注意操作人员和周围环境的安全防护。

（1）集装箱熏蒸　　集装箱运输以安全、快速、简便、灵活等优点，从根本上改变了传统的散件杂货运输方式。为防止有害生物随集装箱运输而远途传播扩散，要及时对集装箱本身、所承载物、包装及铺垫材料进行检疫；不合格的要进行检疫处理。集装箱熏蒸（图3-3）成为当前熏蒸工作中一种操作简单、效果良好的处理方式。集装箱熏蒸的主要程序如下。

图3-3　溴甲烷集装箱熏蒸

1）熏蒸前的准备工作。熏蒸前要备足熏蒸用物品并选择合适的熏蒸场所，选择风力不大于5级的露天场地，与生活和工作区相距要在50m以上。所熏蒸的集装箱应单层平放，熏蒸期间不能挪动。

2）检查货物包装及集装箱状况。如果被熏蒸的货物采用不透气或透气性较差的包装材料，应除去此类包装，或采取其他不影响药剂扩散的措施；同时要明确处理货物是否会与药剂发生反应，防止发生货损，影响货物的正常进出口贸易；此外，还应检查集装箱外表，是否有明显的漏气可能，如有应及时处理或者换箱。

3）集装箱的密封。熏蒸前应对集装箱进行密封，首先应将集装箱的所有通气孔都封好，然后关闭箱门，检查门缝胶条是否完好严密，如有问题及时糊封。专用投药装置及浓度检测设备，应在关门前放入箱内适当位置。密封好以后还要张贴专用熏蒸标识并划定熏蒸警戒区。

4）投药熏蒸及浓度检测。按熏蒸集装箱体积及投药剂量计算出所用药量，然后投药，控制合理投药速度为1～2kg/min。投药后应进行检漏，如发现泄漏应及时采取补救措施。用熏蒸气体浓度检测设备在特定的时间对气体浓度进行检测，以确定是否需要补药或重新熏蒸。

5）通风散气。检测并记录散气前的浓度检测结果，如果散气前的浓度实测值大于或等于规定的最低浓度值，则可以结束熏蒸并进行通风散气。应由戴有防毒设备的熏蒸人员将箱门打开，并由专人值守，待12～24h后方可搬动货物。散气结束后，撤除熏蒸警戒区和警戒标志，并及时处理其他废弃物（如磷化铝残渣等）。

（2）圆筒仓循环熏蒸　　圆筒仓循环熏蒸（图3-4）是目前处理散装货物最为先进、经济有效和快速的方法。因为散装谷物的熏蒸，最大的困难就是熏蒸剂的快速均匀分布问题，而在圆筒仓循环熏蒸中，借助循环风机，熏蒸剂气体就会在循环气流的带动下，实现快速均匀的分布，达到快速杀虫灭菌的目的。圆筒仓的气密性与先进、安全高效的循环熏蒸系统是实施圆筒仓循环熏蒸必要条件。最典型的是Winks等研究开发出的赛若气流（siroflo）及赛若环流（sirocirc）技术体系，它们已在澳大利亚、美国、加拿大、南非及中国使用。

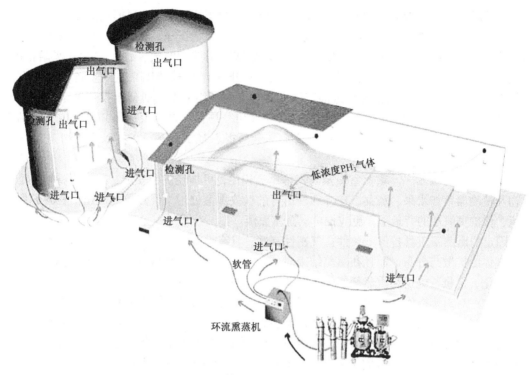

图 3-4　圆筒仓内移动式环流熏蒸系统

一般的循环熏蒸系统都应包括以下几部分：风量风压适当的防爆型循环风机、位于筒仓锥形体上部的十字形气体扩散支架或其他类型的气体扩散管道（有助于熏蒸剂气体在圆筒仓横截面上的均匀分布和扩散）、熏蒸剂气化器、尘埃滤出装置、定量施药及控制系统、用于气密性检测的玻璃 U 形管水银压力计、循环管道和相关阀门等。为了监测仓内的熏蒸剂气体浓度，还可以在筒仓内不同高度安置测毒采样管。在循环系统的设计中，首先应确定如下的技术参数，如粮食内部的风速、循环风量、循环系统中的静压、循环管道的直径、弯头的设计、循环风机的类型、所需静压和功率大小等。适合圆筒仓循环熏蒸的熏蒸剂，目前主要推荐溴甲烷、氢氰酸和环氧乙烷同二氧化碳的混合制剂等。

（3）帐幕熏蒸　　帐幕熏蒸是常压熏蒸的一种方式，由于其应用方便、有效而在检疫处理中被普遍采用。进行帐幕熏蒸应注意选择合适的熏蒸场所，并选用符合要求的熏蒸剂和熏蒸帐幕。通风良好的库房和背风的露天场地，是合适的熏蒸场所，风力大于 5 级以上的地方不能进行熏蒸，并选择使用聚乙烯或聚氯乙烯作为帐幕。根据具体情况确定合适的用药剂量，如熏蒸前需测量堆垛的体积、货物内部和垛外空间的温度，以作为确定合适的用药剂量参考指标。

合理安放测毒采样管，如 100t 以下的堆垛，分别在垛前面中部和左端下部距地面 0.5m 的地方各安置一根采样管，在垛后面右端上部距垛顶 0.5m 的地方放置另外一根测毒采样管；100t 以上 300t 以下的堆垛，放置 5 根测毒采样管，即垛前面对角线的上下端各放一根，垛后面对角线的上下两端放另外两根，第 5 根放于垛前面中心点。投药前应检查气密性及空气在帐幕内的循环是否畅通以及所有的测毒采样管是否正确标记，并开启熏蒸气体浓度检测仪器，检查其是否正常工作。然后正确、均匀安放投药管。

要及时检漏，按要求检测帐幕内熏蒸剂气体浓度的变化情况，根据熏蒸处理时间的长短，确定熏蒸期间熏蒸剂浓度的检测时间和次数。一般情况下，30min、2h、熏蒸结束前的浓度检测是必需的。30min 的浓度检测结果能够说明堆垛的气密性、渗漏和吸附情况，且此时垛内平均浓度应在投药剂量的 75% 以上；2h 的浓度检测结果进一步说明是否有严重的渗漏，货物是否强烈吸附熏蒸剂气体，此时垛内平均浓度不能低于投药剂量的 60%；熏蒸结束前的浓度检测能够说明熏蒸是否已获成功，是否可以结束熏蒸并进行散气；结束熏蒸应充分通风散气，2h 以后再将熏蒸帐幕全部揭下彻底通风，24h 以后方可进行货物搬动。

（4）熏蒸室熏蒸　　熏蒸室熏蒸与帐幕熏蒸相比，更加经济、安全、有效，特别是活体植物及植物器官如水果、蔬菜、花卉和种苗等的检疫熏蒸处理，优点更为突出。在强调保护环境、保护臭氧层的背景下，更应推广熏蒸室熏蒸。

固定的熏蒸室应具备如下条件：气密性良好；具有性能优良的气体循环系统，能用于熏蒸剂气体的扩散与分布，而且在熏蒸结束时，能快速有效地排除残存的熏蒸剂气体；具有熏蒸剂气化、定量、施药和熏蒸剂气体扩散装置；建设熏蒸室的地方，要便于装卸需要熏蒸处理的货物；对熏蒸操作人员和工作在熏蒸室附近的人员不构成任何威胁。

熏蒸室熏蒸与圆筒仓循环熏蒸相似，但在熏蒸室熏蒸中，要注意货物的堆放。货物应堆放整齐，货堆顶部距熏蒸室天花板的距离不少于 30cm。熏蒸室地板未架空的，应将货物堆放在货物托盘上。货物堆放完毕后，应准确测定货物内部和空间的温度。测温点不得少于 4 个。熏蒸水果等鲜活植物时，一定要测定果心等的中心温度，而且测温一定要准确。一般以测得的最低温度为标准来确定投药剂量，精确计算投药量。

熏蒸前关闭熏蒸室的大门，关闭或打开有关阀门，使循环气路畅通。投药熏蒸前最好先进行气密性测试，气密性测试的方法与圆筒仓循环熏蒸中气密性测试方法一样（主要包括流量平衡法、压力衰减法和示踪剂浓度衰减法 3 种）。熏蒸室熏蒸中，气体环流的时间一般为 20~30min。熏蒸某些货物时，可能需要在密闭熏蒸过程中再次进行环流。密闭熏蒸结束后，立即进行通风散气。通风散气的方法同圆筒仓循环熏蒸。通风散气时间的长短，一定要以熏蒸气体浓度检测仪的检测结果为准。

（5）大船熏蒸　　大船熏蒸相当复杂，这不仅因为大船的结构相当复杂，密封困难，而且还因为不同类型的船舱、储藏间等的设计和结构都不一样，所以不了解船体结构及其装置，没有经验或未经充分训练的人，是不能从事大船熏蒸工作的。船舶货舱和储藏室内等空间的熏蒸，必须在检疫部门的监督下，按照规定的程序正确地操作和实施，否则对熏蒸期间仍在船上工作的所有人员都是相当危险的。大船熏蒸应有组织、有计划地进行，分工明确，责任分明。

2. 真空熏蒸

真空熏蒸是指在一定的容器内抽出空气达到一定的真空度，导入定量的熏蒸杀虫剂或杀菌剂，以利于熏蒸剂气体分子迅速扩散，并渗透到熏蒸物体内部，从而大大减少熏蒸处理的时间（一般只需 1~2h）。由于真空熏蒸所用时间较短，所以不能长时间熏蒸的种子、苗木、水果蔬菜等都可进行真空熏蒸。另外，整个操作过程如施药、熏蒸和有毒气体的排出均在密闭条件下进行，容器内的熏蒸剂气体分子，可用空气反复冲洗抽出，抽出的熏蒸剂气体，可排放高空或通过处理，避免污染环境，确保安全有效。真空熏蒸的方法有持续减压熏蒸、复压熏蒸等。

（三）常用熏蒸剂

熏蒸剂是能够在室温下气化，并以其气体毒杀害虫或抑杀微生物的化学药剂。熏蒸剂毒杀害虫主要是作用于呼吸系统，从而降低有害生物呼吸率，导致害虫中毒死亡。理想的熏蒸剂应具有以下特点：①杀虫、菌效果好；②对动植物和人毒性最低；③易生产且价格低廉；④人的感觉器官易发觉；⑤对食物无害、无残留；⑥对金属不腐蚀，对纤维和建筑物不损害；⑦不爆炸、不燃烧；⑧不溶于水；⑨不变质，不容易凝结成块状或液体；⑩有效渗透和扩散能力强。事实上能完全符合上述特点的熏蒸剂是不存在的，能大部分符合，则为比较理想的熏蒸剂。选择时，除考虑药剂本身的理化性能外，还需根据熏蒸货物类别、害虫的种类以及当时的气温条件，综合分析后决定。其中，对害虫或病害效果好而不影响货物的质量是最重要的考虑因素。

目前国际上开发应用于防治贮粮害虫和检疫处理的熏蒸剂仅有 10 余种，主要有溴甲烷、磷化氢、硫酰氟、环氧乙烷、氢氰酸、氯化苦、二硫化碳、四氯化碳、二氧化碳、二溴乙烷等。目前检疫熏蒸处理中最常用的是溴甲烷、硫酰氟、磷化氢、环氧乙烷等。此外，溴甲烷已经被《蒙特利尔议定书》确定为被逐步淘汰的熏蒸剂，所以存在溴甲烷的替代技术问题。

1. 溴甲烷

溴甲烷，又称为甲基溴、溴代甲烷，英文名 methyl bromide，简写为 MB，结构式为 CH_3Br。

（1）理化特性　　溴甲烷常温下是一种无色无味的气体，相对分子质量为 94.95，沸点为 3.6℃，冰点为 -93℃。对空气的相对密度为 3.27（0℃）；液体的相对密度为 1.732（溴甲烷液体为 0℃，水为 4℃时）。蒸发潜热为 61.52cal/g。在空气中不燃不爆（在 530~570g/m³，即体积百分比为 13.5%~14.5% 时遇火花可能引起燃烧）。在水中的溶解度较低（1.34g/100mL，25℃）。商品纯度一般为 98%~99.4%，在加压下易液化并可以液态式储存、运输和施药。

溴甲烷的化学性质稳定，不易被酸碱物质分解，但它能大量溶解于乙醇、丙酮、乙醚和二硫化碳等有机溶剂中，在油类、脂肪、染料和醋等物质中的溶解度也较高。液体溴甲烷还是一种很强的有机溶剂，能溶解多种有机化合物，特别是对天然橡胶的溶解能力很强，因此在熏蒸时注意防止将溴甲烷液体直接喷到熏蒸帐幕上。纯的溴甲烷对金属无腐蚀作用，但在无氧存在的条件下，溴甲烷能与铝发生反应，生成铝溴甲烷，其遇到氧气后能自燃或爆炸。因此，不能用铝罐或含有铝的容器储存溴甲烷；实际熏蒸中，也不能用铝管作连接管。

（2）毒理机制　　目前，溴甲烷的杀虫机理还不完全清楚。很多实验证明，溴甲烷是一种烷化剂，能使巯基（—SH）类化合物烷基化，从而导致含巯基（—SH）的各种蛋白质、酶，包括琥珀酸脱氢酶等失去活性。溴甲烷还能和组氨酸、甲硫氨酸以及各种含甲硫基的化合物或游离的巯基起反应，生成硫甲氨基类化合物。溴甲烷的这种烷基化作用是不可逆转的。在昆虫中毒的初期，溴甲烷可能通过对琥珀酸脱氢酶的逐渐甲基化而使三羧酸循环中的氧化反应速度变缓，从而导致糖酵解反应加速。因此，在昆虫中毒的最初阶段，其表现得特别兴奋。但随着中毒程度的加深，溴甲烷逐渐使磷酸丙糖脱氢酶、辅酶 A 等甲基化，导致糖酵解反应和三羧酸循环反应逐渐停止，最终导致昆虫体内各种生化反应因得不到必需的能量（ATP）而中止，昆虫也因此而死亡。

综上所述，巯基（—SH）类化合物在细胞生化反应方面起着十分重要的作用。溴甲烷使这些化合物甲基化，对细胞中的正常生化反应造成了严重的破坏。虽然从昆虫中毒后的行为和有关的生化反应来看，溴甲烷似乎是一种主要的细胞呼吸抑制剂，但从它对各种含巯基

（—SH）酶的甲基化来看，它应该是对昆虫各种机能造成损害而导致昆虫死亡的。

（3）毒性　　溴甲烷不只是对昆虫有毒，而且对包括人在内的所有生物都有毒害。人中毒后主要表现为迟缓的神经性麻醉。中毒症状一般在数小时至3天表现出来，有时长达数星期甚至数月才表现出来。中毒症状表现得越迟缓，中毒者的健康恢复也越缓慢。高浓度的溴甲烷气体会损伤人的肺部并引起有关的循环衰竭。因此，在溴甲烷的实际熏蒸中，应特别注意不要吸入任何浓度的溴甲烷气体。溴甲烷长期接触的阈限浓度值（TWA）为5mg/kg；短时间接触的阈限浓度值（STEL）为15mg/kg。

（4）使用范围　　溴甲烷对昆虫的毒力应属于一种较为缓慢的中等强度的熏蒸杀虫剂。利用溴甲烷熏蒸，不仅能杀灭多种害虫（螨）、软体动物和线虫，甚至对某些真菌、细菌和病毒也有一定的杀灭或抑制作用。

溴甲烷在常压或真空减压下广泛用于各种植物、植物材料和植物产品、种子、仓库、面粉厂、船只、车辆、集装箱等运输工具以及包装材料、木材、建筑物、衣服、文史档案资料等的熏蒸处理；也可用作土壤熏蒸和新鲜蔬菜、水果的熏蒸。溴甲烷也可与其他熏蒸剂混用。溴甲烷还可用于圆筒仓循环熏蒸，是一种安全、经济、有效的熏蒸方法。溴甲烷用于土壤熏蒸，可防治一年生杂草、线虫、地下害虫、真菌及黄瓜病毒病等。溴甲烷可与磷化氢混用起到增效作用。实际混用时，应先施入产生磷化氢的物质，然后再投入溴甲烷；溴甲烷还可以和二氧化碳混用，能提高杀虫效果，增强渗透作用。由于氯化苦对植物有强烈的杀伤作用，因此溴甲烷中不能混有氯化苦，否则就不能用于活体植物的检疫熏蒸处理。

溴甲烷可用于很多活体植物的熏蒸而不会对其造成明显的损伤。在贸易流通中的苗木和其他植物，大约有95%可以用溴甲烷进行检疫熏蒸处理。有些属的植物或这些属的部分种或品种，不能用溴甲烷进行熏蒸处理。

溴甲烷应用于种子的检疫熏蒸处理时，正常情况下不会影响种子的发芽率。但在温度过高，剂量过大或时间过长，种子含水量或含油量过高等的情况下，轻则可能导致发芽迟缓或发芽率降低，重则使种子丧失发芽率。因此，用溴甲烷熏蒸处理种子，其含水量越低越好，但在一般情况下，只要能满足种子安全储存所要求的含水量就可以了。熏蒸时温度不宜太高，最好不要超过25℃。尽可能不要对种子进行多次重复熏蒸，否则不仅可能影响种子的发芽率，还可能导致种子发芽后长出的植株生长缓慢或者产量降低。用溴甲烷熏蒸大量的种子时（如堆垛等），应尽量在短时间内通过环流等方法让溴甲烷气体分布均匀。此外，溴甲烷熏蒸结束后要及时通风散气。

溴甲烷可以广泛地应用于水果、蔬菜等的检疫熏蒸处理。但由于不同种或品种甚至不同成熟度的水果和蔬菜等活体植物对溴甲烷的耐药能力各不相同，因此在进行检疫熏蒸处理时，应特别小心。有条件时，最好在大规模熏蒸前，做一个小型预备试验，以确定所要熏蒸的货物在实际熏蒸条件下的耐药水平。

溴甲烷熏蒸后的残留物还能继续同细胞组织起反应。用溴甲烷熏蒸苹果后，在熏蒸结束后的7d内，60%的溴甲烷残留物继续同苹果组织发生化学反应。溴甲烷还能损害细胞膜，如用溴甲烷熏蒸葡萄后，发现细胞组织的钾离子渗透速度加大，说明正常的细胞膜系统受到了损伤。细胞膜受到损伤的原因，一方面可能是由溴甲烷直接同细胞膜发生反应造成的，另一方面也可能是由细胞中非正常的生化反应造成的。

溴甲烷熏蒸后，可能诱发植物或器官正常的生化反应发生改变，从而发展成为各种各样的药害症状。大多数药害症状表现的速度取决于熏蒸结束后的温度和其他存储条件。药害症状主要表现为颜色改变或产生坏死斑；味道改变或失去应有的香味；更易于腐烂；成熟度改变等。因此，用溴甲烷熏蒸处理活体植物时，应注意熏蒸处理期间应保持较高的湿度，相对湿度不应低于 75%；由于苗木等植物根部最容易受到溴甲烷的损伤，所以在苗木等的熏蒸中，应尽量使其根部土壤保持湿润；熏蒸期间或熏蒸结束后，强制循环通风时间不能太长，否则容易造成植物的损伤；有些植物只能在完全休眠后才能用溴甲烷进行熏蒸处理。

（5）安全防护　　溴甲烷轻微中毒表现为头昏、眩晕、全身无力、恶心呕吐、四肢颤抖、嗜睡等。中等和严重中毒时，走路摇晃、说话困难、视觉失调、精神呆滞，但保持知觉。发现有轻微中毒时，应立即离开熏蒸场所，呼吸新鲜空气，多喝糖水等，并及时就医。进行任何可能接触浓度超过 15mg/kg 的熏蒸操作时，工作人员必须佩戴适宜的防毒面具。溴甲烷的剂量高于 $64g/m^3$ 时，防毒面具已不能很好防护。液态溴甲烷和人体皮肤长期接触，会产生烫伤或冻伤。使用时，要穿戴皮靴或橡皮靴和橡胶手套，防止液体同皮肤接触。如果液体溅在皮肤的外露部位，要立即用肥皂水洗净。

（6）溴甲烷的禁用和替代问题　　自 1932 年发现溴甲烷的杀虫活性以来，溴甲烷一直作为广谱、高效的杀虫灭菌熏蒸剂，被广泛地应用于土壤消毒、仓储害虫的防治、面粉厂等建筑物的熏蒸以及动植物检疫除害处理。溴甲烷气体进入大气平流层后，与平流层中的臭氧发生化学反应，从而减少平流层中的臭氧浓度。据世界气象组织发表的《1991 年臭氧层耗减科学评估报告》，全球对流层中溴甲烷浓度为 9～13mg/L，相当于在对流层中存在 15 万～21 万吨溴甲烷。在平流层中，虽然溴原子的浓度比氯原子少得多，但其损耗臭氧的能力却比氯原子强得多，约为氯原子的 40 倍。

鉴于溴甲烷对臭氧层的耗损特别大，人为排放溴甲烷的量也比较大，因此《蒙特利尔议定书》哥本哈根修正案中已将溴甲烷列为受控物质。虽然国际上对如何削减溴甲烷还存在分歧，但在 1995 年 12 月的第 5 次《蒙特利尔议定书》缔约国会议上最后确定，发达国家应将溴甲烷使用量冻结在 1991 年的消费水平，而且除了装运前和检疫等农业必要用途之外，发达国家应在 2001 年 1 月 1 日起停止溴甲烷的使用；发展中国家应在 2002 年冻结在 1995～1998 年的平均消费水平上。

关于溴甲烷的替代，国际溴甲烷技术方案委员会（MBTOC）的主要调查结果认为，目前尚没有单一的替代品或替代技术可以完全取代溴甲烷。土壤消毒应用方面，可以通过改进使用方法、采用替代化学品、溴甲烷与其他农药协同使用以及采用非化学害虫防治方法等减少溴甲烷的使用量。检疫法要求货物熏蒸处理的效果为 100%，这方面没有其他替代品和替代技术可以替代溴甲烷。干果以及非食品货物的应用方面，替代品和替代技术的应用前景是令人鼓舞的，如磷化氢、辐照、生物控制、气调技术以及冷热处理方法的成功应用。同时，甲烷的回收、再生、再循环技术尚待进一步发展。

最终禁止溴甲烷的使用已成必然，今后只有加强溴甲烷替代品和替代技术的研究，才能满足溴甲烷禁用后的杀虫灭菌需要。在检疫中，对于溴甲烷替代品和替代技术的研究，目前主要有以下几个方面：①提高气密水平，加强溴甲烷回收利用技术和与其他熏蒸剂包括二氧化碳混用技术的研究，以减少溴甲烷的用量和排放量；②加强溴甲烷替代品的筛选研究，如氧硫化碳、碘甲烷、甲酸乙酯以及植物源熏蒸剂都是目前研究较多的替代溴甲烷的潜在新熏蒸剂；③加强物理处理方法的研究，主要包括蒸热处理、热空气处理、低温加气调处理和辐照处理技术的研究，从而在水果等应用领域替代溴甲烷的熏蒸。

2. 磷化氢

磷化氢，英文名 phosphine、hydrogen phosphine。分子式为 PH_3。

（1）理化特性　　相对分子质量为34.04。纯净的磷化氢是一种无色无味的气体，沸点为 $-87.4℃$，气体相对密度为1.214（空气为1）。液体相对密度为0.746（$-90℃$），蒸发潜热为429.57J/g。在水中的溶解度很低（26mL/100mL 水，17℃）。磷化氢在空气中的最低爆炸浓度为1.7%。磷化氢能与某些金属起化学反应，严重腐蚀铜、铜合金、黄铜、金和银。因此，磷化氢能损坏电子设备、房屋设备及某些复写纸和未经冲洗的照相胶片。

由各种磷化物制剂产生的磷化氢具有一种类似于碳化物或大蒜的强烈气味，这种气味可能与磷化物制剂的类型有关，因为这些制剂在产生磷化氢的同时，也产生有异味的杂质。即使磷化氢浓度很低时，靠嗅觉也能嗅出。在有些熏蒸条件下，由于这些杂质在熏蒸处理中可能更容易被吸收，气味也可能随之消失，但熏蒸空间中仍然存在对害虫有效的磷化氢浓度，因此决不能靠气味来指示磷化氢的存在。

国内熏蒸中常用的是磷化铝（aluminium phosphide），国外的商品名为 phostoxin（德）。分子式为 Al_3P。磷化铝原药为浅黄色或灰绿色松散固体，吸潮后缓慢地释放出有效杀虫成分——磷化氢气体。磷化铝通常被制成片剂或丸剂，也有袋装粉末，主要含有白蜡、硬脂酸镁、氨基甲酸铵，能同时释放二氧化碳和氨，这两种气体可起保护和稀释作用，以减少磷化氢燃烧的危险。

（2）毒理机制　　只有当氧气存在时，磷化氢才能完全发挥其毒杀作用，高浓度的磷化氢能使昆虫迅速处于麻醉状态，从而相应地减少磷化氢的吸入，但并不清楚这种麻醉现象是否能使昆虫具有更大的生存机会。过去一直认为，磷化氢主要是对细胞线粒体中有氧呼吸的电子传递终端的细胞色素 c 氧化酶进行抑制，从而破坏了细胞的有氧呼吸，使得生物不能获得必要的能量（ATP）而死亡。因此，磷化氢被认为是一种呼吸抑制剂。但有研究证明，用磷化氢致死剂量处理谷蠹、锯谷盗和一种扁谷盗以后，这三种昆虫体内的细胞色素 c 氧化酶并没有被完全抑制，而只有少部分受到了抑制。可见，抑制细胞色素 c 氧化酶，不是磷化氢唯一的作用点。磷化氢的毒理机制是相当复杂的，它可能是多种过氧化氢酶的抑制剂，也就是说磷化氢是对生物有氧呼吸的全面抑制而起毒杀作用的。最新研究表明，线粒体二氢硫辛酰胺脱氢酶（dihydrolipoamide dehydrogenase，DLD）基因的点突变是造成昆虫磷化氢抗性的主要原因，由此可见，*DLD* 基因应是磷化氢作用的靶标。

（3）毒性　　磷化氢对所有的动物都有很大的毒性，因此人不能接触任何浓度的磷化氢气体。人可以通过吸入磷化氢气体或咽下发生磷化氢的片剂磷化物如磷化铝而导致中毒，但磷化氢气体不能通过皮肤进入人体而使其中毒。人吸入磷化氢后可产生头痛、胸痛、恶心、呕吐、腹泻等症状。重度中毒所引起的肺部积水（肺水肿）可导致死亡。在浓度为2.8mg/L（2000mg/kg）空气中，在非常短的时间内就能将人致死。其阈限浓度值（TWA）（每周工作40h）为0.3mg/kg。

（4）使用范围　　磷化氢常用于防治植物产品和其他贮藏品上的害虫，很少报道有使用磷化氢防治活体植物、水果及蔬菜上的害虫。对多数害虫而言，长时间暴露于磷化氢低浓度下的熏蒸处理比短期暴露于高浓度下更为有效。同时，低浓度磷化氢长时熏蒸处理也不会影响大多数种子的萌发。磷化氢帐幕熏蒸基本类似溴甲烷熏蒸，但不必进行强制性环流；使用熏蒸剂时应戴上保护性手套，如手术用手套等；规定数量的片剂、丸剂、药袋等，应放在浅盘或纸片上并推入帐幕下，或者布置帐幕时均匀地分布于货物中；注意不要使货物之间相互接触；磷化氢对聚乙烯有渗透作用，一般使用厚 0.15～0.2mm 的高密度聚乙烯薄膜作熏蒸帐幕；拆除帐幕和检测磷化氢时应戴防毒面具。金属磷化物制剂在原包装完整无缺和按厂商推荐的方法储藏时，其储藏时间是无期限的，存放应远离生活区和办公区，置于凉爽通风之处，存放温度应低于38℃。由于金属磷化物制剂如磷化铝可能在容器内遇水分冷凝，所以不应冷藏。

1）磷化氢对种子活力的影响。在正常情况下，用磷化氢熏蒸防治害虫，一般不会影响种子的发芽率。即使用较高的浓度熏蒸，两到三次反复熏蒸，很多种子的发芽率都不会受到影响，如小麦、玉米、花生、高粱等；但经磷化氢反复熏蒸的种子长成植株后，其生长速度可能明显变缓，也可能引起产量降低。磷化氢对生长中的植物活力有较大的影响，尤其对苗木、花卉等的损伤比较大。

2）磷化氢对新鲜植物产品的影响。可用磷化镁制剂释放的毒气防治实蝇类害虫，而不会损伤新鲜水果和蔬菜。用杀灭橘小实蝇、地中海实蝇的卵和幼虫的剂量来熏蒸番木瓜、番茄、青椒、茄子和香蕉，并没有发现其有任何损伤。有 10 种鳄梨虽经熏蒸处理后未受损伤，但比起未经熏蒸的，成熟得更快。此外，以足以杀死实蝇的浓度熏蒸的葡萄和番茄也未受到损伤。

磷化氢对昆虫的毒力是很强的，即使较低的浓度也能将昆虫杀死。但磷化氢的毒杀作用较慢，因此需要进行较长时间的熏蒸。一般情况下，磷化氢对昆虫的毒杀性能下降，就不宜再用磷化氢熏蒸。昆虫的不同发育阶段对磷化氢的耐药性、抗药性存在差异，一般是卵和蛹耐药性较强，最难被杀死，而幼虫和成虫较容易被杀死。有的昆虫，如谷斑皮蠹的幼虫能休眠，其休眠幼虫的抗药力最强。总之，用磷化氢熏蒸，宜用较低的浓度，较长的熏蒸时间。延长熏蒸时间，还能等到某些抗药性较强的虫态发育至对磷化氢敏感的虫态，从而用较低的剂量就能将害虫杀死。

（5）安全防护 研究表明，每周接触 1 次磷化氢的最长时间分别为 1mg/kg 为 7h，25mg/kg 为 1h，50mg/kg 为 5min。轻度中毒感觉疲劳、耳鸣、恶心、胸部有压迫感、腹痛和呕吐等；中度中毒上述症状更明显，并出现轻度意识障碍、抽搐、肌束震颤、呼吸困难、轻度心肌损害；严重中毒除上述症状外，尚有昏迷、惊厥、脑水肿、肺水肿、呼吸衰竭、明显心肌损害，严重肝损害。中度到重度中毒还可能出现干咳、气哽发作、强烈口渴、步态摇晃、严重至四肢疼痛、瞳孔扩大和急性昏迷。发现中毒症状应立即离开熏蒸现场，呼吸新鲜空气；然后使患者坐下或躺下，盖上被毯保温，并及时就医。熏蒸操作时必须戴上合适的防毒面具，用手拿取投放药片或药丸时必须戴上手套。不能依靠磷化氢的气味判断有无磷化氢的存在，要依靠化学或物理的方法测定。熏蒸结束必须妥善处理残渣，一般埋于土中，并用磷化氢测定仪器检测散毒是否彻底。

3. 硫酰氟

硫酰氟，别名熏灭净，英文名 sulphuryl fluoride、vikane，结构式 SO_2F_2。

（1）理化特性 硫酰氟的相对分子质量为 102.60，是一种无色无味的压缩气体，不纯和高浓度下略带硫黄气味。沸点为 −59.2℃；气体相对密度为 2.88，液体相对密度为 1.342（水的相对密度为 1，水温 4℃）；蒸气压为 13 442mmHg[①]（25℃）；气化潜热为 44.175cal/g。

---

① 1mmHg≈133.32Pa

水中溶解度很低，为 0.075g/100mL（25℃），但在油脂中的溶解度较高，如在 25℃下，硫酰氟在花生油中的溶解度为 0.62%。不燃不爆，化学性质稳定。但具有很高的蒸气压，穿透力较强。商品纯度为 98%～99%；在 22℃，100g 丙酮、氯仿、二溴乙烷作溶剂时，能溶解的硫酰氟分别为 1.74g、2.12g、0.5g；在−78℃，能大量溶于溴甲烷中。硫酰氟在水中水解很慢，在碱溶液中可迅速分解。硫酰氟的自然蒸气压比溴甲烷大，因此在熏蒸物中渗透能力比溴甲烷强，熏蒸后解吸也较溴甲烷快。

（2）毒理机制　　硫酰氟能抑制氧气的吸收，破坏生物体内磷酸的平衡，抑制大分子脂肪酸的水解；Meikle 等（1963）的研究结果表明，硫酰氟主要是以氟离子起毒杀作用的。在对白蚁的研究中，硫酰氟能够阻断糖酵解过程，然而没有发现烯醇酶的产物和磷酸烯醇丙酮酸的累积。有学者认为，硫酰氟能够抑制那些需要镁离子才具有活性的酶，包括烯醇酶和能量代谢中的一些酶，如腺苷三磷酸酶等，正是这些酶被抑制才导致昆虫的死亡。

（3）使用范围　　硫酰氟一般贮存于耐压钢瓶，包装规格现有 5kg、15kg、20kg 及 35kg。广泛应用于植物检疫处理、文史档案的熏蒸灭虫等领域，其具体使用方法可参见溴甲烷的使用。硫酰氟杀虫谱广，低温下仍有良好的杀虫作用，对线虫也有一定的杀灭效果；但是很多害虫的卵对它具有较强的耐药性，这种耐药性主要是由硫酰氟药剂不能穿透卵壳所致。

硫酰氟对杂草和作物种子的发芽没有或很少有影响，但对绿色植物、蔬菜、果实和块茎作物则有害。小麦、锯木屑和其他许多物品吸收硫酰氟的程度比吸收溴甲烷的程度低。美国 Dow 化学公司在 1963 年便明确指出，"无论如何都不要用硫酰氟熏蒸未经加工的农业产品，或者食物饲料，或预定供人或动物用的药品，不要用它熏蒸活体植物"。

（4）毒性和安全防护　　硫酰氟对人的毒性比较高，大致相当于溴甲烷。一般来说，硫酰氟对所有处在胎后发育阶段的害虫毒性都很大。100mg/kg 的浓度，每周 5d，每天接触 7h，经 6 个月，试验动物可忍受，但对人的毒性还是很大，操作时一定要注意防护。若发生头昏、恶心等中毒现象，应立即离开熏蒸场所，呼吸新鲜空气；如果呼吸停止，要施行人工呼吸，并尽快就医。一般防护用具是防毒面具，需配备合适的滤毒罐。

4. 环氧乙烷

环氧乙烷，英文名 ethylene oxide（EO）、oxirane、dimethylene oxide。结构式为 C_2H_4O。

（1）理化特性　　环氧乙烷相对分子质量为 44.05，是一种极易挥发的无色液体。沸点为 10.7℃，冰点为−111.3℃；气体相对密度为 1.521（空气为 1 时）；液体相对密度（水在 4℃时）为 0.887（环氧乙烷液体 7℃时），气化潜热为 139J/g。环氧乙烷具有强烈的可燃性和爆炸性，空气中的燃烧极限为 3%～80%（按体积计算）；易溶于水，0℃时在水中溶解度无限，并可高度溶于油脂、奶油、蜡中，尤其是橡皮；有高度的化学活性，较低的腐蚀性。环氧乙烷低浓度时有刺激性乙醚味，高浓度时有刺激性芥末味。

环氧乙烷在粮堆中的分布扩散性较强，但其穿透性较弱，特别是对散装粮、捆装烟叶及袋装粉状食品的穿透。由于粮谷等物品对环氧乙烷的吸附性较强，而且还易于形成永久性残留物，所以在较长时间的熏蒸期间，环氧乙烷可被逐渐吸收掉。

（2）毒理机制　　有关环氧乙烷的毒理机制了解得还不是很多。环氧乙烷可能参与羟基化反应，特别是和蛋白质发生这种反应。有学者提出环氧乙烷能与蛋白质分子链上的羧基、羟基、氨基、酚基和硫氢基产生烷化反应，代替上述各基团上不稳定的氢原子，而构成一个带有羟乙基的化合物。环氧乙烷的另一个主要作用就是能使核酸中的嘌呤、嘧啶基团烷基化。这些反应阻碍了生物体内正常的生物化学反应和新陈代谢，故而能杀灭各种昆虫和微生物。环氧乙烷在有水存在的情况下，还能降解为乙二醇，而乙二醇本身也是有毒的。

（3）毒性　　与其他熏蒸剂相比，环氧乙烷对人的急性毒性要小得多，但环氧乙烷对人仍是有毒的，在任何场合下，应避免吸入任何浓度的环氧乙烷气体。人和动物的急性中毒主要表现为呼吸系统和眼的严重刺激性反应、呕吐和腹泻等。其慢性中毒主要表现为刺激呼吸道，产生贫血病症等。虽然经过有限实验表明环氧乙烷没有致癌性，但环氧乙烷的烷基化和诱发基因突变的特性致使环氧乙烷被作为潜在的致癌物质。美国政府工业卫生学家会议于1981年规定，每日连续吸入环氧乙烷的极限从10mg/kg降到5mg/kg。

（4）使用范围　　环氧乙烷一般被压缩成液体，贮存于耐压钢瓶内。由于其易燃易爆，所以一般将其与二氧化碳或氟利昂混合使用。此外，环氧乙烷容易自聚发热引起爆炸，故需控制其贮存温度。环氧乙烷和二氧化碳混合气体作为熏蒸杀虫剂，主要应用于散装粮的圆筒仓循环熏蒸，常压或真空熏蒸原粮、干果、空仓、工具、文史档案、羊毛、皮张、袋装物品及烟叶等。国外常用环氧乙烷与二氧化碳以1∶9的比例混配，进行检疫熏蒸。环氧乙烷对昆虫的毒力，同其他常用熏蒸剂相比较，属于中等毒性，特别是大谷盗幼虫、赤拟谷盗、杂拟谷盗和谷斑皮蠹的幼虫对环氧乙烷的耐药性更强。此外，环氧乙烷对很多真菌和细菌的毒杀作用都很强。

环氧乙烷同活体植物的反应很强烈，不是造成死亡就是造成极大的损伤。通常情况下，不宜用它熏蒸种子、苗木或任何生长中的植物。环氧乙烷一般不能应用于水果、蔬菜等鲜活物品的熏蒸杀虫。在常压下，环氧乙烷对袋装或有包装的谷物及其碾磨产品的渗透力不强。用环氧乙烷熏蒸这类物品，主要在真空下进行。

（5）安全防护　　环氧乙烷连续每日呼吸的阈限浓度为50mg/kg，必须重视吸入毒性。尽管环氧乙烷刺激性的霉味可警戒一次过量的接触，但其气味开始的大致浓度为300～1500mg/kg，远远超过阈限浓度。对人安全的最大接触时间是接触一次，150mg/kg，7h；500mg/kg，1h；2000mg/kg，0.1h。连续接触，每星期5d，每天8h为50mg/kg。过量接触环氧乙烷，引起头痛、呕吐、呼吸短促、腹泻、血液变化等症状。发现有中毒现象应立即离开熏蒸场所，呼吸新鲜空气，并请医生治疗；人在超过阈限浓度时操作，必须戴合适的防毒面具。熏蒸时，要注意防火防爆，应采取专门的防护措施或使所有的设备接地以防可能因产生的静电火花引起爆炸。

5. 二硫化碳

二硫化碳英文名为 carbon disulphide，分子式为 CS_2。

（1）理化特性　　二硫化碳的相对分子质量为76.13，是无色无味的液体；不纯的二硫化碳，液体呈黄色，并伴有难闻的似硫化氢的气味。沸点为46.3℃；液体相对密度为1.26（二硫化碳液体温度20℃，水温4℃，水的相对密度为1）；气化潜热为84.1J/g；空气中燃烧极限为1.25%～44%（按体积计）；22℃时水中溶解度为0.22g/100mL；闪点约20℃，在100℃左右能自燃。商品纯度为99.9%，工业品含二硫化碳95%，其余为硫黄、硫化氢等杂质。

（2）毒理机制　　二硫化碳能全面抑制糖酵解，但对其具体的作用点不清楚。对细胞色素c氧化酶的抑制，也许是在昆虫体内观察到的 ATP 酶和 ADP 代谢水平降低的主要原因。二硫化碳和蛋白质起反应，生成硫醇类化合物、二硫氨甲酰基及四氢噻唑衍生物，这些生成物能螯合细胞中的重金属，能够使含有铜和锌的对生命至关重要的酶失去活性。在生物体内，上述反应生成物的代谢产物中伴有硫化氢的形成，而硫化氢本身是一种抑制含铜酶特别是细胞色素 c 氧化酶的物质。因此，二硫化碳和蛋白质起反应的生成物才是二硫化碳起毒杀作用的关键物质。

（3）毒性　　二硫化碳在熏蒸剂中的毒性算是比较低的，但二硫化碳对人还是有毒的。在浓度很高时，能对人产生麻醉作用。如果连续接触它，会因呼吸中枢麻痹而失去知觉以致死亡。人可以通过皮肤和呼吸吸入高浓度的二硫化碳气体。人的皮肤长时间接触高浓度的二硫化碳气体或液体，可能导致严重的烧伤起泡或引起神经炎。几个星期或者更长一段时间反复接触较低浓度的二硫化碳气体，可能会引起各种神经症状，从而难以做出正确的诊断。接触低浓度二硫化碳的人，可能会因为失去鉴别这种化合物气味的能力而无任何感觉地连续工作在有毒气体存在的环境中。

（4）使用范围　　二硫化碳可采用不同容积的金属桶或金属罐贮存，作为试剂的二硫化碳贮存在玻璃瓶内。二硫化碳的渗透性较强，在粮堆内有效浓度可深达 1.5～2m。熏蒸时，易被粮食和各种物体吸附，但比较容易散放出去。对棉麻、毛、丝织物及纸张颜色没有影响，不腐蚀金属。二硫化碳熏蒸原粮、成品粮，用药量为 $100g/m^3$。仓房条件较差的需高达 $200g/m^3$，密闭 72h。二硫化碳杀虫效果中等，同一种昆虫各虫态对二硫化碳的敏感程度也不相同。二硫化碳也是良好的杀螨剂，土壤熏蒸可以杀死线虫和地下害虫。

二硫化碳对干燥种子的发芽率影响不大，但能大大降低潮湿种子的发芽率。二硫化碳熏蒸处理很多牧草种子也是安全的，如二硫化碳处理白三叶草的安全 CT 值为 2400（g·h）$/m^3$。但是，当二硫化碳和别的药剂混合使用，有使种子发芽率降低的倾向，尤其是长期贮存之后的种子。用二硫化碳熏蒸处理正在生长中的植物或苗木时，会使这些活的植物体或植物器官受到严重损伤，甚至死亡。很多水果和蔬菜能够忍受二硫化碳的熏蒸，而不使其品质和味道发生任何明显的改变。

（5）安全防护　　二硫化碳对人的毒性较氰酸气和氯化苦小，但可以经呼吸器官及皮肤侵入人体。皮肤与高浓度二硫化碳蒸气或液体长时间接触，可造成严重的烧伤，起泡或引起神经炎。中毒轻时，迅速转移至新鲜空气处，即可恢复。中毒较重时，将患者移到新鲜空气中进行人工呼吸，用冷水擦身，氨水蘸湿棉花使患者吸入，喝浓茶，并及时就医。使用时，除注意防燃烧爆炸外，还必须佩戴合适的防毒面具、胶皮手套。液体接触皮肤时，应立即用肥皂液洗净。

二、其他化学处理方法

（一）防腐处理

检疫处理中的防腐处理多用于木质材料的除害处理。国内外木材防腐处理中常用的防腐剂，根据其介质和有效成分可分为焦油型、有机溶剂型和水溶型三种。其使用方法一般分为两种，即表面处理法和加压渗透法。前者只针对木材表面或浅层的有害生物，药效短，是一种暂时性的防护法，还可能造成环境污染；后者是通过一系列抽真空和加压的过程，迫使防腐剂进入木材组织细胞，使防腐剂能与木材紧密结合，从而可达到木材的持久防腐效果。使用防腐剂应注意处理过程中人员的安全，处理过程要全面和彻底。此外，对防腐处理后的废弃物需进行妥善处置。

（二）化学农药处理

在检疫处理中，常采用化学农药对不能采用熏蒸处理的材料进行灭害处理，根据处理对象的不同而用不同的施药方法，一般有喷雾法、拌种法、种苗浸渍法等。在检疫处理中常用的杀虫灭菌农药有高效氯氰菊酯、阿维菌素、毒死蜱、吡虫啉、氧化乐果、波尔多液、克菌丹、多菌灵等。根据需要配制不同浓度的药液使用，但处理后的药剂残留量需严格按照国家有关规定执行。

扩展阅读 3-8

（三）烟雾剂处理

烟雾剂是利用农药原药、燃料、氧化剂、消燃剂等制成的混合物，经点燃后不产生火焰，农药有效成分因受热而气化，在空气中冷却后凝聚成固体颗粒，沉积到材料表面，对害虫具有良好的触杀和胃毒作用。烟雾剂受自然环境尤其是气流影响较大。国内常用 0.2% 磷胺烟雾剂等进行航机机舱或货舱的处理。

第五节　检疫性害虫的防治

检疫性害虫作为危险性有害生物，一旦传入未发生地区，由于缺乏天敌等自然控制因子，常常会给该地区的农、林、牧业生产带来灾难性、毁灭性的为害。因此，对检疫性和入侵性害虫的防治与一般常发性害虫的治理有本质的区别。一般性害虫实施的可持续治理，即把有害生物控制在经济危害水平以下，需要协调使用多种防治手段，综合考虑生态、经济和社会效益；而检疫性害虫的防治原则上要求彻底铲除目标有害生物，在措施上甚至是单一的、强制性的。因此，对于检疫性害虫的防治策略应以实施严格的检疫检验和进行彻底的检疫处理为根本，以加强监测并时时掌握本国本地区的疫情为基础，在具体的防治技术组配中应将疫区与非疫区进行分别对待。

一、加强监测，定期普查

疫情监测旨在了解和掌握本国、本地区检疫性害虫发生的基本情况，它既是本国、本地区制订检疫性有害生物名单的基础，更是进行检疫性害虫控制的前提。通过监测一旦发现疫情，就应采取一系列措施进行防治，如发生入侵的国外危险性的检疫性害虫应采取一切可靠措施予以根除，保护我国的农林业生产。

扩展阅读 3-9

另外，疫情也是一个动态管理的过程，通过定期普查，了解和掌握本国、本地区检疫性害虫发生历史、现状及扩散蔓延的动态，为进一步的控制以及进行有害生物风险分析（pest risk analysis，PRA）提供基本信息与数据库。目前在疫情动态管理的手段上已充分与信息技术结合，尤其是"4S"技术［地理信息系统（GIS）、全球定位系统（GPS）、遥感（RS）、专家系统（ES）］的应用，将普查获取的数据以各种专题地图的形式表现出来并加以分析，能够获得更加直观的结果，并通过网络及时传递疫情变化情况，真正实现了疫情动态管理。

疫情监测的另一主要任务是要充分了解进口国植物检疫性害虫的基本信息，"知己知彼，百战不殆"，因此它既是防止国外危险性的检疫性害虫传入我国的重要手段，又是保证植物资源交换、国际商品贸易正常有序进行的前提。当然有时也可以成为国际商品贸易技术壁垒，在进出口商品的贸易谈判中有时起着关键性作用，有关实例不胜枚举。

二、加强非疫区建设与管理

非疫区建设是目前我国农业部门实施的旨在保护各地区农、林、牧业免遭植物检疫性害虫为害的有效措施。各地区根据当地的植物检疫性害虫疫情，结合农业产业结构，有目标、有计划地开展非疫区建设工作。其最有效的措施应为严禁从疫区调运一切可能传播检疫性害

扩展阅读 3-10

虫的植物及植物产品，对可能携带检疫性害虫的运输工具实施严格的检疫检验和彻底的检疫处理。

三、疫区根据实际情况实施扑灭与综合治理

植物检疫性害虫因各种原因被带到未发生地区后，应采取一系列行之有效的措施予以扑灭。但大量的事实与实践表明，包括植物检疫性害虫在内的许多入侵有害生物，一旦入侵就难以用人为手段扑灭，因此就必须充分研究已传入并定殖的检疫性害虫的生物生态学特性及防治技术，从而开展综合治理，防止其继续扩散、蔓延。

（1）封锁、隔离疫区　　用法律、行政管理等手段严禁疫区调出一切可能传播已定殖检疫性害虫的植物及植物产品。

（2）引进、繁殖及释放天敌　　在自然界中，每种生物与别的生物之间都有着种种的联系和制约，其中最主要的就是食物链的联系。食物链是生态系统的基本单元，食物网和生物群落是生态系统的生物成分，生物间的依存和制约关系，就在食物链、食物网和生物群落中发生演替。植物、害虫和天敌就是一条食物链中联系紧密的三个环节，其中任何一环发生变化，必然引起其他环节变化。植物检疫性害虫因人为因素被带到未分布区，实质上就是植物、害虫和天敌的食物链关系没有建立，害虫缺少天敌这一最重要而有效的自然控制因素，从而导致其猖獗为害。因此，到植物检疫性害虫原产地调查、了解其天敌资源状况，引进控制作用明显的优势天敌种群，并进行繁殖与释放，是控制植物检疫性害虫在新发生区猖獗为害、继续扩散与蔓延的有效手段。目前，一些发达国家对此项工作十分重视，如美国到我国调查、引进光肩星天牛的天敌资源。

（3）综合治理　　深入、系统地研究已定殖检疫性害虫的生物学特性、发生为害及种群动态与生态因素的关系，开展系统的预测预报工作，主要采取控制的策略，将农业防治、物理机械防治、生物防治和化学防治等技术有机结合起来，防止其继续扩散、蔓延。

复习思考题

1．简述检疫处理的根本原则与基本原则。

2．检疫处理方式及如何进行合理应用？

3．简述低温处理的原理与方式。

4．分析辐照处理的原理、优点与发展趋势。

5．简述熏蒸处理的原理、熏蒸方式和常用的熏蒸剂种类。

6．影响熏蒸处理主要因素有哪些？

7．分析熏蒸处理中 CT 值的含义及影响熏蒸剂气体浓度衰减的因素。

8．简述对入境植物检疫危险性有害生物的处理原则。

9．理想的熏蒸剂应具备哪些条件？

10．比较烟雾剂处理与熏蒸处理异同。

11．分析检疫性害虫防治与一般性害虫防治的异同。

第四章 检疫性鞘翅目害虫

内容提要： 鞘翅目中包含的检疫性害虫种类最多。按检疫性象甲类、豆象类、小蠹虫类、天牛类及其他检疫性鞘翅目害虫等，本章分为5节。每节概述了该类检疫性害虫的经济意义、危险性及种类；并详细介绍了重要检疫性害虫的分布与为害、形态特征、发生规律、传播途径、检疫检验方法、检疫处理与防治技术等，重点突出了各种检疫性害虫的形态鉴别特征、检疫检验方法及检疫处理。

第一节 检疫性象甲类

象甲隶属于鞘翅目（Coleoptera）多食亚目（Polyphaga）象甲总科（Curculionoidea）象甲科（Curculionidae）。象甲科成虫额向前延伸而成象鼻状或鸟喙状，咀嚼式口器着生其端部，统称为象鼻虫或象甲。其科下一般分为30~40个亚科。本书采用赵养昌和陈元清（1980）的分类检索表，包括种类多、分布广、经济意义较明显的26个亚科。象甲科种类多，是生物界中最大的一科，有记录的有6万多种，估计超过10万种。我国已知约1000种，估计约1万种。按照成虫、幼虫形态及生活习性，象甲分类学者一般仍然沿用Lacordaire（1863）的观点，将象甲科分为两组：①隐颚象组，成虫前颏扩大，把下颚遮盖，上颚大而钝，有颚尖（脱落后可留下颚疤），颚短粗，成虫产卵于土中（或植物外部）。幼虫生活于土中，取食植物地下部分，如短喙象亚科、耳喙象亚科等。②显颚象组，成虫前颏不扩大，没有把下颚遮盖，上颚尖细，没有颚尖，多产卵于植物体内。幼虫在植物体内蛀食，如树皮象亚科、叶象亚科、大眼象亚科、船象亚科等，象甲多数亚科属于这组。

扩展阅读 4-1

象甲绝大部分属于植食性昆虫，食性杂，寄主广泛，为害从草本植物到木本植物几乎所有种类的不同部位，根、茎、叶、花、果实、种子、嫩芽、幼苗及嫩梢等无不受其为害，给农林业生产及仓储造成巨大损失。例如，为害储粮和种子的玉米象（*Sitophilus zeamais*）、米象（*S. oryzae*）和谷象（*S. granarius*）是重要的初期性仓储害虫，其危害常常是毁灭性的。为害杨树干的杨干象（*Cryptorhynchus lapathi* L.）和为害甜菜幼苗的甜菜象（*Bothynoderes punctiventris*）也是其寄主的重要害虫，常常造成毁灭性为害。为害棉花的墨西哥棉铃象（*Anthonomus grandis*）和为害水稻的稻水象甲（*Lissorhoptrus oryzophilus*）也都是其寄主的重要害虫，特别因其寄主在国民经济中的地位而备受各国的关注，被许多国家列为检疫性害虫，我国在1992年将其列为一、二类进境植物检疫性害虫。

绝大部分象甲为害农林作物或仓储物，属于农林或仓储害虫。个别种类属于药用昆虫，如蚊母草直喙象（*Gymnetron miyoshii* Miyoshi），产卵于蚊母草（*Veronica peregrina* L.）或水苦荬（*V. anagalis-aguatica* L.）的子房，随着幼虫的发育，子房发育成虫瘿，在成虫羽化前，采收全菜，晒干入药，具有止血、活血、消肿和止痛之功效。此外，加拿大利用锥形宽喙象（*Rhinocyllus conicus* Froelich）防治牧场杂草垂头蓟（*Carduus nutans*）。

大多数象甲种类蛀食于植物内部。据估计，在具有重要经济意义的象虫中，为害种子果实的种类多于为害其他部分的种类；为害森林、果树等木本植物的种类超过为害农作物的种类，因此其隐蔽强，检测困难，易随种子、果实及苗木等的调运而传播扩散。也因为大多数种产卵于植物组织内，幼虫在其内蛀食，直到羽化为成虫才出来，药剂难以渗入和接触，所以防治困难。一旦传入，其在新区定殖，极难根除和防治，如墨西哥棉铃象成虫产卵于蕾铃内，幼虫在其中蛀食，防治非常困难，许多国家将其列入重要检疫性害虫。又如，稻水象甲传入日本后，成为该国水稻上最主要的害虫之一。因此，象甲类害虫在植物害虫检疫学中占有重要地位。

象甲中有许多危险性及检疫性种类。2007 年列入我国进境植物检疫性害虫的有墨西哥棉铃象（*Anthonomus grandis* Boheman）、苹果花象（*Anthonomus quadrigibbus* Say）、西瓜船象［*Baris granulipennis*（Tournier）］、阔鼻谷象［*Caulophilus oryzae*（Gyllenhal）］、鳄梨象属（*Conotrachelus* Schoenherr）、葡萄象［*Craponius inaequalis*（Say）］、欧洲栗象［*Curculio elephas*（Gyllenhal）］、蔗根象［*Diaprepes abbreviata*（L.）］、桉象（*Gonipterus scutellatus* Gyllenhal）、苍白树皮象［*Hylobius pales*（Herbst）］、稻水象甲（*Lissorhoptrus oryzophilus* Kuschel）、白缘象甲［*Naupactus leucoloma*（Boheman）］、玫瑰短喙象［*Pantomorus cervinus*（Boheman）］、木蠹象属（*Pissodes* Germar）、褐纹甘蔗象［*Rhabdoscelus lineaticollis*（Heller）］、几内亚甘蔗象［*Rhadboscelus obscurus*（Boisduval）］、苹虎象［*Rhynchites aequatus*（L.）］、欧洲苹虎象（*Rhynchites bacchus* L.）、李虎象（*Rhynchites cupreus* L.）、日本苹虎象（*Rhynchites heros* Roelofs）、棕榈象甲［*Rhynchophorus palmarum*（L.）］、紫棕象甲［*Rhynchophorus phoenicis*（Fabricius）］、剑麻象甲（*Scyphophorus acupunctatus* Gyllenhal）、芒果象属（*Sternochetus* Pierce）、杨干象（*Cryptorhynchus lapathi* L.）、阿根廷茎象甲［*Listronotus bonariensis*（Kuschel）］、红棕象甲［*Rhynchophorus ferrugineus*（Olivier）］、亚棕象甲［*Rhynchophorus vulneratus*（Panzer）］等。

一、墨西哥棉铃象

1. 名称及检疫类别

别名：墨西哥棉铃象甲、棉铃象甲等。

学名：*Anthonomus grandis* Boheman。

英文名：cotton boll weevil，boll weevil。

分类地位：鞘翅目（Coleoptera）象甲科（Curculionidae）。

检疫害虫类别：进境植物检疫性害虫。

2. 分布与为害

原产于墨西哥，1892 年传入美国。现分布于墨西哥、美国、哥斯达黎加、萨尔瓦多、危地马拉、洪都拉斯、尼加拉瓜、西印度群岛、古巴、海地、哥伦比亚、委内瑞拉和印度西部。

目前已有近 30 个国家和地区对其实行严格的检疫：中国、印度、土耳其、伊朗、俄罗斯、保加利亚、匈牙利、德国、西班牙、希腊、罗马尼亚、塞浦路斯、南非、阿尔及利亚、摩洛哥、突尼斯、美国、智利、巴西、安提瓜和巴布达、多米尼加、维尔京群岛、蒙特塞拉特岛、圣克里斯、巴拉圭等。

扩展阅读 4-2

主要为害棉花，也可为害野棉花、桐棉、秋葵、木槿、苘麻等。成虫在棉株现蕾前取食棉株生长点、嫩梢，现蕾后取食蕾花和青铃，形成"张口蕾"、虫花和虫铃，引起脱落。蛀食蕾、铃和花。常使棉花减产 1/3～1/2，防治困难。因此是世界上最重要的检疫性害虫之一。

3. 形态特征

墨西哥棉铃象的形态特征具体见图 4-1。

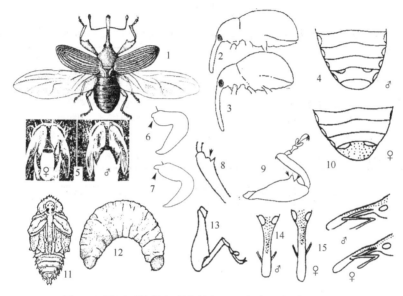

图 4-1　墨西哥棉铃象形态特征（北京农业大学，1989）

1. 雌成虫（展翅）；2. 侧面示意图（示背部上隆程度）；3. 近似种 *Anthonomus hunteri* 侧面示意图（示背部上隆明显高于本种）；中足（示腿节端部仅有 1 齿）；4. ♂腹板 8 外露明显；5. 爪（♀的内侧具尖细的齿，♂齿较粗短）；6. ♀受精囊，示硬化管长度；7. 野棉铃象♀受精囊；8. 近似种 *Anthonomus hunteri* 前足腿节；9. 前足（示腿节端部有 2 个齿，内侧齿粗大）；10. ♀腹板 8 被腹板 7 遮盖；11. 蛹；12. 幼虫；13. 中足；14. 喙背观面（示♀、♂区别）；15. 喙侧观面（示♀、♂区别）

（1）成虫　　雌虫体长 4.5mm，体宽 2.2mm，长椭圆形，红褐色或暗红色，被覆粗糙刻点和浓密的灰色短柔毛。雄虫体长 5.0mm，体宽 3.0mm，体色较浅。触角索节 7节，索节和棒节颜色相同。喙细长，近体长的 1/2。前胸背板 1.5 倍宽于长，后角直角形，前端不窄缩、背面相当隆起，刚毛倒卧，紧贴在密布刻点。前胸背板的刚毛倒卧，紧贴在前胸背板上。小盾片中凸，具稀疏刻点。后胸前侧片崎岖不平，有时具皱纹。鞘翅长椭圆形，基部稍宽于前胸背板，向后逐渐加宽。鞘翅行纹刻点深且互相接近，行间稍隆起具横皱，奇数和偶数行间等宽，一些个体行间基部有多态现象，后翅无明显斑点。前足腿特别粗大呈棒形，通常长为宽的2.8～4.6 倍，具 2 个齿，靠内侧的齿较长而且粗大，外侧的呈尖锐三角形，两齿基部合生。中、后足腿节不如前足的粗大，中足腿节具 1 个齿。腹部臀板外露，腹部有腹板 8 个，腹板 8 缩在腹板 7 下面。雌虫生殖器受精囊开放一端连接附属腺的硬化管从短到很短。

扩展阅读 4-3

扩展阅读 4-4

扩展阅读 4-5

雌雄成虫区别：雌虫喙从两端到中间略收缩，基部具稀疏绒毛，雄虫喙较雌虫略粗短，两侧边近乎平行，刻点较大。雄虫触角嵌入位于喙端到眼之间的 1/3 处，雌虫较雄虫略远离喙端。雌虫前足跗节爪内侧的齿较细长而尖锐，其长几乎等于爪；雄虫的较粗大，端部钝圆不尖锐。雌虫有可见背板 7 个，背板 8 缩在背板 7 下面；雄虫有背板 8 个。

（2）卵　　白色椭圆形，长 0.8mm，宽 0.5mm。

（3）幼虫　　老熟幼虫体长约 8.0mm。白色，无足。头淡黄色，身体弯曲呈 C 形，多褶皱并被覆少量刚毛。头壳和口器浅黄褐色，腹部气孔二孔形。

（4）蛹　　裸蛹，乳白色。

墨西哥棉铃象与近缘种的区别见表 4-1 和表 4-2。

表 4-1　墨西哥棉铃象和野棉铃象（*Anthonomus grandisithurberiae* Boheman）成虫形态区别

	墨西哥棉铃象	野棉铃象
触角	触角索节 7 节，索节和棒节颜色相同	棒节较索节颜色稍暗
胸部	前胸背板前端不窄缩，其刚毛倒卧，紧贴在前胸背板上。小盾片中凸，具稀疏刻点。后胸前侧片崎岖不平，有时具皱纹。中足腿节具 1 个齿。后翅无明显斑点	前胸背板前端窄缩，其刚毛呈弓形。小盾片平坦且宽大，具粗糙小刻点。后胸前侧片平滑。中足腿节具 2 个齿。后翅有 1 个明显斑点
雌虫生殖器	受精囊开放一端连接附属腺的硬化管短	硬化管要长得多

表 4-2　墨西哥棉铃象和近缘种 *A. hunteri* 成虫形态区别

	墨西哥棉铃象	*A. hunteri*
前足腿节	粗壮，长约 3.7 倍于宽	较细长，长约 4.4 倍于宽
鞘翅	背部中度隆起，鞘翅绒毛呈毛状。鞘翅行间有横皱	背部高度隆起，鞘翅绒毛呈鳞片状或棒状。鞘翅行间很少有横皱
雄虫外生殖器	中叶端部不尖锐	中叶端部尖锐

4. 发生规律

在美国中部 1 年 2、3 代，南部 8～10 代，在中美洲热带和亚热带则可全年繁殖 8～10 代。以成虫在落叶下、树皮中、篱笆内和仓库附近等隐蔽场所越冬，越冬死亡率高，在 95%以上。成虫飞行能力强，可作 20～50km 的扩散飞行。成虫取食棉株生长点、嫩梢，现蕾后取食蕾花和青铃，形成"张口蕾"、虫花和虫铃，常脱落。成虫在蕾或铃上咬食一孔穴，将 1 粒卵产于其中，100～300 粒卵/♀，所以同时为害 100～300 个蕾铃/♀。卵期 3～5d。幼虫 3～4 龄，无足，并在蕾铃内蛀食，然后于蕾铃内做蛹室化蛹。一代平均历时 25d。由于卵、幼虫、蛹都于蕾铃内，因此防治困难。冬季低温和夏季干热不利于此虫发生。其最低致死温度为 -11.1～-9.5℃，如果温度低于 -6.7℃的天数超过 14d，绝大部分成虫死亡，常年越冬死亡率达 95%以上；而冬季温暖和夏季多雨常引起其猖獗。最适宜其繁殖的夏季相对湿度为 60%～70%，温度为 26.6～32.2℃。

5. 传播途径

幼虫、蛹、成虫随籽棉、棉籽壳和棉籽的调运而远距离传播，皮棉则几乎无传播危险，此虫蛹室与棉籽很相似，但很难发现和处理，故应特别注意。此外，成虫具较强的飞行能力，每年可以自然扩散 40～160km。

6. 检疫检验方法

鉴于籽棉和棉籽对传播此虫有很大的危险性，对疫区，特别是对美国、墨西哥及中美、南美国家进口的棉籽、籽棉必须进行严格的检疫，要严格控制数量，货主需出具官方的熏蒸证书，确保无活虫存在。皮棉虽然携带此虫的可能性很小，但也要经过检验，防止可能有夹杂此虫的棉籽。

扩展阅读 4-6

（1）现场检验　严格检查装载货物的船舱或车厢内外四壁、缝隙边角，以及包装物、铺垫物、残留物等害虫易潜伏和藏身的地方；开仓重点检查上层棉花，仔细检查棉花包装的外表、内壁和棉絮表层，有无害虫和棉籽；在卸货过程中，继续检查中、下层装载的棉花；检查货物存放的仓库或场所，注意货物表层、包装外部和袋角以及周围环境有无害虫和害虫活动的痕迹。

详细记载现场检查发现的可疑害虫的有关截获资料信息，如采集者、采集时间、采集地点、虫态和数量、截获物品、运载工具、截获国家等。应将所有混杂其中的棉籽带回实验室逐一地进行剖开检查，确定是否存在墨西哥棉铃象的老熟幼虫、蛹和新发育尚未羽化钻出的成虫。

（2）标本制备和鉴定　现场采集的可疑墨西哥棉铃象活成虫应立即置入备好的毒瓶内杀死，死的或干的成虫宜放入盛有还软液的干燥器（玻璃干燥器底部放入 2cm 厚洗涤清洁的沙粒，加水并漫过沙粒约 1cm，水中应滴入少量碳酸以防标本腐烂）内回软数日。然后将成虫头向前、背朝上放在整姿台上整姿，记录标本的采集时间、地点、寄主及采集者等信息。在双目解剖镜下进行鉴定；如必要，可用小毛笔蘸少许清洗液（无水乙醇∶乙酸乙酯∶水＝1∶1∶1）仔细清洗虫体表面。

雌虫生殖器受精囊制备：将雌虫腹部放入 10% 氢氧化钠溶液内加热煮沸 3～5min，使肌肉溶解分离，取出用清水冲洗干净。在双目解剖镜下解剖腹部，将取出的雌虫生殖器受精囊用不同浓度乙醇脱水，放入二甲苯中透明后用加拿大树胶封片、贴标签并鉴定。

幼虫浸泡标本制作：从蛹室内剖解得到的老熟幼虫应放入开水内煮 1～2min，至虫体直硬，然后放入 75% 乙醇∶甘油＝100∶（0.5～1）的乙醇-甘油保存液中备用。

7. 检疫处理与防治技术

（1）检疫处理　严禁从国外疫区进口籽棉、棉籽，少量时必须具有疫区各国政府的无此虫的熏蒸证明。如果在进口检疫中发现该虫，应采用溴甲烷熏蒸处理。此外，也可用氰氢酸进行室内、车船（舱）熏蒸处理。

（2）防治技术　一般采用害虫综合治理（integrated pest management，IPM），各地根据当地的实际，采取不同的防治措施。

1）农业防治：美国选用抗虫棉种，密植，早种，增施化肥，促使早发；应用脱叶剂加干燥剂，促使提早脱叶和棉铃早开桃，以切断部分越冬成虫的营养；早耕，割茬，牧放牲畜，以减少越冬虫口基数。

2）人工防治：哥伦比亚人工采摘虫蕾、虫花和虫铃，深埋 1m 多的地下或烧毁，标记虫株，定点化学防治。

3）生物防治：美国利用红火蚁（*Solenopsis invicta*）捕食"张口蕾"中的幼虫、蛹，可消灭 44.9% 的蕾中幼虫。

此外，美国曾于 1971～1973 年在密西西比南部棉区进行全部种群治理（total population management，TPM）试验，成功将虫口密度从 1994.18 头 /hm² 降至 0.49 头 /hm²，基本消除该虫的危害。所采取的防治措施包括：①棉花生长季节采用常规化学防治；②秋后灭越冬成虫；③应用脱叶剂，促使提早脱叶，以切断部分越冬成虫营养；④收获后毁茎，以减少越冬场所；⑤性诱剂诱杀成虫；⑥早播少量作物引诱，引诱越冬成虫，集中消灭；⑦现蕾施药防治；⑧释放不育雄成虫，进行遗传防治。第 2 年重复①～⑧步，第 3 年再重复一次。

二、稻水象甲

1. 名称及检疫类别

别名：稻水象，稻象甲，稻根象。

学名：*Lissorhoptrus oryzophilus* Kuschel。

扩展阅读 4-7

扩展阅读 4-8

扩展阅读 4-9

扩展阅读 4-10

扩展阅读 4-11

英文名：rice water weevil。

分类地位：鞘翅目（Coleoptera）象甲科（Curculionidae）。

检疫害虫类别：进境植物检疫性害虫，全国农业植物检疫性害虫。

2. 分布与为害

原产美国东部平原和山林中，1976 年传入日本，现分布于加拿大、美国、古巴、日本、朝鲜、墨西哥、圭亚那、多米尼加、哥伦比亚等地。1989 年开始入侵我国河北唐海县，并成功定殖。随后，相继扩散到天津、北京、辽宁、山东、吉林、浙江、安徽、江苏、福建、江西、湖北、湖南、四川、贵州、广东、广西和台湾等地。2003 年在山西代县发现，对这些地区水稻造成严重危害。

稻水象甲食性复杂，寄主范围广。成虫能取食 13 科 104 种植物，幼虫可取食 6 科 30 余种植物。水稻是最重要的寄主，其次是玉米、甘蔗、小麦、大麦，以及禾本科、泽泻科、鸭跖草科、莎草科、灯心草科等杂草。但有人认为，只有在水稻及其近缘植物上才可完成全部发育过程。以成虫和幼虫为害。成虫在幼嫩水稻叶片上取食上表皮和叶肉，留下下表皮，形成喙宽的纵行长条白斑。严重时全田稻叶花白、下折，影响光合作用；幼虫在根内或根上造成断根，甚至根系变黑腐烂。该虫为害水稻一般减产 10%～20%，严重的在 50% 以上。为控制入侵的稻水象甲，我国仅在 1989～1991 年就花费了 1500 多万元，农民的投入更多。

3. 形态特征

稻水象甲的形态特征具体见图 4-2。

（1）成虫　　体长 2.6～3.8mm，体宽 1.2～1.8mm。雌虫略比雄虫大。表皮黄褐色（刚羽化）、褐色至黑褐色，密被灰色、互相连接、排列整齐的圆形鳞片，但前胸背板和鞘翅的中区无，呈黑色大斑。喙端部和腹部、触角沟两侧、头和前胸背板基部、眼四周、前中后足基节基部、可见腹节 3、4 的腹面及腹节 5 的末端被覆黄色圆形鳞片。近乎扁圆筒形喙与前胸背板约等长，略弯曲。额宽于喙。触角红褐色，生于喙中间之前；柄节棒形，有小鬃毛；索节 6 节，第 1 节膨大呈球形，第 2 节长大于宽，第 3～6 节宽大于长；触角棒 3 节组成，长椭圆形，长约为宽的 2 倍，第 1 节光滑无毛，其长度为第 2、3 节之和的 2 倍，第 2、

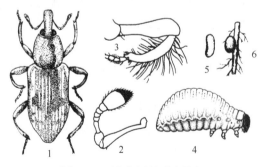

图 4-2　稻水象甲的形态特征

1. 成虫；2. 触角；3. 中足 4. 幼虫；5. 卵；6. 土茧

（1. 中华人民共和国北京动植物检疫局，1999；2、3. 森本桂，1984；4～6. 商鸿生，1997）

3 节上密被细绒毛。两眼下方间距大于喙的直径。前胸背板宽略大（1.1 倍）于长，前端明显细缢，两侧近于直，只在中间稍向两侧突起，中间最宽，眼叶相当明显。小盾片不明显。鞘翅侧缘平行，长 1.5 倍于宽，鞘翅肩突明显，略斜削，行纹细不明显，行间宽为行纹的 2 倍，其上平覆 3 行整齐鳞片。鞘翅行间 1、3、5、7 中后部上有瘤突。腿节棒形，无齿。胫节细长、弯曲，中足胫节两侧各有 1 排长的游泳毛（约 30 根）。雄虫后足胫节无前锐突，锐突短而粗，深裂呈两叉形。雌虫的锐突长而尖，有前锐突。第 3 跗节不呈叶状，且与第 2 跗节等宽。

（2）雌雄成虫的区别　　雌虫的腹部比雄虫粗大。雌虫可见腹节 1、2 的腹面中央平坦或凸起，雄虫在中央有较宽的凹陷。两性成虫可见腹节 5 腹面隆起的形状和程度也不同；雄虫隆起不达腹节 5 长度的一半，隆起区的后缘是直的。雌虫隆起区超过腹节 5 长度的一半，隆起区的后缘为圆弧形。雌虫腹部背板 7 后缘呈深的凹陷（有个体变异），而雄虫为平截或稍凹陷。

（3）卵　　长约 0.8mm，宽约 0.2mm，长为宽的 3～4 倍。珍珠白色，圆柱形。向内弯曲，两端头为圆形。

（4）幼虫　　老熟幼虫体长约 10.0mm。白色，无足。头部褐色，腹节 2～7 背面有成对朝前伸的钩状气门。幼虫被水淹没后，可以从植物的根内和根周围获得空气。活虫可见体内大的气管分支。美国学者报道幼虫有 4 龄，各龄幼虫头壳宽度分别为 0.14～0.18mm、0.20～0.22mm、0.33～0.35mm、0.44～0.45mm。日本报道孤雌生殖型各龄头壳宽度分别为（0.19±0.019）mm、（0.272±0.034）mm、（0.368±0.036）mm、（0.496±0.040）mm。从其水生栖所、腹部背面钩状气门形状以及延长的新月形身体，通常可以区别出稻水象甲的幼虫。

（5）蛹　　土茧形似绿豆，土色，长 4.0～5.0mm，宽 3.0～4.0mm。蛹白色，大小、形状近似成虫。

稻水象甲（*L. oryzophilus*）和近缘种 *L. simplex* 在外部形态特征和生活习性上极其相似。*L. simplex* 体长 2.7～3.6mm，体宽 1.3～1.7mm。两者成虫形态区别如表 4-3 和图 4-3 所示。

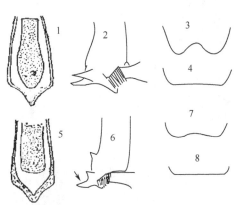

图 4-3　稻水象甲与近似种 *L. simplex* 形态区别（仿北京农业大学，1989）

1. 稻水象甲的阳茎；2. 稻水象甲的♂后足胫节末端的钩；3. 稻水象甲♀背板Ⅶ后缘；4. 稻水象甲♂背板Ⅶ后缘；5～8. 近似种 *L. simplex* 的相应特征

表 4-3　稻水象甲和近缘种 *L. simplex* 成虫形态区别

	L. oryzophilus	*L. simplex*
雌虫背板 7 后缘	凹陷较深	平截，或微凹陷
后足胫节锐突	雌虫具前锐突，雄虫无。雄虫锐突短而粗、分裂成 2 齿	两性成虫均具前锐突。雄虫锐突具 3 齿，中间的较长、钩状，其余 2 齿突出
鞘翅端部形状	两鞘翅端部会合线呈连续弧形，无三角形凹陷	两鞘翅端部会合线呈三角形凹陷

另外，在我国许多水稻种植区发生另一种水稻重要害虫——稻象甲（*Echinocnemus squameus* Billberg）。从害虫的习性、为害状和形态特征可将两种象甲进行区别（表 4-4）。

表 4-4　稻水象甲和稻象甲的区别

	稻水象甲	稻象甲
成虫	体小，长 2.6～3.8mm，宽 1.2～1.8mm。体密被灰色圆形鳞片。触角索节 6 节，第 1 节膨大呈球形。鞘翅行间 1、3、5、7 中后部上有瘤突，但在行间 3 近端部无灰白色长斑。跗节 3 不呈叶状且与跗节 2 等宽。中足胫节两侧各有 1 排长的游泳毛	体大，长约 5.0mm，宽约 2.3mm。体被覆卵形鳞片。触角索节 7 节，第 1 节棒形。在鞘翅行间 1、3、5、7 端部不具瘤突，但间行 3 近端部各有 1 明显长椭圆形灰白色斑。跗节 3 呈两叶状且明显宽于跗节 2。中足胫节外缘无细长游泳毛，仅内缘具一排长刚毛
卵	长圆柱形，略弯曲	椭圆形
幼虫	纤细，新月形，腹部 2～7 节背面有成对的钩状突起呼吸器	身体肥胖，多皱，无钩状突起呼吸器
蛹	有薄土茧，附着于根部上	离蛹，位于土室内
为害习性	成虫在幼嫩稻叶片上取食上表皮和叶肉，留下下表皮，形成喙宽的纵行长条白斑，严重时全田稻叶花白、下折。幼虫可生活在根内和根上	成虫取食稻茎叶，为害轻的，抽出的心叶面呈横排小孔，受害重的，稻叶可在小孔处断裂。幼虫仅生活在须根间，根外取食

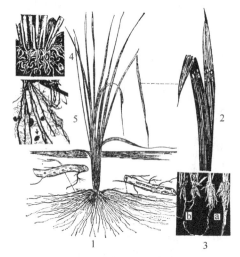

图 4-4　稻水象甲为害状
（仿北京农业大学，1989）
1. 全株被害状；2. 被害叶；3. 被害根系（b）与正常根系（a）；4. 幼虫群集为害根系；5. 土茧

4. 发生规律

（1）生活史　稻水象甲以成虫和幼虫为害水稻作物（图 4-4）。美国一年 2 代，日本 1～2 代，以成虫在稻草，稻茬，稻田四周禾本科杂草、田埂土中，杂木、竹林落叶下以及住宅附近草地内和某些苔藓中越冬。

（2）生活习性　成虫有明显的趋光性，飞行能力强，可离地面到 18m 的高度飞行 10km 以上，且在季风下可导致远距离扩散。成虫会游泳，可随水漂流扩散。成虫一般产卵于叶鞘水淹以下部位（占约 93%），少量产于叶鞘水淹以上部位（约 5.5%），极少产于根部（约 1.5%）。幼虫共 4 龄，有群集习性，一株水稻根部常几头到几十头。初孵幼虫先在叶鞘短时间蛀食，然后沿茎叶爬向根部蛀食危害。由于无足，移动非常缓慢，这是防治的有利时期。1～2 龄幼虫在根内蛀食，形成许多蛀孔；3～4 龄后在根外为害，造成断根，受损严重的根系变黑腐烂，刮风时植株易倾倒，甚至被风拔起浮在水面上。老熟幼虫一般就近结 1 光滑的囊包裹自身，形成一个附着于根系的不透水的土茧，并在其中化蛹。稻水象甲有两性生殖型和孤雌生殖型两种生殖类型，发生在美国加利福尼亚州、日本、朝鲜半岛和我国的均属孤雌生殖型，发生在美国其他地方的为两性生殖型。

5. 传播途径

卵、初孵幼虫和成虫可随寄主植物如稻苗、稻草及其他禾本科杂草调运远距离传播；成虫还可随稻种、稻谷、稻壳及其他寄主植物、交通工具等作远距离传播；成虫能跟车灯飞行，随风传播，还可随水流传播，如在美国加利福尼亚州以 16km/ 年，在日本爱知县以 20～30km/ 年的同心圆扩散。

6. 检疫检验方法

在口岸中应严格检验各种以寄主植物作的填充料、包装材料、铺垫物。另外，对离口岸30km内的水稻种植区，应定期调查。通过对其适生区、适生场所、嗜好寄主植物进行采样检验，开展普查、监测，力求做到早发现。田间不同发育阶段检查方法如下。

扩展阅读4-12

（1）成虫　第一代成虫具有很强的趋光性和较强的飞翔能力，可使用灯光诱集，检查和镜检有无稻水象成虫。

（2）卵　将新鲜带根幼嫩稻株在热水中浸泡5min，再移入70%热乙醇内浸泡1d以上，这时候卵因为吸收了叶绿素呈现绿色，而稻株发白。

（3）幼虫和茧　将带根及土的稻株浸泡在饱和盐溶液中，搅拌，检查有无上浮的土茧和幼虫。然后用吸管取出，进行镜检鉴定。

7. 检疫处理与防治技术

（1）检疫处理　严禁从疫区调运稻谷、稻苗、稻草和其他寄主植物及其制品。在口岸检验中，一旦在填充料、包装材料、铺垫物等寄主植物上发现疫情，要立即焚烧，或用溴甲烷、磷化氢等熏蒸处理。

（2）防治技术

1）防治策略。对新疫区，应加强管理，认真执法，严格封锁，实行全部种群治理，无防治指标，必须根治。田间化学防治则采用根治迁入早稻田的越冬后成虫，兼治第一代幼虫，挑治第一代成虫。

2）农业防治。水稻收获后及时翻耕土地，可降低其越冬存活率；选育抗虫品种；适时移栽健壮秧苗；加强水肥管理等。

3）灯光诱杀。第一代成虫具有很强的趋光性和较强的飞翔能力，可使用黑光灯诱杀。

4）喷雾施药。越冬场所及第一代，喷雾施药防治。可用40%水胺硫磷乳油、20%三唑磷、20%多来宝乳油、20%杀灭菊酯、40%甲基异柳磷乳油或50%稻乐丰乳油；施用DJ复合制剂，于水稻插秧后7～10d撒施，形成的药膜对成虫产在近水层的卵有杀伤力，持效30d以上，对根际幼虫控制效果在85%左右。施药时，必须兼施田边、沟边及坎边杂草。

5）撒施毒土。可用40%甲基异柳磷乳油配制成毒土撒施在稻田里，或10%甲基异柳磷颗粒剂拌细土撒施防治成虫。

6）生物防治。稻水象甲的捕食性天敌有鸟类、鱼类、蜘蛛、步甲等，鸟类和蛙类都可捕食稻水象甲的成虫；鱼类既可以捕食稻水象甲的幼虫，又可以捕食成虫；蜘蛛和步甲类都可以捕食稻水象甲的成虫。此外，白僵菌和绿僵菌可以用来防治稻水象甲的成虫；线虫对稻水象甲的幼虫有一定的防效。

三、棕榈象甲

1. 名称及检疫类别

别名：椰子象甲、棕榈隐喙象、棕榈象。

学名：*Rhynchophorus palmarum*（L.）。

英文名：palm weevil，south American palm weevil，black palm weevil。

分类地位：鞘翅目（Coleoptera）象甲科（Curculionidae）。

检疫害虫类别：进境植物检疫性害虫。

2. 分布与为害

原产于南美洲，目前主要分布在北美洲和南美洲。北美洲：美国，墨西哥。加勒比和中美洲：伯利兹，哥斯达黎加，古巴，多米尼加，萨尔瓦多，格林纳达，瓜德罗普岛，危地马拉，洪都拉斯，马提尼克岛，尼加拉瓜，巴拿马，波多黎各，特立尼达和多巴哥。南美洲：阿根廷，玻利维亚，巴西（阿拉戈斯、亚马孙、巴伊亚、南马托格罗索、米纳斯吉拉斯、帕拉、塞尔希培），哥伦比亚，厄瓜多尔，法属圭亚那，圭亚那，巴拉圭，秘鲁，苏里南，乌拉圭，委内瑞拉。

棕榈象甲是热带地区椰子和油棕上的一种重要害虫。寄主主要包括格鲁刺椰（*Acromomia aculeata* Lodd. ex Mart）、*A. lasiopatha* Wall、厚果刺椰（*A. sclerocarpa* Mart）、花环椰（*Cocos coronata* Mar）、纺锤形椰（*C. fusiformis* Sw.）、椰子、罗蔓椰（*C. romanzoflana* Charm）、裂叶椰（*C. schizophylla* Mart）、*C. vagans* Bond、亚利特棕（*Attaica cohune* Mart）、红棕、竹棕（*Chrysalidocarpus lutescens* Wendl）、油棕、*Euterpe broadwayana* Becc、粮棕（*Gullelma* sp.）、*Gynerium saccharoides* Humb & Bonpl、*Jaracatia dodecaphylla* A. D. C.、母油棕（*Manicaria saccifera* Gaertin）、束藤（*Desmoncus major* Crueg et Griseb.）、加勒比棕（*Maximillana caribaea* Griseb）、菜棕（*Oreodoxa oleracea* Mart）、蓖麻、伞形蓑棕（*Sabal umbraculifera* Mart）、蓑棕属（*Sabal* sp.），棕榈、菠萝、芒果、香蕉、甘蔗、番木瓜、可可等植物。

扩展阅读 4-13

扩展阅读 4-14

以成虫和幼虫取食为害寄主植物。幼虫蛀食树冠和树干，蛀食后，生长点周围的组织不久坏死且腐烂，产生一种特殊难闻的气味，造成植株枯死。成虫取食还能传播椰子红环腐线虫（*Rhadinaphelenchus cocophilus* Cobb.），引起红环腐病，造成严重的经济损失。

3. 形态特征

棕榈象甲的形态特征具体见图4-5。

（1）成虫　体型大，雌雄异型，黑色。雄虫体长29.0～44.0mm，宽11.5～18.0mm，雌虫体长26.0～42.0mm，宽11.0～17.0mm。雄虫体长卵形，背面较平。喙粗壮，短于前胸背板，从背面看，基部宽，端部逐渐变细，在喙背面端半部，着生粗大直立的黄褐色长毛。触角沟间狭窄，刻点深。触角窝位于喙基部侧面，触角沟宽而深，触角柄节延长，长于索节和棒节之和，等于喙长的1/2，索节6节，索节1等于索节2+3，触角棒大，宽三角形。口器黑褐色，位于喙端，上颚端部中央深凹呈两叶状。头部球根状，近圆形，后部隐藏在前胸背板内。前胸背板黑色，长大于宽，平坦，无光泽，有或无绒毛，端部窄缩。中胸前侧片三角形，刻点粗，有褐色细毛；中胸后侧片平坦，有褐色细毛；中胸小盾片长三角形，长约为鞘翅长的1/4，黑色，有光泽。后胸前侧片大，近似矩形；后胸后侧片小，近似三角形。足黑色，有细

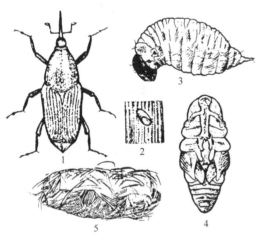

图4-5　棕榈象甲（Hill, 1957）
1. 成虫；2. 卵；3. 幼虫；4. 蛹；5. 茧

扩展阅读 4-15

扩展阅读 4-16

扩展阅读 4-17

刻点。两前足基节相距为节宽的 1/4，后足基节相距远。前足腿节与中足腿节约等长，短于后足腿节，腿节平，末端宽。前足胫节和后足胫节等长，但长于中足胫节，各足胫节端部具 1 长 1 短的两个爪形钩（小的长约为大的 1/5）。第 1 跗节为第 2 跗节长的 2 倍，第 3 跗节膨大，跗节腹面后半部具褐色浓密海绵状绒毛。爪简单，细长。腿节、胫节、第 3 跗节腹面的毛褐色，雄虫足上的毛显著，腿节近基部有 2 或 3 根长暗色毛。鞘翅宽于前胸背板，其长为宽的 2.5 倍。每鞘翅的行纹中有 6 条较深，其余行纹较浅。行纹不伸达基部，行间宽为行纹的 5～8 倍，行间略凸起。腹部黑色，腹面凸起，第 1 腹节短，其中部与第 2 腹节愈合。臀板黑色，三角形，中部隆起，基部、边缘和端部具浓密刻点，中间的刻点稀疏。雄虫臀板略宽于雌虫；雌虫体长卵圆形，喙端半部的背面不具长毛。第 1 腿节无毛；臀板端部较雄虫的尖。

（2）卵　　长约 2.5mm，宽 0.9mm；浅黄褐色，光滑而光亮，细长，圆筒形。

（3）幼虫　　老熟幼虫体长 44.0～57.0mm，宽 22.0～25.0mm，头壳长 10.5～13.0mm，宽 9.5～11.0mm；浅黄白色，体较粗大，无足。头部暗褐色，近圆形。触角小，2 节。胴部具小而硬毛片。第 4 或第 5 腹节最大，最后 1 个腹节宽而扁。中胸和第 1～8 腹节各有 1 对气门，中胸气门二唇状；所有腹节上的气门椭圆形；中胸和第 8 腹节上的气门长为第 1～7 腹节气门的 3～4 倍；中胸气门的气门片沿气门前缘有 6 根排列成行的毛，1 根气门毛位于后部。

（4）蛹　　体长 40.0～51.0mm，体宽 16.0～20.0mm。长卵形，浅黄褐色。中胸最宽，向前和向后逐渐变细，化蛹于由纤维、蜕等组成的薄茧内。

4. 发生规律

在 28℃，相对湿度 75% 的条件下，用椰子茎干饲养，完成一个世代需 73.5～101.5d。各虫态历期：卵 3d，蛹 10～14d，雄成虫寿命 44.7d，雌成虫寿命 40.7d。

成虫羽化后，在茧内停留几天后钻出。成虫常栖息在叶腋基部、茎干基部或椰子园附近的垃圾堆或椰子壳堆内，傍晚及 9:00～11:00 最活跃，飞行迅速，扩散能力强，可持续飞翔 4～6km。喜为害弱树、病树。雌成虫羽化后取食 4～8d 后开始产配，可连续交配 4～5 次。羽化 5～11d 后开始产卵。雌虫先在切割的棕榈叶柄、破伤的表面、树皮裂缝及倒伐的树桩上咬 1 个 3～7mm 深的产卵穴，然后将卵产于其中。成虫喜在新切割的树桩上产卵。卵单产，产卵后分泌蜡质物将产卵穴盖住。雌虫平均产卵量（245±155）粒，最多 924 粒，一天最多产卵 63 粒，产卵历期（30.7±14.3）d。

幼虫孵化后，从树冠侵入，造成较大的虫孔，先使外层叶片枯黄死亡，进而为害内层叶片，最后蛀入茎干，造成许多自上而下的蛀道，并导致茎干破裂，甚至整株树死亡。幼虫 8～10 龄。老熟幼虫常自茎干钻出又钻入土壤中，但不在土壤中化蛹，仍又爬到叶柄基部或树干周围，在树皮下做茧化蛹。

5. 传播途径

此虫可随寄主植物的种苗及其外包装的调运而远距离传播。成虫易随椰子园附近的垃圾或椰子壳转运而传带。成虫飞行迅速，可持续飞行 4～6km，进行自然传播。

6. 检疫检验方法

可按照中华人民共和国出入境检验检疫行业标准（SN/T 1160）进行检验。仔细检查茎与叶柄之间，特别注意切割伤口等处。对于包装材料及附带的残留物、运载工具等都应严格检查。

扩展阅读 4-18

7. 检疫处理与防治技术

（1）检疫处理　禁止从疫区引进寄主种苗。特殊需要引种时，需经审批，并应限制数量，对进境的寄主、种苗、包装材料及附带的残留物应严格进行检疫处理或销毁。

（2）防治方法

1）阻止成虫产卵。种植棕榈等寄主植物时，要防止植株损伤，发现伤口应及时用油灰或拌有杀虫剂的混合土涂抹，以防止成虫在其内产卵。烧毁枯死树，对严重受害植株和死树，应及时砍伐并集中烧毁，防止该虫扩散。

2）诱捕成虫。将棕榈植物残渣装入长圆筒形铁丝网笼内（直径 0.5m、高 1.0m）诱捕成虫；或用盛有乙酸异戊酯、麦芽膏、玉米面的诱捕器引诱成虫。

四、芒果果肉象甲

1. 名称及检疫类别

学名：*Sternochetus frigidus*（Fabricius）。

英文名：mango nut borer。

分类地位：鞘翅目（Coleoptera）象甲科（Curculionidae）。

检疫害虫类别：进境植物检疫性害虫，全国农业植物检疫性害虫。

2. 分布与为害

芒果果肉象甲可能原产于印度和缅甸地区，目前仅分布在缅甸、泰国、马来西亚、印度尼西亚、印度、巴基斯坦、孟加拉国、菲律宾、新加坡、中国（云南）等东南亚部分国家及大洋洲的巴布亚新几内亚。

寄主为芒果。成虫在幼嫩的芒果果实皮下产卵，初孵幼虫钻蛀到果肉内危害取食。该虫主要以幼虫潜食芒果果肉，使果肉内形成纵横交错的蛀道，甚至相连成大的空洞，其中充满黑褐色粉末和虫粪，受害芒果的外表无明显入侵孔和为害状，整个果皮呈青绿色，只有少数黑褐色斑点。果肉大部分区域变成深褐色，极大地影响到芒果的品质，甚至使其丧失食用价值。在印度的受害区，如雅加达和万隆地区，芒果的受害率达80%以上。

扩展阅读 4-19

3. 形态特征

芒果果肉象甲的形态特征具体见图 4-6。

（1）成虫　体长 5.0~6.5mm，宽约 3.0mm，卵形。体黄褐色，被浅褐色、暗褐色至黑色鳞片。喙赤褐色，刻点深密，中隆线较明显，弯曲，常嵌入前胸腹板的纵沟中。触角锈赤色，膝状，棒节卵形，长2倍于宽，密被绒毛，节间缝不明显。额窄于喙基部，中央无窝。前胸背板宽约为长的 1.3 倍，基部 1/2 两侧平行，中隆线细，被鳞片遮蔽。鞘翅长约为宽的 1.5

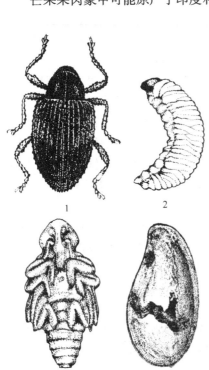

图 4-6　芒果果肉象甲（中华人民共和国北京动植物检疫局，1999）

1. 成虫；2. 幼虫；3. 蛹；4. 为害状

倍，从肩部至第 3 行间有三角形淡黄色鳞片带，整体观呈倒八字形。奇数刻点行间较隆起，具少数鳞片小瘤，行间略宽于行纹。腿节各具 1 齿，其腹面有沟，胫节直。腹部第 2～4 节腹板各具 3 排刻点。

（2）卵　　长 0.8～1.0mm，宽 0.3～0.5mm。长椭圆形，乳白色，表面光滑。

（3）幼虫　　老熟幼虫体长 7.0～9.0mm，乳白色。头部褐色，被白色软毛；胸足退化呈小突起，其上无趾，仅有 1 刚毛状物。

（4）蛹　　长 6.0～8.0mm，初化蛹时乳白色，后变黄白色。喙呈管状并紧贴于体腹面，腹部末端着生尾刺 1 对。

4. 发生规律

在云南西双版纳 1 年发生 1 代，以成虫在树洞边缘缝、枝杈间和茂密的地衣下越冬。各虫态历期：卵 4～6d，幼虫 60～70d，蛹 7～10d。

越冬成虫于次年 3 月中旬开始活动，3 月下旬成虫交配产卵。产卵时雌虫先在幼果上咬一小孔，然后产卵其中。卵散产，一般一个幼果上产卵 1 粒，偶尔也有一幼果上产卵 2 粒的。第 1 代成虫于 6 月下旬至 7 月中旬在果实内羽化。预蛹期为 2～3d，蛹期约 7d，羽化的成虫停留在果内至芒果成熟期，然后在果皮上咬圆形孔钻出。成虫主要在夜间取食和交配产卵，白天多静伏在枝叶的背面，但在阴天或 10:00 以前有时也可见到成虫交配或在幼果上爬行，有假死性，并且耐饥力强，耐高低温、干燥等。

幼虫孵出后即在果肉内潜食为害，一般一个果实内有幼虫 1 或 2 头，最多达 6 头。幼虫在果实内取食 60～70d 即成熟，老熟幼虫在果内由虫粪作干燥蛹室化蛹。

不同芒果品种受害程度有差异，小芒、野生芒、印度芒（*Mangifera indica*）受害重，其他芒果品种受害较轻。

5. 传播途径

可随芒果果实和繁殖材料（如种子、苗木、无性繁殖材料）的调运而远距离传播。

6. 检疫检验方法

可按照中华人民共和国出入境检验检疫行业标准对来自疫区的芒果种苗、果实及运输工具进行检验。

扩展阅读 4-20

（1）剖果检验　　在现场或室内剖开可疑果实，仔细检查果肉内有无幼虫和虫粪堆积而成的蛹室，蛹室内有无蛹或成虫。

（2）芒果种苗检验　　对抽查的种苗逐株检查，重点检查种苗的茎干缝隙、嫩枝嫩梢等处，有无隐蔽的成虫。

（3）包装及运输工具检验　　检查装运鲜芒果和苗木的装载容器及运输工具，如纸箱、集装箱内是否有成虫、幼虫、蛹等。

（4）培养检验　　将剖果发现的幼虫、蛹，连同原来的果实，放入衬有滤纸的玻璃缸中，外罩防虫纱网，在 25～30℃、相对湿度 70% 的培养箱或室温（25～26℃）下移入养虫箱内饲养观察。待成虫羽化后，制成标本。

（5）标本鉴定　　在体视显微镜下观察其形态特征。另用 10% 氢氧化钠或氢氧化钾溶液处理成虫 10min 后，取出外生殖器，制成玻片，在生物显微镜下观察。

7. 检疫处理与防治技术

（1）检疫处理　　严禁从国外疫区调运芒果果实和种苗。若为了科研需要，从国外疫区引进时，一定要经过严格检疫检验和彻底处理；并具有输出国植物检疫证书，证明所运芒果和种苗不带此虫，才能被准许进口。

加强国内检疫，严禁从国内疫区调出种苗和果实；若必须从云南疫区向省外和省内的非虫害区调运果实及种苗，产地要经过严格检疫和彻底处理，并由植检机构签证，方可放行。

（2）防治技术

1）农业防治。定期清除果园内杂草，及时捡拾落地小芒果并集中销毁；秋季结合果园除草，精细翻耕土层，消灭土层裂缝中的越冬成虫；冬季修剪整形，对老芒果树断头改造。剪除老弱病残枝，培育健壮、光滑的枝条。芒果果实进行套袋处理，可以有效防止芒果果肉象甲的侵入为害。

另外，引进抗病抗虫优良品种，淘汰野生的小芒、小青皮等受害严重的品种。

2）药剂防治。重点在幼果期（谢花后 30～45d）喷药防治。可用乐果、敌百虫和水的混合液（1∶1∶1500）喷洒树冠，每隔 7～10d 喷药 1 次，施药 2 或 3 次。

五、芒果果核象甲

1. 名称及检疫类别

学名：*Sternochetus mangiferae*（Fabricius）。

英文名：mango seed weevil，mango stone weevil，mango weevil。

分类地位：鞘翅目（Coleoptera）象甲科（Curculionidae）。

检疫害虫类别：进境植物检疫性害虫。

2. 分布与为害

分布国家有亚洲的孟加拉国、印度、印度尼西亚、马来西亚、巴基斯坦、泰国、菲律宾、缅甸、柬埔寨、越南，大洋洲的巴布亚新几内亚。南美洲的巴西近期也检测到该虫发生。

寄主为芒果。据报道，成虫在实验室内可在土豆、桃、荔枝、李、豆角及几种苹果上产卵，但幼虫不能发育老熟。

幼虫为害芒果果核，受害的果实外表无明显症状，切开果实后，可见到果核受害处附近的果肉有变色斑，子叶严重受害，并有虫粪。受害果有时过早脱落。据印度报道，秋芒品种被害率可达 73% 以上。

3. 形态特征

芒果果核象甲的形态特征具体见图 4-7。

（1）成虫　　体长 6.0～9.0mm，体宽 4.0～9.0mm，体粗短，暗褐色。头较小，嵌入胸沟，胸沟达前足基节之后。触角膝状，赤褐色，棒节分节不明显，节间具细密绒毛。前胸背板中隆线不明显，被两侧规则鳞片遮盖。前胸背板和鞘翅上有浅黄白色鳞片斑。身体花斑有变异，基部花斑由彩色鳞片组成，由红色至灰色，夹杂着浅色斑纹。鞘翅前

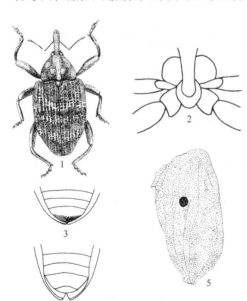

图 4-7　芒果果核象甲（中华人民共和国动植物检疫局，农业部植物检疫实验所，1997）

1. 成虫；2. 容纳喙的槽；3. 雄虫腹部末端；4. 雌虫腹部末端；5. 为害状

扩展阅读 4-21

扩展阅读 4-22

端的斜带较窄，后端有一直带，奇数行间不隆起，行间上无小瘤状突起。雌虫臀板末端具倒"V"形凹陷，雄虫臀板末端呈圆弧形。

（2）幼虫　体白色，无足，头部褐色。

（3）蛹　初化蛹时为乳白色，后变为黄色。

4. 发生规律

每年发生1代，以成虫在土壤中、树皮裂缝下、茎秆周围、种子内及腐烂果实中越冬。各虫态历期：卵5.5～7d，幼虫30～36d，蛹5d，成虫寿命140d。完成1个世代约需40d。

成虫于次年结果季节开始取食，夜间活动，有假死性。成虫产卵于果端凹洼附近，即在果皮上磨一凹陷或做一纵缝或一新月形切口后，产卵其中，卵单产。5月中旬为芒果花期，也是成虫交配产卵阶段。该虫还可在马铃薯、苹果、桃、李、荔枝和菜豆上产卵，成虫还能取食苹果和花生。每雌虫一天可产卵15粒，3个月中最多产卵达300粒。

其幼虫孵化后，即钻蛀果实。进入果核，从孵化到穿透种皮至少需1d。幼虫在果核内取食为害，幼虫老熟后即在果核内化蛹，羽化，也有发现在果肉中化蛹的。不同芒果品种受害程度有差别，果实成熟期短于该虫生活周期的品种受害较轻，成熟期长的受害重。

5. 传播途径

随芒果种子和果实携带和调运远距离传播。

6. 检疫检验方法

根据中华人民共和国出入境检验检疫行业标准对进境芒果、果实、种苗进行检验。

扩展阅读 4-23

（1）剖果检验　在现场或室内剖开芒果果实，去掉果肉后观察果核表面有无黑色的孔洞，若有黑色孔洞，将果核剖开，检查是否有幼虫、蛹、成虫。

（2）其他检验　芒果种苗检验、包装及运输工具检验、培养检验及标本鉴定同芒果果肉象甲。

（3）检测新方法　利用纳米磁珠（magnetic nanoparticles，MNP）的磁性分离特性，结合聚合酶链反应（PCR）技术，实现简单方便的芒果果核象甲检测。

扩展阅读 4-24

7. 检疫处理与防治技术

（1）检疫处理　加强检疫，严禁从国外疫区进口芒果果实、芒果种子、苗木及其土壤和植株包装物；对于科学试验和宾馆配餐，需从国外引进芒果及种苗的，一定要经过严格检疫检验和彻底处理，并有输出国植物检疫证书，证明所运芒果和种苗等不带此虫，才能准许进口。

（2）防治技术

1）农业防治。保持果园清洁，消灭越冬虫源。种植时，仔细除去果核壳，避免损伤胚芽，去除在子叶上取食的幼虫或果核内的其他虫态，并立即杀灭。结果期经常清除落果并集中销毁。

2）物理及生物防治。开花前，在树干上涂胶带，阻止成虫上树。用 ^{60}Coγ射线辐照杀死果实内成虫；或用 ^{60}Coγ射线不育剂量辐照使成虫不育，利用雄性不育法防治。

此外，也可在树干上涂煤油乳剂杀灭成虫或用其他化学药剂防治。还可在成虫发生期喷施100%苦楝原油150～200倍液，或37%苦楝油乳剂75倍液。

六、剑麻象甲

1. 名称及检疫类别

学名：*Scyphophorus acupunctatus* Gyllenhal。

英文名：sisal weevil，Mexican sisal weevil。

分类地位：鞘翅目（Coleoptera）象甲科（Curculionidae）。

检疫害虫类别：进境植物检疫性害虫。

2. 分布与为害

剑麻象甲原产于中美洲。在非洲的最早记录是1914年，记录了在坦桑尼亚的坦噶尼喀的发生。在亚洲于1916年在印度尼西亚的爪哇发生，在夏威夷州的最早记录是1927年，1976年在南非首次报道发生。现分布于亚洲的印度尼西亚（苏门答腊、爪哇）；非洲的坦桑尼亚、肯尼亚；美洲的美国（阿肯色州、佐治亚州、佛罗里达州、亚利桑那州、新墨西哥州、加利福尼亚州、得克萨斯州、堪萨斯州、科罗拉多州、夏威夷州）、墨西哥、萨尔瓦多、危地马拉、洪都拉斯、尼加拉瓜、哥斯达黎加、牙买加、古巴、海地、哥伦比亚、多米尼加、委内瑞拉及巴西。

寄主有剑麻或西沙尔麻（*Agave sisalana*）、毛里求斯麻（*Furcraea gigantea*）以及各种野生及观赏性龙舌兰科植物。

成虫为害剑麻叶片，受害叶片基半部下表皮出现灰褐色椭圆形或圆形斑痕，斑痕周围的纤维常外露。幼虫为害造成的损失最大。幼虫孵化后，蛀入植株茎干，在茎干内钻蛀为害幼嫩组织，特别是分生组织以下的鲜嫩、白色、非纤维的多汁组织。生长点受害，并且弯向幼虫在地下钻入的一边。幼小茎干被蛀食成蜂窝状，或被全部吃光，继之发生腐烂，植株死亡。还可传播黑曲霉病，引起剑麻茎腐病，导致植株死亡。

3. 形态特征

剑麻象甲的形态特征具体见图4-8。

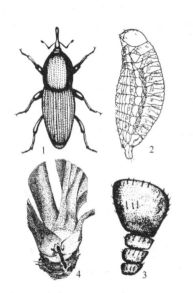

图4-8　剑麻象甲

1. 成虫；2. 幼虫；3. 触角；4. 为害状

（1）成虫　　长9.0～15.0mm，体暗黑色。头较小，两复眼在腹面下方距离相对较宽，头喙向下弯曲，喙端具小而粗壮的钳状上颚。触角在近喙基部嵌入，触角棒的绒毛部分平截。前胸背板长约为腹长一半，前胸背板上有细小的刻点。鞘翅行纹刻点大，刻点互相连接呈纵沟状，行间稍凸起，有成排的细小刻点。两鞘翅合并紧密。后胸前侧片端部1/3处明显窄于腿节最宽处，后胸前侧片后端明显窄于中部。臀板裸露。足的第3跗节呈宽三角形，跗节腹面前端边缘有绒毛。雌雄形态非常相似。

（2）卵　　卵长约1.5mm，长卵形，乳白色，卵壳光滑而薄。

（3）幼虫　　老熟幼虫体长18.0mm，头壳宽4.0mm。各龄幼虫的头壳坚硬而角质化，上颚深褐或黑色，体柔软具皱纹，无足，第8节后的体节急剧缩小，最后1节成为2个肉质突起，并向上弯曲。每个突起上有 3 根毛，2 根向后直伸，第 3 根（中间的）较短，向下伸出。

（4）蛹　　蛹长约 16.0mm，初化蛹时呈浅黄褐色，几天后头部和其他部分变暗，最后整个蛹体呈深褐色。鞘翅、足、喙紧贴在蛹皮上，并明显可见。

4. 发生规律

一年发生 4 或 5 代。各虫态历期：卵 3～5d，幼虫 21～58d，蛹 12～16d，人工饲养的成虫寿命约 45 周。

剑麻象甲成虫活动性不强。成虫对龙舌兰科植物纤维气味有趋性。雌、雄成虫寿命较长，但产卵量少。雌成虫羽化后约需 1 个月性成熟。雌雄交配后，雌虫常将卵产在植株的柔软腐烂组织里，有时成虫在穗状花序里咬一个小穴，造成局部腐烂，然后产卵其中。卵壳壁薄，如果暴露在干燥的大气中，会很快干涸。雌虫每次产卵 2～6 粒，一生共产卵 25～50 粒。幼虫孵化后即在幼嫩的剑麻茎干组织内取食直至化蛹。幼虫 5 龄，1 龄幼虫体长 1.3～1.8mm，乳白色，很快头部变为褐色，身体其余部分稍变暗。老熟幼虫先用纤维和一些碎叶片做个粗糙的茧，然后在茧内化蛹。

该虫在老种植区较新种植区发生重。在内地较干燥、凉爽地区，多数季节气候不适宜剑麻象甲繁殖，但也不应忽视其为害的危险性。

5. 传播途径

其随寄主植物及纤维、龙舌兰科植物、剑麻包装及运载工具等进行远距离传播。

6. 检疫检验方法

对进口的寄主植物及包装材料、种苗，特别是龙舌兰科植物，以及纤维、运输工具等进行严格检验。

扩展阅读 4-25

7. 检疫处理与防治技术

（1）检疫处理　　除禁止从疫区引进寄主植物种苗外，对到达口岸的上述包装物、纤维、运输工具等均应严格检验，对进口的龙舌兰科植物纤维必须进行检疫处理。对特殊批准的少量科研引种，应进行灭虫处理并限定地区隔离试种观察。

（2）防治技术　　清除并销毁适合该虫繁殖的衰老植株和腐烂茎干可大大降低虫口密度。在剑麻被害孔内注射杀虫剂或煤油可杀死栖息在内的剑麻象甲各虫态。植麻前可用 0.2%～0.4% 的乐果或百治磷、久效磷等药液涂芽防治。

七、杨干象

1. 名称及检疫类别

学名：*Cryptorhynchus lapathi*（L.）。

英文名：poplar and willow weevil，osier weevil。

分类地位：鞘翅目（Coleoptera）象虫科（Curculionidae）。

检疫害虫类别：进境植物检疫性害虫，全国林业检疫性害虫。

2. 分布与为害

原产于欧洲，现广泛分布于我国华北、西北和东北地区（黑龙江、吉林、辽宁、内蒙古、河北、陕西、甘肃、四川、新疆）、台湾；国外主要分布于朝鲜、日本、土耳其、匈牙利、比利时、保加利亚、捷克、斯洛伐克、德国、法国、英国、爱尔兰、意大利、波兰、芬兰、罗马尼亚、西班牙、荷兰、俄罗斯、美国、加拿大。

扩展阅读 4-26

扩展阅读 4-27

主要寄主是杨、柳、桦，如加拿大杨、中东杨、小叶杨、赤杨、小青杨、甜杨、桦树、旱柳等。

杨干象是杨、柳的毁灭性害虫。该虫以幼虫在树干中钻蛀为害，严重危害3年生以上的杨、柳、桦等幼树。开始取食树枝干的木栓层，食痕呈不规则形的片状，逐渐深入韧皮部与木质部之间，环绕树干蛀成圆形隧道；植株被害后，常由孔口渗出树液，隧道处的表皮颜色变深，呈油浸状，微凹陷；随着树木的生长，隧道处的表皮常形成一圈圈刀砍状的裂口。植株被害后轻则生长缓慢，严重威胁着幼树成林，被害株率有时达100%；重则造成枝梢干枯，整株树木死亡。成虫取食，枝干留下许多针刺状小孔；在叶片上取食，食痕成网眼状。杨干象是我国森林害虫检疫对象之一，1984年、1996年、2005年和2013年先后四次被列入"全国林业检疫性有害生物名单"。

3. 形态特征

杨干象的形态特征具体见图4-9。

（1）成虫　　雄虫体长8.0mm，雌虫体长10.0mm。体长椭圆形，高凸。体壁黑色，除前胸两侧、鞘翅肩部的一个斜带和端部1/3部分被覆白色或黄色鳞片外，其余部分被瓦状圆形黑色鳞片。头部球形，密布刻点，头顶中间具略明显的隆线；喙弯，略长于前胸。触角暗褐色，触角基部以后密布互相连合的纵列刻点，具中隆线，触角基部以前散布分离小而稀的刻点；触角柄节未达到复眼，索节1、2长约相等，索节3长于宽，其他节长宽约相等，触角棒倒长卵形，密布绵毛。复眼梨形，略突出。

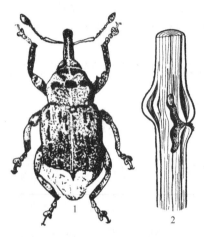

图4-9　幼虫（1）及其取食道（2）

扩展阅读4-28

扩展阅读4-29

扩展阅读4-30

前胸背板宽大于长，中间最宽，向后略缩窄，向前猛缩窄，散布大刻点，中隆线细。前胸中间以前具排成一列的3个黑色直立鳞片束，前胸中间具2个相同的鳞片束。小盾片圆形。鞘翅前端2/3平行，端部1/3逐渐缩窄，肩胝明显，行纹刻点大，行间扁平，宽于行纹。鞘翅行间3、5、7各具1行黑色直立鳞片束。足腿节黑色，中间具黄白色环，腿节具齿2个，胫节直，外缘具隆线；跗节红褐色。雄虫腹板1中间具沟，臀板末端圆形；雌虫臀板末端尖形。

（2）卵　　长1.3mm，宽0.8mm，乳白色，椭圆形。

（3）幼虫　　老熟幼虫体长9.0mm左右，乳白色，全体疏生黄色短毛。头部黄褐色。胴部呈"C"状弯曲，气门黄褐色。胸足退化，在足痕处有数根黄毛。

（4）蛹　　体长8.0～9.0mm，乳白色。前胸背板上有数根突出的刺，腹部背面散生许多小刺，腹部末端具1对向内弯曲的褐色小钩。

4. 发生规律

在欧洲的大部分地区1年发生2代。在我国辽宁、吉林、黑龙江1年1代；以卵及初龄幼虫越冬。

羽化后成虫爬到嫩枝或叶片上取食，善于爬行，很少起飞，但有时可飞行几十米远。成虫有假死性，大多在早晨交配和产卵。在一般情况下，成虫不在1～2年生苗木或枝条上产卵，多选择 3 年生以上幼树或枝条，在 5~9mm 粗的枝干产卵。产卵前先咬一产卵孔，然后在产卵孔中产 1 粒卵。每头雌虫平均产卵 40 多粒。成虫产卵后不再取食，多攀缘于物体上死亡。

幼虫开始在原越冬处取食木栓层，以后逐渐深入韧皮部与木质部之间环绕树干蛀成圆形隧道，在隧道中间食害，导致树木大量失水干枯或遇风折断。老熟幼虫在木质部，凿成圆形羽化孔，在孔道末端做椭圆形蛹室，并在蛹室内化蛹。

年均温度偏高，春季干旱，冬季湿度偏大的环境有利于杨干象的繁殖，且在平均温度大于 10℃的月份里危害较严重，虫口密度最高可达 200 头/株。

5. 传播途径

越冬卵和初孵幼虫可随杨、柳苗木的调运而远距离传播。

6. 检疫检验方法

根据成虫的产卵习性，对叶痕、树皮裂缝、树皮孔等部位进行解剖检查，判明是否有越冬幼虫和卵。另外，由于杨干象的为害状较明显，可检查树皮上是否有刀砍状裂口。

扩展阅读 4-31

7. 检疫处理与防治技术

（1）检疫处理 根据分布和危害情况划分疫区和保护区，分别采取相应的检疫措施。疫区：把杨干象封锁在疫区之内；在发生杨干象的林地上，不准随意采条或移植。苗木出圃造林时，要经检查，确定没有此虫才能出圃造林。调运木材时必须剥皮和彻底处理。对活体杨干象标本，非经当地检疫机构批准不得携带出境。保护区：对调入的苗木须经过严格的检疫，严禁将此虫传入保护区，特别是调运 3 年生以上的幼树时更应慎重检疫；每年对原有林、新植林以及苗圃进行全面检查。一有发现，及时上报，并立即消灭。对携带有越冬幼虫或卵的苗木，可采用溴氰菊酯乳油 1500~2000 倍浸泡 5min；调运木材携带幼虫，采用硫酰氟或 56% 磷化铝片剂熏蒸处理，气温在 4.5℃以上时，用硫酰氟 60~100g/m³，熏蒸 24h；用磷化铝 9~10g/m³，熏蒸 3d。

（2）防治技术

1）加强营林措施。注重适地适树，利用杨干象的非寄主植物与寄主植物混合搭配，营造混交林。加强杨树的栽培管理，增强树势，清理林木病虫枝干，增强通风透光，创造有利于林木生长和天敌繁衍的生态条件，控制病虫害的发生，增强林木自控能力。

2）农业防治。培育无病虫苗木，保证出圃苗木健康无病虫。及时伐除被害株，特别是严重受害的零散木要及时砍掉；结合幼林抚育砍去被害枝条，伐下的林木及枝条必须在成虫出现以前彻底处理，并剥皮使其干燥，减少林地虫口密度。发生面积小时，可利用成虫假死性，于早晨振动树干，扑杀落地成虫。

3）药剂防治。①涂抹虫孔。用 50% 辛硫磷、50% 杀螟松、40% 氧化乐果乳剂 100 倍液涂抹虫孔或树干有虫区。②打孔注射。在树干上打孔或开槽，将 50% 久效磷乳剂、40% 氧化乐果乳剂、50% 氧化乐果油剂原液注入孔或槽中。一般在胸径 8~12cm 的树上开 2~3 孔或槽，注药 1.0~1.5mL，防治效果可达 90% 以上，树干 3~4m 高处杀虫效果亦达 100%。③喷雾杀成虫。在成虫羽化盛期，可用 50% 杀螟松 1000 倍、50% 辛硫磷 1000 倍、2.5% 溴氰菊酯 5000 倍、40% 氧化乐果 5000 倍、20% 杀灭菊酯 5000 倍，进行林间喷树冠毒杀未产卵的成虫。

第二节　检疫性豆象类

豆象属鞘翅目（Coleoptera）多食亚目（Polyphaga）象甲总科（Curculionoidea）豆象科（Bruchidae）。豆象为中小型昆虫。体长 1.0～10.0mm，体卵圆形，少数长椭圆形或近方形，背面略隆起，腹面显著隆起，身体各部密接；体壁黑色或暗褐色，有时呈赭黄色、淡红色或黄色，颜色单一或具花斑；体密生倒伏状绒毛，背面绒毛往往形成毛斑。

全世界记录豆象科昆虫约 1400 种，我国共记录 44 种。本科有弯足豆象亚科（Rhaebinae）、细足豆象亚科（Kytorhininae）、粗腿豆象亚科（Pachymerinae）、粗颈豆象亚科（Amblycerinae）、豆象亚科（Bruchinae）5 个亚科，包括弯足豆象属（*Rhaebus*）、细足豆象属（*Kytorhinus*）、粗腿豆象属（*Pachymerus*）、阔腿豆象属（*Pseudopacymerus*）、广颈豆象属（*Spermophagus*）、宽颈豆象属（*Zabrotes*）、粗颈豆象属（*Amblycerus*）、豆象属（*Bruchus*）、三齿豆象属（*Acanthoscelides*）、瘤背豆象属（*Callosobruchus*）、锥胸豆象属（*Conicobruchus*）、短颊粗腿豆象属（*Caryedon*）、多型豆象属（*Bruchidius*）、脊背豆象属（*Specularius*）和沟股豆象属（*Sulcobruchus*）等。

豆象是豆科植物的重要害虫，有 50 余种豆象具有重要的经济意义。经济意义重要的属有豆象属、多型豆象属、瘤背豆象属、三齿豆象属、短颊粗腿豆象属和宽颈豆象属。重要的种有蚕豆象［*Bruchus rufimanus*（Boheman）］、豌豆象（*Bruchus pisorum* L.）、绿豆象［*Callosobruchus chinensis*（L.）］、四纹豆象［*Callosobruchus maculatus*（Fabricius）］、鹰嘴豆象［*Callosobruchus analis*（Fabricius）］、灰豆象［*Callosobruchus phaseoli*（Gyllenhal）］、菜豆象［*Acanthoscelides obtectus*（Say）］和巴西豆象［*Zabrotes subfasciatus*（Boheman）］。

扩展阅读 4-32

豆象常见寄主有蚕豆、豌豆、扁豆、豇豆、菜豆和花生等。例如，蚕豆象，1937 年随日本的马饲料传入中国，现已遍及国内 20 多个省（自治区、直辖市），对蚕豆造成的重量损失达 20%～30%。豌豆象对种子的侵染率达 40%～50%，重量损失约 20%。在中东，欧洲扁豆象（*Bruchus lentis* Fröelich）对扁豆的侵染率高达 80%，对蚕豆的侵染率达 40%，经 3 个月的储藏，重量损失在 50% 以上。绿豆象的为害更严重，在中国南方，一年发生多代。四纹豆象的世界分布更广泛，危害性比绿豆象更大，在中国南方一年可发生 11～13 代。在尼日利亚，由于四纹豆象为害，豇豆储藏 9 个月重量损失可达 87%。还有一些国家受四纹豆象严重危害的地区被迫放弃了豇豆的种植。四纹豆象于 20 世纪 60 年代由我国香港、澳门随旅客携带的豆类传入内地，现已蔓延到广东、广西、福建、浙江、湖南、云南、江西等地。可见，豆象对于豆科植物的危害相当严重，我国也多次截获豆象类危险性害虫。

蚕豆象与豌豆象生物学特性较为相似，这两种豆象均每年发生 1 代，以成虫在豆粒内、仓内角落、包装品缝隙以及田间、晒场、作物遗株或砖石下越冬。越冬成虫次年分别在蚕豆、豌豆开花结荚期飞向田间产卵于豆荚上，卵孵后幼虫蛀入豆粒，在田间生长发育一段时间，然后随收获的豆粒回到仓内。两种豆象飞翔力、耐饥力、抗寒力都较强。

绿豆象、四纹豆象、鹰嘴豆象、灰豆象、菜豆象及巴西豆象 6 种豆象的生物学特性较为相似。一年发生世代数因虫种、地理位置及食物等环境因子的不同而异。均以幼虫在豆粒内越冬。它们既可以在仓内豆堆中反复产卵繁殖，又可以飞至田间豆荚上产卵、繁殖，在田间繁殖数代后，随收获豆粒回到仓库。成虫均善飞翔，有假死性，趋光性。

豆象害虫的传播蔓延与成虫飞翔能力强和国际贸易的日趋频繁相关，而后一个因素的影响更加明显。豆象类昆虫个体小，幼虫在豆粒内蛀食为害，十分隐蔽，被侵染的豆粒有时从外部看来完整无损，极容易借助人为的因素传播。由于人类的经济活动，许多豆象的分布由局部变为世界性。例如，豌豆象最初是由北美记录的，长期以来人们认为北美为其发源地。其实，诸多事实证明，该种发源于地中海东部地区，借助人为因素传入北美和世界其他地区。通过以下9种豆象的分布变迁，可以生动地反映这类害虫的传播蔓延情况（表4-5）。

表4-5　9种重要豆象的分布（赵志模，2001）

种类	分布					
	亚洲	非洲	欧洲	北美洲	南美洲	大洋洲
四纹豆象	●	●	□	□	□	
绿豆象	●	●	□	□	□	
鹰嘴豆象	●	□				
罗得西亚豆象		●				
西非花生豆象		●			□	
灰豆象	●	●		□	□	
菜豆象	□	□	□	●	●	□
巴西豆象	□	□	□	●	●	
花生豆象	●	●			□	□

●本地种；□传入种

2017年列入我国进境植物检疫性豆象类害虫有：菜豆象［*Acanthoscelides obtectus*（Say）］、巴西豆象［*Zabrotes subfasciatus*（Boheman）］、埃及豌豆象［*Bruchidius incarnates*（Boheman）］、豆象（属）（非中国种）（*Bruchus* spp.）（non-Chinese）、瘤背豆象（属）（四纹豆象和非中国种）（*Callosobruchus* spp.）［*Callosobruchus maculatus*（F.）and non-Chinese］等。

一、菜豆象

1. 名称及检疫类别

别名：大豆象。

学名：*Acanthoscelides obtectus*（Say）。

英文名：bean weevil。

分类地位：鞘翅目（Coleoptera）豆象科（Bruchidae）三齿豆象属（*Acanthoscelides*）。

检疫害虫类别：进境植物检疫性害虫，全国农业植物检疫性害虫。

2. 分布与为害

该虫原产于中美洲和南美洲，随着国际贸易和引种等渠道而广泛传播，现已分布于美洲、亚洲、欧洲、非洲和大洋洲的40多个国家或地区，如朝鲜、日本、缅甸、俄罗斯、阿富汗、土耳其、波兰、匈牙利、德国、奥地利、瑞士、荷兰、比利时、英国、法国、西班牙、葡萄牙、意大利、塞尔维亚、罗马尼亚、阿尔巴尼亚、希腊、尼日利亚、埃塞俄比亚、肯尼亚、乌干达、布隆迪、刚果、安哥拉、澳大利亚、新西兰、斐济、美国、墨西哥、古巴、哥伦比亚、秘鲁、巴西、智利、阿根廷等地。在我国仅在云南、贵州有所分布。

扩展阅读 4-33

主要危害菜豆属的植物：鹰嘴豆、赤小豆、多花菜豆、金甲豆、菜豆、豌豆、蚕豆、长豇豆、豇豆等。幼虫在豆粒内蛀食，对储藏的食用豆类造成严重危害。在墨西哥、中美洲等地，菜豆象和巴西豆象在豆类储藏期间共同造成的重量损失为35%；在巴西为13.3%；在哥伦比亚，由于储藏期短，造成的损失为7.4%。

3. 形态特征

菜豆象的形态特征具体见图 4-10。

（1）成虫　成虫体长 2.0～4.0mm。头黑色，通常具橘红色的眼后斑；上唇及口器多呈橘红色；触角基部 4 节（有时包括第 5 节基半部）及第 11 节橘红色，其余节褐色。足大部橘红色；胸部黑色；鞘翅黑色，仅端部边缘橘红色。腹部橘红色，仅腹板基部有时呈黑色；臀板橘红色。

头及前胸密被黄色毛；鞘翅密被黄色毛，在近鞘翅基部、中部及端部密被褐色毛斑；足被白色毛；腹面密被白色毛，或杂以黄色毛；臀板被白色或黄色毛。头部

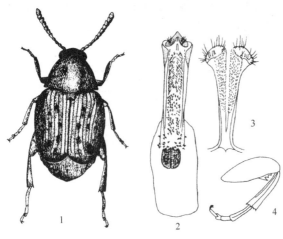

图 4-10　菜豆象
1. 成虫；2. 阳茎；3. 阳基侧突；4. 后足

长而宽，密布刻点；额中线光滑无刻点，由额唇基沟延伸至头顶，有时稍隆起。触角第 1～4 节丝状，第 5～10 节锯齿状，末节端部尖细。前胸背板圆锥形，中区布刻点，端部及边缘刻点变小。小盾片黑色，方形，端部 2 裂，密布倒伏状黄色毛。鞘翅行纹深，行纹 3、4 及行纹 5、6 分别在基部靠近。后足腿节端部与基部缢缩，呈梭形，中部约与后足基节等宽；腹面近端部有 1 长而尖的齿，后跟 2 或 3 个小齿，大齿的长度约为前 2 个小齿的 2 倍；后足腿节具前纵脊、前侧纵脊、侧纵脊及后纵脊，其中前侧纵脊在端部 1/4 不明显；后足胫节端部前方的刺长约为第 1 跗节长的 1/6。臀板隆起；雄虫第 5 腹板后缘明显凹入，雌虫稍凹入。雄虫外生殖器的阳基侧突端部膨大，两侧突在基部 1/5 愈合；阳茎长，外阳茎瓣端稍尖，两侧稍凹入；内阳茎密生微刺，且向囊区方向骨化刺变粗，囊区有 2 个并列的骨化刺团。

（2）卵　长椭圆形，一端稍尖，不黏附在种皮上。卵平均长约 0.66mm，平均宽约 0.26mm，长约为宽的 2.5 倍。

（3）幼虫　1 龄幼虫体长约 0.8mm，宽约 0.3mm。中胸及后胸最宽，向腹部渐细。头的两侧各有 1 个小眼。前胸盾呈“X”或“H”形，上面着生齿突。第 8、9 腹节背板具卵圆形的骨化板。足由 2 节组成。老熟幼虫体长 2.4～3.5mm，宽 1.6～2.3mm。体粗壮，弯曲呈“C”状；足退化。上唇具刚毛 10 根，其中 8 根位于近外缘，排成弧形，其余 2 根位于基部两侧。无前胸盾，第 8、9 膜节背板无骨化板。

（4）蛹　体长 3.0～5.0mm，宽约 2.0mm，椭圆形；淡黄色，疏生柔毛。

4. 发生规律

该虫以幼虫或成虫在仓内越冬，部分在田间越冬。次年春播时随被害种子带到田间，或成虫在仓内羽化后飞往田间菜豆田。越冬成虫于次年春季温度回升至 15～16℃时开始复苏，气温达 18℃以上时开始交配产卵。成虫寿命一般为 20～28d；不需要补充营养；交尾持续 6～7min，2～3h 后开始产卵。产卵可持续 10～18d。雌虫产的卵并不黏附在豆粒上，而是

分散于豆粒之间或将卵产于仓内地板、墙壁或包装物上。在田间，卵多产于成熟豆荚的裂隙处。每头雌虫可产卵 50～90 粒，个别多达 100 余粒。

卵期一般为 6～11d，随温湿度变化而异。高于 31.6℃和低于－12.9℃为卵的致死温度。卵对低温最敏感。可以全部杀死各虫态的温度及时间为：在－35～－27.5℃下，30～35min；在－17℃下，6～8h；－11℃下至少 1d；－9℃下至少 3d；－8℃下至少 4d；－6℃下至少 12d；－1℃下至少 15d。

幼虫共 4 龄。初孵幼虫胸足发达，四处爬行寻找蛀入处。幼虫发育最适温度为 30℃；发育湿度范围为 30%～90%，最适湿度为 70%～80%。在最适条件下，幼虫期约为 30d。

在欧洲，菜豆象的分布范围向北受到了 7 月平均温 19℃这条等温线的限制。若从这一指标分析该虫在我国的潜在生存范围，国内大部分地区对该虫都可以适生，不适合的地区有西藏、青海、四川西半部、甘肃与青海接近的部分地区、新疆与俄罗斯接近的部分边界地区、云南与西藏眺邻的个别地区及内蒙古和黑龙江最北部的个别地区。

在田间，菜豆象主要侵染菜豆、多花菜豆等，也侵染豇豆。如果侵染大豆、豌豆和胡豆的话，只发生于仓内而很少发生在田间。

5. 传播途径

其主要借助被侵染的豆类种子通过贸易和引种进行传播。卵、幼虫、蛹和成虫均可被携带。

6. 检疫检验方法

过筛检查种子有无成虫和卵，注意豆粒上是否有成虫的羽化孔或幼虫蛀入孔。成虫产的卵并不黏附在豆粒表面，必须在样品的筛出物中仔细寻找。

扩展阅读 4-34

由卵内孵出的 1 龄幼虫必须经过一个四处爬行寻找适合蛀入点的阶段。幼虫蛀入种子后，种皮上留下一个裸露的直径 1.5～2.4mm 的圆形蛀孔，孔口被豆子的碎屑堵塞。幼虫老熟化蛹时，贴近蛹室的种皮呈半透明的"小窗"状，成虫羽化后打开"小窗"，在种皮上留下一个近圆形的直径为 1.5～2.4mm 的羽化孔。羽化孔大，容易被发现；幼虫蛀入孔很小，不易被发现，豆粒上若没有成虫羽化孔极易造成漏检。

若被害的种子为褐色、红色或其他深色，暗色背景为发现幼虫蛀入孔提供了一个有利的条件，不必进行染色检验。若被害种子为白色或接近白色，可用染色法迅速将蛀入孔染成红色。采用的染色方法如下：将样品放入 1%碘化钾溶液或 2%碘酒溶液中，使种子全部沉浸在染色液内，并轻轻晃动，使豆粒表面与染色液充分接触。2min 后，将样品取出放在 0.5%氢氧化钾溶液内固定 1min，然后用清水漂洗 0.5min。以上方法使幼虫蛀入孔显褐色至深褐色。另外，也可以将酸性品红 0.5g、冰醋酸 50mL 及蒸馏水 950mL 混合，配制成酸性品红染色液。将样品充分浸泡 2min，然后用自来水漂洗 0.5min。上述方法可将幼虫蛀入孔染成粉红色，清晰可辨。有条件的话，也可借 X 射线机检查豆粒内的幼虫或蛹。

在田间，菜豆象不在未成熟的绿荚上产卵，只侵染成熟的豆荚（此时荚皮多已变得干燥）。雌虫将卵产于开裂荚的种子上，或将荚壁做切口，卵产于荚内。通过一个切口可产卵几粒至 20 粒。因此，田间调查要在寄主种子趋于成熟时进行，用扫网法捕获成虫，或检查带卵的豆荚。

7. 检疫处理与防治技术

少量种子可用高温处理，在 60℃下持续 20min；用二硫化碳 200～300g/m³ 或氯化苦 25～30g/m³ 或氢氰酸 30～50g/m³ 处理 24～48h，溴甲烷 35g/m³ 处理 48h。以上措施可全部杀灭各个虫态。

禁止由疫区调种，防止扩散蔓延。另外，在疫区，选用健康的种子播种，在早春处理掉农户家中留存的被害种子，以减少虫源。在北方地区，12月至次年2月温度都在0℃以下，可将豆子放在室外或不受加温影响的房间，使幼虫不能越冬。

仓内储存期间可使用虫螨磷（安得利），浓度为8mg/kg，保护期在半年以上；或马拉硫磷15mg/kg，保护期在4个月以上。也可使用植物精油进行防治，如九里香、香叶、葛缕子、窄叶阴香、茴香、花椒、肉桂，这7种精油防治效果明显，虫口减退率、防蛀效果、挽回损失率均在90%以上。

也可进行田间喷洒，国外曾使用对硫磷或甲基对硫磷、敌百虫、杀螟松等。当豆荚开始成熟时用第1次药，1周后再喷第2次。

将黑胡椒2.6g拌入1kg豆内，经4个月储藏可减少侵染78%；若黑胡椒用量增加到11.1g，可减少侵染97.9%。用惰性粉和草木灰拌种也可以有效地杀灭此虫。用硅藻土、皂土、高岭土及滑石进行比较试验，表明硅藻土效果最好。

二、巴西豆象

1. 名称与检疫类别

学名：*Zabrotes subfasciatus*（Boheman）。

英文名：Mexican bean weevil。

分类地位：鞘翅目（Coleoptera）豆象科（Bruchidae）宽颈豆象属（*Zabrotes*）。

检疫害虫类别：进境植物检疫性害虫。

2. 分布与为害

此虫原产地是墨西哥或美国南部。巴西豆象多分布在热带或亚热带地区。在美洲，从智利至美国均有分布。在亚洲、非洲、欧洲的发生，可能是通过贸易的渠道传入。分布的国家或地区主要有越南、缅甸、印度尼西亚、印度、波兰、匈牙利、德国、奥地利、英国、法国、葡萄牙、意大利、几内亚、尼日利亚、埃塞俄比亚、肯尼亚、乌干达、坦桑尼亚、布隆迪、刚果（金）、安哥拉、马达加斯加等。1991年我国商业部和农业部联合进行仓虫调查，曾在云南与缅甸交界的地区发现巴西豆象的为害。

主要寄主为菜豆、豇豆、扁豆、多花菜豆、金甲豆、绿豆等。此虫以幼虫蛀食豆类种子，对储藏的菜豆和豇豆危害尤其严重。在中美洲等地、墨西哥，此虫和菜豆象共同对菜豆造成的损失约为35%；在缅甸和印度，此虫全年在仓内繁殖，主要为害金甲豆。在巴西，曾对11个栽培品种进行观察，在自然条件下储藏9个月，此虫对种子的侵染率为50%；储藏12个月，侵染率均达100%。

3. 形态特征

扩展阅读 4-35

巴西豆象的形态特征具体见图4-11。

（1）成虫　　雄虫体长2.0～2.9mm，雌虫体长2.5～3.6mm，体宽卵圆形。表皮黑色，有光泽，仅触角基部2节、口器、前足中足胫节端及后足胫节端距为红褐色。头小，被灰白色毛；额中脊明显；复眼缺切宽，缺切处密生灰白色毛；触角节细长；雄虫触角锯齿状，雌虫触角弱锯齿状，第1触角节膨大，其长为第2节的2倍。

成虫前胸背板宽约为长的1.5倍；两侧均匀突出，后缘中部后突，整个前胸背板呈半圆形。雄虫前胸背板被黄褐色毛，后缘中央有一淡黄色毛斑；雌虫前胸背板有较明显的中纵纹和分散的白毛斑。成虫小盾片三角形，着生淡色毛。鞘翅稍呈方形，长约与两翅的总宽相当，翅的端部圆。雄虫鞘翅被黄褐色毛，散布不规则的深褐色毛斑；雌虫鞘翅中部有横列白毛斑构成的一条横带，这一特征可明显区别于雄虫。

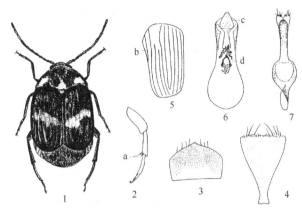

图 4-11　巴西豆象（仿张生芳等，1998）

1. 成虫；2. 后足；3. 雌虫第 8 腹节背板；4. 雌虫第 8 腹节腹板；5. 左鞘翅；6. 阳茎；7. 阳基侧突；a. 后足胫节端距；b. 左鞘翅第 10 行纹；c. 外阳茎腹瓣；d. 内阳茎"U"形骨片

成虫臀板宽大于长，与体轴近垂直；雄虫臀板着生灰褐色毛，偶有不清晰的淡色中纵纹，雌虫臀板多被暗褐色毛，白色中纵纹较明显。腹面被灰白色毛，后胸腹板中央有一凹窝，窝内密生白色毛。后足胫节端有两根等长的红褐色距。雄性外生殖器的两阳基侧突大部分联合，仅在端部分离，呈双叶状，顶端着生刚毛；外阳茎的腹瓣呈卵圆形；内阳茎的骨化刺粗糙，中部有一小"U"形的大骨片。

（2）卵　　长约 0.5mm，宽约 0.4mm。扁平，紧贴在寄主豆粒表面。

（3）幼虫　　老熟幼虫呈菜豆形，肥胖无足，乳白色。头部具小眼 1 对，额部每侧着生 2 根刚毛。唇基着生 1 对长的侧刚毛，基部有 1 对感觉窝。上唇近圆锥形，基部骨化，端部有小刺数列，近前缘有 2 根亚缘刚毛，后方有 2 根长刚毛，基部每侧有 1 感觉窝。上内唇中区有 1 对短刚毛，端部有 7 根缘刚毛及少数细刺。触角 2 节，第 2 节骨化。上额近三角形，下额轴节显著弯曲；茎节前缘及中部着生长刚毛；下额须 1 节；下额叶具 5 个截形突，下方着生 4 根刚毛。后颊与前颊界限不分明，着生 2 对前侧刚毛和 1 对中央刚毛；前额具 1 长的盾形骨片。腹部第 1～8 节为双环纹，第 9～10 节为单环纹。

（4）蛹　　长 2.5～3.4mm，长椭圆形，白色至淡褐色。触角向腹侧弯曲不达翅尖。腹末向腹面微弯。

4. 发生规律

该虫主要在仓内危害。在巴西，一年发生 6～8 代；在我国云南和广西南部一年可发生 6 代。成虫羽化后即达性成熟，但多在豆粒内停留 2～3d 才顶开羽化孔盖爬出来活动。交尾 4～5min。雌虫直接将卵产于豆粒表面，卵牢固地黏附在种皮上。由于虫口密度和气候条件的不同，每雌产卵量一般为 20～50 粒（平均约 40 粒）。产卵期持续半个月至一个月，但大部分卵产于雌虫羽化后的前 5 天。产卵的适温为 25～30℃。幼虫发育最快的温度为 32.5℃。发育最低温度接近 20℃。在相对湿度为 75% 的条件下，幼虫发育的温度为 20～37.5℃。一般认为，最适的发育温度为 27℃，相对湿度为 75%。

幼虫孵化时，前胸刺协助上颚破开卵壳，幼虫垂直蛀入种子内。当虫体全部蛀入种子后，其与种子表面平行的方向蛀食前进。卵的孵化率在最适条件下达 90% 以上。在北京室内观察表明，该虫 1 年可发生 3 或 4 代，发育期在 5～10 月，对豆类造成严重危害。但各虫态在冬季均不能越冬，主要的限制因子是冬季的低温和低湿度。在一定的温度范围内，成虫寿命与温度呈负相关：在 37.5℃下，雌虫寿命平均为 5.6d，30℃下为 7.6d，25℃下为 11.7d，

20℃下为18.5d，15℃下为54d。在适温下，相对湿度低于50%时，成虫寿命显著缩短。

5. 传播途径

巴西豆象雌成虫产的卵牢固地附着在豆粒表面，幼虫期和蛹期全部在被害豆粒内生活。这种习性使该虫很容易随寄主传播蔓延。卵、幼虫、蛹和成虫均可传播。在我国口岸检疫中曾多次截获此虫。

6. 检疫检验方法

扩展阅读 4-36

注意豆粒上是否带卵，是否有成虫的羽化孔或半透明的圆形"小窗"；过筛检查是否有成虫。

7. 检疫处理与防治技术

仓储期间，仓库应保持清洁，经常打扫，尤其是仓库墙壁的边角处，清扫的垃圾应集中烧毁，不要随意倒在仓外，以杜绝虫源的发生和扩散。贮藏的豆类，可做熏蒸杀虫处理，杀灭害虫。可用二硫化碳、氢氰酸、磷化铝作熏蒸处理；用溴甲烷熏蒸，投药30～40g/m³，密闭24h可全部杀灭。

采用冷冻处理方法，经−22℃处理2h后，各虫态的巴西豆象校正死亡率达100%；采用干热处理方法，经55℃处理1h或60℃处理0.5h后，各虫态的巴西豆象校正死亡率达100%；采用热水浸泡处理方法，经50℃处理1h后，各虫态的巴西豆象校正死亡率达100%。但采用冷藏处理方法，经0.5℃处理192h，仍不能全部杀死各虫态的巴西豆象。在60℃下处理被害种子2h，可全部杀灭各个虫态。

巴西豆象很少到大田进行危害，主要是进行仓内防治。用20mg/kg辛硫磷处理成虫，效果可达100%，也比较经济。虫螨磷（安得利）是一个比较理想的保护剂，使用浓度一般为8mg/kg。此外，除虫菊酯被认为是高效的药剂，在拉丁美洲，该制剂拌种使用药效更持久。此外，用草木灰、惰性粉或胡椒拌种也有明显防治效果。

三、鹰嘴豆象

1. 名称及检疫类别

学名：*Callosobruchus analis*（Fabricius）。

分类地位：鞘翅目（Coleoptera）豆象科（Bruchidae）瘤背豆象属（*Callosobruchus*）。

检疫害虫类别：进境植物检疫性害虫。

2. 分布与为害

国外分布于亚洲的孟加拉国、印度尼西亚、日本、缅甸、印度等；欧洲的保加利亚、德国、俄罗斯等；美洲的巴西、美国；非洲的肯尼亚、苏丹、赞比亚、坦桑尼亚、南非；大洋洲的澳大利亚。国内仅分布于云南。

主要寄主为鹰嘴豆、绿豆。对豇豆、绿豆、鹰嘴豆等也可造成严重危害，在印度、印度尼西亚等国家危害尤其严重。在热带地区，对豇豆属和绿豆危害最甚。

3. 形态特征

扩展阅读 4-37

鹰嘴豆象的形态特征具体见图4-12。

（1）成虫　　体长2.5～4.0mm。头小，暗褐色；额部具中纵脊，被灰白色毛；触角黄褐色，弱锯齿状。前胸背板亚圆锥形，暗褐色，疏被黄褐色毛；近后缘中部有1对瘤突，上面着生白色毛。小盾片方形，着生白色毛。鞘翅淡褐色至暗褐色，每一鞘翅的中部和端部各有1黑斑，两黑斑在翅外缘相连；鞘翅长约与两翅的总宽相等，行

纹4和5在端部远短于相邻的
其他行纹；肩胛突出；鞘翅表
皮的褐色部分着生黄褐色毛，
黑斑上光裸少毛，在两个黑斑
之间有1个卵圆形白毛斑，有
时在该白毛斑之前的第3行间
也着生白色毛。足黄褐色，后
足色较暗；后足腿节腹面有纵
脊2条，外缘脊上的端齿粗钝，
内缘脊上的端齿短而尖，或完
全消失，沿内缘脊基部3/5处
着生多数微齿。臀板黑色，雄
虫臀板与体轴近垂直；雌虫臀

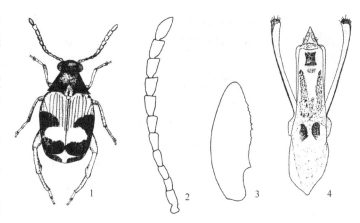

图4-12 鹰嘴豆象（仿张生芳等，1998）
1. 成虫；2. 触角；3. 后足腿节（示内缘齿）；4. 雄性外生殖器

板倾斜，具有一白色中纵毛带。雄性外生殖器的阳基侧突端部着生刚毛10余根；内阳茎端部的骨化区呈矩形，端缘不凹入；囊区有2个椭圆形的骨化板。

（2）卵　　　椭圆形，扁平，紧贴于种子表面。长平均0.6mm，宽0.4mm。

（3）幼虫　　　老熟幼虫长3.6～4.0mm，宽1.9～2.0mm。足退化，身体弯曲呈"C"形，淡黄白色。头圆形，两侧及后面骨化较强；有小眼1对；额区每侧有刚毛3根，排成弧形，具感觉窝1对；唇基着生刚毛和感觉窝各1对；上唇卵圆形，横宽，基部骨化，前缘有多数细刺及4根长的亚缘刚毛，基部每侧有1根刚毛和1个感觉窝；上内唇中部有2对短刚毛，稍弯曲，前缘有4根缘刚毛；触角2节，仅端节骨化，末节刚毛长为末端感觉乳突长的2倍以上；后颏膜质，与前颏的界限不明显，着生2对侧刚毛；前颏具一圆形骨片，前端呈双叶状，在凹缘两侧各有1根短刚毛；唇舌有1对刚毛和1对感觉窝。前、中、后胸节上的环纹数分别为3、2、3。足3节。腹部1～8节上各有环纹2条，第9～10节上各有环纹1条，气门环形。

4. 发生规律

成虫羽化时已达性成熟，随即交配产卵。交配持续3～6min，有多次交配现象。卵散产于豆粒上，雌虫选择完整豆粒的光滑种皮上产卵。用绿豆作寄主，每一粒上可有卵1～3粒，多达7粒，卵借雌虫排出的黏性分泌物而固定在豆粒表面。幼虫孵化后，向下用上颚咬破卵壳及种皮，垂直蛀入豆粒内，然后又90°转折，向水平方向前进，继续食害子叶。幼虫有4龄。化蛹之前，老熟幼虫在种皮下做一个圆孔，从外部看来呈圆形"小窗"状，是幼虫开始化蛹的标志。幼虫静伏于圆孔内，上颚正对着羽化孔盖，以此种姿态渡过前蛹期及蛹期。成虫羽化后静止1～2d，然后顶开羽化盖由豆粒中钻出。成虫雌雄性比为1：1。

温度和湿度对该虫的发育、产卵和寿命有直接的影响。用25℃、30℃、35℃、40℃及相对湿度为40%、70%及90%的温湿度组合进行试验，证明在30℃及相对湿度70%的条件下卵和蛹的成活率高，幼虫发育快，产卵多；在40℃下幼虫不能发育。在30℃及相对湿度70%的条件下，鹰嘴豆象既可以在仓内危害，又可以在田间危害。与四纹豆象比较，鹰嘴豆象的危害更多地发生在田间。

5. 传播途径

主要随寄主的调运远距离传播。

扩展阅读 4-38

6. 检疫检验方法

检查样品中是否带有活虫，主要有过筛法、羽化孔检查法、X 射线透视法、漂浮法、超声波法和染色法。其他检疫检验方法可参考巴西豆象。

7. 检疫处理与防治技术

可将豆类倒在水泥地面上，在强烈阳光下曝晒 8h。经过长时间太阳照射，水泥地面的温度可达到 50℃以上，这对鹰嘴豆象卵、幼虫及蛹有一定的杀灭作用，亦可驱使成虫爬离豆堆或死亡。鹰嘴豆象的卵、幼虫、蛹、成虫各虫态经 55℃，1h 的干热处理，死亡率均达 100%。此外，可利用辐照法和熏蒸对其进行检疫处理。28℃时，用 25g/m³ 溴甲烷和 1g/m³ 磷化铝熏蒸鹰嘴豆象，可杀死豆象各虫态。其他方法也可参考巴西豆象和菜豆象。

四、灰豆象

1. 名称及检疫类别

学名：*Callosobruchus phaseoli*（Gyllenhal）。

分类地位：鞘翅目（Coleoptera）豆象科（Bruchidae）瘤背豆象属（*Callosobruchus*）。

检疫害虫类别：进境植物检疫性害虫。

2. 分布与为害

该虫原产于亚洲、非洲。主要分布于日本、缅甸、印度、斯里兰卡、巴基斯坦、俄罗斯、意大利、法国、尼日利亚、坦桑尼亚、肯尼亚、卢旺达、安哥拉、马达加斯加、美国、南非、古巴、巴西。

主要寄主为鹰嘴豆、扁豆、金甲豆、绿豆、豌豆、蚕豆。另有资料报道，该虫还为害以下属的某些种：木豆属（*Cajanus*）、田菁属（*Sesbania*）、狗牙根属（*Cynodon*）。严重为害菜豆、扁豆、豇豆等多种豆类。

3. 形态特征

灰豆象的形态特征具体见图 4-13。

扩展阅读 4-39

（1）成虫　体长 2.5～4.0mm。体壁黄褐色至暗褐色。触角基部 4～5 节及末节黄褐色，其余节色暗；雄虫触角强锯齿状，雌虫触角锯齿状。前胸背板赤褐色，中区有 2 条暗褐色纵纹；近后缘中央有 2 个并列的瘤突，上面着生白色毛。鞘翅表皮赤褐色，每一鞘翅中部外侧各有 1 个半圆形的暗色大斑，斑内又有淡色纵条纹；鞘翅密被大量淡黄色毛，沿翅缝形成 1 条纵宽带，并在翅的后半部形成 1 条不清晰的横带。臀板红褐色，几乎着生均一的淡黄白色毛，暗色斑不清晰或全缺。后足腿节腹面近端部的内缘齿大而尖。雄性外生殖器内阳茎的囊区有 3 对骨化板。

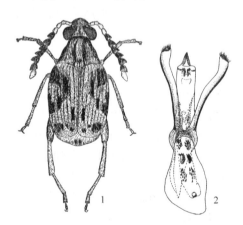

图 4-13　灰豆象（仿张生芳等，1998）
1. 成虫；2. 雄性外生殖器

（2）卵　椭圆形，扁平，长平均 0.6mm，宽平均 0.4mm。

4. 发生规律

灰豆象在缅甸与我国的交界地区一年发生 8 代，以幼虫在豆粒内越冬，越冬幼虫于翌年 2 月上、中旬开始化蛹，3 月上、中旬羽化出越冬代成虫。成虫羽化后，在蛹室内静止 1～

2d，以头部和前足顶开羽化孔盖爬出。昼夜均可羽化，自然条件下羽化率平均为88.9%。成虫由豆粒钻出后不久即行交配。交配持续7～8min，最长25min。成虫有多次交配现象。产卵前期少则几小时，多则1～2d，雌虫选择完整和光滑的豆粒产卵。卵黏附在豆粒表面，不易脱落。卵散产，有时几粒卵堆在一起。雌虫产卵18～73粒，平均44.1粒。卵的孵化率为62%～95%，平均88.4%；卵期5～12d，平均7d。幼虫孵化的同时咬破卵壳和与其接触的种皮垂直蛀入豆粒内，然后再改为与种皮平行的方向蛀食前进，近老熟时又向种皮方向前进，做一个弧形隧道。幼虫4龄。幼虫期为9～50d，平均为21.8d。蛹期为7～23d，平均为13.5d。成虫寿命为5～26d，平均为12.7d。

灰豆象发育起点温度约11℃，有效积温为450℃·d。最适的发育温度为30～32.5℃。该虫对高温耐受力从弱到强依次为成虫＜卵＜幼虫＜蛹。同时，各虫态对高温耐受时间的长短与同存寄主量的多少有关。

5. 传播途径

主要随寄主豆类的调运远距离传播。近几年由缅甸进口的药用白扁豆是携带该虫的主要寄主。

6. 检疫检验方法

可参考巴西豆象。

7. 检疫处理与防治技术

扩展阅读 4-40

卵经50℃，90min或55℃，30min；幼虫、蛹经55℃，40min，成虫经50℃，60min或55℃，30min处理，其死亡率可达100%。化学药剂仍是防治灰豆象的主要手段。根据试验研究，每年6月中旬成虫大量出现时开始熏蒸最为有利，用磷化铝熏蒸，处理2～3d，可以达到安全有效的杀虫目的。也可用仓虫净（2.5%辛硫磷微粒）灭虫，即先将储存的豆类在室外晾干，然后在阳光不足时拌入仓虫净，拌好后装入袋中，防虫效果较好。灰豆象对溴甲烷熏蒸剂耐药性较低。用溴甲烷在25℃下对灰豆象进行熏蒸处理，以10g/m³处理24h；用PH₃气体在29.5℃下熏蒸处理，以0.3g/m³熏蒸48h，死亡率均为100%。此外，通过温湿度、日光高温曝晒、低温冷冻、水浸烫以及草木灰防潮均可控制或灭杀该虫。其他请参考巴西豆象和菜豆象有关部分。

五、四纹豆象

1. 名称及检疫类别

学名：*Callosobruchus maculatus*（Fabricius）。

英文名：cowpea weevil。

分类地位：鞘翅目（Coleoptera）豆象科（Bruchidae）瘤背豆象属（*Callosobruchus*）。

检疫害虫类别：进境植物检疫性害虫，全国农业植物检疫性害虫。

2. 分布与为害

四纹豆象原产于东半球的热带或亚热带，现已遍及世界大部分地区，其最早在美国发现。分布于朝鲜、日本、越南、缅甸、泰国、印度、伊朗、伊拉克、叙利亚、土耳其、俄罗斯、匈牙利、比利时、英国、法国、意大利、克罗地亚、波斯尼亚和黑塞哥维那、塞尔维亚、保加利亚、希腊、阿尔及利亚、塞内加尔、加纳、尼日利亚、苏丹、埃塞俄比亚、坦桑尼亚、刚果（金）、安哥拉、南非、美国、洪都拉斯、古巴、牙买加、特立尼达和多巴哥、委内瑞拉、巴西。由于在国内分布不广，其被列为国内植物检疫对象。我国曾在从国外及我国香港、澳门寄来的豆类邮包中发现四纹豆象活体；1984年在云南边境贸易的绿豆中截获大量四纹豆象，在重庆的贸易中也查获了四纹豆象，在福州也发现该虫。

主要寄主为木豆、鹰嘴豆、扁豆、大豆、金甲豆、绿豆、豇豆。幼虫危害豆科植物的种子，将种子蛀食成空壳。成虫活泼善飞，能在田间和仓库内繁殖危害。在非洲的一般储藏条件下，经3～5个月的储存豇豆种子被害率达100%；在埃及，储藏3个月豇豆的重量损失达50%；在尼日利亚，豇豆储藏9个月后重量损失达87%，年损失为3万吨。从世界范围来看，其很可能比绿豆象还危险，被害豆粒产生豆象类所特有的成虫羽化孔。

3. 形态特征

四纹豆象的形态特征具体见图4-14。

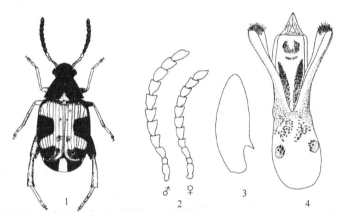

图4-14　四纹豆象（仿张生芳等，1998）
1. 成虫；2. 触角；3. 后足腿节（示内缘齿）；4. 雄性外生殖器

扩展阅读4-41

（1）成虫　体长2.5～3.5mm。表皮暗红褐色至黑色，全体被灰白色及暗褐色毛；足红褐色，后足腿节基半部色暗；复眼深凹，凹入处着生白色毛；触角11节，弱锯齿状，着生于复眼凹缘开口处，基部几节或全部黄褐色；前胸背板亚圆锥形，黑色或暗褐色，被黄褐色毛；后缘中央有瘤突1对，上面密被白色毛，形成三角形或桃形的白毛斑；小盾片方形，着生白色毛。鞘翅长稍大于两翅的总宽，肩胛明显；表皮褐色，着生黄褐色及白色毛；每鞘翅上通常有3个黑斑，近肩部的黑斑极小，中部和端部的黑斑大。四纹豆象鞘翅斑纹在两性之间以及在飞翔型和非飞翔型两型个体之间变异很大。臀板倾斜，侧缘弧形。雄虫臀板仅在边缘及中线处为黑色，其余部分为褐色，被黄褐色毛；雌虫臀板黄褐色，有白色中纵纹。后足腿节腹面有2条脊，外缘脊上的端齿大而钝，内缘脊端齿长而尖。雄性外生殖器的阳基侧突顶端着生刚毛40根左右；内阳茎端部骨化部分前方明显凹入，中部大量的骨化刺聚合成2个穗状体，囊区有2个骨化板或无骨化板。

（2）卵　长平均约0.6mm，宽0.4mm，椭圆形，扁平。

（3）幼虫　老熟幼虫体长4.5～4.7mm，宽2.0～2.3mm。身体弯曲呈"C"形，淡黄白色。头圆而光滑，有小眼1对；额区每侧有刚毛4根，弧形排列；唇基有侧刚毛1对，无感觉窝。上唇卵圆形，横宽，基部骨化，前缘有多数小刺，近前缘有4根刚毛，近基部每侧有1根刚毛，在基部每根刚毛附近各有1个感觉窝。上内唇有4根长而弯曲的缘刚毛，中部有2对短刚毛。触角2节，端部1节骨化，端刚毛长几乎为末端感觉乳突长的2倍。后颏仅前侧缘骨化，其余部分膜质，着生 2 对前侧刚毛及 1 对中刚毛；前颏盾形，骨片后面圆形，前方双叶状，在中央凹缘各侧有 1 根短刚毛；唇舌部有 2 对刚毛。前、中、后胸节上的环纹数分别为 3、2、2。足 3 节。第 1～8 腹节各有环纹 2 条，第 9、10 腹节单环纹。气门环形。

（4）蛹　体长 3.0～5.0mm。椭圆形，乳白色或淡黄色，体被细毛。

4. 发生规律

在美国加利福尼亚州，一年发生 6～7 代，在北非及我国广东，一年多达 11～12 代。在热带地区，该虫可在田间和仓内危害，在温带区主要在仓内进行危害。四纹豆象以成虫或幼虫在豆粒内越冬。越冬幼虫于次年春化蛹。成虫活泼善飞，新羽化的成虫和越冬成虫离开仓库，飞到田间产卵，或继续在仓内产卵繁殖。

成虫寿命短，在最适条件下一般不多于 12d。产卵的最适温度为 25℃。在 28.6℃下卵期为 5～6d，11.6℃下为 22d。幼虫发育的最适温度为 32℃，最适相对湿度为 90%，在上述条件下幼虫期为 21d。在 25℃、相对湿度 70% 的条件下，以豇豆种子为寄主，整个生活周期为 36d。产卵期可持续 5～20d。1 粒种子上通常着卵 2～4 粒，有时多达 10～20 粒。雌虫平均产卵约 100 粒。卵直接产在豆粒上，或产于田间即将成熟的豆荚上。雌虫喜欢将卵产于光滑的豆粒表面，并牢固地黏附在种皮上。

幼虫发育在 1 粒种子内进行，经历 4 龄。发育的最适温度为 32℃，最适相对湿度为90%，上述条件下，幼虫期为 21d。四纹豆象是一个个体变异很大的种，在群体中每一性别的成虫存在着两个型，即飞翔型（活泼型）和非飞翔型（标准型）。飞翔型的个体十分活泼，能够飞翔，而非飞翔型的个体体色较暗，不能飞。两个型的差别不仅表现在形态上，也表现在生理、身体的化学组成、行为等方面。幼虫期虫口密度过高、高温、食物含水量低及光照时间太短或太长均可以诱发活泼型产生。

5. 传播途径

主要通过被害种子的调运进行远距离传播。近距离借成虫飞翔传播。

6. 检疫检验方法

一般先用扩大镜检查豆粒上有无虫卵及小黑点（蛀入孔）。被害豆粒也可借X 射线检验豆粒内有无幼虫，蛹或成虫。若发现可疑豆粒则应取样剖解，标出各虫态标本，再在实验室作进一步检查，除在解剖镜下观察有关特征外，还必须将成虫雄性和雌性生殖器，或第 8 腹节背腹片做成玻片标本，以便做出结论性检验鉴定。

扩展阅读 4-42

7. 检疫处理及防治技术

加强进口农产品的检验检疫，一经发现即行严格处理。防治四纹豆象的最简便、快速的方法就是利用高频和微波加热杀虫。此法仅限于小包装豆粒及邮寄的小件物品，处理 2kg 物品，一般加热 60～90min，处理温度达到 60～65℃，可有效地杀死各虫态。

仓内采用溴甲烷、磷化氢、氯化苦等熏蒸剂熏蒸处理。温度 21℃以上，溴甲烷用药30g/m³；温度 10～20℃用药 30～35g/m³，均密闭 48h。用磷化铝熏蒸时，可将药片均匀分散在仓库各部位，仓内温度 12～15℃时密闭 5d，16～24℃时密闭 4d，20℃以上时密闭 3d，杀虫效果均达到 100%。经四纹豆象感染过的器械，一般用马拉硫磷等药剂消毒。

第三节　检疫性小蠹虫类

小蠹虫属鞘翅目（Coleoptera）小蠹科（Scolytidae），体小或微小，圆柱形。头窄于前胸，

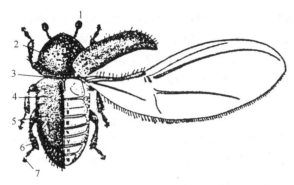

图 4-15　小蠹科成虫整体图（仿殷惠芬，2000）
1. 触角；2. 前胸背板；3. 鞘翅基缘；4. 刻点沟；5. 沟间部；
6. 后足胫节；7. 后足跗节

后部被前胸背板覆盖。角短，锤状。前胸背板占体长的 1/3 以上，前端收狭。足胫节有齿，跗节伪 4 节（图 4-15）。鞘翅到达或超过腹末。全世界已知小蠹虫种类有6000 余种。

小蠹虫是为害森林和木材的重要害虫，据估计，森林和木材受小蠹虫危害造成的损失，约占全部虫害损失的一半，由此可见其危害的严重性。小蠹虫大多数属于森林次生性害虫，为害树势衰弱的树株，加速被害树木的死亡。少数种类为初期性害虫，可以侵害健康树木，如华山松大小蠹（*Dendroctonus armand*）。小蠹虫对树木的危害，按其修筑坑道的部位，可分为树皮小蠹类（bark beetles）和蛀干小蠹类（wood boring beetles）两类。前者筑坑于树皮与边材之间，呈平面分布；后者筑坑于木质部中，上下纵横贯穿，呈立体分布。小蠹虫可以为害树株的各个部位，如根小蠹属小蠹入侵根部；绒根小蠹属小蠹入侵主干下部；梢小蠹属小蠹入侵细小枝条；切梢小蠹属小蠹成虫蛀食枝梢；桑梢小蠹（*Cryphalus exiguus*）成虫在早春取食芽苞；枣核椰小蠹（*Coccotrypes dactyliperda*）为害海枣的果核。小蠹虫的寄主植物很多，常见的针、阔叶树种都是其寄主。此外，还可为害果树、桑、茶、橡胶树、椰子、咖啡、蓖麻、玉米、棉花、甘蔗、葫芦、扁豆等多种经济作物。小蠹虫除直接为害外，还可以传播植物病害，如检疫害虫欧洲榆小蠹（*Scolytus multistriatus*）是榆树毁灭性病害榆枯萎病的媒介昆虫。

由此可见，小蠹虫类的危害极其广泛，从活树到木材、从健树到弱树、从整株到枝条、从针叶树到阔叶树、从森林到园林、从乔木到灌木、从木本到草本，无一不受其危害。因此，对其开展检疫和防治是十分重要的。

小蠹虫的食性可分为以下几类。

食草类（herbiphagy）：在无木质部的植物茎内生活取食。例如，*Hylastinus obscurus* 取食苜蓿属植物的根，*Chrameus pumilus* 取食野豆角的主茎，*Hypothenemus pubescens* 取食草本植物的果柄。

食皮类（phloeophagy）：小蠹虫中近 1/2 的种属于本类，它们在韧皮部形成层处，介于树皮与边材之间，蛀食韧皮及边材，在边材上蛀食有坑道痕迹，如 Hylesinini、Scolytini、Ctenophorini、Dryocoetini 等族的大部分属种。

食木类（xylophagy）：以木质部为主要食物来源，直接侵害于木质部中，如 *Chramesus xylophagus*，以及 *Dendrosinus*、*Lymantor*、*Hylocurus*、*Micracis*、*Thysanoes* 等属的全部种类。

食髓类（myelophagy）：在细枝的髓心中取食。这类小蠹多发生于新热带区，包括Bothrosternini 全族的种，以及 *Cryptocarenus*、*Micracisella* 的全部种，*Hypothenemus* 的几种。*Araptus*、*Chramesus*、*Scolytodes*、*Tricolus* 中也有少数种是食髓的。

食种类（spermophagy）：有的种类取食果实内部的种子，也有的取食裸子植物的种子，如北美 *Conophthorus* 小蠹，专门为害球果种实。

食菌类（xylomycetophagy）：此类小蠹的特点是食物与真菌共生。小蠹虫在修筑坑道时将真菌带入坑道中，真菌萌发生长供小蠹取食，有些种类将这种共生关系发展得极为密切，二者缺一而不得生存。属于此类的小蠹有 *Bothrosternus* 的种，*Hyleops* 分布于澳大利亚的种，*Camptocerus* 的种，*Scolytoplatypup* 分布于亚洲和非洲的种，以及分布于热带区小蠹科全部的种。

　　小蠹虫入侵树木时，咬穿树皮形成的小孔叫作侵入孔，入孔后即有较宽阔的穴为交配室，交配后蛀食形成母坑道，由母坑道向外分支为由细渐粗的子坑道，子坑道与母坑道垂直或不垂直，因属种不同而异，但相互保持一定隔，互不干扰，子坑道端部较大，幼虫发育至老熟后在其内化蛹（亦称为蛹室），蛹羽化为成虫后，咬一羽化孔外出，作为下一代的起始。小蠹虫各种不同类型的坑道，在鉴定属、种时有重要的参考价值（图 4-16 和图 4-17）。

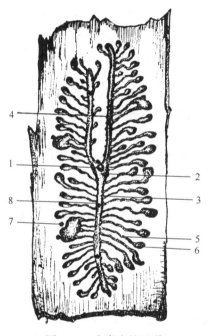

图 4-16　小蠹虫的坑道
（北京林学院，1982）

1. 侵入孔；2. 交配室；3. 母坑；4. 卵室；
5. 幼虫坑；6. 蛹室；7. 羽化孔；8. 通气孔

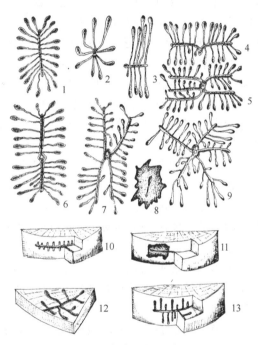

图 4-17　小蠹虫的坑道类型
（北京林学院，1982）

1. 单纵坑；2. 加深坑；3. 单横坑；4. 复横坑；
5. 星形复横坑；6. 复纵坑；7. 星形复纵坑；8. 皮下共同坑；9. 星形坑；10. 梯形坑；11. 木质部共同坑；12. 水平坑；13. 垂直分枝坑

　　主要危险性及检疫性小蠹虫有异胫长小蠹（非中国种）（*Crossotarsus* spp.）、大小蠹（红脂大小蠹和非中国种）（*Dendroctonus* spp.）、混点毛小蠹（*Dryocoetes confusus* Swaine）、美洲榆小蠹［*Hylurgopinus rufipes*（Eichhoff）］、长林小蠹（*Hylurgus ligniperda* Fabricius）、咖啡果小蠹［*Hypothenemus hampei*（Ferrari）］、齿小蠹（非中国种）（*Ips* spp.）、美柏肤小蠹（*Phloeosinus cupressi* Hopkins）、长小蠹（非中国种）（*Platypus* spp.）、欧洲榆小蠹［*Scolytus multistriatus*（Marsham）］、欧洲大榆小蠹［*Scolytus scolytus*（Fabricius）］和材小蠹（非中国种）（*Xyleborus* spp.）等。

一、咖啡果小蠹

1. 名称及检疫类别

学名：*Hypothenemus hampei*（Ferrari）。

英文名：coffee berry borer，coffee berry beetle。

分类地位：鞘翅目（Coleoptera）小蠹科（Scolytidae）。

检疫害虫类别：进境植物检疫性害虫。

2. 分布与为害

该虫原产非洲安哥拉，现广泛分布于世界许多咖啡种植国家或地区，已知的有越南、老挝、柬埔寨、泰国、菲律宾、印度尼西亚、印度、斯里兰卡、沙特阿拉伯、利比亚、塞内加尔、几内亚、塞拉利昂、科特迪瓦、加纳、多哥、尼日利亚、喀麦隆、乍得、中非、苏丹、埃塞俄比亚、肯尼亚、乌干达、坦桑尼亚、卢旺达、布隆迪、刚果（金）、刚果（布）、加那利群岛、圣多美和普林西比、安哥拉、莫桑比克、加蓬、比奥科岛、巴布亚新几内亚、新喀里多尼亚、马里亚纳群岛、加罗林群岛、社会群岛、新几内亚岛、危地马拉、萨尔瓦多、洪都拉斯、哥斯达黎加、古巴、牙买加、海地、多米尼加、波多黎各、哥伦比亚、苏里南、秘鲁、巴西等国家和地区。此外，美国的夏威夷州和加利福尼亚州南部也有报道。

主要寄主为咖啡属植物，如咖啡、大咖啡等的果实和种子，咖啡果小蠹仅能在咖啡属植物上正常生活及产卵。此外，在灰毛豆属（*Tephrosia* spp.）、野百合属（*Crotalaria* spp.）、距瓣豆属（*Centrosema* spp.）、云实属（*Caesalpinia* spp.）和银合欢（*Leucaena glauca*）的果荚，菜豆属的种子，酸豆（*Dialium lacourtiana*）和茜草科的一些植物的种子等中曾经发现。

咖啡果小蠹是咖啡种植区严重危害咖啡生产的害虫，幼果被蛀食后，青果变黑、果实脱落，严重影响产量和品质；为害成熟果实的种子，则直接造成经济损失。被害果常有 1 至数个圆形蛀孔，蛀孔多靠近果实顶部，蛀孔为褐色至深褐色，被害种子内有该虫钻蛀的坑道，含不同龄期的幼虫多头。

据报道，该虫的为害在巴西造成的损失可达 60%～80%；在马来西亚咖啡果被害率达 90%，成熟果实被害率达 50%，导致田间减产 26%；在科特迪瓦、刚果（金）、乌干达咖啡果受害率均在 80% 左右，可见该虫对咖啡生产造成的危害和损失是相当严重的。

3. 形态特征

咖啡果小蠹的形态特征具体见图 4-18。

（1）成虫　　雌成虫体长约 1.6mm，宽约 0.7mm，暗褐色至黑色，有光泽，体呈圆柱形。头小，隐藏于半球形的前胸背板下。眼肾形，缺刻甚小。额宽而突出，从复眼水平上方至口上片突起有一条深陷的中纵沟。额面呈细而多皱网状。在口上片突起周围几乎变成颗粒状。上颚三角形，有几个钝齿。下颚片大，约有 10 根硬鬃，在里面形成刺。触角浅棕色，锤状部 3 节。胸部有整齐细小的网状小鳞片。前胸发达，前胸背板长小于宽，强烈弓凸，其前缘中部有 4～6 个小颗粒瘤；背部瘤区中的颗粒瘤数量较少，形状圆钝，背中部颗粒瘤逐渐变弱；一条狭直光平的中隆线跨越全部刻点区，刻点区中生有狭长的鳞片和粗直的刚毛。鞘翅上有 8 或 9 条纵刻点沟，鞘翅长度为两鞘翅合宽的 1.33 倍，为前胸背板长度的 1.76 倍；纵刻点沟宽阔，刻点圆、大而规则，沟间部略凸起，上面的刻点细小，沟间鳞片狭长，排列规则。鞘翅后面下倾弯曲为圆形，覆盖整个臀部。腹部第 1 节长为其他 3 节之和，第 4

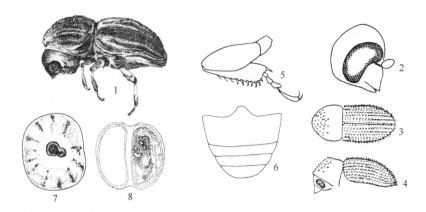

图 4-18 咖啡果小蠹
1. 成虫；2. 头部；3. 背面观；4. 侧面观；5. 前足；6. 腹部；
7. 果内幼虫；8. 蛀入孔

节能活动。足浅棕色，前足胫节外缘有 6 或 7 个齿，跗节前 3 节短小，第 4 节细长，第 5 节粗大并等于前 4 节长度之和。雄成虫形态与雌成虫相似，但个体较小，体长为 1.15～1.20mm，体宽 0.55～0.60mm，腹末端较尖。

（2）卵　长球形，乳白色，稍有光泽，长 0.3～0.6mm。

（3）幼虫　体长约 0.8mm，宽 0.2mm，乳白色，有些透明。头部褐色，无足。体略弯曲，被白色硬毛。

（4）蛹　白色，离蛹型。头部藏于前胸背板之下。前胸背板边缘有 3～10 个彼此分开的乳状突，每个乳状突上着生 1 根白色刚毛。

扩展阅读 4-43

扩展阅读 4-44

扩展阅读 4-45

4. 发生规律

雌成虫经交配后，在咖啡果实的端部咬食一蛀入孔，蛀入果内产卵，每头雌虫可产卵 30～60 粒，多达 80 余粒，产卵后雌成虫一直留在果内，直至下一代成虫羽化后钻出。卵期为 5～9d。幼虫孵化后在果豆内取食。幼虫期为 10～26d，其中雌性幼虫取食约为 19d，雄性幼虫取食约为 15d。蛹期为 4～9d。从产卵至发育为成虫需 25～35d，在 24.5℃时，平均需 27.5d。雌成虫羽化后仍留在果豆内完成自身的发育，一般 3～4d 后性成熟，交配后离果并蛀入另一未蛀果内产卵。

雌雄比例约为 10∶1 或雌虫所占比例更大，这是因为雌虫寿命较雄虫长，雌虫平均寿命可达 15d。雌成虫可飞翔，一般在 16: 00～18: 00 飞翔；雄成虫不飞翔，一般不离开果实，1 头雄成虫可与 30 余头雌成虫交配。由于雌成虫寿命长，其可存活到下一咖啡生长季节，并可发生转移为害。据报道，在巴西每年发生 7 代，在乌干达每年发生 8 代。有世代重叠现象，同一时间内，所有虫态都可以同时出现（表 4-6）。

表 4-6　咖啡果小蠹在不同国家生活史

国家	♂∶♀	雌成虫平均寿命 /d	雌成虫产卵粒数（平均或最多）	平均发育历期 /d			
				卵	幼虫	蛹	成虫
巴西	1∶10	157	74	7.6	13.8	6.4	27.5
斯里兰卡			50	6	18	5	

续表

国家	♂∶♀	雌成虫平均寿命 /d	雌成虫产卵粒数（平均或最多）	平均发育历期 /d			
				卵	幼虫	蛹	成虫
刚果				6～8	15～26	8.9	
马来西亚	1∶13	最高 120	最多 60	5～7	12～20	4～7	
乌干达		35～112	30 最多 60	8～9	♂15♀19	7～8	
爪哇	1∶59	最高 87	最多 54		10～21	4～6	25

注：空白处无对应的资料

咖啡果小蠹的生长发育受海拔及湿度影响，该虫在海拔较低的咖啡种植区较为普遍，在东非海拔 1500m 以上时就很少见。在爪哇海拔为 250～1000m 的地区，咖啡受害相当严重。据对巴西和非洲数国的调查，遮光、潮湿的种植园，比干燥、露天的种植园受害程度要严重得多。另外，该虫的为害与咖啡品种有关，如中粒种咖啡（*Coffea canephora*）受害重，而有些品种如高种咖啡（*Coffea excelsa*）和大粒种咖啡（*Coffea liberia*）受害较轻。在果实成熟时，成虫可继续在上面繁殖产卵，直接为害果豆，并常隐藏于落果中。

5. 传播途径

随咖啡果、豆、种子及其包装物进行远距离传播。

6. 检疫方法

扩展阅读 4-46

对到达口岸的咖啡豆或其他寄主植物的种子要逐包进行严格检验，根据该虫蛀食果实的习性，查验有无蛀孔的果实，特别注意检查果实顶部有无蛀孔，剖开咖啡豆，检查内部是否带虫。对咖啡豆的外包装物同样逐一进行严格查验，特别注意查验边、角、顶、缝等处是否有成虫、幼虫的存在。将查获的虫体送至实验室镜检、鉴定。

我国最早于 1985 年在海口口岸，从巴布亚新几内亚、象牙海岸进境的咖啡种子中截获。

7. 检疫处理与防治方法

（1）检疫处理　　当发现咖啡果小蠹虫情时，被检查批次咖啡豆应连同包装物一起进行彻底灭虫处理。可使用二硫化碳熏蒸处理，用量为 85mg/0.28m³ 咖啡豆，熏蒸 15h（注意对咖啡豆发芽率有一定影响）；也可以用氯化苦进行熏蒸，每升咖啡豆用氯化苦 5mg 熏蒸 8h，10mg 熏蒸 4h，15mg 熏蒸 2h，50mg 熏蒸 1h，可消灭咖啡豆内的成虫；用溴甲烷熏蒸在 26.5℃时，40g 用量熏蒸 2h。利用干燥炉或微波加热处理，在 49℃，处理 30min，可消灭果豆内害虫。150Gy 剂量进行辐照处理也可以彻底灭除豆内害虫。可根据实际条件，选用安全、彻底的灭虫处理措施。

（2）防治方法　　在咖啡种植区，加强对该虫的检疫工作，不从疫区引进寄主植物的果实及种子；当发现有咖啡果小蠹为害时，应及时清除被蛀果和落果，集中进行深埋或烧毁处理。另外，利用自然天敌如肿腿蜂（*Prorps nasuta*）和 *Cephalonomia stephanderis*、小茧蜂（*Heterospilus coffeirola*）和白僵菌（*Beauveria bassiana* Bals）寄生该虫；利用泛光红蝽（*Dindymus rubiginosus*）和蚂蚁类（*Crematogaster* sp.）捕食该虫也有良好的防治效果。最新研究表明，保护和提高鸟类和蜜蜂的多样性和种群数量，也能更好地控制咖啡果小蠹在产区的危害程度，提高咖啡的产量和品质。

二、欧洲榆小蠹

1. 名称及检疫类别

学名：*Scolytus multistriatus*（Marsham）。

英文名：smaller European elm bark beetle，small elm bark beetle。

分类地位：鞘翅目（Coleoptera）小蠹科（Scolytidae）。

检疫害虫类别：进境植物检疫性害虫。

2. 分布与为害

原产于欧洲。现分布于伊朗、丹麦、阿塞拜疆、瑞典、比利时、法国、德国、意大利、荷兰、波兰、俄罗斯、西班牙、葡萄牙、瑞士、土库曼斯坦、英国、乌兹别克斯坦、斯洛文尼亚、克罗地亚、波斯尼亚和黑塞哥维那、北马其顿、黑山、塞尔维亚（科索沃、伏伊伏丁那）、克罗地亚、奥地利、保加利亚、希腊、卢森堡、罗马尼亚、乌克兰、加拿大、美国、澳大利亚、阿尔及利亚、埃及。

主要为害榆属的山榆、白榆、无毛榆等多种树种，偶见为害杨树、李树、栎树等。该虫是一种边材小蠹，为害树干和主枝的韧皮部，破坏形成层。该虫又是荷兰榆枯萎病菌（*Ophiostoma ulmi*）的传播者，荷兰榆枯萎病是一种毁灭性病害，能引起榆树的大批死亡，欧洲许多地方用于美化街道和公园的榆树几乎遭到毁灭性的打击，故引起许多国家的高度警惕，将榆枯萎病及其传播者欧洲榆小蠹列为重要检疫对象。

3. 形态特征

欧洲榆小蠹的形态特征具体见图 4-19。

扩展阅读 4-47

扩展阅读 4-48

扩展阅读 4-49

扩展阅读 4-50

（1）成虫　体长 1.9～3.8mm，长约为宽的 2.3 倍。体红褐色，鞘翅常有光泽。雄虫额稍凹，表面有粗糙的斜皱纹，刻点不清晰，额毛细长稠密。雌虫额明显突起，额毛较稀、短。触角锤状部有明显的角状缝，呈铲状；触角鞭节 7 节。复眼椭圆形。前胸背板方形，表面光亮，刻点较粗，深陷，点距约为刻点直径的 2 倍，光滑无毛。鞘翅刻点沟凹陷中等，沟间略凹陷，刻点呈单行纵向排列。鞘翅后方不呈斜面。第 2 腹板前半部中央有

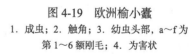

图 4-19　欧洲榆小蠹

1. 成虫；2. 触角；3. 幼虫头部，a～f 为第 1～6 额刚毛；4. 为害状

向后突起的圆柱形的粗直大瘤突。雄虫从第 2 腹节起，腹部向鞘翅末端水平延伸，第 2～4 腹节侧缘有 1 列齿瘤，雌虫与雄虫基本相同。但雌虫第 2～4 腹板后缘的刺瘤突较小，第 3、4 腹板后缘中间光平无瘤。前足胫节无端齿，中、后足胫节各有一个端齿。

扩展阅读 4-51

（2）卵　白色，近球形。

（3）幼虫　老熟幼虫体长 5～6mm，体弯曲、多皱、无足。具 6 对额刚毛，第 2、3、6 额刚毛不排列在一横线上，第 2、4 额刚毛几乎排列成一直线。上唇毛 5 对，侧方的 3 对排

列成三角形，前方具中毛 2 对。

（4）蛹　翅芽弯曲位于腹部之外，体色由白至黑，随蛹期时间增加而颜色加深。

4. 发生规律

一年发生 1～3 代。以幼虫、少数以成虫或蛹在被害坑道内越冬。成虫约在 5 月羽化，第一代成虫飞行期可持续 40～50d，最长能飞行 5km。每头雌虫可产卵 35～140 粒；在相对湿度 75% 和 27℃的恒温条件下，卵孵化需 6d，幼虫期为 27～29d，蛹期为 7d。越冬后第一代成虫为害健康的树干和枝条，在树皮下构筑坑道，将病菌孢子传入韧皮部。幼虫的子坑道由母坑道始发，呈辐射状。幼虫老熟后在子坑道末端化蛹，成虫在蛹室内羽化后稍停留一段时间咬孔外出，羽化孔为圆形，直径约 2mm。该虫有滞育性，20% 的第一代种群和 85% 的第二代种群发生滞育。

5. 传播途径

随该虫的寄主木材及包装材进行远距离传播。近距离扩散靠成虫飞行、迁移。

6. 检疫方法

对来自疫区的榆木及其制品、包装物进行严格检疫。在现场检疫时，仔细检查该批货物及其包装铺垫材料是否带有树皮，树皮上是否有虫孔、虫粪、活虫、虫残体等，如发现可疑情况，则应剥皮检查，详细记录所观察的症状，将查到的虫体送到实验室镜检、鉴定核准。

我国最早于 1974 年在青岛口岸从圭亚那进境的木材中截获该虫；1996 年在上海口岸，从伊朗进境的榆木包装中截获该虫。

7. 检疫处理与防治方法

如货物带有该虫，应退货或销毁该批货物，或用溴甲烷或硫酰氟熏蒸，使用剂量为在 15℃以上，溴甲烷 33g/m^3、24h，或硫酰氟 64g/m^3、24h。

三、美洲榆小蠹

1. 名称及分类地位

学名：*Hylurgopinus rufipes*（Eichhoff）。

英文名：native elm bark beetle。

分类地位：鞘翅目（Coleoptera）小蠹科（Scolytidae）。

检疫害虫类别：进境植物检疫性害虫。

2. 分布与为害

美洲榆小蠹分布于加拿大（曼尼托巴省、新不伦瑞克省、安大略省、魁北克省、萨斯喀彻温省）、美国（亚拉巴马州、康涅狄格州、特拉华州、印第安纳州、肯塔基州、堪萨斯州、缅因州、明尼苏达州、密西西比州、马里兰州、马萨诸塞州、新罕布什尔州、新泽西州、纽约州、北达科他州、威斯康星州、北卡罗来纳州、俄亥俄州、宾夕法尼亚州、罗得岛州、田纳西州、弗吉尼亚州、佛蒙特州、西弗吉尼亚州等）。

寄主植物有榆属（*Ulmus* spp.）、梣属（*Fraxinus* spp.）、李属（*Prunus* spp.）、椴属（*Tilia* spp.）。

美洲榆小蠹是荷兰榆枯萎病菌（*Ophiostoma ulmi*）的重要媒介。它在蛀食病树时，体内外带有病原孢子，当再蛀食健康树时就把孢子传给健康树，使其致病，美国每年因榆枯萎病而死亡的榆树近万株。无此病原时，美洲榆小蠹的危害性不大，因为其主要蛀食生长衰弱或已死亡的榆树。

3. 形态特征

美洲榆小蠹的形态特征具体见图 4-20。

（1）成虫 体长 2.2～2.5mm，体长为体宽的 2.3 倍。暗褐色，全身被粗壮短毛。头向下，一部分缩进前胸，背面观只能见头的小部分。额顶凸出，口上片突起上方具微弱横刻痕。除缩进前胸背板的部分外，背区、侧区均具精细而不规则的刻点。复眼椭圆形至长卵圆形，顶部稍宽。无单眼，触角柄节基部稍扭曲，鞭节 7 节，第 1 节最长，触角锤部微扁。前胸背板上具稠密刻点，表面平滑具光泽。鞘翅长为宽的 1.5 倍，为前胸背板长的 2 倍。每一

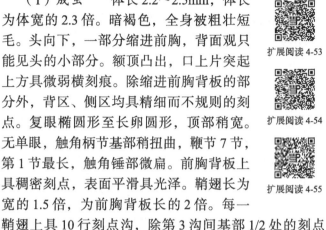
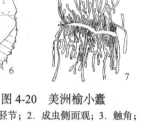

图 4-20 美洲榆小蠹

1. 前足胫节；2. 成虫侧面观；3. 触角；
4. 卵；5. 幼虫；6. 蛹；7. 坑道

（1～6. Kaston, 1936; 7. Beeker, 1933）

鞘翅上具 10 行刻点沟，除第 3 沟间基部 1/2 处的刻点有些愈合外，均呈单纵列。前足胫节前方有长跗节槽，中、后足胫节后方有一槽。胫节顶端有一特殊的隆起，前足胫节较长，在顶端有 1 距。胫节末端和侧缘延伸形成若干缘齿。

（2）卵 长椭圆形，珍珠白色，长约 0.7mm，宽约 0.4mm。

（3）幼虫 老熟幼虫体长 0.4～4.0mm，乳白色，头部黄色至褐色，无足，体皱，弯曲，近圆柱状。

（4）蛹 长约 3.3mm（包括臀刺），最宽处约 1.5mm，全身体表被有刚毛。

4. 发生规律

以成虫和幼虫在坑道内越冬。当温度在 20℃以上时，越冬成虫于次年 4 月底至 5 月初离开冬眠坑道外出活动。先飞向活榆树，在树皮上取食一段时间后转移到已死但未干枯或濒死的直径为 5～10cm 的树枝上。侵入孔在树皮鳞片下或裂缝中，直接蛀入形成层中。典型的子坑道为二分叉型，从母坑道向两边横向延伸，母坑道可在树皮内或稍触及边材，长约 3.55cm。卵产在母坑道两边，每头雌虫每天平均产卵 3 或 4 粒，一个季度只产一批卵。在 25℃时，卵历期 5～6d，孵化后的幼虫从母坑道两边呈直角方向钻蛀取食形成子坑道。在夏季，幼虫期平均为 40～50d，幼虫有 5 或 6 个龄期。幼虫老熟后在子坑道末端筑一蛹室化蛹。蛹期为 8～12d。通常 7 月中旬后羽化成虫，羽化高峰在 8 月中旬。成虫羽化后，以生长旺盛的榆树嫩枝为食。成虫羽化后 24h 内即可交配产卵。

5. 传播途径

主要靠带树皮的榆属木材传播，近距离传播主要靠成虫的迁飞扩散。

6. 检疫方法

对来自疫区的榆属木材，仔细检查所有原木表皮部分有无虫孔和蛀木屑，进而剥皮检查有无成虫、卵、幼虫和蛹，并做好为害症状的记载，把查获的虫体送实验室内进一步鉴定。

我国目前尚无截获记录。

7. 检疫处理与防治方法

（1）检疫处理　　如经鉴定，确认为美洲榆小蠹，则要剥皮集中烧毁，或用化学药剂熏蒸处理；如数量不大，可考虑用高温干燥处理（参考欧洲榆小蠹的检疫处理方法）。

（2）防治方法　　在疫区，清除长势弱和已死亡的榆树病株和原木并烧毁，消灭其内部的幼虫、蛹或成虫；修剪受侵染的枝条也可以消除榆枯萎病病原。另外，在雌成虫羽化前，用装有引诱剂的铒木放在榆属树种林中，可诱杀大部分成虫，从而降低榆枯萎病的危害程度。

四、山松大小蠹

1. 名称及检疫类别

学名：*Dendroctonus ponderosae* Hopkins。

英文名：mountain pine beetle，black hills beetle。

分类地位：鞘翅目（Coleoptera）小蠹科（Scolytidae）。

检疫害虫类别：进境植物检疫性害虫。

2. 分布与为害

山松大小蠹分布于北美西海岸，洛基山脉及其以西地区，北自加拿大的不列颠哥伦比亚，南至美国加利福尼亚州。

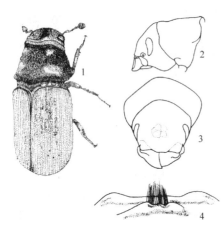

图 4-21　山松大小蠹（殷惠芬等，1984）
1. 成虫；2. 雌虫前胸背板侧面；3. 雄虫额面；
4. 口上片与口上突

为害北美山松大小蠹分布区之内的大多数松属树种。

在大发生年份，其是松属树种中为害严重的害虫种类，历史记录 1895 年大发生时造成木材损失量达 350 多万立方米。

3. 形态特征

山松大小蠹的形态特征具体见图 4-21。

（1）成虫　　体长 3.5～6.8mm，体长为体宽的 2.2 倍。褐色至黑褐色。额中部适度凸起，额突成一整块。口上突基部宽阔，基缘不显，常为若干小段。侧缘较横直，光滑凸瘤并列于口上突的两侧；额毛短而劲直，不甚明显。前胸背板长小于宽，长度为宽度的 0.66 倍；背板上刻点圆形，略深，分布稠密，绒毛也像刻点一样稠密，紧贴体表，有长有短，因部位而异。鞘翅长度为两鞘翅合宽的 1.5 倍，并为前胸背板长度的 2.25 倍；刻点沟中刻点圆大；沟间部宽阔而略隆起，其表面坎坷不平，有如细碎石块铺砌状态，其表面还有下陷的刻点和凸起的颗粒；鞘翅斜面第 1 沟间部凸起，第 2 沟间部下陷，斜面上的刻点沟狭窄而深陷，其中第 2 和第 3 间缝的外侧弓曲；鞘翅面上的绒毛刚直松散，长短不一。

（2）卵　　白色、长球形。

（3）幼虫　　乳白色，无足。额中部有一粗阔的横向突起，位于额中部之后，而在走向两侧靠近额缝时变高变宽。胸节的腹突上有明显的足垫。

（4）蛹　　额部和中足腿节各有 1 小端刺；腹部各节背刺和侧刺分布如下：第 1 节完全无刺；第 2、3 节各有 1 对背刺和 1 对侧刺；

扩展阅读 4-58

扩展阅读 4-59

扩展阅读 4-60

扩展阅读 4-61

第 4、5 节各有 1 对背刺、3 对侧刺；第 6 节有 1 对背刺、1 对侧刺；第 7 节只有 1 对背刺；第 8 节无刺；第 9 节有 1 对长而明显的侧刺。

4. 发生规律

一年发生 1 代，以 2～3 龄幼虫在坑道内越冬。成虫活动期在 7 月中旬至 8 月下旬，卵期为 7～10d，幼虫期约 300d，蛹期为 14～28d。雌成虫自树皮缝隙中侵入树株，侵入后坑道先倾斜而后向上，长 3～5cm，可作为交配室，然后再沿形成层直向树株上方蛀食，母坑道的长短变化很大，一般在 30～50cm。当雌成虫进入树株形成层处，树株开始分泌松脂，此时雄成虫也接踵而至，雌雄各一配对，交配后雌虫修筑坑道，雄虫排除蛀木屑，在母坑道修筑完成，雄虫便将侵入孔用木屑堵住，以后它将离开坑道另寻其他坑道与其中的雌虫交配，并协助筑坑排屑。卵产于母坑道两侧的龛中，卵龛浅而窄小。子坑道自母坑道一侧垂直伸出，长 1～2cm，起初狭窄，后骤然扩大呈不规则形，幼虫最后 2～3 龄的发育、化蛹、羽化为成虫都在此处进行。

在平常年份，山松大小蠹喜为害某一松树的过熟林木、倾斜树、倒株，甚至采伐后的树干；而在大发生年份则喜为害健旺的树株，凡是松属树种无一幸免。成虫侵入活动时期，在平常年份将持续 3～5 周，而在大发生年份 3～4d 即可完成。

5. 传播途径

靠已蛀木材远途运输传播，近距离以成虫扩散传播。

扩展阅读 4-62

6. 检疫方法

对来自疫区的松属原木，剥开树皮，在树皮内方、边材上检查有无虫体，并通过镜检鉴定是否为山松大小蠹，并结合坑道的形状，一并分析、核定。

目前我国尚无截获山松大小蠹的记录。

7. 检疫处理与防治方法

（1）检疫处理 进境时，如发现疫区原木带有山松大小蠹，应立即将全部原木剥皮就地烧毁，剥皮后的木材用溴甲烷或硫酰氟熏蒸，在 15℃以上，使用溴甲烷 $32g/m^3$、熏蒸 24h，或使用硫酰氟 $68g/m^3$、熏蒸 24h；也可将剥皮木材用水浸泡 1 个月以上进行灭虫处理。

（2）防治方法 在疫区应随时清除衰弱木、倒木、病木，保持松属树种林区林地卫生，压低其种群数量，控制该虫的危害。

五、红脂大小蠹

1. 名称及检疫类别

别名：强大小蠹。

学名：*Dendroctonus valens* LeConte。

英文名：red turpentine beetle。

分类地位：鞘翅目（Coleoptera）小蠹科（Scolytidae）。

检疫害虫类别：进境植物检疫性害虫，全国林业检疫性害虫。

2. 分布与为害

红脂大小蠹在新北区有着广泛的分布，在美洲从北纬 15°～北纬 55° 的洪都拉斯，墨西哥到美国的阿拉斯加州及加拿大都有分布。1998 年在山西沁水、阳城油松林内首次发现，该虫扩散蔓延迅速，灾情很快波及周边的河北省、河南省和陕西省，对华北地区林业生态建设工程构成严重威胁。我国在山西境内北纬 35°12′～北纬 39°16′、海拔 600～2000m 的太行山、吕梁山、中条山油松林内有分布。并波及太行山东坡、中条山北坡及山西省西南部黄河沿岸的河北省、河南省、陕西省与山西省接壤的部分地区。

该虫在北美几乎危害松属（*Pinus*）、云杉属（*Picea*）的所有树种，偶尔危害落叶松属（*Larix*）、冷杉属（*Abies*）的树种。在我国山西危害油松（*P. tabulaeformis*）、白皮松（*P. bungeana*），偶见侵害华山松（*P. armandii*）、云杉（*Picea meyeri*），但未发现其定居及繁殖。

3. 形态特征

（1）成虫　红脂大小蠹是大小蠹属中个体最大的一种。体长 6.5～9.5mm，体长为体宽的 2.2 倍。成虫呈红褐色，头部额面具不规则小隆起，额区具稀疏黄色毛，头盖缝明显。口上缘片中部凹陷，口上突阔明显隆起，口上突两侧臂圆鼓凸起，在口上缘片中部凹陷处着生黄色刷状毛（图 4-22）。头顶无颗粒状突起，具稀疏刻点。前胸背板的长宽比为 0.7∶1，前胸前缘中央稍呈弧形向内凹陷，并密生细短毛，近前缘处缢缩明显，前胸背板及侧区密布浅刻点，并具黄色毛。鞘翅长宽比为 1.5∶1，与前胸背板的长宽比为 2.2∶1。鞘翅基缘有明显的锯齿突起 12 个左右，鞘翅上具 8 条稍内陷而明显的刻点沟，刻点沟由圆形或卵圆形刻点组成，鞘翅斜面第 1 沟间部基本不凸起，第 2 沟间部不变狭窄也不凹陷。红脂大小蠹与近似种成虫形态比较见表 4-7。

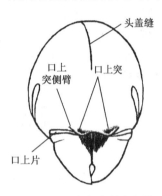

标注：头盖缝、口上突侧臂、口上突、口上片

图 4-22　红脂大小蠹成虫前额特征（殷惠芬，2000）

扩展阅读 4-63

扩展阅读 4-64

扩展阅读 4-65

扩展阅读 4-66

扩展阅读 4-67

扩展阅读 4-68

表 4-7　红脂大小蠹、华山松大小蠹和云杉大小蠹成虫的形态比较

形态特征	红脂大小蠹	华山松大小蠹	云杉大小蠹
体长 /mm	6.5～9.5	4.5～6.5	5.7～7.0
体色	红褐色	黑褐色	黑褐色或黑色
头部	额面不规则隆起，复眼下方至口上片之间有一对侧隆突，口上片边缘隆起，表面平滑有光泽，具稠密黄色毛刷	额表面粗糙，呈颗粒状，被有长而竖起的绒毛，粗糙的颗粒汇合成点沟。口上片粗糙，无平滑无点区	额面下部突起，顶部有点状凹陷，口上片中部有平滑光亮区，额毛棕红色
前胸背板	前胸背板两侧弱弓形，基部 2/3 近平行，前缘后方中度缢缩，表面平滑有光泽，刻点非常稠密，但后部刻点稀疏或无	前胸背板基部较宽，前端较窄，收缩成缢状，中央有光滑纵线。前缘中央向后凹陷，前缘两侧向前凹入，略呈"S"形	前胸背板两侧自基部向端部急剧收缩，背板底面平滑光亮，具大而圆的刻点，背板的绒毛挺拔有力，毛梢共同指向背板中心
鞘翅	鞘翅两侧直伸，后部阔圆形，基缘弓形，生有 11 或 12 个中等大小的重叠齿	鞘翅基缘有锯齿状突起，两缘平行，背面粗糙，点沟显著，沟间有一列竖立的长绒毛和散生的短绒毛	鞘翅具刻点沟，沟间部隆起，上边的刻点突起成粒。在鞘翅斜面上沟间部较平坦，有一列小颗粒

（2）卵　长 0.9～1.1mm，宽 0.4～0.5mm，圆形，乳白色，有光泽。

（3）幼虫　老熟幼虫平均体长为 11.8mm，体白色，头部淡黄色，口器褐黑色。

（4）蛹　体长 6.4～10.5mm，初为乳白色，渐变为浅黄色、暗红色。

4. 发生规律

（1）世代及越冬　在我国发生区，一般一年 1 代，占 60%～70%，少数三年 2 代。在山西沁源、太岳山海拔 1100～1700m 的林区，以成虫（占 25%）、老熟幼虫（占 52.5%）、3

龄幼虫（占 18.2%）、2 龄幼虫（占 3.5%）及少量蛹（占 0.8%）在树干基部、主根、侧根的韧皮部越冬。随着海拔的升高，以 2～3 龄越冬的个体数逐渐减少。除冬季见不到卵外，全年中各虫态均可见到。

（2）发生及成虫习性　　以成虫越冬的个体于 4 月末开始出孔飞翔，5 月中下旬为飞翔盛期，6 月中旬飞翔结束。成虫产卵期始于 5 月上旬，6 月中下旬为产卵盛期，初孵幼虫始见于 5 月下旬，6 月中旬为孵化盛期。幼虫历期 75d，7 月下旬开始化蛹，8 月中旬为化蛹盛期，8 月下旬成虫羽化，9 月上旬为羽化盛期。此阶段，新羽化成虫除小部分在适合的条件下扬飞侵袭新的寄主树，大部分在树皮或根皮直接进入越冬阶段。越冬的老熟幼虫化蛹始见于 5 月中旬，6 月中下旬为化蛹盛期，6 月中下旬成虫开始羽化，7 月上旬为羽化盛期。以 2～3 龄越冬的幼虫，由于地表下的温度低，化蛹、羽化推迟到 9～10 月，到 10 月仍可见新羽化成虫扬飞。初羽化成虫由于体弱，易受伤害，故在出孔扬飞前有 10～20d 的成熟期。随后 7 月上中旬开始产卵，8 月中旬为盛期，至 9 月下旬仍可见到产卵成虫。卵于 7 月下旬开始孵化，8 月中旬为盛期，最终大部分又以老熟幼虫和 2～3 龄幼虫越冬，一小部分在条件适合的情况下化蛹、羽化为成虫越冬。

红脂大小蠹成虫雌雄性比为 1：1.02。新羽化的成虫并不马上出孔，有 20d 左右的成熟期。羽化孔为 3.04～4.04mm，羽化出孔时间一般集中在 10～16h。成虫羽化后自羽化孔群集出孔扬飞，寻找合适的寄主。一般自成虫扬飞至找到合适寄主的间隔期最长可达 10d。红脂大小蠹属单配偶一雌一雄制家族类型。雌成虫首先寻找寄主，蛀孔侵入，侵入孔直径为 5.0～6.0mm，圆形。最初侵入树体的先锋个体，往往并不能侵入成功。这些先锋个体不是另寻其他寄主，就是被流出的松脂浸泡致死，但它们所释放的信息素，在随后的几天至十几天内不断诱来新个体入侵，形成群集为害。在蛀入树皮阶段，释放信息素，引诱雄虫进入，虫道内一般是一雌一雄，有少数一雌二雄现象。雌虫在前蛀食，雄虫在后面排除蛀屑和松脂，以保持空气流通。每株受害树上一般有 3～5 个蛀入孔，多的可达 40 个以上。成虫侵害一般从距地面 1m 以下的树干或裸露的根部蛀入，大多集中在 40cm 以下。随着气候转冷，温度下降，侵入孔也逐渐降低。蛀入孔逐渐降低的特性有利于越冬的成、幼虫在冬前蛀食到地下。

成虫侵入树干时，从蛀入孔流出大量松脂，形成漏斗状凝脂，凝脂大小一般为 2.0～6.0cm。初流出的凝脂为红棕色，随着时间的延长颜色逐渐变浅，最后变为灰白色，在漏斗状凝脂中央保留有明显的侵入孔而未被凝脂完全堵塞。健康树木松脂的流出，对成虫的入侵具有抗御作用，有些成虫被黏着或包被致死，有些成虫从入侵孔退出，飞往别的松树。但这些成虫入侵时已将其携带的共生真菌接种在寄主上，使寄主的抗性降低。受害树挥发性萜类化合物含量的明显提高，起着"初级引诱"作用，为后继者继续入侵指示了线索，扬飞的成虫定向飞往这些寄主并侵入，最后导致红脂大小蠹集中群居危害，并吸引其他成虫定向飞往这个寄主群体入侵为害。使被害寄主在两年内死亡，其子代从"中心树"向周围扩散危害，呈现出寄主树由单株死亡→小块状几株死亡→大块状几十株死亡的现象。死亡植株逐年增多，从而形成大片健康油松的死亡。

在树干不同的部位和方位，成虫蛀入孔有所不同，成虫侵入部位一般在距根基以上 1m 左右的主干上，但常见于近地表处。树干基部高 40cm 以下侵入孔较多，40cm 以上侵入孔逐渐减少，侵入孔分布高度最高可达 2m，但分布极少。成虫侵入后，先向上蛀入一段距离（5.0～7.0cm），以阻断流脂，随后拐弯向下沿树干纵向蛀食。母坑道随后向根部延伸并进入根部，母坑道长 30.0～65.0cm，宽 1.5～2.0cm，坑道内充满棕红色粒状虫粪及木屑混合物。坑道的长短依侵入的时期和该树的健康状况而异。在气候适宜、树木长势良好的情况下，蛀道较长，最长可达35cm；而在气候转冷、树木长势弱的情况下，蛀道短，仅4.0～5.0cm。蛀道一般有上下2个或2个以上虫孔，后蛀的下孔主要用于排出松脂和木屑，以保持空气流通及雄成虫的出孔扬飞。新羽化的成虫从地表层下的蛀道内爬行至地表层上蛀多个羽化孔扬飞，多为群集扬飞。侵入孔的分布方位以西、北方较多，是东、南方的2～3倍。挖根调查发现，地下主侧根50～60cm深，距树干2m远处尚有各种虫态，地面有成虫的羽化孔。

该虫的侵害为其他小蠹虫、吉丁虫、天牛和象甲等的侵害创造了有利条件，导致这些害虫的次生为害，加快了寄主的衰弱和死亡。成虫除本身钻蛀造成危害外，其携带的共生致病蓝变真菌的侵染也破坏了寄主的泌脂细胞与树脂道，使寄主丧失生理流脂的抗性，同时对韧皮部活组织进行致病感染，终止其细胞继续分裂增长，失去寄主对子代的机械抗性，而且食料的分解、转化有利于幼虫的生长发育，幼虫在取食活动中同样携带蓝变真菌，加速其致病菌蔓延发展。在我国山西，红脂大小蠹也携带多种真菌。

红脂大小蠹无趋光性及其他趋性，仅对植物或其本身释放的信息素敏感。成虫可向上飞行垂直250m的高度，向下飞行垂直200m左右的距离。成虫扬飞时，一般在空旷的地方，向上盘旋飞至6～10m后找寻方向飞去，且成虫可逆风飞行。红脂大小蠹迁飞距离在20km左右，飞迁力极强，与国外报道的16km基本一致。7～9月，越冬代成虫与越冬代幼虫羽化的成虫有同时扬飞的现象，世代重叠严重，不易区分，这也说明红脂大小蠹同时存在一年1代和两年3代的情况。全年的成虫扬飞诱捕和罩伐桩成虫调查也说明了上述结果。

诱捕器所诱红脂大小蠹成虫的全年扬飞，5月中旬为一明显的高峰期，随后7月中旬至8月上旬有3个高峰及8月下旬到9月初又有一小高峰。5月中旬的高峰期短，成虫数量大，该峰与后面的高峰期时间间隔长，主要是因为这一高峰期为越冬成虫的扬飞，并在条件适合的情况下群集扬飞，且多集中在几天内。而7～9月的扬飞高峰期则延续时间长，连续有多个小高峰，这主要是由越冬幼虫化蛹、羽化的时期不一致所致。从气候条件来看，自进入7月，天气状况变化无常，阴雨天气频繁，气温变化较大，造成昆虫发育不整齐；再者有可能由于红脂大小蠹种内个体基因型的差异，姊妹世代重叠，造成扬飞时期的不整齐。

成虫经取食补充营养后，所蛀坑道已不再流松脂，在雌虫抵达形成层时，形成交配室进行交配，交配时间为1～4min。一般雌雄成虫交配一次或多次，雄虫交尾后多离去，而雌虫边蛀食边产卵。卵产在母坑道的一侧或两侧，卵包埋在疏松的棕红色虫粪中，散乱或成层排列。每雌产卵量一般为60～157粒，最少35粒，最多223粒。卵期为10～15d。

（3）幼虫习性　　幼虫不筑独立的子坑道，群集从母坑道处向周围扩散取食，在干部及主根较粗的部位，形成扇形共同坑道。在较细的侧根部位则环食韧皮部，甚至距树根基3.5m、直径1.5cm的侧根及二级侧根上还有幼虫取食危害，将侧根韧皮部取食殆尽，仅留表皮。幼虫沿主坑道向四周蛀食韧皮部、形成层，致使形成层输导组织切断，树木衰弱直至死亡。这些部位处在不同的土壤深度，最深处距地表0.7m，因土壤中温、湿度的梯度差异，其发育历期相应不同。并且虫态、虫龄随着其距地表深度的差别，明显呈现出从低龄到高龄，从幼虫到成虫的阶梯性分布。幼虫共有4龄，完成发育需60～75d。老熟幼虫在树皮与边材之间蛀成肾形或椭圆形的充满木屑的蛹室，侧根的蛹室主要在木质部，树干的蛹室主要在树皮部分，在木质部边材上有浅刻窝。蛹期7～10d。

红脂大小蠹目前在我国仅危害油松、白皮松、华山松和云杉等，在环境条件适合的情况下，才可能暴发成灾，成为危险性害虫。我国北部近几年的"暖冬"气候及夏季的持续干旱少雨，以及其他小蠹虫和食叶害虫的先期侵害，导致树势衰弱，死亡木、濒死木甚多，且许多林地多为油松纯林，7月的间伐留下了大量伐桩，这些为红脂大小蠹的扬飞扩散准备了外部环境条件。油松树势衰弱或受到伤害后，流出的松脂中具有挥发性化合物，是诱集成虫群集扬飞的直接原因。红脂大小蠹的发生危害在不同林分结构、不同郁闭度、不同坡向、不同坡位、不同结构及卫生状况的林分，差异较大。

1）林分结构。在红脂大小蠹发生区，纯林的有虫株率为43.0%，混交林的有虫株率为22.6%，前者是后者的1.9倍。纯林的株平均侵入孔数为7.88个，是混交林的1.97倍。在所发生的各林场，许多混交林的虫口密度很低，有虫不成灾。成灾的林分都是纯林，其中过熟林和成熟林最重，近熟林次之，中幼林最轻。

2）郁闭度。红脂大小蠹属喜光性害虫，因此林分郁闭度的大小与该虫危害程度呈负相关。郁闭度超过0.7以上、林相整齐生长旺盛的林分，受害很轻或不受害。郁闭度为0.3或0.4时受害最为严重。

3）坡向、坡位。同一地域阳坡重于阴坡，南坡受害率较高，达58%，东、西、北坡分别为27.1%、26.4%和19.6%；同一坡向，相同的郁闭度，坡下重于坡上。尤其是坡下林缘木、人为损伤的树木，有虫株率比坡上高出6%～10%，平均虫口密度高出0.8～1.1头。成虫侵入孔的方位，北部最多，平均为2.13个，东部最少，平均为0.93个。

（4）寄主生理状况　红脂大小蠹属初期性害虫，主要为害30年生以上或胸径10cm以上的健康油松树，以及新鲜伐桩。当数量较少时，主要危害新伐桩、新伐倒木、过火木，一旦数量较大，能迅速入侵胸径≥10cm，树龄在20年以上的健康木。这是由于伐桩、伐倒木、过火木，一方面从伤口流出大量的松脂，其中挥发性萜烯类化学物质对成虫具有极强的引诱力；另一方面这些林木的抗性大大减低，因此被首选入侵定居、繁殖。当种群密度增大生存空间拥挤时，就大量侵入萜烯类化学物质分泌旺盛的健康木。

（5）天敌　红脂大小蠹发生树干部的天敌种类较多，根部天敌极少。目前发现的捕食性天敌有大斑啄木鸟（*Dendrocopos major*）、大唼蜡甲（*Rhizophagus grandis*）、郭公虫（*Thansimus* spp.）、蠼螋（*Labidura* spp.）、隐翅虫（*Paederus* spp.）、阎甲（*Plgadeus* spp.）、扁谷盗（*Cryptolestes* spp.）、蛇蛉（*Raphidia* spp.）、坚甲（*Deretaphrus* spp.）、红蚂蚁（*Formica* spp.）。病原微生物有白僵菌（*Beauveria* spp.）、绿僵菌（*Metarrhizium* spp.）。

5. 传播途径

随该虫的寄主木材及包装材进行远距离传播。近距离扩散靠成虫飞行、迁移。

6. 检疫方法

对国外进口的和疫区的木材、苗木、木竹藤料、制品和包装铺垫材料，尤其是该虫的寄主植物，要特别注意检查。在现场普遍采用的方法有：①看是否有蛀孔、漏斗状凝脂及蛀屑，根据孔的大小、凝脂的色泽和蛀屑的新鲜与否判断害虫的位置，并进行剥查，看有无成虫、卵、幼虫或蛹；②敲击可疑木材，听是否有空心感，如发现声音异常，则进行剥查；③详细记载观察到的现场症状，并将查获的虫体送实验室鉴定、核准。

扩展阅读4-69

7. 检疫处理与防治方法

（1）检疫处理　如发现疫情，应做消毒处理。消毒处理有药剂熏蒸、高温干燥灭虫等方法。药剂熏蒸可采用库房熏蒸、帐幕熏蒸的方法。气温超过20℃时，用药剂量和处理时间为，溴甲烷80g/m³，6h或30～40g/m³，24h；磷化铝20g/m³，72h。运载的轮船、火车皮、汽车等也要及时检查并熏蒸处理，对包装材料，应就地烧毁。

（2）防治方法

1）药剂防治。主要是在成虫羽化出孔前，用0.08mm厚的塑料薄膜在树干基部包塑料裙，虫孔内投3～5片（3.2g/片）磷化铝片或规格为0.5g的磷化铝毒丸密闭熏杀；或虫孔注射敌敌畏、氧化乐果原液；成虫羽化期可超低量喷洒75%马拉硫磷油剂防治；砍伐受害的濒死、枯死树，而后采用磷化铝片密闭熏杀、虫孔塞磷化铝毒丸，防效均可达95%以上，能有效控制红脂大小蠹的种群数量。在用磷化铝片密闭熏杀后，要及时去除塑料薄膜，以避免对树干的伤害。

2）地面的防治也很重要。方法是在树冠下主侧根的方位，距树干约50cm处，用铁钎打约15cm深的孔，每孔投入1～2片磷化铝片，然后用土填实。每株树打3或4个孔，上面覆盖塑料薄膜，周围用土压住。或在地面撒毒土，上面覆盖塑料薄膜，周围用土压住。对伐根的处理用同样的方法。只有树干和地面全面防治才能比较彻底地消灭虫源。对于伐除的带虫木，应及时运出林地，剥皮后用磷化铝片熏蒸，避免虫源的扩散。

3）加强营林措施，注重适地适树。在造林设计和更新改造时进行科学合理的规划，大力营造混交林、复层林。特别是重点工程造林项目，对混交林的比例要做出硬性规定，否则不予审批立项和投资。要及时清理林内的衰弱木、濒死木，疏伐过密林分，在采伐树木时，尽量避免伤害周围健康树木，保持林内良好的卫生状况。

4）利用植物引诱剂。美国已使用源于植物的化学或半化学物质合成的植物引诱剂（主要成分是α-蒎烯和β-蒎烯，已有成型产品）监测和诱杀大小蠹。不同的成分及不同的混合比例，对各种大小蠹的引诱作用是不同的。试验证明，β-蒎烯对红脂大小蠹的引诱作用强一些。山西省森防站从美国购买了这种引诱剂在榆次、沁源等地试验，对红脂大小蠹的引诱效果较好。另外，马鞭草烯酮与3-蒈烯体积比为0.5∶100时，马鞭草烯酮能显著提高3-蒈烯对红脂大小蠹的引诱作用，诱捕量增加88.6%±39.2%。

5）砍伐清理受害的枯死木和濒死木。这是降低虫口密度、减轻林分受害非常有效的方法，砍伐的时间应在树木休眠期和成虫羽化前。由于此时红脂大小蠹大部分集中于树干，特别是集中在伐桩的主根和主侧根内，因此处理砍伐下的木材和伐桩就成为控制红脂大小蠹的关键所在。砍伐下的木材一定要运出林地后再进行剥皮或药物熏蒸处理。伐桩采用投放磷化铝塑料薄膜覆盖熏蒸，或用毒土覆盖。

6）饵木法防治。根据红脂大小蠹喜食新鲜伐桩的特性，在红脂大小蠹发生区，尤其是轻灾区，每1～2hm²林地，砍伐1或2株健康的油松树，砍伐时伐根高度留足20～30cm，引诱红脂大小蠹侵染，集中消灭。还可在砍伐受害树时留下1或2株枯死树，以招引啄木鸟等天敌。

7）天敌控制。这是长期控制红脂大小蠹的最终途径，目前国际上应用天敌控制大小蠹比较成功的是比利时，它们利用大唼蜡甲（*Rhizophagus grandis*）防治云杉大小蠹，取得了非常好的效果。中国林科院森林保护所已经从国外引进了大唼蜡甲，并在室内繁育成功。在调查中发现扁谷盗、阎甲、郭公虫、隐翅虫、螳螂和红蚂蚁有捕食红脂大小蠹的习性，要保护和利用这些天敌资源种类，并开展人工饲养和野外释放试验，以达到长期控制红脂大小蠹的目的。

扩展阅读4-70

第四节　检疫性天牛类

天牛隶属于鞘翅目（Coleoptera）多食亚目（Polyphage）叶甲总科（Chrysomeloidea）天

牛科（Cerambycidae）。中至大型。触角着生在额瘤上，常 11 节，长于体或较短，能向后置于背上；复眼肾形并包围触角基部；前胸背板侧缘有侧刺突；鞘翅端缘圆形或凹切；足的胫节有 2 个端距，跗节假 4 节（隐 5 节），爪简单；腹部可见 5 或 6 节；中胸常有发音器。

天牛科昆虫是鞘翅目中很大的一个类群，全世界约 2.5 万种，中国记录已超过 2200 种，常见的有橘褐天牛（*Nadezhdiella cantori* Hope）、星天牛（*Anoplophora chinensis* Forster）、麻天牛（*Thyestilla gebleri* Fald.）、云斑天牛（*Batocera lineolata* Chevrolat）等。

天牛是钻蛀性害虫，可危害林、果、桑、茶、棉、麻、药材、花卉、瓜蔓、竹、木建筑材料、家具及商品包装等。天牛对植物的为害以幼虫期最严重，幼虫可蛀食树干、枝条及根部等，少数危害草本植物。成虫由于产卵及取食枝叶，有时也能造成一定的损失，但一般不严重。幼虫的蛀食常常阻碍树木的正常生长，严重时导致树木迅速枯萎死亡。成虫和幼虫有时还能侵害金属物质。寄生有天牛的木材制成木器后，天牛可以外出为害杂物，引起再次传染。

天牛科昆虫中很多是农林作物的主要害虫。杨黄斑星天牛（*Anolophora nobilis* Ganglbauer）是杨属林木的严重害虫，箭杆杨、大官杨、欧美杨、小叶杨等的受害率常达 94%～100%。粗鞘双条杉天牛（*Semanotus sinoauster* Gressitt）是危害杉木林的害虫。光肩星天牛（*Anoplophora glabripennis* Motschusky）对杨、柳、榆、槭等林木危害严重，受害株率可达 70%～100%。云斑天牛（*Batocera lineolata* Chevrolat）是杨树和核桃的重要害虫，老树受害更为严重。另外。青杨天牛（*Saperda populnea* L.）、橙斑白条天牛（*Batocera davidis* Deyrolle）、蔗根土天牛（*Dorysthenes granulosus* Thomson）等都是重要的危害农林作物的害虫。

有些天牛种类严重危害房屋、建筑、家具。凿点天牛（*Stromatium longicorne* Newman）和家茸天牛（*Trichoferus campestris* Faldermann）都可对家具、房屋、仓库等造成严重危害。

近年来，随着国际贸易来往的增多，一些我国本来没有的检疫性天牛传入国内，如意大利、德国的落叶松断眼天牛（*Tetropium gabrieli* Weise）、西班牙的辐射松梗天牛（*Arhopalus syriacus* Reitter）、南美的螳足天牛（*Acrocinus longimanus* L.）、马来西亚的切缘裂眼天牛（*Dialeges pauper* Pascoe）、榕八星天牛（*Batocera rubus* L.）等，使天牛类害虫的防治及检疫工作更加迫切。

主要危险性及检疫性天牛有：白带长角天牛［*Acanthocinus carinulatus*（Gebler）］、辐射松幽天牛（*Arhopalus syriacus* Reitter）、白条天牛（非中国种）（*Batocera* spp.）、刺角沟额天牛［*Hoplocerambyx spinicornis*（Newman）］、家天牛［*Hylotrupes bajulus*（L.）］、墨天牛（非中国种）（*Monochamus* spp.）、楔天牛（非中国种）（*Saperda* spp.）、断眼天牛（非中国种）（*Tetropium* spp.）、暗天牛属（*Vesperus* Latreile）、锈色粒肩天牛［*Apriona swainsoni*（Hope）］、双条杉天牛［*Semanotus bifasciatus*（Motschulsky）］、黑腹尼虎天牛［*Neoclytus acuminatus*（Fabricius）］、按天牛［*Phoracantha semipunctata*（Fabricius）］、青杨脊虎天牛（*Xylotrechus rusticus* L.）等。

一、白带长角天牛

1. 名称与检疫类别

学名：*Acanthocinus carinulatus*（Gebler）。

分类地位：鞘翅目（Coleoptera）天牛科（Cerambycidae）。

检疫害虫类别：进境植物检疫性害虫。

图 4-23　白带长角天牛

扩展阅读 4-71

扩展阅读 4-72

2. 分布与为害

白带长角天牛（图 4-23）在国外分布于日本、欧洲、朝鲜等地，在国内分布于内蒙古北部、黑龙江、吉林、辽宁等地。

主要危害油松、红松、云杉等。以幼虫蛀食寄主的韧皮部造成危害。2002 年在内蒙古阿尔山市落叶松上落叶松毛虫大暴发后，发现大量白带长角天牛侵入危害长势较弱和死亡的落叶松，造成森林资源大量损失，并给当地经济造成严重影响。

3. 形态特征

（1）成虫　　体长 10～14mm，宽 3.5～4.2mm。翅浅黑色或棕红色，白色短体毛形成包含多个白色斑点的白线。翅鞘上的刻点大而稀疏。小盾片半圆形，上下部几乎等宽。前胸背板深棕色，具 6 个黄色圆形斑点，前端 4 个排成一列，另外 2 个排成一列。前额浅黑色或棕红色，复眼黑色，长椭圆形。雄虫体长与触角之比约为 1∶2.5，雌虫为 1∶1.5。触角颜色在深棕色与白色之间改变。腹部黑色，具白色体毛，并分布有黑色圆形斑点。雌虫腹部末端具白色长型产卵器。卵浅黑色或棕红色，后足第 1 跗节的长度约与其余跗节长度之和相等。第 3 跗节爪垫黄色，其他为深棕色。

（2）卵　　狭长，椭圆形，乳白色，透明，长 1.5～1.7mm，宽 0.5～0.7mm。

（3）幼虫　　成熟幼虫体长 10～13mm，前胸宽约 4mm。体扁平，浅黄色。上唇及前胸背板前部具许多黄色刚毛。胸部及腹部具短而细的黄色刚毛。气门卵圆形，气门片棕黄色，肛门三裂。

（4）蛹　　长 10～16mm，体乳白色或浅黄色，触角自胸部至腹部呈椭圆形向后弯曲。将发育成产卵器的部位透明且明显。

4. 发生规律

（1）生活史　　白带长角天牛在内蒙古阿尔山一年发生 1 代，仅危害落叶松的韧皮部。以幼虫在坑道内越冬。翌年 5 月中旬越冬幼虫开始化蛹，5 月下旬进入化蛹盛期，蛹期约 15d。6 月上旬始见成虫，6 月下旬至 7 月下旬为成虫羽化盛期，8 月下旬羽化结束。在有食物的情况下，雌成虫寿命为 5～48d，雄虫寿命为 31～59d，在缺乏营养的情况下，成虫仅能存活 2～6d。成虫 7 月上旬开始产卵，8 月中旬产卵结束。卵于 7 月上旬开始孵化为幼虫，直到 8 月下旬结束，7 月上旬至 8 月上旬为孵化盛期。在气温为 25℃以上时，卵历期 7～11d。受风、雨影响，卵的孵化率较低，仅为 37.8%。幼虫于 9 月上旬开始越冬。

（2）生活习性　　成虫需要补充营养才能达到性成熟。成虫取食寄主新鲜的树皮和嫩枝，约 13d 后开始交配，雌虫在交配后不久即开始产卵。交配一般发生在 8:00～18:00，6 月下旬至 7 月下旬是交配高峰期。成虫一生可进行多次交配，每次交配约持续 18s。交配与产卵行为交替发生。将卵产于寄主树皮裂缝中。每头雌虫产卵 13～45 粒，平均 32 粒。产卵时，产卵器伸长，颜色由黑色变为橘红色。雌虫在每个产卵点所产卵的数量不等，70.5% 的产卵点中有卵 1 粒，6.8% 的可见 3 粒，还有 22.7% 的产卵点中没有卵。初孵幼虫蛀入韧皮部后逐渐形成虫道。虫道大小不等，平均长 11.8cm，宽 1.4cm，被褐色、白色的木屑和虫粪塞满。

5. 传播途径

各虫态主要随感虫木质材料的调运远距离传播。2001 年 4 月江苏昆山检疫局曾从芬兰进口电梯配件的木质包装及集装箱中发现白带长角天牛的活体成虫、蛹和幼虫。

6. 检疫检验方法

在对寄主木材、苗木、木质包装进行现场检疫时，重点检查其周围是否有活虫或死虫，是否有卵槽、入侵孔、羽化孔、虫道。发现羽化孔或蛀屑的木材，借助刀、锯、斧等工具进行剖检。

扩展阅读 4-73

7. 检疫处理与防治技术

（1）检疫处理　严禁未通过检疫的天牛虫害木及制品调运，严禁未经灭虫处理的虫害木运出发生区。一旦发现立即处理，严防向异地扩散。

（2）防治技术

1）加强调运检疫。天牛类的成虫多不善飞翔，主要以各种虫态借助寄主植物的调运作远距离传播。

2）人工防治。白带长角天牛产卵刻槽明显，可用小锤子击杀或用拇指使劲按刻槽，捏破虫卵，或撬开刻槽，掏出虫卵和刚孵化的小幼虫。白带长角天牛在树龄大的死落叶松上发生数量较多，可在这些树上人工捕捉成虫。

3）生物防治。保护和利用天敌。啄木鸟是天牛的有效无敌，可通过人工招引啄木鸟定居，发挥利用啄木鸟的自然控制作用。也可于天牛幼虫期在林间释放管氏肿腿蜂的成蜂，放蜂量与林间天牛幼虫数比例为 3∶1。该蜂为外寄生种类，林间释放后可自行繁殖，持续防治效果良好。

4）化学防治。用化学药剂喷涂枝干，对在韧皮部危害尚未进入木质部的幼龄幼虫防效显著。常用药剂有 40% 乐果乳油、20% 益果乳油、20% 蔬果磷乳油、50% 辛硫磷乳油、40% 氧化乐果乳油、50% 来螟松乳油、90% 敌百虫晶体 100～200 倍；施用时加入少量煤油、食盐或醋效果更好。成虫出孔盛期，可用 2.5% 溴氰菊酯或三氟氯氰菊 800～1000 倍，10% 吡虫啉悬浮剂 5000 倍，喷施树干或诱饵树干，或将上述药液喷于包扎树干的编织袋、麻袋片上。对集中连片危害的林木，在成虫羽化始盛期前采用地面常量或超低量喷洒绿色威雷 150～250 倍液杀灭成虫，其持效期可达 40d 左右。在产卵和幼虫孵化盛期，可在产卵刻槽和幼虫危害处涂菊酯类和柴油或煤油等 10 倍液。

此外，降低落叶松毛虫的发生率，会减小对落叶松的危害，从而无法为白带长角天牛的暴发提供合适的生境。随着落叶松毛虫发生率的下降，白带长角天牛的生境会逐渐丧失。

二、刺角沟额天牛

1. 名称与检疫类别

别名：婆罗双沟额天牛。

学名：*Hoplocerambyx spinicornis*（Newman）。

英文名：sal heartwood borer，sal borer。

分类地位：鞘翅目（Coleoptera）天牛科（Cerambycidae）。

检疫害虫类别：进境植物检疫性害虫。

2. 分布与为害

刺角沟额天牛原产于印度，目前在国外主要分布于东洋区的印度、马来西亚、印尼、新加坡、菲律宾、越南、缅甸、柬埔寨、不丹、巴基斯坦、泰国、尼泊尔、日本等；古北区的阿富汗南部；澳洲区的帕劳群岛。我国尚未发现分布。

寄主为多种娑罗双属植物、异翅龙脑香、香坡垒、橡胶、八宝树、石萝藦、柳桉等。

刺角沟额天牛可侵染活立木和新伐木，喜欢为害新伐的、风倒的和长势弱的植株，也能为害不同树龄的健树，常造成大面积森林树木死亡，是印度最危险的林业害虫。幼虫主要蛀害韧皮部，老熟时钻入木质部，深达 8～15cm。在原木表面留下椭圆形蛀洞。幼虫蛀道甚为宽大，数量大时严重影响木材的商品价值。1923～1924 年，在印度丁多里等地暴发，造成700 万株娑罗双树受害，为控制危害，近 40 万株受害树被砍伐，1959～1962 年，有 35 万株受害树被砍伐。刺角沟额天牛在进口东南亚木材中经常被截获，对我国南方热带森林构成严重威胁。

3. 形态特征

刺角沟额天牛的形态特征具体见图 4-24。

（1）成虫 体型变化大，长 20～65mm，宽 5～15mm。头、胸部黑或黑褐色。口器明显前伸，触角第 3～10 节内缘有尖刺，雄虫触角比体长 1/5～1/3，雌虫触角短于体长，复眼深裂，头部额区在两复眼间深陷如沟。前胸背板中央有一光滑的长椭圆形隆起区，其余部分强烈横皱。鞘翅颜色变化大，从沥青色至浅褐色，鞘翅末端截面呈弧形，翅缝处各生 1 刺。

（2）卵 长 2～3mm，宽 1～2mm，淡红色。椭圆形，表面覆盖细小的六边形网纹。

（3）幼虫 体大型，成熟幼虫

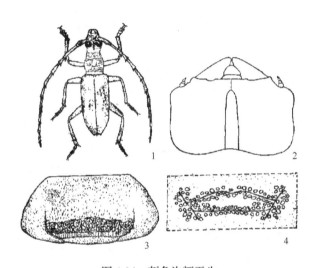

图 4-24 刺角沟额天牛
（林明光和林娟娟，1992）
1. 雄成虫；2. 幼虫头部背面观；3. 幼虫前胸背板；
4. 幼虫第 3 腹节背面步泡突

扩展阅读 4-74

圆筒形，肥硕，乳白色略带黄色，体长变化大，平均在 90mm 左右，前胸背板宽为 18mm，是虫体最宽处。头部背面观长短于宽，两侧在中部处稍凹入，上颚粗壮；单眼明显，每侧有 3 个。前胸背板矩形，前缘具黄褐色长方形骨化板，中央有 1 浅色窄缝，前侧缘也轻度骨化呈浅黄色，侧缘有刻痕，明显向后延伸；后胸背板有呈两条横截的沟状的背泡突，每条沟有两排小而柔软的瘤突，中胸背板无瘤突；中胸腹板和后胸腹板各有两排瘤突。腹部第 1～7 节具步泡突，步泡突由二横沟及两侧的纵向斜沟围成长椭圆形隆起组成，沟的两侧各具 1 列表面光滑的瘤状突，前面 1 列瘤状突 18～20 个。

（4）蛹 黄白色，长 30～60mm。触角弯于身体下方，第 3～7 节每节顶端内部呈角状，触角第 3 节最大，雄虫触角长于身体，雌虫短于身体。上唇长宽相等，中部有一凹陷的直线；近端部变窄。

4. 发生规律

（1）生活史 对截获的初龄幼虫室内饲养观察（林明光和林娟娟，1992），发现在25℃、相对湿度 75% 条件下，此虫在海口一年可发生 1 代，以老熟幼虫在蛹室中越冬。

越冬幼虫3月上旬化蛹，蛹期15～20d。成虫于3月下旬开始出现，成虫寿命为20～35d（表4-8）。在印度，越冬幼虫4～5月化蛹，成虫5～7月羽化。雌虫产卵量大，一生大约可产6000粒。卵期3～7d。幼虫通常在9月发育成熟，成熟幼虫在心材构造蛹室化蛹。

表4-8　刺角沟额天牛生活史（海口，1987～1988年）

	4月			5月			6～12月			1～2月			3月		
	上	中	下	上	中	下	上	中	下	上	中	下	上	中	下
第一年	—	—	—	—	—	—	—	—	—	—	—	—	—	—	—
第二年										△	△	△			
	＋	＋	＋	＋											＋

注：—为幼虫；△为蛹；＋为成虫

（2）生活习性　　雌虫喜欢在新伐的和长势差的树上产卵，但是在伐倒2～3d、树皮已干的树干上一般不产卵。成虫飞翔力强，为寻找适合的产卵场所，可进行长距离飞翔，借助风力飞行距离更长。初孵幼虫最初在树皮下取食，之后进入边材，并最终进入心材。幼虫将木屑推出虫道，逐渐堆积在受害树根部。幼虫既可危害寄主的主干，也可危害枝干。

扩展阅读4-75

5. 传播途径

主要通过感虫木质材料的调运传播。

6. 检疫检验方法

对调运的木质材料和木质包装进行仔细检查，具体方法参照白带长角天牛。

7. 检疫处理与防治技术

（1）检疫处理

1）锯板。幼虫蛀入木质部的隧道深，且老熟幼虫具有分泌碳酸钙状物质密封蛹室出口的特性，使得熏蒸剂难以透入，因此可采用锯板的方法进行灭虫处理。处理时，将虫害原木与健木分开堆放，将受害原木用油漆标记、编号，在规定的日期和指定的锯木厂内，将受害原木锯成2cm左右厚的木板，可以直接锯死天牛幼虫、蛹，锯毙率可达100%。

2）人工剥除树皮。根据幼龄幼虫群集树皮下钻蛀为害的习性，可剥净原木上残存的树皮，并集中烧毁；同时在处理场地喷洒杀虫剂。

3）喷洒杀虫剂。发现进境原木上有成虫发生时，可在卸完货后在堆放场所用5%敌杀死2000～3000倍液或80%敌敌畏400～500倍液表面喷雾，可杀死在表面活动的成虫。

4）限制原木销售地区。凡发现带有该天牛的原木均应限制其销售地区，要求货主提交销售账单接受监督。

（2）防治技术　　在印度，主要采用诱集树诱杀法。具体做法是：选择砍伐胸径19～30cm的寄主树木，将树干切成2～3m长的原木，拍打近切口的树皮使其流出新鲜的边材树液，之后将原木段分散在林中。树液散发的气味可吸引400m外的成虫前来取食，取食后的虫体行动变得迟缓，便于捕捉，可于每天早晚进行捕杀。一般每公顷林中砍伐3～5株即可收到良好的诱杀效果。

此外，可及时砍伐受害植株并移出森林，砍伐树木后集中焚烧残枝败叶。

三、家天牛

1. 名称与检疫类别

别名：北美家天牛，家希天牛。

学名：*Hylotrupes bajulus*（L.）。

英文名：European house borer, old house borer, house longhorn beetle。

分类地位：鞘翅目（Coleoptera）天牛科（Cerambycidae）。

检疫害虫类别：进境植物检疫性害虫。

2. 分布与为害

家天牛原产于非洲北部的阿特拉斯山脉，现在已扩散传播到世界上大多数国家和地区。国外分布于南非、摩洛哥、阿尔及利亚、埃及、突尼斯、美国、智利、阿根廷、巴基斯坦、澳大利亚、新西兰等国家和地区。国内尚无分布，但吉林、江苏、宁波、山西等地海关曾多次从进境货物中截获。顾杰等（2007）分析认为，中国大陆有 21 个省份的 33 个市、县（地区）适合该虫生存，适生范围分布于北纬 23°22′～北纬 40°59′，东经 99°09′～东经 123°32′。

家天牛的寄主包括松属、云杉属、冷杉属、黄杉属、栎属、金合欢属、杨属、榛属、桤木属等多种植物，以针叶树为主。

家天牛以幼虫钻蛀寄主的木质部造成危害，既可侵染活树，也可严重危害建筑木结构和家具，在木质结构和家具中危害期可长达 50 年，是很多地区重要的建筑物害虫，也是干燥软木最具威胁的毁灭性害虫。家天牛对幼龄树木的危害比成熟树木严重，木建筑房屋中以桁条、屋架受害最严重。

图 4-25　家天牛

家天牛（图 4-25）是美国东部、中东和欧洲的重要害虫，Weidner（1982）认为在德国汉堡港发生的 37 种天牛幼虫中，家天牛是最危险的 3 种天牛之一。1952 年，澳大利亚首次从组合房子顶梁木上发现该虫，为阻止该虫的定殖蔓延，投入巨资进行研究，曾从欧洲引进了 3500 头进行室内饲养研究，同时成立专门委员会负责调查和根除工作，该项工作一直进行了 10 多年。家天牛的虫粪很少排出坑道，故被侵害后很难发现。被侵害的木材及木质结构可被再次侵害，导致彻底毁坏。

3. 形态特征

（1）成虫　　体长 17～20mm，颜色变异大，从黄褐色至栗色，有的几乎漆黑色。触角红褐色，细短，向后不超过鞘翅基部的 1/3；第 3 节长，几乎为第 4 节的 2 倍，第 5 节的 1.5 倍。前胸背板横宽，两侧圆弧形，密被长柔毛，无侧刺突或瘤突；中线光滑无毛，贯穿整个前胸背板，中线两侧具 1 对对称、具光泽而光滑无毛的瘤突。鞘翅扁平，具皱纹，两侧近平行，中部之前具 1 浅色的柔毛带，常呈 4 个明显的淡色毛斑，基节窝外侧有明显的尖角；足的腿节膨大呈棍棒状。

（2）卵　　尖椭圆形，卵壳质薄，表面粗糙，乳白色。

（3）幼虫　　成熟幼虫体稍扁平粗壮，头梯形，最宽处位于中部之后。触角褐黄色，第 2 节长为第 3 节的 3 倍，第 3 节为圆筒形，长为宽的 2 倍。前胸背板长方形，扁平，被无数细长的刚毛；后半区光滑、光亮，具不规则的皱纹；中裂缝深陷。腿节和胫跗节褐黄色；爪节至少端部 2/3 部分为赤褐色。

（4）蛹 黄白色，形似成虫，但稍大。

扩展阅读 4-76

4. 发生规律

（1）生活史 家天牛完成一个世代需 1～5 年。成虫通常在 4 月下旬开始出现，5 月中旬至 6 月上旬达盛期，7 月中旬至 8 月上旬进入发生末期。成虫寿命为 12～26d。卵期为 10～15d，遇热带风暴或多雨、气温较低时，卵期较长。幼虫孵化后即蛀入活树体或木材中危害，蛀入孔极小，难以发现，3～4 个月后可听到咬食响声。虫道迂回曲折，长约 30cm，深 20～40mm，直径为 7～10mm，充满粉状排泄物。幼虫耐饥性强。老熟幼虫化蛹前在虫道末端作一蛹室。蛹期为 15～18d。

（2）生活习性 成虫不取食，昼伏夜出，趋光性弱。白天躲在阴暗处，20:00～22:00 活跃，羽化当晚即可交尾，次日傍晚开始产卵于树体或木材表面细小的裂纹或蠹虫的孔中。单雌产卵量为 113～320 粒。幼虫通常栖息在边材中，很少栖息于已风干的木材心材中，如电线杆、建筑物的围栏和作框架用的木材等，尤其是屋顶和阁楼用的木材。幼虫侵害通常从阁楼开始逐渐向下扩展，也有仅危害房屋下层的。虽然家天牛已经适应了室内环境，但在许多地方其最初的栖息地仍然是林地和森林。

（3）发生与环境的关系 建筑物中木材的来源、木材的质量以及加工方法对家天牛的发生危害有明显作用。家天牛不为害落叶树木材，因此建筑物中选用落叶树木才可减轻危害。Lukowsky（2017）认为，近年来家天牛在欧洲建筑物中的发生危害呈显著的下降趋势与近些年来在建筑物中多选用心材、表面光滑的木板木条有关。松柏类的边材蛋白质含量远高于心材，利于幼虫生长发育；表面加工粗糙的木条、木板更易招引成虫产卵。因此，在建筑物中的木质材料应尽可能地选用心材，加工木材的过程中尽量刨平使表面平整光滑，这样可有效抑制家天牛的发生。

扩展阅读 4-77

5. 传播途径

各虫态主要通过受侵染的木质材料（包括原木、方木、木板、木家具以及木质包装材料）进行远距离传播扩散。成虫飞行能力较强，可通过飞行在小范围内扩散蔓延。

6. 检疫检验方法

对调运的原木、方木、木板、木家具等木质材料和木质包装，仔细检查有无天牛产卵的裂纹或孔、入侵孔、羽化孔、虫道、排泄物和活虫体。羽化孔一般卵圆形，直径为 6～10mm，虫粪圆柱形，干燥后断裂呈近球形。蛀入孔细小，不易观察到，容易造成漏检。发现羽化孔或蛀屑的木材，借助刀、锯、斧等工具进行剖检。

扩展阅读 4-78

7. 检疫处理与防治技术

（1）检疫处理 禁止疫区木材输入。对发现家天牛的木材、木制品和木质包装可采用溴甲烷进行熏蒸处理或高频加热处理。

（2）防治技术 家天牛防治主要采用化学防治。用 3% 五氯苯酚柴油和杀虫剂的混合液涂刷，或用 5% 硼酚合剂热冷槽法处理桉树木材，均可获得持久的效果。被害的桉木家具，采用 4% 硼砂溶液或 2% 硼酸＋2% 硼砂溶液进行浸泡处理；也可采用烘干法代替天然干燥，以杀死桉木中原有的虫卵和幼虫。

此外，在建筑中禁止使用被家天牛侵害的木制品；建筑物中的木质结构尽量多选用落叶树木材或松柏类心材，木材使用前尽量刨平刨光。

四、青杨脊虎天牛

1. 名称与检疫类别

别名：青杨虎天牛。

学名：*Xylotrechus rusticus* L.。

分类地位：鞘翅目（Coleoptera）天牛科（Cerambycidae）。

检疫害虫类别：进境植物检疫性害虫。

2. 分布与为害

国外分布于伊朗、土耳其、俄罗斯、蒙古、朝鲜、日本和欧洲。国内分布于辽宁、吉林、黑龙江、内蒙古、新疆及上海等地，在黑龙江的齐齐哈尔市、哈尔滨市和绥化市，吉林的长春市、松原市、白城市、白山市和吉林市，辽宁的本溪市危害严重。

青杨脊虎天牛是多种阔叶树的毁灭性蛀干害虫，主要危害杨树，同时也能危害柳属、桦属、栎属、山毛榉属、椴属和榆属的多种林木。被害林木轻则影响生长，降低成林、成材比例；重则树木枯梢断头或折干（俗称"风折"），甚至导致树木成片死亡。据调查，一般受害的林木，树木的死亡率在20%左右，受害严重的林分，树木死亡率超过40%。杨树在农田防护林、护路林、城乡绿化林中占有较大的比例，在防风固沙、保护生态环境方面具有明显的社会效益和生态效益，是"三北"防护林的主要造林树种，但由于该虫的严重危害，防护

扩展阅读 4-79

效果遭到严重破坏。杨木板材也是常用的木包装材料，但也因该虫的危害问题，我国货物的出口贸易一度受到一定影响。青杨脊虎天牛幼虫隐蔽性强，一般杀虫剂难以渗透到树干内，防治难度大；天敌较少，自然控制能力弱，目前在国内有扩散蔓延趋势，潜在的威胁很大。

3. 形态特征

青扬脊虎天牛的形态特征具体见图4-26。

（1）成虫　体黑色，长11～22mm，宽3.1～6.2mm，头部与前胸色较暗。头顶有倒"V"形隆起线。触角10节，第1节与第4节等长，短于第3节，末节长明显大于宽；基部5节的端部无绒毛，雄虫触角长达鞘翅基部，雌虫略短，达前胸背板后缘。前胸球状隆起，宽度略大于长度，密布不规则皱脊；背板具2条不完整的淡黄色斑纹。小盾片半圆形；鞘翅两侧近于平行，内外缘末端钝圆；翅面密布细刻点，具淡黄色模糊细波纹3或4条，在波纹间无显著分散的淡色毛；基部略呈皱脊。前足基节窝圆形，外方不呈角状；中足基节窝外方向后侧片开放；后足腿节

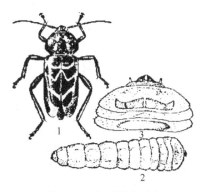

图 4-26　青杨脊虎天牛

1. 成虫；2. 幼虫；3. 幼虫头胸部背面观

较粗，胫节距2个，第1跗节长于其余节之和。体腹面密被淡黄色绒毛。

（2）卵　乳白色，长卵形，长约2mm，宽约0.8mm。

扩展阅读 4-80

（3）幼虫　共13龄。体黄白色，老熟时长30～40mm。体生短毛，头淡黄褐色，缩入前胸内。前胸背板具黄褐色斑纹。腹部自第1节向后渐变窄而伸长。

（4）蛹　黄白色，长18～33mm。头部下倾于前胸之下，触角由两侧曲卷于腹下。羽化前复眼、附肢及翅芽均变为黑色。

4．发生规律

（1）生活史　　在黑龙江一年发生1代，以老龄幼虫在干、枝的木质部越冬。翌年4月上旬越冬幼虫开始活动，继续钻蛀危害。4月下旬在边材上坑道末端的蛹室内化蛹。成虫羽化期相对集中，5月下旬开始羽化为成虫，6月初为羽化盛期，羽化孔为圆形，直径为4～7cm。雌虫产卵成堆，几粒、十几粒、几十粒不等。卵经10余天孵化。新孵化幼虫在皮层内群栖危害，并通过产卵孔向外排出很纤细的粪屑。经一周左右，当幼虫已侵入木质部表层后，虽仍群栖危害，但排泄物不再排出树干外，均堵塞于坑道中。随着虫体的增长，幼虫继续在木质部表层穿蛀，但逐渐分散危害。坑道宽7～10mm，密布木质部表层，切断了输导组织，使树势明显衰弱。7月下旬幼虫达中龄后，开始在表层坑道末端，坑道互不沟通。蛀入孔呈椭圆形，长10mm，宽8mm。10月下旬幼虫开始在蛀道内越冬。

（2）生活习性　　成虫活跃，可做短距离飞行。羽化后即可交尾、产卵，有沿树干爬行产卵的习性。产卵前不做刻槽，直接将卵产于老树皮的裂缝里。一般不在光滑的嫩皮上产卵，因而中、老龄树木较幼树受害重，主干较粗枝受害重，下部比上部受害重。青杨脊虎天牛只为害树木的健康部位，凡是已经被害过的干、枝，第二年就不会在原部位再重复侵害。

（3）发生与环境的关系　　青杨脊虎天牛的发生与气温有直接的关系。在黑龙江主要发生在年均气温3℃以上，7月平均气温15℃以上的地区，高于此等温线的哈尔滨、大庆及齐齐哈尔以南地区发生较重，而低于这个等温线的地区发生较轻或不发生。

树种以及林分的结构对其发生影响较大。在杨树中以白杨的抗虫能力最强，黑杨和青杨的杂交种较差；混交林较人工纯林受害程度轻。在黑龙江，小叶杨与落叶松混交林中被害株率为14%～16%，小叶杨纯林被害株率则为42%～56%；小青杨与樟子松混交林被害株率为8%，小青杨纯林被害株率为35%～84%。

5．传播途径

主要通过人为运输寄主林木活体、原木及木材等林产品进行远距离传播。由于主要在树干内危害，其生存环境受外部影响小，故在未经检疫处理的原木中存活率很高。

6．检疫检验方法

对调运的寄主林木活体、原木、木材等林产品和木质包装，仔细检查有无天牛产卵的裂缝、入侵孔、羽化孔、虫道、粪屑和活虫体。由于该虫产卵前不做产卵刻槽，因此不能利用刻槽判断是否发生危害。

扩展阅读 4-81

7．检疫处理与防治技术

（1）检疫处理　　禁止从发生区调出该虫寄生的植物原木；必须从疫区调出的杨树原木、板材、方材、木制包装物应当进行除害处理。

1）帐幕熏蒸。带虫原木可采用帐幕熏蒸进行除害处理。在10℃以上条件下，用磷化铝12～15g/m³或溴甲烷20～30g/m³或硫酰氟20～30g/m³或氯化苦20～25g/m³，熏蒸24～48h。

2）水浸处理。将带虫原木推入水中，浸泡30d以上，每周翻动一次。

3）曝晒处理。在高温季节，将带虫原木剥皮后曝晒10d以上，也可将蛀入木质部的幼虫杀死。

（2）防治技术

1）林业措施。科学营林，营造杨树-针叶树混交林，抑制其发生危害。做好林区卫生，新伐的被害木不在林地过夏。受害严重的衰弱木、枯立木和风倒木等要及时伐除，运出林区后集中堆放并进行除害处理。

2）生物防治。人工繁育释放管氏肿腿蜂（*Scleroderma guani*）和花绒寄甲（*Dastarcus helophoroides*），保护啄木鸟等捕食性天敌。

扩展阅读 4-82

3）物理防治。树干涂白，阻止成虫产卵；黑光灯（波长 320～368nm）诱杀成虫，最佳诱捕时间为 20:00～22:00。对虫孔数较少的被害木，进行虫孔部位剥皮即可消灭幼虫和蛹。

扩展阅读 4-83

4）化学防治。成虫期是防治该虫的最佳时期之一，可在成虫羽化期树体喷洒 8% 的绿色威雷微胶囊剂或 3% 的氯氰菊酯微胶囊水悬浮剂 100 倍液。发现侵入木质部的幼虫可用磷化铝片（1/16～1/8 片）放入虫孔，再以泥封口进行熏蒸。

扩展阅读 4-84

第五节　其他检疫性鞘翅目害虫

在鞘翅目中，除了象甲科、豆象科、小蠹虫科和天牛科外，在叶甲科、皮蠹科、长蠹科、铁甲科、丽金龟科等科中也包含一些危险性及检疫性害虫，如窄吉丁（非中国种）（*Agrilus* spp.）、根萤叶甲属（*Diabrotica* Chevrolat）、双钩异翅长蠹 [*Heterobostrychus aequalis*（Waterhouse）]、马铃薯甲虫 [*Leptinotarsa decemlineata*（Say）]、谷拟叩甲（*Pharaxonotha kirschi* Reither）、日本金龟子（*Popillia japonica* Newman）、椰子缢胸叶甲（*Promecotheca cumingi* Baly）、褐拟谷盗（*Tribolium destructor* Uyttenboogaart）、大谷蠹 [*Prostephanus truncatus*（Horn）]、咖啡黑长蠹（*Apate monachus* Fabricius）、澳洲蛛甲（*Ptinus tectus* Boieldieu）、双棘长蠹（非中国种）（*Sinoxylon* spp.）、斑皮蠹（非中国种）（*Trogoderma* spp.）、椰心叶甲 [*Brontispa longissima*（Gestro）] 等。

一、马铃薯甲虫

1. 名称及检疫类别

别名：马铃薯叶甲。

学名：*Leptinotarsa decemlineata*（Say）。

英文名：colorado potato beetle。

分类地位：鞘翅目（Coleoptera）叶甲科（Chrysomelidae）。

检疫害虫类别：进境植物检疫性害虫，全国农业植物检疫性害虫。

2. 分布与为害

（1）国外　原产于墨西哥北部落基山东麓，最初为害一种叫作刺萼龙葵（*Solanum rostratum*）的茄科植物。随着美洲大陆的开发，从 1855 后此虫开始抛弃原寄主而取食马铃薯。从此由西向东，每年以约 85km 的速度扩散。1874 年扩散到大西洋沿岸地区。1920 年传入欧洲，1935～1940 年，很快扩散到西欧的比利时、荷兰、瑞士、德国、西班牙、意大利、奥地利等国。1947 年传入匈牙利、捷克斯洛伐克，1949 年到达波兰、罗马尼亚。现报道分布的国家或地区有墨西哥、伊朗、哈萨克斯坦、吉尔吉斯斯坦、格鲁吉亚、土库曼斯坦、塔吉克斯坦、乌兹别克斯坦、亚美尼亚、土耳其、丹麦、瑞典、芬兰、拉脱维亚、立陶宛、俄罗斯、白俄罗斯、乌克兰、摩尔多瓦、波兰、捷克、斯洛伐克、匈牙利、德国、奥地利、瑞士、荷兰、比利时、卢森堡、哥斯达黎加、危地马拉、古巴、阿塞拜疆、保加利亚、英国、

法国、西班牙、葡萄牙、意大利、希腊、利比亚、爱沙尼亚、加拿大、美国等。另外，已有
38 个国家（欧洲 17 国，亚洲 8 国，非洲 7 国，南美洲 3 国，大洋洲 3 国）将其列为检疫性
害虫。

（2）国内　　1986 年大连口岸从美国进境的小麦中截获该虫，后来防城、南京、宁波、
天津、上海、大连、伊犁、连云港等口岸多次截获。现我国新疆伊犁地区已有局部发生。

寄主有马铃薯、茄子、番茄、烟草、颠茄属（Atropa）、茄属（Solanum）、曼陀罗属
（Datura）和菲沃斯属（Hyoscyamus）的多种植物，其中最喜食马铃薯。

马铃薯甲虫是马铃薯的毁灭性害虫，幼虫和成虫取食马铃薯叶片或顶尖，它通常在马铃
薯植株刚开花和形成薯块时大量取食为害。严重时，在薯块开始生长之前，可将叶片吃光，
造成绝收。一般造成减产 30%～50%，有时高达 90% 以上。在欧洲和地中海一些国家，马铃
薯减产约 50%。在美国马里兰州，当每株番茄上马铃薯甲虫由 5 头增加到 10 头时，约减产
67%。在欧洲和北美，茄子也受到严重为害。此外，它还可传播马铃薯褐斑病和环腐病等。

3. 形态特征

马铃薯甲虫的形状特征及为害状具体见
图 4-27。

（1）成虫　　体长 9.0～11.5mm，宽 6.1～
7.6mm。短卵圆形，淡黄色至红褐色，有光泽。
头下口式，横宽，背方稍隆起，缩入前胸达眼
处。头顶上黑斑多呈三角形。复眼后方有一黑
斑，但常被前胸背板遮盖。复眼肾形，触角 11
节，第 1 节粗而长，第 2 节很短，第 5、6 节约
等长，第 6 节显著宽于第 5 节，末节呈圆锥形。
触角基部 6 节黄色，端部 5 节色暗。口器咀嚼
式，上唇显著横宽，中央具浅切口，前缘着生
刚毛；上颚有 3 个明显的齿；下颚轴节和茎节
发达，内外颚叶密生刚毛；下颚须短，4 节，前
3 节向端部膨粗，第 4 节明显细而短，圆柱形，
端部平截。

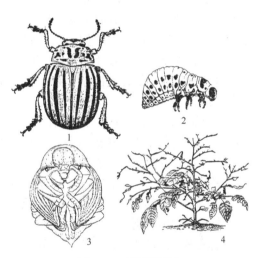

图 4-27　马铃薯甲虫
1. 成虫；2. 幼虫；3. 蛹；4. 为害状

前胸背板隆起，宽约为长的 2 倍（长 1.7～2.6mm，宽 4.7～5.7mm），基缘呈弧形，前缘
侧角突出，后缘侧角钝；前胸背板中央具一 "U" 形斑纹或只 2 条黑色纵纹，每侧有 5 个黑
斑（两侧的黑斑多少及大小在个体间有较大差异）；背板中区表面有细小刻点，近侧缘密生
粗刻点。小盾片光滑，黄色至近黑色。

鞘翅卵圆形，显著隆起，肩部稍突出，端部稍尖；每一鞘翅有 5 条黑色纵纹，均由翅基
部伸至翅端，翅合缝处为黑色，第 1 条黑纹与翅合缝在端部几乎相接，第 2、3 条黑纹在翅
端相接，第 4 条与第 3 条间的距离一般小于第 4 条与第 5 条间的距离，第 5 条黑纹与鞘翅侧
缘接近；鞘翅刻点粗大，沿条纹排成不规则的刻点行。

胸足短，转节呈三角形，腿节稍粗而侧扁，胫节端部变宽，跗节隐 5 节（即伪 4 节），
第 4 节极短，爪的基部无附齿。腹部第 1～5 腹板两侧具黑斑，第 1～4 腹板的中央两侧还有
长椭圆形黑斑。

扩展阅读 4-85

扩展阅读 4-86

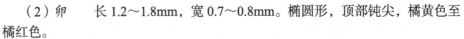

马铃薯甲虫的为害，导致了世界农作物史上第一次大规模使用化学农药。由于长期单一使用农药防治，到 20 世纪中期，该虫已对有机氯农药 DDT 产生了抗性。目前，马铃薯甲虫对已注册的许多杀虫剂均产生了抗药性，而且对每一种新的杀虫剂，在应用后 2~4 年就会产生显著抗药性。

一般雌虫个体较雄虫稍大。雄虫最末腹板比较隆起，具一纵凹线，雌虫无纵凹线。雄虫外生殖器阳茎呈香蕉形，端部扁平，长为宽的 3.5 倍。

（2）卵　　长 1.2~1.8mm，宽 0.7~0.8mm。椭圆形，顶部钝尖，橘黄色至橘红色。

扩展阅读 4-87

（3）幼虫　　共 4 龄，1 龄幼虫体长约 2.8mm，头宽 0.6mm；2 龄幼虫体长 5.1mm，头宽 0.9mm；3 龄幼虫体长 8.3mm，头宽 1.4mm；4 龄幼虫体长约 13.9mm，头宽约 2.3mm。体色 1、2 龄幼虫暗褐色，3 龄开始逐渐变为粉红色或橙黄色。头部黑色发亮，头为下口式；头盖缝短，额缝由头盖缝发出，开始一段相互平行延伸，然后呈钝角状左右分开。头部两侧各有侧单眼 6 个，分成 2 组，上方 4 个，下方 2 个。触角短，3 节。上唇、唇基及额之间由缝分开。头壳上仅着生初生刚毛，刚毛短，每侧顶部刚毛 5 根。额区呈阔三角形，前缘着生刚毛 8 根；额上方着生刚毛 2 根。唇基横宽，着生刚毛 6 根，呈一横列式；上唇横宽，半圆形，中部凹陷狭而深，其前缘刚毛 10 根，中区刚毛 6 根和感觉孔 6 个。上颚三角形，具端齿 5 个，其中上部的一个齿小。前胸明显大于中胸和后胸。

1 龄幼虫前胸背板骨片全为黑色，随虫龄增加，前胸背板颜色变淡，仅后部为黑色。中胸、后胸及腹部第 1 节背板中央各有 1 对横列小黑斑。除最末两个体节外，虫体两侧的气门骨片、上侧骨片暗褐色，腹部的气门骨片呈瘤状突，包围气门。中胸、后胸无气门，气门骨片完整。腹部 9 节，较胸部显著膨大，中央部分特别膨大，且向上隆起，以后各节急剧缩小，末端尖细。腹部腹面有短刚毛组成的 3 行小斑点。第 8、9 腹节背板上各有一黑色骨化板，其后缘着生粗刚毛。

足黑褐色，基节长，转节呈三角形，并有 3 根短刚毛；腿节、胫节短；爪大且骨化程度高，基部的附齿近矩形。

（4）蛹　　体长 9.0~12.0mm，宽 6.0~8.0mm，椭圆形，黄色或橘黄色。体侧各有一排黑色小斑点。

4. 发生规律

（1）世代及越冬　　在欧洲和美洲，1 年发生 1~3 代，个别地区个别年份多达 4 代。

在哈萨克斯坦、乌兹别克斯坦、土库曼斯坦、吉尔吉斯斯坦、塔吉克斯坦、俄罗斯西伯利亚及远东地区，大多地区 1 年发生 1 代。中国新疆伊犁地区以发生 2 代为主，局部 3 代，世代重叠。以成虫在土中 6~15cm 处越冬。

（2）发生及成虫习性　　越冬成虫至翌春逐渐上升至土表约 1.25cm 处，当土温回升到 14~15℃时，开始出土活动及取食。经过 1~2 周，成虫开始交配、产卵。有的个体交配发生于前一年的秋季，这样的雌体到第 2 年春季不需再进行交配，经过几天取食即可产卵。成虫产卵于叶背面，产卵成块，每个卵块有卵 5~82 粒，多数为 24~34 粒。田间每头雌虫平均产卵 400~700 粒，实验室条件下多达 4000 余粒。

成虫在全年不同时期均可发生滞育。滞育形式有 6 种：①冬蛰，8~11 月（3~4 个月），由光周期、气温及寄主营养等季节性变化引起；②弱休眠，由严寒引起，是冬蛰结束后尚未完全复苏的一种过渡状态，可以抗寒，一直持续到第二年早春；③夏蛰，由高温引起，部分成虫可进入 11～36d 的夏蛰；④夏眠，经过越冬、取食和繁殖的部分个体（约占种群 1/2），可进入 1～10d 的夏眠；⑤滞育，经过 1～2 次越冬和繁殖的成虫，可在 8～9 月进入滞育；⑥多年滞育，部分入土滞育的成虫，可持续滞育 2～3 年。

（3）幼虫习性　同一卵块的卵孵化时间比较一致，幼虫孵出后即开始取食。幼虫 4 龄。老熟幼虫在离被害植株 10～20cm 半径的范围内，入土做蛹室化蛹，仅少数个体爬到 35～45cm 之外化蛹，化蛹深度多为 2～3cm，最深的达 12cm。各虫态历期：一般卵 5d，幼虫 15～34d，预蛹 3～15d，蛹 8～24d，成虫平均寿命 1 年。

（4）发生与环境的关系

1）温度、湿度。温度对马铃薯甲虫的发生世代数有影响。一年中至少有 60d 平均气温在 15℃以上、最冷月份土温为 -8℃以上地区，一年可发生 1 代；低于这些温度条件的地区，则不能生存。一年内平均气温在 15℃以上的天数达到 120d 的地区，一年可发生 2 代；达 140d 以上的地区可发生 3 代。不同种群和虫态的发育起点温度不同，一般为 8～12℃，完成一个世代的有效积温为 360℃·d。温度和湿度影响各虫态发育历期及繁殖。

在恒温条件下，发育最适温度为 25～33℃，35℃以上对其生长发育不利。卵发育的最适温度为 22～25℃，相对湿度为 70%～75%。在 30℃及相对湿度 85% 时，卵期为 5.5d；在 25℃及相对湿度为 60%～75% 时，卵期为 5d；在 17℃下，卵期为 9d。幼虫的最低有效发育温度为 11～13℃，最适温度为 23～28℃。在 28℃、24℃、18℃和 15℃下幼虫历期分别为 9.2～9.5d、13.5d、24d 和 32d。各龄幼虫食量比例相对恒定，1 龄幼虫占 3%，2 龄幼虫占 5%，3 龄幼虫占 15%，4 龄幼虫食量最大，占 77%。在 22～23.5℃，蛹期为 7～8d；25～27℃时蛹期为 5.5～6d。适于成虫产卵的温度为 23～25℃，相对湿度为 60%～75%；温度低于 14℃或高于 26℃，相对湿度高于 80% 或低于 40% 均对繁殖不利。温度低于 13℃时，成虫停止取食。

低温影响越冬成虫的存活。此虫抗寒力弱，越冬死亡率有时可高达 85% 以上。在 -5～-3℃时，越冬成虫代谢受到破坏；在 -12～-6℃时，成虫很快死亡。由于此虫在土下越冬，地表有大雪覆盖，可减轻冬季低温的不良影响。

2）光周期。光周期是诱发成虫滞育的重要因素。该虫属长日照滞育型昆虫。临界光周期与该虫所处地理纬度有关，越往北临界光周期越长，北纬 45℃以上地区，临界光周期为 16h；北纬 32℃地区的临界光周期为 12h。

3）食料。马铃薯甲虫对寄主有明显的选择性，最喜食马铃薯。适宜的食料对幼虫生长发育和繁殖有利。食物的质量对成虫滞育存在一定影响。

4）天敌。马铃薯甲虫的天敌种类较多，捕食性天敌有草蛉、七星瓢虫、步甲、蜻象等；寄生性天敌有寄生蜂、寄生蝇；昆虫病原微生物有白僵菌、细菌、线虫等。这些天敌对其种群数量有一定控制作用，如在美国，曾引进欧洲捕食性蜻象［*Perillus bioculatus*（Fabricius）］，一头蜻象可捕食 1250 头马铃薯甲虫；由南美的哥伦比亚引进一种卵寄生蜂 *Edovum putleri* Grissell，对马铃薯甲虫的卵寄生率高达 80%～90%；寄生蝇 *Doryphoropha gadlyphorae* 可寄生马铃薯甲虫幼虫。

5. 传播途径

主要随来自疫区的薯块、水果、蔬菜等寄主植物或其他农产品及其包装和运输工具与土壤，进行远距离传播。

季风对该虫的传播起很大作用。其扩展的方向与季风方向一致，成虫可被大风吹到

150～350km 之外。在欧洲，该虫大暴发季节多刮西风，因此马铃薯甲虫向东扩展迅速。在哈萨克斯坦、乌兹别克斯坦、土库曼斯坦、吉尔吉斯斯坦、俄罗斯、乌克兰、阿塞拜疆、格鲁吉亚、亚美尼亚、爱沙尼亚、拉脱维亚、立陶宛、白俄罗斯，该虫每年向东部扩展的速度，在 20 世纪 60 年代平均为 120km，20 世纪 70 年代为 130～170km。

气流和水流也有助于该虫的扩展。据记载，成虫可被气流带到 170km 之外，成虫飞行中有时坠落海里，当被重新抛上岸后部分个体仍然成活。

扩展阅读 4-88

6. 检疫方法

按照中华人民共和国出入境检验检疫行业标准（SN/T1178），对来自疫区的薯块、水果、蔬菜、种子、苗木、包装材料、集装箱及运输工具进行现场检验；对来自疫区的入境旅客，严格检查其携带物。

（1）现场抽样方法　　采用随机方法进行抽样。抽查件数：按货物总件数的 0.5%～5% 抽查。10 件以下的（含 10 件）全部检查；500 件以下的抽查 13～15 件；501～1000 件的抽查 16～20 件；1001～3000 件的抽查 21～30 件；3001 件以上的，每增加 500 件抽查件数增加一件（散装货物以 100kg 比照一件计算）。对来自疫区的茄科等植物种子、苗木及其产品，若发现可疑疫情，可增加检查件数，每批抽查宜多于 50 件（批量少于 50 件的则全部检查）。

（2）检查方法

1）过筛检查。对易筛货物，如植物种子、干果、坚果、谷物、豆类、油料、花生仁等，可过筛检查货物中是否带有幼虫和成虫。

2）目测法检查。对运输工具、集装箱、包装物、填充物、铺垫材料、薯块、蔬菜、水果、动物产品等可采用肉眼检查，特别是缝隙等隐蔽处。

（3）标本鉴定　　将检查收集的成虫、幼虫、蛹、卵及蜕皮壳，带回室内借助双目扩大镜进行鉴定，或培养为成虫后进行鉴定。

7. 检疫处理与防治方法

（1）检疫处理

1）严格检疫，杜绝传入。禁止从马铃薯甲虫发生地区调运块茎和繁殖材料，对来自疫区的水果、蔬菜、粮食、原木、动物产品以及各种包装材料、运输工具都要进行严格检疫。

2）熏蒸处理。一旦发现有疫情货物，可采用熏蒸剂熏蒸处理。对马铃薯块茎，在 25℃ 下，用溴甲烷或二硫化碳 16mg/L，密闭熏蒸 4h；在 15～25℃，每降低 5℃ 时，用药量应相应增加 4mg/L，可彻底杀死成虫。若要杀蛹，应在 25℃ 以上。

（2）防治方法

1）农业防治。包括轮作倒茬，深翻土壤，适时早播栽培，种植晚作早熟品种，培育抗虫品种及收获前对马铃薯植株去顶等方法。

2）化学防治。可用 80% 敌百虫可湿性粉剂（0.8～1.5kg/hm²）、20% 亚胺硫磷乳油（4～10kg/hm²）、速灭杀丁或氯氰菊酯防治，有较好效果。

3）生物防治。保护自然天敌。利用白僵菌可有效防治该虫的低龄幼虫；利用捕食性蝽象 [*Perillus bioculatus*（Fabricius）]、卵寄生蜂（*Edovum putleri* Grissell）等进行防治。

近年来，利用 RNA 干扰（RNAi）原理，将甲虫的生长发育关键基因（如几丁质合成相关基因 *chitin deacetylase 2*、蜕皮相关 *EcR* 以及胰岛素受体基因 *Chico*）转入马铃薯，培育转基因马铃薯来控制该虫的危害，也取得了可喜的突破。

二、谷斑皮蠹

1. 名称及检疫类别

别名：谷铿节虫、卡巴甲虫、砖虫、谷鲞虫、椰子干核甲虫。

学名：*Trogoderma granarium* Everts。

英文名：khapra beetle。

分类地位：鞘翅目（Coleoptera）皮蠹科（Dermestidae）。

检疫害虫类别：进境植物检疫性害虫。

2. 分布与为害

原产于印度、斯里兰卡、马来西亚。现报道分布的国家或地区如下。亚洲：印度、斯里兰卡、马来西亚，新加坡、泰国、菲律宾、巴基斯坦、越南、缅甸、日本、朝鲜、塞浦路斯、伊拉克、叙利亚、伊朗、土耳其、阿富汗、以色列、孟加拉国、黎巴嫩、印度尼西亚。非洲：埃及、苏丹、尼日利亚、津巴布韦、马里、塞内加尔、尼日尔、摩洛哥、毛里求斯、突尼斯、阿尔及利亚、坦桑尼亚、肯尼亚、索马里、乌干达、南非、几内亚、毛里塔尼亚、冈比亚、安哥拉、莫桑比克、利比亚、塞拉利昂。欧洲：荷兰、哈萨克斯坦、乌兹别克斯坦、土库曼斯坦、吉尔吉斯斯坦、塔吉克斯坦、俄罗斯、乌克兰、阿塞拜疆、格鲁吉亚、亚美尼亚、爱沙尼亚、拉脱维亚、立陶宛、白俄罗斯、丹麦、德国、英国、法国、意大利、西班牙、捷克、芬兰、瑞典、葡萄牙。美洲：美国、墨西哥、牙买加。

谷斑皮蠹幼虫严重为害多种植物产品，如小麦、大麦、燕麦、黑麦、稻谷、玉米、高粱、大米、面粉、麦芽、花生仁、花生饼、干果、坚果、豆类、椰枣、棉籽等；也取食多种动物性产品，如鱼粉、奶粉、蚕茧、皮毛、丝绸等。幼虫对粮食造成的损失一般为5%～30%，严重时达75%。1953年在美国加利福尼亚州某些粮库暴发成灾，一个存放3700t大麦的仓库，在1.25m深的粮层内幼虫数多于粮粒数；在该州谷斑皮蠹造成的损失达农产品的10%，价值2.2亿美元。从1955年2月开始，美国36个州进行了历时5年的国内疫情调查，共发现侵染点455个，侵染仓库的总体积达396万 m³，耗资900万美元才完成了谷斑皮蠹的根除计划。

此虫是为害严重和难以防治的一大害虫。感染了此虫的货轮，经过反复的清洁卫生和药剂防治都难以根治。据报道，国外为了彻底根除此虫，曾不惜烧毁整个仓库，但在断墙残壁的砖缝内仍存留有活的幼虫。

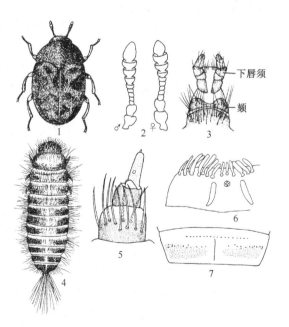

图 4-28 谷斑皮蠹

1. 成虫；2. 触角；3. 下唇；4. 幼虫；5. 幼虫触角；

6. 幼虫上内唇；7. 幼虫第8腹节背板

（1～3. Hinton, 1945；4～7. 中华人民共和国动植物检疫局，农业部检疫实验所，1997）

3. 形态特征

谷斑皮蠹的形态特征具体见图4-28。

扩展阅读 4-89

扩展阅读 4-90

扩展阅读 4-91

（1）成虫　　体长 1.8～3.0mm，宽 0.9～1.7mm，长椭圆形，体色红褐、暗褐或黑褐色。密生细毛。头及前胸背板暗褐色至黑色。复眼内缘略凸。触角 11 节，棒形，黄褐色。雄虫触角棒 3～5 节，末节长圆锥形，其长度约为第 9、10 两节长度的总和；雌虫触角棒 3 或 4 节，末节圆锥形，长略大于宽，端部钝圆。触角窝宽而深，触角窝的后缘隆线特别退化，雄虫的约消失全长的 1/3，雌虫的约消失全长的 2/3。额的前缘中部具有深凹，两侧钝圆，凹处高度不及额最大高度的 1/2。前胸背板近基部中央及两侧有不明显的黄色或灰白色毛斑。鞘翅为红褐色或黑褐色，上面有黄白色毛形成的极不清晰的亚基带环、亚中带和亚端带，腹面被褐色毛。

雌虫一般大于雄虫。雄性外生殖器的第 1 围阳茎节（即第 8 腹节），背片骨化均匀，前端刚毛向中间成簇，第 9 腹节背板两侧着生刚毛 3 或 4 根。雌虫交配囊内的成对骨片很小，长 0.2mm，宽 0.01mm，上面的齿稀少。

（2）卵　　长 0.7～0.8mm，宽约 0.3mm。长筒形而稍弯，一端钝圆，另一端较尖，并着生一些小刺及刺状突起。刺突的基部粗，端部细。卵初产时为乳白色，后变为淡黄色。

（3）幼虫　　老熟幼虫体长 4～6.7mm，宽 1.4～1.6mm。纺锤形，向后稍细，背部隆起，背面乳白色至黄褐色或红褐色。触角 3 节，第 1、2 节约等长，第 1 节周围除外侧 1/4 外均着生刚毛。内唇前缘刚毛鳞片状，每侧有侧刚毛 12～14 根排成一列，中刚毛 4 根，外侧 2 根细长。内唇棒细长，向后伸达中刚毛后方。内唇棒前端之间，有感觉环 1 个，长有 4 个乳状突。胸足 3 对，短小，每足连爪共 5 节。腹部 9 节，末节小形，第 8 腹节背板无前脊沟。体上密生长短刚毛。刚毛有两类：一类为芒刚毛，短而硬，周围有许多细刺；另一类为分节的箭刚毛，细长形，其箭头一节的长度约为其后方 4 个小节的总长。头、胸、腹部背面均着生芒刚毛。第 1 腹节端背片最前端的芒刚毛不超过前脊沟。箭刚毛多着生在各腹节背板后侧区，在腹末几节背板最集中，并形成浓密的暗褐色毛簇。

（4）蛹　　雌蛹长约 5.0mm，雄蛹长约 3.5mm。扁圆锥形，黄白色。体上着生少数细毛。蛹留在末龄幼虫未曾脱下的蜕内，从裂口可见蛹的胸部、腹部前端。

4. 发生规律

（1）世代及越冬　　谷斑皮蠹的发生代数在不同地区有所不同。日本东京附近 1 年 1 代，印度 1 年 4 代。在东南亚，1 年发生 4～5 代。以幼虫在仓库缝隙内越冬。

（2）发生及成虫习性　　在东南亚，4～10 月为繁殖为害期。成虫羽化后 2～3d 开始产配产卵。在 30℃下，每头雌虫平均产卵 65 粒，最多可产 126 粒。成虫不能飞行，它必须依靠人为的力量进行传播。成虫一般不取食为害，也不饮水。

（3）幼虫习性　　一般为 4～5 龄。幼虫多集中于粮堆顶部取食，3 龄后喜钻入缝隙中群居。4 龄前幼虫取食破损的粮粒或在粮粒外蛀食，4 龄后幼虫可蛀食完整粮粒。幼虫通常先取食种子胚部，然后取食胚乳，种皮被咬成不规则的形状。幼虫非常贪食，并有粉碎食物的特性，除吃去一部分粮食外，更多的是将其咬成碎屑。1 头雌幼虫每天消耗 0.14～0.77mg 的食物，为雄幼虫的 2 倍。谷斑皮蠹耐干性、耐热性、耐寒性和耐饥性都很强。它在粮食含水量只有 2% 的条件下仍能正常生长发育和繁殖。一般仓库害虫最高发育温度为 39.5～41℃，而谷斑皮蠹为 40～45℃，在 51℃及相对湿度 75% 的条件下，仍有 5% 的个体能存活。它的最低发育温度为 10℃，在 -10℃下处理 25h，1～4 龄幼虫死亡率仅为 25%～50%，在 -21℃下处理 4h 才死亡。幼虫如因食物缺乏而钻入缝隙内以后，可存活 3 年。滞育的幼虫可存活 8

年。它的抗药性也很强。

各虫态发育历期：一般情况下，卵为3～26d，幼虫为26～87d，蛹为2～23d，成虫寿命为3～19d。

（4）发生与环境的关系

1）温度、湿度。它的最适发育温度为32～36℃。在不同温度及相对湿度下，其世代历期有明显差别。完成1个世代，在34～35℃下需要25～29d；在30℃下需要39～45d；在21℃下需要220～310d。温度、湿度对虫龄及各虫态历期、孵化率等有显著影响。如在不适宜条件下，幼虫虫龄可增至10～15龄。在35℃、相对湿度73%时，幼虫期仅17d，温度升高或降低时，幼虫期延长。谷斑皮蠹适于发生在热而干燥的地区。在平均温度有4个月超过20℃的地区，它就可能发生；在平均温度有6个月超过20℃的地区就可能大发生。我国有2个特别危险区，第一个特别危险区包括新疆的大部分，该区每年有4个月平均气温在20℃以上，其间的气候干燥，相对湿度为28%～40%；第二个特别危险区包括广东、江西、云南、福建、贵州、江西部分地区及台湾，每年超过6个月平均温度在20℃以上。

2）食料。谷斑皮蠹幼虫的食性很杂，且有一定的选择性。它可取食植物性和动物性产品，特别喜食动物性产品和富含淀粉及油脂的植物性产品。食物对幼虫生长发育有显著影响。取食小麦、玉米、椰子、花生仁、全麦粉、燕麦、糠时，幼虫历期1～2.5个月，而取食糖、巧克力时，则长达6～12个月。

3）天敌。国外已发现一种病原原生动物——斑皮蠹裂簇虫（*Mattesia trogodermae*）可寄生数种斑皮蠹。

5. 传播途径

谷斑皮蠹成虫虽有翅，但不能飞翔，主要随货物、填充物、包装材料和运输工具传播；也可随寄主的邮寄及从疫区进境旅客的携带物传播。

6. 检疫方法

按照中华人民共和国国家标准（GB/T 18087）对来自疫区的有关植物材料、包装材料及运载工具进行现场检验。对来自疫区旅客的携带物有针对性地进行检查。

（1）现场抽样方法　　在现场用随机方法进行抽样。抽查件数：按货物总件数的0.5%～5%抽查。500件以下的抽查3～5件；501～1000件的抽查6～10件；1001～3000件的抽查11～20件；3001件以上的，每增加500件抽查件数增加1件（散装货物以100kg比照1件计算）。

当检查易筛货物时，从每件货物内均匀抽取1～3kg物品过筛，将1%的混合样（不足1kg按1kg取样）和筛下物带回室内检查；当检查非粮食货物时，视情况确定取样数量；散装货物以100kg比照1件计算。

（2）检查方法

1）过筛检查。对谷物、豆类、油料、花生仁、干果、坚果等，采用过筛检查。对花生仁、花生饼等传带可能大的物品应重点检查。

2）肉眼检查。对包装物、填充物、铺垫材料、集装箱、运输工具、动物产品等，应采用肉眼检查。特别是麻袋的缝隙处，棉花包的皱褶、边、角、缝隙处，纸盒夹缝等隐蔽场所；运输工具、集装箱、仓库等的角落和地板缝。

3）诱集检查。将谷斑皮蠹的性外激素14-甲基-8-十六碳烯醛，顺反式结构按一定比例混合，或聚集激素（油酸乙酯44.2%，棕榈酸乙酯34.8%，亚麻酸乙酯14.6%，硬脂酸乙酯

6%，油酸甲酯 0.4%）放入诱捕器内，把诱捕器放在港口、码头、集装箱内、仓库走道口、货物装卸处等，进行监测。也可将性引诱剂与聚集激素结合应用。

4）饲养检查。将采回的样品放入 32～35℃，相对湿度 70% 的培养箱内饲养观察。

（3）标本鉴定　　将收集的成虫、幼虫、蛹、卵及蜕，分别保存于相关溶液中，对照谷斑皮蠹各虫态形态特征进行鉴定。

7. 检疫处理与防治方法

（1）检疫处理　　严格执行检疫条例，杜绝谷斑皮蠹传入。

1）化学熏蒸。常用熏蒸剂有溴甲烷和磷化氢。在 25℃，溴甲烷用药量为 80g/m³，熏蒸 48h；10℃时，用药量应为 25℃的 3 倍。磷化氢用量为 10g/m³，密闭 4d 以上。

2）高温处理。在 52℃下处理 1.5h，或 60℃下处理 20min，可杀灭各虫态。

（2）防治方法

1）清洁卫生防治。

2）用磷化氢熏蒸货物。

3）化学保护剂处理：可用防虫磷 20mg/kg 或 70% 杀螟松 10mg/kg 拌粮。

4）性引诱剂诱杀：利用谷斑皮蠹性外激素诱捕器诱杀成虫。

5）高温处理。

6）生物防治：用 35μg 的性引诱剂，用乙烷稀释到 10mL，装在蜡纸做的小盘内，并加入 0.8mg 的裂簇虫孢子粉（含孢子 2.3×10⁶ 个 /mg），制成孢子性诱盘，在仓内诱集谷斑皮蠹雄成虫，感染裂簇虫的雄成虫通过交配，又可感染雌成虫，从而抑制其种群。

三、双钩异翅长蠹

1. 名称及检疫类别

别名：细长蠹虫。

学名：*Heterobostrychus aequalis*（Waterhouse）。

英文名：kapok borer，oriental wood borer。

分类地位：鞘翅目（Coleoptera）长蠹科（Bostrichidae）。

检疫害虫类别：进境植物检疫性害虫，全国林业检疫性害虫。

2. 分布与为害

（1）国外　　印度、印度尼西亚、马来西亚、日本、越南、缅甸、泰国、斯里兰卡、菲律宾、越南、以色列、马达加斯加、巴巴多斯、巴布亚新几内亚、古巴、美国、苏里南。

（2）国内　　云南红河哈尼族彝族自治州（金平苗族瑶族傣族自治县）、云南普洱市（景东彝族自治县）、云南西双版纳傣族自治州（景洪市），广东的深圳市、佛山市，海南的三亚市、儋州市、琼海市、屯昌县、琼中黎族苗族自治县，台湾，香港。

寄主有白格、黑格、黄桐、楹树、橡胶树、琼楠、木棉、橄榄、柳安、苹婆、乳香树、翅果麻、合欢、厚皮树、银合欢、洋椿、黄檀、龙竹、龙脑香、嘉榄、桑、紫檀、柚木、芒果树、榆绿木、榄仁树、翻白叶等木材、竹材、藤及其制品。也能为害衰弱树和树木的枝条。

该虫是热带、亚热带地区常见的重要钻蛀性害虫，以成虫、幼虫钻蛀孔道，蛀食寄主的木质部。钻蛀时不断向外排出蛀屑。凡受害寄主外表虫孔密布，仅剩纸样外表，内部蛀道相互交叉，严重时几乎全被蛀成粉状，极易折断。此虫的为害严重影响寄主材质，甚至使其完

全丧失使用价值，如 1988 年深圳发展中心
大厦因该虫钻蛀玻璃胶而使高级建筑玻璃面
临掉落的危险。同年东莞市藤厂因该虫严
重为害，约 20% 的库存藤料外表虫孔密布，
内部几乎都是蛀粉。自 1980 年以来，我国
许多口岸多次从进口的木材、木质模具、木
质包装箱上截获此虫，为害率达 86%。

扩展阅读 4-92
扩展阅读 4-93
扩展阅读 4-94
扩展阅读 4-95
扩展阅读 4-96

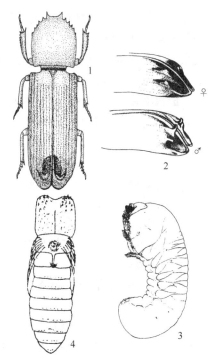

3. 形态特征

双钩异翅长蠹的形状特征具体见图
4-29。

（1）成虫 体长 6～15mm，宽 2.1～
3mm。圆筒形，赤褐色。头部黑色，具
细粒状突起，头背中央有 1 条纵脊线。触
角 10 节，柄节粗壮，鞭节 6 节，锤状部 3
节，其长度超过触角全长的 1/2，端节椭圆
形。上唇甚短，前缘密生金黄色长毛。前
胸背板前缘呈弧状凹入，前缘角有 1 个较

图 4-29 双钩异翅长蠹
1. 成虫；2. 鞘翅；3. 幼虫；4. 蛹
（2. 张生芳等，1998；3. Woodruff，
1967；4. 陈志麟，1990）

大的齿状突起，与之相连的还有 5 或 6 个锯齿状突起；
背板前半部密布粒状突起，后缘角成直角。小盾片四边
形，微隆起，光滑无毛。鞘翅刻点近圆而深凹，排列成
行，刻点沟间光滑无毛。鞘翅两侧缘自基缘向后几乎平
行延伸，至翅后 1/4 处急剧收缩。雄虫鞘翅斜面两侧有
2 对钩状突起，上面的 1 对较大，向上并向中线弯曲，呈尖钩状；下面 1 对较小，位于鞘翅
边缘，无尖钩。雌虫鞘翅斜面仅有稍隆起的瘤粒，无尖钩。

（2）幼虫 体长 8.5～15.0mm，宽 3.5～4.0mm。体肥胖，12 节，体壁皱褶，乳白色。
头部大部分被前胸背板覆盖，背面中央有一条白色线，前额密生黄褐色短绒毛。上颚坚硬。
体向腹面弯曲，胸部特别粗大，中部略小，后端比中部稍大；胸部背中央具一条白色而略下
陷的中线，中线后端较大，其轮廓形似 1 支钉。胸部侧面中间有 1 个浅黄白色的骨化片，长
1.5～1.8mm，斜向，其下方具 1 个椭圆形的气门，黄褐色。腹部侧下缘具短绒毛，各节两侧
中间均有黄褐色椭圆形气门。

（3）蛹 体长 7.0～15.0mm。初化蛹时体乳白色，后变为浅黄色。触角可见柄节、鞭
节 6 节和锤状部 3 节。复眼暗褐色或黑色。前胸背板前缘凹入，两侧密布锯齿状突起。中胸
背板具一瘤突，后胸背板中央有一纵向凹入，后缘具一束浅褐色毛。鞘翅斜面的 1 对突起明
显。腹部各节后缘中部有 1 列浅褐色毛，第 6 节的毛列呈倒 "V" 形。

4. 发生规律

（1）世代及越冬 在热带和亚热带地区 1 年 2～3 代。以老熟幼虫或成虫在寄主内
越冬。

（2）发生及成虫习性 越冬幼虫于次年 3 月中下旬化蛹，蛹期为 9～12d，3 月下
旬至 4 月下旬为羽化盛期。第 1 代成虫于 6 月下旬至 7 月上旬开始出现，第 2 代成虫于 10
月上中旬开始出现。第 2 代部分幼虫期延长，以老熟幼虫越冬，最后一批成虫期延至 3 月中

下旬，与第 3 代（越冬代）成虫期重叠。第 3 代幼虫于 10 月上旬进入越冬，至第二年 3 月中旬化蛹，下旬羽化，其中部分越冬幼虫延至 4～5 月化蛹，越冬代成虫期和第 1 代重叠。成虫寿命一般为 2 个月，越冬代成虫寿命长达 5 个月。世代重叠严重，全年都可见到成虫和幼虫，冬季也有成虫活动。

成虫羽化后 2～3d 开始在木材表面蛀食，形成浅窝或虫孔，有粉状物排出。成虫白天常躲藏在木材或木竹藤制品形成的缝隙中，夜间活动，具弱趋光性，飞行能力较强。成虫钻蛀性强，当环境不适宜时，可蛀穿尼龙薄膜、玻璃胶、木板等。蛀孔由树皮到边材，其蛀道长度不等。在蛀食伐倒木、新剥原木、木制品或藤料时，常将蛀屑排出蛀道。雌成虫喜欢在危害材料的缝隙、孔洞中产卵或咬一个不规则的产卵窝，产卵其中，卵散产。

（3）幼虫习性　　幼虫钻蛀为害，蛀道大多沿木材纵向伸展，弯曲并互相交错，蛀道的横截面为圆形，直径约为 6mm，长达 30cm，蛀入深度可达 5～7cm，其中充满粉状的排泄物，幼虫老熟后在蛀道末端化蛹。

5. 传播途径

主要以各虫态随木竹藤料、制品、包装铺垫材料及运输工具进行远距离传播。近距离靠成虫飞行扩散。

扩展阅读 4-97

6. 检疫方法

（1）现场抽样方法　　对进境商品进行随机抽样检查。

（2）检查方法

1）目测法。查看木材、藤料及其制品表面是否有蛀孔和蛀屑。根据蛀孔的大小和蛀屑的新鲜与否，判断害虫的位点，并进行剥查。

2）敲击法。用斧头或锤击打木料，若发出的声音异常，则进行剥查。

3）韧性判断法。对藤料，可根据其韧性判断，被害藤料的韧性受影响，易折断，可据此发现虫体。

（3）标本鉴定　　将查获的虫体带回室内，对照各虫态形态特征进行鉴定，必要时，请有关专家审核。

7. 检疫处理与防治方法

（1）检疫处理

1）熏蒸处理。大批量木材及其制品、集装箱运载的藤料或木质包装箱等可采用溴甲烷、硫酰氟、磷化铝片熏蒸处理。溴甲烷用药量为 80g/m³，熏蒸 6h；磷化铝 20g/m³，熏蒸 72h。用薄膜密闭后要立即投药，以防该虫咬破薄膜漏气而影响熏蒸效果。

2）硫黄熏蒸处理。少量有虫藤料，可用 45% 硫黄熏蒸处理，用药量为 250mg/m³，熏蒸 24h。

3）水浸木材。木材水浸时间应在 1 个月以上。

（2）防治方法

1）药剂防治。对带有越冬幼虫或卵的苗木，可用 40% 氧化乐果乳油或 40% 久效磷乳油 50～100 倍液，或 2.5% 溴氰菊酯乳油 100～200 倍液喷雾。对携带有 2～3 龄幼虫的苗木，可用 2000μg/g 剂量的 4.9% 氧化乐果微胶囊剂，或 10g/kg 剂量的 2.5% 溴氰菊酯缓释膏，或 5g/kg 剂量的 2.5% 溴氰菊酯缓释膏点涂坑道表面排粪处。老龄幼虫或蛹期，可将磷化铝片投入虫孔道内熏蒸，每孔 0.05g，密闭虫孔熏蒸，或用 40% 乐果与柴油按 1：9 配制液剂涂虫孔。

2）烘烤处理。在 93℃ 条件下烘烤感虫材料 10～20min，可杀死各虫态。

四、大谷蠹

1. 名称及检疫类别

别名：大谷长蠹。

学名：*Prostephanus truncatus*（Horn）。

英文名：larger grain borer，greater grain borer。

分类地位：鞘翅目（Coleoptera）长蠹科（Bostrichidae）。

检疫害虫类别：进境植物检疫性害虫。

2. 分布与为害

原产于美国南部，后扩展到美洲其他地区。20 世纪 80 年代初在非洲立足。已报道的分布国家有美国、墨西哥、危地马拉、萨尔瓦多、洪都拉斯、尼加拉瓜、哥斯达黎加、巴拿马、哥伦比亚、秘鲁、巴西、加拿大、肯尼亚、坦桑尼亚、多哥、贝宁、加纳、尼日利亚、喀麦隆、布隆迪、布基纳法索、几内亚、赞比亚、马拉维、尼日尔、泰国、印度、菲律宾、以色列、伊拉克。

主要寄主有玉米、木薯干、红薯干。还可为害软质小麦、花生、豇豆、可可豆、咖啡豆、扁豆、糙米、木质器具和仓内的木质结构等。

大谷蠹为农户储藏玉米的重要害虫。无论是在田间还是在仓库里，它均能侵害玉米粒和玉米棒。成虫和幼虫均钻蛀为害。成虫能穿透玉米棒的包叶蛀入籽粒，并能转粒为害，产生大量的玉米碎屑。在尼加拉瓜，玉米经 6 个月储藏后，因该虫为害的重量损失达 40%；在坦桑尼亚，储藏 3～6 个月的玉米，籽粒被害率达 70%，重量损失达 34%。大谷蠹可把木薯干、红薯干蛀成粉屑。特别是经发酵过的木薯干，质地松软，更适于其钻蛀为害。在非洲，木薯干经 4 个月储存后，重量损失有时高达 70%。

3. 形态特征

大谷蠹的形态特征具体见图 4-30。

（1）成虫 体长 3～4mm，圆筒形，红褐色至黑褐色，略有光泽。体表密布刻点和稀疏刚毛。头下垂，由背方不可见。触角 10 节，棒 3 节，末节约与第 8、9 节等宽，索节细，上面着生长毛。唇基侧缘明显短于上唇侧缘。前胸背板无侧脊，长宽略相等，两侧缘由基部向端部方向呈弧形狭缩，边缘具细齿；中区的前部有多数小齿列，后部为颗粒区；侧面后半部有一条弧形的齿列，无完整的侧脊。鞘翅上的刻点粗而密，刻点行较整齐，仅在小盾片附近刻点散乱。鞘翅后部陡

扩展阅读 4-98

扩展阅读 4-99

扩展阅读 4-100

扩展阅读 4-101

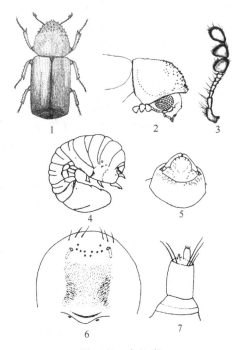

图 4-30 大谷蠹

1. 成虫；2. 头部侧面观；3. 触角；4. 幼虫；
5. 幼虫头部；6. 幼虫上内唇；7. 幼虫触角
（2，3. 张生芳等，1998；4. 中华人民共和国
动植物检疫局，农业部检疫实验所，1997；
5～7. Spilman，1983）

斜，形成平坦的斜面，斜面四周的圆脊明显，呈圆形包围斜面。后足附节短于胫节。

（2）卵　长约0.9mm，宽约0.5mm。椭圆形，初产时为珍珠白色。

（3）幼虫　老熟幼虫体长4～5mm。身体弯曲呈"C"状。头长大于宽，深缩入前胸，除触角着生处的后方有少数刚毛外，其余部分光裸。触角短，3节，第1节短，狭带状；第2节长宽相等，端部着生少数长刚毛，并在端部连结膜上有一明显的感觉锥；第3节短而直，约为第2节长的2/5或第2节宽的1/4，端部具微毛或感觉器。唇基宽短，前、后缘显著弯曲。上唇大，近圆形，上内唇的近前缘中央两侧各有3根长刚毛。近刚毛基部有3排前缘感觉器（第1排2个，相互远离；中排6～8个；后排2个，彼此靠近）。前缘感觉器的每侧有一个前端弯曲的内唇杆状体；感觉器的后面有大量向后指的微刺群，构成方形图案，最后方为一大的骨化板。胸足3对，第1～5腹节背板各有2条褶。

（4）蛹　初化蛹时体白色，渐变暗色。上颚多黑色。前胸背板光滑，端半部约着生18个瘤突。鞘翅紧贴虫体。腹部多皱纹，无瘤突；背板和腹板则区具微刺，刺的端部分2叉、3叉或不分叉。

4. 发生规律

大谷蠹主要为害储藏的玉米，但对田间生长的玉米也能为害。在田间，当玉米的含水量降至40%～50%时即开始为害。成虫有钻蛀特性，羽化后，立即寻找玉米粒和玉米棒，可以发现几头成虫蛀食一粒玉米。成虫钻入玉米粒后，留下一个整齐的圆形蛀孔。在玉米粒间穿行时，形成大量的粉屑。交配后，雌虫在与主虫道垂直的盲端室内产卵。卵成批产下，一批可达20粒左右，上面覆盖碎屑。产卵前期5～10d，产卵高峰约在产卵后的第20天，产卵期持续95～100d。每头雌虫平均产卵约50粒。大谷蠹耐干性很强，当玉米的含水量为10.6%，甚至低到9%时，它仍能严重为害。在十分干燥的条件下，大谷蠹仍可发育，这可能是它广为蔓延的原因。

大谷蠹幼虫在22～35℃，相对湿度50%～80%的条件下均能发育。温度32℃、相对湿度80%的条件最适于其发育，此条件下从幼虫到成虫仅需27d；22℃、相对湿度50%的条件下，最不适宜其发育，从初孵幼虫发育到成虫约需78d。

不同玉米品种对大谷蠹的感虫性不同，硬粒玉米受害轻。另外，雌虫在玉米棒上的产卵数要比玉米粒上多得多。玉米棒上的籽粒受害比脱粒的籽粒受害重。

在32℃、80%相对湿度条件下，各虫态历期：卵4.86d，幼虫25.4d，蛹5.16d，雌成虫寿命61.1d，雄成虫寿命44.7d。完成一代约需35d。

5. 传播途径

主要通过被感染寄主的调运进行远距离传播，也可通过自然扩散扩大分布范围。

扩展阅读 4-102

6. 检疫方法

按照中华人民共和国出入境检验检疫行业标准 SN/T1257 对进境商品进行检疫。有条件的可对种子进行 X 射线检验。

（1）现场抽样方法　在现场用随机方法进行抽查。抽查比例为：批量在5件以下（含5件）的，全部检查；6件以上、200件以下的按5%～10%抽查（最低不少于5件），201件以上、1000件以下的按2%～5%抽查（最低不少于10件），1001件以上的按0.2%～2%抽查（最低不少于10件）。散装货物以10kg比照一件计算。在全面检查的基础上，按每件货物内抽取1～3kg物品过筛，将1%的混合样（不足1kg，按1kg取样）和筛下物及可疑害虫带回实验室作进一步检查。

（2）检查方法

1）肉眼检查。注意检查货物包装外表、铺垫材料、车船、集装箱四壁、边角缝隙等处，是否有成虫蛀入孔、散落的粉屑、大谷蠹各虫态。

2）过筛检查。用筛孔为 5mm 的圆孔筛，对抽取样品以回旋法进行筛选，在筛下物中仔细检查是否有大谷蠹各虫态。

3）饲养检查。将所取样品的一部分放入培养箱内，在 30～32℃、相对湿度 80% 的条件下饲养观察。

（3）标本鉴定　　对未经氢氧化钠液处理的幼虫，观察其形状。在显微镜下放大400～800 倍，观察幼虫触角及上内唇封片。在双目扩大镜下观察成虫的体形、体色、触角、前胸背板和鞘翅斜面等的形态特征。

7. 检疫处理与防治方法

（1）检疫处理　　禁止从疫区调运玉米、木薯干、木材及豆类等。特许调运者，必须严格检疫。若发现可疑疫情，应用磷化铝或溴甲烷进行严格熏蒸处理。

（2）防治方法

1）脱粒储藏。玉米收获后脱粒储藏可减轻大谷蠹为害，也便于药剂防治。

2）日光曝晒。将玉米棒去包叶后摊成薄层曝晒。

3）粮面压盖。玉米入仓内，用草木灰或硅藻土压盖 10cm 左右。

4）防护剂拌粮。用 2.5mg/kg 的二氯苯醚菊酯或 10mg/kg 的虫螨磷或 10mg/kg 的防虫磷处理脱粒玉米；或 8mg/kg 的杀螟松处理，或用硅藻土与玉米粒混合储存。

5）物理防治。用剂量为 5～25krad、50krad 和 100krad 的 γ 射线进行处理时，大谷蠹分别经 24d、16d 和 12d 全部死亡。

五、日本金龟子

1. 名称及检疫类别

别名：日本金龟、日本甲虫、日本弧金龟、豆金龟。

学名：*Popillia japonica* Newman。

英文名：Japanese beetle。

分类地位：鞘翅目（Coleoptera）丽金龟科（Rutelidae）。

检疫害虫类别：进境植物检疫性害虫。

2. 分布与为害

原产于日本，1841 年英国 Edward Newman 在伦敦首次报道并命名该虫。1911～1916 年，随苗木由日本传入美国东部。国外曾有报道我国局部地区有日本金龟子分布，但多年来，我国有关专家对国内大部分地区长期调查，可以肯定日本金龟子在我国尚未分布。

报道分布的主要国家有：日本、朝鲜、俄罗斯、葡萄牙、加拿大、美国、丹麦、瑞典、捷克、斯洛伐克、德国、奥地利、荷兰、法国、西班牙、保加利亚、阿尔巴尼亚、希腊、斯洛文尼亚、克罗地亚、波斯尼亚和黑塞哥维那、北马其顿、黑山、塞尔维亚（科索沃和伏伊伏丁那）、摩洛哥、阿尔及利亚、澳大利亚、古巴。

为多食性害虫，已报道近 300 种寄主植物，包括果树、蔬菜、大田作物、园林观赏树种、灌木、藤本植物、花卉及杂草等。主要有：葡萄、苹果、草莓、樱桃、梨、桃、李、杏、柿、梅、黑梅、油桃、槭树、杨、柳、榆、石刁柏、栎树、椴、白桦、落叶松、美国梧桐、蔷薇、樟、栗、黑槐、丁香、接骨木、忍冬、虎仗、桱树、紫藤、连翘、酸模、五叶地锦、玫瑰、楤梓、大丽花、美人蕉、天竺葵、万寿菊、牵牛花、鸢尾、杜鹃、蜀葵、锦葵、向日葵、薄荷、蒲公英、百日菊、葎草、车前草、香堇菜、蕨类、玉米、小麦、裸麦、荞麦、高粱、粟、花生、大豆、小豆、菜豆、豌豆、马铃薯、甘薯、西瓜、甜瓜、蛇葡萄、芦笋、苜蓿等。

该虫主要以幼虫在地下为害，取食植物根部，常引起大面积草坪或蔬菜的死亡。在开阔、地势较低的大面积草地、蔬菜地等幼虫为害尤为严重。成虫取食叶片，常将叶片吃光，仅剩叶脉；能取食花，影响植物授粉，使作物减产并使观赏植物失去观赏价值；为害果实，常将果实咬洞、穿孔、蛀道，从而失去经济价值。

在美国，由于气候条件适宜，有大面积的永久性草地和大量适合成虫取食的植物，加上无有效天敌，故该虫迅速传播蔓延，造成严重为害，被美国列为极重要的经济害虫。

3. 形态特征

日本金龟子的形态特征具体见图4-31。

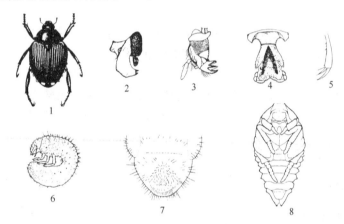

图4-31 日本金龟子（中华人民共和国动植物检疫局，农业部检疫实验所，1997）
1. 成虫；2. 成虫右上颚背面观；3. 成虫右下颚背面观；4. 下唇背面观；
5. 爪；6. 幼虫；7. 幼虫腹部末端腹面；8. 蛹

（1）成虫　　体长9～15mm，宽4～7mm。体卵圆形，有金属光泽。头、前胸、足、小盾片墨绿色。头顶常具哑铃形无刻点区。唇基倒簸箕形，强卷，前缘加厚并上翘、前角近100°。头顶前至唇基前缘部呈平坦的斜截面；额唇基沟中断或消失；唇基除基中部外各刻点粗密交合成皱刻状；额和唇基中部刻点连续，排列均匀。触角9节，棒部5节。颏中部纵凹。前胸背板宽大于长，强隆弓，基缘向后方突出，并在小盾片前凹入。小盾片圆三角形，常具不规则刻点。鞘翅黄褐色至赤褐色，鞘翅外、内端缘暗绿色。鞘翅短、扁平、向后收狭，前臀板部分外露；肩疣、端疣发达，具缘膜。鞘翅缝间具1对小齿，鞘翅背面有刻点行6条，刻点粗密深凹，行2散乱并在近端部4/5处消失。

中胸腹突前伸较明显，胸腹部布满白毛。足粗壮，前足胫节端部外侧具2个相连大齿，内侧中端具1距。近足胫节内侧无刺列，但有1个长毛列。腹部第1～5节腹板中央两侧中部各具1白色毛斑，不被鞘翅覆盖，臀板隆起，具鳞状横刻纹，臀板基部有2个白色毛斑，前臀板具白色刚毛。

雄性外生殖器阳基侧突向端尖细，端部下弯，背面马鞍状。

扩展阅读4-103

扩展阅读4-104

（2）卵　　长约 1.5mm，初产时乳白色，圆形，后变为长卵形，颜色加深。

（3）幼虫　　体长 18～25mm。白色，呈 "C" 形弯曲。上颚发达，黑褐色，尾节极膨大，蓝黑色。腹毛区具 2 列短刚毛，每列 6 根。肛门孔横弧形肛裂。

（4）蛹　　长 14mm，阔纺锤形，灰白至黄褐色，跗肢活动自如。

4. 发生规律

（1）世代及越冬　　每年发生 1 代，寒冷地区 2 年发生 1 代。一般以老熟幼虫（3 龄）在土中 15～20cm 深处越冬。

（2）发生及成虫习性　　每年初春，当土壤温度超过 10℃时，越冬幼虫爬至土表约 5cm 深处的植物根部开始取食，3～4 周后发育完全并开始作蛹室化蛹，化蛹 2～3 周后，成虫羽化并飞出地面。成虫羽化出土 1 周后开始交配，雌虫可多次交配，交配后选择肥沃、潮湿、日照充足、pH 低于 5.3 的草地或菜地产卵。产卵前，雌虫先在地上钻出 5～13cm 深的洞，在洞中做产卵室产卵或在植物根节上产卵，每室产卵 3～4 粒，每头雌虫平均产卵 50 粒，最多 133 粒。

成虫喜欢在温暖、阳光充足的植物上取食、聚集、栖息，并具群体迁移性，对水果气味及黄色趋性极强。

幼虫孵化后，向上爬到地表土壤中取食植物嫩根及腐殖质，一般幼虫在土壤中生活达 12 个月，并不停地取食为害。幼虫共 3 龄。各虫态历期：卵 14d，幼虫 136d，蛹 14～21d，成虫寿命为 30～45d。从卵发育到成虫约需 281d。

温度对幼虫生长发育有很大影响，如在 20.6℃下，从卵发育到成虫需要 281d，而在 30℃时仅需 90d。40℃以上高温持续 1h，并伴以高湿度，会导致幼虫、蛹和成虫死亡。夏季少雨或无雨，且天气干热会严重影响幼虫的存活。土壤类型和土壤 pH 影响幼虫活动和为害。幼虫喜欢生活在酸性土壤中，在 pH 为 5.3 的土壤内为害尤为严重，同时幼虫也喜欢生活在有大面积杂草的砂质或壤质土壤中。

5. 传播途径

主要以卵、幼虫、蛹随植物和土壤远距离传播；成虫可随绿色植物、植物产品及其运输工具进行远距离传播。

6. 检疫方法

（1）现场抽样方法　　采用随机抽样法，对绿色植物、绿色植物产品及科研用入境带土植物、土壤及交通运输工具等进行现场抽样检查。

扩展阅读 4-105

（2）监测方法　　对境内机场、码头等周围场所，应结合采用诱捕器监测。饵料为 9 份茴香脑加 1 份丁子香粉，效果较好。人工合成的日本金龟子性引诱剂［Japonilure，（R.Z）-5-(1-癸烯酰基）二氢-2（3H)-呋喃］和花引诱剂（甲基苯甲酸：丁子香粉：牻牛儿醇为 3：7：3）的引诱效果极强。

诱捕器（PEG 加日本诱饵）应以每 1.6km^2 放 2 台的比例放置，每两周检查一次，若一个诱捕器 48h 之内诱捕到 1 头虫子，则以发现虫子的诱捕器为圆心，在半径 800m 的范围内，将诱捕器密度增加到每 1.6km^2 放 50 台以上，每周检查 1 次。下一个 24 000m 半径内的诱捕器密度为每 1.6km^2 放 25 台。

（3）标本鉴定　　将抽样检查或诱捕到的害虫带回室内鉴定。

7. 检疫处理与防治方法

（1）检疫处理　　对来自疫区的绿色植物和绿色植物产品、带土植物、土壤、运输工具严格进行检疫，并严禁土壤、垃圾入境，杜绝日本金龟子传入。

（2）防治方法

1）土壤处理。比较常用的药剂有毒死蜱、二嗪农、丰索磷、异丙胺磷等，其中异丙胺磷防治效果最佳。土壤杀虫剂处理可在春秋季各进行一次。

2）叶面喷雾。用西维因等化学农药进行叶面喷雾，防治日本金龟子成虫。

3）生物防治。目前已发现一些寄生蜂、寄生蝇、病原微生物可寄生日本金龟子。其中日本金龟子芽孢杆菌（*Bacillus popilliae* Dutky）寄生专化性强，侵染幼虫并在体内进行营养生长从而形成芽孢。芽孢在体外可存活多年，抗逆性强，且使用安全，是防治日本金龟子的较为理想的微生物杀虫剂。

六、椰子缢胸叶甲

1. 名称及检疫类别

别名：缢胸椰叶甲、椰子潜叶甲、椰子钻心甲、褐翅点线钻心甲。

学名：*Promecotheca cumingi* Baly。

英文名：coconut leaf miner，coconut leaf miner beetle，philippine leaf beetle。

分类地位：鞘翅目（Coleoptera）铁甲科（Hispidae）。

检疫害虫类别：进境植物检疫性害虫。

2. 分布与为害

已报道分布的国家有：菲律宾、马来西亚、斯里兰卡、新加坡、文莱、印度尼西亚。

主要寄主为椰子，还有油棕、王棕、槟榔、刺葵等。成虫和幼虫均可为害。成虫咬食叶片，幼虫在叶内潜食。被害叶片卷曲，焦枯、易折断。为害严重时，成虫和幼虫可使光合叶面积减少 75% 以上，造成落果，产量损失 80%。1930 年，菲律宾受害面积达 1 万 hm^2，受害椰树 1500 万株，受影响民众约 25 万人。为了防治此虫，高潮时日雇员工 4000 人，前后还有 6.5 万余义务人员参加。据估计耗资 30 万美元，共灭虫 100 多亿头。1972 年，马来西亚和斯里兰卡椰树受害面积分别达 266.7hm^2 和 693.3hm^2。

3. 形态特征

椰子缢胸叶甲的形态特征具体如图 4-32 所示。

（1）成虫　　体长 7.5～10mm，宽 1.6～2.0mm。体红褐色。头部向前凸出。眼大，卵圆形。触角 11 节，长达鞘翅之半。前胸背板长大于宽，光洁，前部具微细刻点，中部偏前部位两侧略缢缩，基部横沟深，沟中部向后稍拱。小盾片舌形。鞘翅长形，两侧近平行。鞘翅基部 1/3 部分以后有刻点 8 列，不被纵向微脊隔成双列。前、中足短，各足腿节内侧有 1 刺，各足跗节宽平，爪全开式，后足腿节细长。雌虫稍大于雄虫，其腹部末端略大于前端。雄虫腹部前端与末端相等。

（2）卵　　长约 1.5mm，宽 1.0mm。椭圆形，形似西瓜籽，棕褐色。

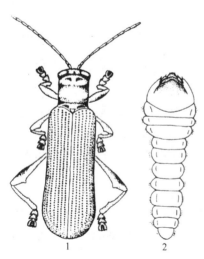

图 4-32　椰子缢胸叶甲（中华人民共和国动植物检疫局，农业部检疫实验所，1997）
1. 成虫；2. 幼虫

扩展阅读 4-106

（3）幼虫　　老熟幼虫体长 9.5mm，头宽约 1.5mm，奶油色，半圆柱形。背腹面扁平。胸腹部 11 节，无足，每节两侧有 6 对细毛。前胸背板褐色，骨化片呈三角形；腹部背腹面稍凸起，有光泽。

（4）蛹　　体长 7～8mm，宽 1.6mm。橘黄色至黄褐色，有毛被。眼黑色，上颚棕褐色。腹部背腹面稍凸起。

4．发生规律

（1）成虫习性　　成虫有晨飞沐浴朝阳的习性，故多发生在居民点周围、路旁、溪边、江河湖畔等开阔向阳地带；飞行缓慢，易被风带到风速较大的开阳地带而降落；成虫对居民点夜幕下的火烛、灯光也有一定的趋性。此外，晴天成虫有围绕树冠群舞的现象，多时每树可达 4000 多头。成虫休息时，伏于叶片背面，触角贴叶前伸，受到干扰也不起飞。雌成虫产卵前，先将叶片下表皮咬破成洞，然后将卵单产于洞内，产卵后雌虫用半消化状态的叶肉组织分泌物覆盖洞口。

（2）幼虫习性　　幼虫孵化后，直接潜食叶肉组织。在取食过程中，常将粪便等分泌物排于蛀道内两侧，在叶面上透过叶膜可看到。幼虫常退到蛀道的中部位置进行蜕皮。幼虫老熟后也在蛀道中部位置化蛹。成虫羽化时，在叶片上表皮咬一半圆形孔钻出。各虫态历期：卵 10.5～15d，幼虫 30d，蛹 7～13d，成虫寿命 3 个月。

5．传播途径

可随椰子及其他棕榈科植物种苗、椰果、纤维及其他寄主植物及运输工具等进行远距离传播，也可随风扩散。

扩展阅读 4-107

6．检疫方法

可按中华人民共和国出入境检验检疫行业标准 SN/T 1149 进行检验。

（1）现场抽样　　在入境现场，对来自疫区的种苗或植株，按总株数的 5%～20% 进行棋盘式或随机抽样法抽样。若是成树要逐树全部进行查验，同时注意对集装箱或装载容器等进行检查。取样数量：50 株以下取 1 份；51～200 株取 2 份；201～1000 株取 3 份；1001～5000 株取 4 份；5001 株以上每增加 5000 株增取 1 份，不足 5000 株的余量计取 1 份样品；每份样品为 5 株。椰子果实、椰壳纤维的抽样可按总件数的 5%～10% 进行棋盘式上、中、下层抽检。

（2）检查方法

1）目测法。查看货物、货物包装、铺垫材料、集装箱、运输工具底面、四周及边角缝隙等。选点观察叶片时，从下而上，逐叶查看，要特别注意下部的老叶，先看叶表面是否有成虫，再观察各小叶是否有"泡状"，若有泡状，里面可能有幼虫或蛹。

2）镜检法。在现场检查中，对怀疑带虫的种苗叶片、果实或椰壳纤维等，可适当抽取样品带回室内进一步检验。用 10 倍放大镜观察叶表面是否有 2～3mm 的卵圆形囊状鼓包，用镊子将卵取出，在双目扩大镜下观察。

3）饲养检查。发现有可疑椰子缢胸叶甲卵、幼虫和蛹时，可饲养至成虫鉴定。

（3）标本鉴定　　对采集和饲养的害虫标本，对照椰子缢胸叶甲形态特征进行鉴定。

7．检疫处理与防治方法

（1）检疫处理　　对进口椰子缢胸叶甲的寄主植物，特别是来自疫区的棕榈科植物种苗、椰子果实及椰壳纤维，必须进行严格检疫。凡从疫区进口椰果，必须剥除椰果外皮层。若发现疫情应进行熏蒸处理。

（2）防治方法　　若有发生，可人工割除被害叶片烧毁。在被害区域边缘椰叶上喷洒石灰水，以与健康区域相隔离。喷洒肥皂水使虫体气门堵塞窒息而亡。产自新加坡的卵寄生蜂（*Achrysocharis promecothecae*）和幼虫寄生蜂（*Dimmockia javanica*）以及产自斐济的幼虫—蛹跨期寄生蜂（*Pediobius parvulus*），对该虫有良好控制效果。

七、椰心叶甲

1. 名称及检疫类别

别名：椰棕扁叶甲、椰子刚毛叶甲、红胸叶虫。

学名：*Brontispa longissima*（Gestro）。

英文名：coconut leaf beetle，coconut hispid，palm heart leaf miner，palm leaf beetle。

分类地位：鞘翅目（Coleoptera）铁甲科（Hispidae）。

检疫害虫类别：进境植物检疫性害虫、全国农业植物检疫性害虫、全国林业检疫性害虫。

2. 分布与为害

已报道分布的国家或地区：印度尼西亚、马来西亚、巴布亚新几内亚、新喀里多尼亚、澳大利亚、所罗门群岛、萨摩亚群岛、新赫布里底群岛、俾斯麦群岛、社会群岛、塔西提岛、法属波利尼西亚、瓦努阿图，以及中国（台湾、香港、海南）。

寄主为棕榈科许多重要经济林木，包括椰子、大王椰子、西谷椰子、亚历山大椰子、华盛顿椰子、油棕榈、棕榈、槟榔、雪棕、王棕、鱼尾葵、刺葵、山葵、蒲葵、散尾葵、省藤、卡喷特木等，其中椰子是最重要的寄主。

成虫和幼虫为害心叶，在未展开的卷叶内或卷叶间取食叶肉，沿叶脉形成窄条食痕，被害叶伸展后，呈现大型褐色坏死条斑。叶片严重受害后，可表现枯萎、破碎、折枝或仅留叶脉。通常幼树和不健康树更易受害。幼树受害后，移栽难成活；成年树受害后期往往表面部分枯萎和褐色顶冠，甚至枯死。1975年我国台湾发现此虫，1976年受害椰苗约4000株，1978年达4万余株，局部地区已遭受严重为害。

3. 形态特征

椰心叶甲的形态特征具体见图4-33。

（1）成虫　　体长8～10mm，狭长扁平。头顶前方的触角间突长超过柄节长的1/2，由基部向端部渐尖，不平截。触角粗线状，11节，黄褐色，顶端4节色深，柄节长为宽的2倍。前胸背板红褐色，长宽相当，明显宽于头部，有粗而不规则刻点，刻点多超过100个。鞘翅基部的1/4表面红黄色，其余部分蓝黑色。鞘翅刻点大多数窄于横向间距，刻点间区除两侧和末梢外较平坦。足红黄色，短而粗壮。

（2）卵　　长1.5mm，宽1.0mm，椭圆形，褐色。卵的上表面有蜂窝状扁平突起，下表面无此特征。

（3）幼虫　　老熟幼虫体扁平，乳白色至白色。头部隆起，两侧圆。前胸

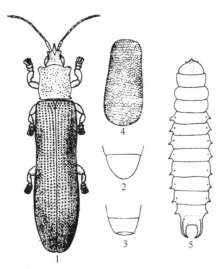

图4-33　椰心叶甲（Maulik，1938）
1. 成虫；2. 雌腹末；3. 雄腹末；
4. 卵；5. 幼虫

扩展阅读4-108

和各腹节两侧有 1 对刺状突，腹部末端有 1 对钳状突起，突起基部有 1 对气门开口。

（4）蛹　　与幼虫相似，但个体稍粗，有翅芽和足；腹末仍保留 1 对钳状突起，但突起基部的气门开口消失。

4. 发生规律

一年发生 3～6 代。成虫行动迟缓，除早晚外多不飞行，白天触角前伸，伏在叶片上取食。雌成虫将卵产在紧包的心叶内或心叶间，每次产卵 1～4 粒，单产或多粒卵排成纵列。

产卵前期约 32d，每头雌虫平均产卵 117 粒。幼虫 4～5 龄，孵化后即在未展开的心叶间取食为害。成虫、幼虫均可造成严重为害。

各虫态历期：卵 4～5d，幼虫 30d，蛹 4～7d，成虫寿命为 2～4 个月。

5. 传播途径

各虫态随种苗、幼树或其他载体远距离传播，也可因成虫飞行扩大分布范围。

6. 检疫方法

对进境棕榈科植物种苗、运载工具及国内苗圃进行认真检验。若有可疑虫卵、幼虫或蛹，应饲养到成虫进行鉴定。

扩展阅读 4-109

7. 检疫处理与防治方法

（1）检疫处理　　在港口实施严格的检疫检验，一旦发现该虫，进境种苗应予以烧毁。

（2）防治方法

1）割叶烧毁。在发生范围不大情况下，应将种苗烧毁或割除被害叶烧毁。

2）药剂防治。可采用敌百虫、西维因等杀虫剂，心叶未展开时用药液灌心，心叶展开时进行喷雾，叶完全抽出后可不必喷药。

3）生物防治。利用当地天敌或引进天敌，特别是寄虫蜂类，如卵跳小蜂、啮小蜂、赤眼蜂，以及捕食性天敌黄猄蚁等，对该虫种群数量有一定控制作用。此外，应注意选育抗虫品种。

扩展阅读 4-110

复习思考题

1．简述象甲的经济和检疫重要性。

2．区别稻水象甲和近缘种 *L. simplex* 成虫。

3．区别稻水象甲和稻象甲。

4．区别墨西哥棉铃象和近缘种 *A. hunteri*、野棉铃象成虫。

5．简述稻水象甲的传播途径。

6．说明稻水象甲在我国的分布及发生规律。

7．说明墨西哥棉铃象在世界的分布及发生规律。

8．小蠹虫分为初期性和次生性为害，分别举例说明。

9．小蠹虫对树木的为害，按其修筑坑道的部位，分为哪两种类型？

10．举例说明，何种小蠹除对树木直接为害外，还可传播危险性植物病原菌？

11．小蠹虫的食性可以分为哪几类？

12．小蠹虫的检疫处理有哪些方法？

13．咖啡果小蠹成虫前胸背板有何重要鉴别特征？如何进行检疫处理？

14．欧洲榆小蠹如何传播榆树枯萎病菌？如何在进境口岸对其进行检验？

15．欧洲榆小蠹与近似种欧洲大榆小蠹，其成虫腹部特征有何区别？

16．美洲榆小蠹与欧洲榆小蠹的坑道类型有何区别？

17．如何鉴别（中欧）山松大小蠹？它是否属于次生性的为害？

18．红脂大小蠹成虫和幼虫各有哪些主要生活习性？

19．为发现马铃薯甲虫，如何进行现场抽样？

20．如何识别马铃薯甲虫成虫？

21．马铃薯甲虫的检疫处理有哪些方法？

22．谷斑皮蠹是如何传播的？

23．检查发现谷斑蠹有哪些方法？

24．谷斑皮蠹的检疫处理有哪些方法？

25．双钩异翅长蠹成虫鞘翅有何重要特征？

26．如何识别日本金龟子成虫？

27．如何识别椰子缢胸叶甲成虫？

28．椰子缢胸叶甲的检验方法如何？

29．大谷蠹有哪些重要发生规律？

30．如何对大谷蠹进行检验与鉴定？

31．天牛分类常用哪些鉴定特征？

32．为发现检疫性天牛，如何对调运木材进行检验？

33．鉴定下列检疫性天牛成虫：白带长角天牛、刺角沟额天牛、家天牛、青杨脊虎天牛、黄斑星天牛。

34．简述豆象科基本特征及成虫种级分类的常用特征。

35．简述绿豆象、四纹豆象、鹰嘴豆象的形态特征异同。

36．简述绿豆象、四纹豆象、菜豆象、灰豆象、巴西豆象卵的形状与产卵特点的差异。

37．简述豆象科害虫常用的检疫检验方法。

38．菜豆象成虫有哪些显著特征？

39．简述豆象科害虫常用的检疫处理方法。

第五章　检疫性双翅目害虫

内容提要： 本章分检疫性实蝇类、瘿蚊类、斑潜蝇类共 3 节。每节首先概括介绍该类检疫性害虫的分类地位、经济重要性、危险性种类；然后对每类中主要检疫性害虫的分布与为害、形态特征、发生规律、传播途径、检疫检验方法、检疫处理与防治技术进行了详细的阐述。重点突出各种检疫害虫的形态鉴定特征、检疫检验方法与检疫处理。

第一节　检疫性实蝇类

实蝇隶属于双翅目（Diptera）实蝇科（Tephritidae），是一类广泛分布于热带、亚热带和温带的植食性昆虫；是当前世界公认的极具危险的有害生物，具有重要的检疫意义。成虫体小至中型，头大，有细颈。复眼大，常有绿色闪光。中胸发达，胸部有鬃。翅阔，有褐色或黄色斑纹。休息时翅常展开并扇动。C 脉（前缘脉）在 Sc 脉（亚前缘脉）末端外折断，Sc 脉在亚端部几乎呈直角折向前缘。

全世界已知种类约 500 属 4500 余种，中国有 400 余种。其中具有经济危害性的种类有 250 种，根据生理和生态特性分为两大类。第一类分布于温带，一化性，具有滞育现象，如绕实蝇属（*Rhagoletis*）。第二类分布于热带，多化性，无滞育现象，如按实蝇属（*Anastrepha*）、果实蝇属（*Bactrocera*）、小条实蝇属（*Ceratitis*）等。

扩展阅读 5-1

实蝇的寄主范围广泛，涉及水果类植物 24 科 42 属、蔬菜类植物 4 科 16 属（野生寄主植物未包括在内），几乎人类能够食用的果实，实蝇都可为害。主要危害柑橘、橙、柚、苹果、梨、桃、杏、石榴、柠檬、樱桃、咖啡、柿、枇杷、龙眼、荔枝、芒果、香蕉、葡萄等果树的果实和花。此外，也可为害番茄、辣椒和茄子等蔬菜。不同的实蝇类群，其寄主范围的宽窄差异明显。寡鬃实蝇属的寄主限于蔬菜类，共计 3 科 11 属，以葫芦科（Cucurbitaceae）为主；此外，还偏喜萝藦科（Asclepiadaceae）和夹竹桃科（Apocynaeae）的蓇果。绕实蝇属的寄主范围较窄，包括水果类植物 4 科 5 属、蔬菜类 1 科 2 属。果实蝇属、小条实蝇属和按实蝇属是实蝇科中果蔬类寄主范围最广、危险性最大的三个类群。其中，水果类寄主植物分别为 21 科 37 属，19 科 35 属，19 科 33 属；蔬菜类寄主植物分别为 4 科 16 属，2 科 5 属，4 科 11 属。

实蝇幼虫均为潜食性，为害植物的根、茎、叶、花乃至果实；其中为害果实的种类造成的经济损失最严重，如地中海实蝇、樱桃实蝇、苹果实蝇等都是臭名昭著的害虫。成虫产卵于寄主果实，幼虫孵化后在果实中取食为害，造成落果或使果实丧失食用及商业价值。寄主果实平均被害率为 10%～50%，

扩展阅读 5-2

严重时可达 80% 以上甚至绝收，严重影响果蔬产品的对外进出口贸易，导致丧失国际市场。

实蝇易随果、蔬、花卉传播蔓延，一旦入侵非疫区国家或地区，极易大流行，造成果蔬减产等直接经济损失；加之控制或根除其害等一系列措施所花费的人力、物力耗资巨大，世界各国都十分重视实蝇检疫，一旦发现传入，往往不惜任何代价予以扑灭，如美国大陆曾多次发现地中海实蝇侵入，每次都耗费巨资予以彻底扑灭。

我国幅员辽阔，中、南部盛产品种繁多的经济果蔬作物。加上暖温带、亚热带和热带性气候等优越的自然条件，很适宜实蝇的生长和繁育。一旦危险性重大实蝇害虫入侵、定居成功，就有随时暴发流行的可能。因此，严格检查措施、防止重要检疫性实蝇传入我国，对于保护果蔬类经济作物不受外来虫害的侵袭，避免造成巨大经济损失和难以根治的恶果，保证我国农业生产和国民经济的持续发展等，都具有重大的理论和现实意义。

实蝇中有许多危险性及检疫性害虫，世界各国实施检疫的实蝇种类将近 20 种（属）。其中，地中海实蝇［*Ceratitis capitata*（Widedmann）］、橘小实蝇［*Bactrocera dorsalis*（Hendel）］、蜜柑大实蝇［*Bactrocera tsuneonis*（Miyake）］、苹果实蝇［*Rhagoletis pomonella*（Walsh）］、多种按实蝇（*Anastrepha* spp.）、昆士兰果实蝇［*Bactrocera tryoni*（Froggatt）］、瓜实蝇［*B. cucurbitae*（Coquillett）］、辣椒实蝇［*B. latifrons*（Hendel）］等都是较重要的种类。2017 年列入我国进境植物检疫性害虫的有：按实蝇属（*Anastrepha* Schiner）、果实蝇属（*Bactrocera* Macquart）、小条实蝇属（*Ceratitis* Macleay）、寡鬃实蝇属（非中国种）（*Dacus* spp.）、欧非枣实蝇［*Carpomya incompleta*（Becker）］、枣实蝇（*Carpomya vesuviana* Costa）、橘实锤腹实蝇（*Monacrostichus citricola* Bezzi.）、甜瓜迷实蝇［*Myiopardalis pardalina*（Bigot）］、绕实蝇属（非中国种）（*Rhagoletis* spp.）、番木瓜长尾实蝇（*Toxotrypana curvicauda* Gerstaecker）等。

一、地中海实蝇

1. 名称及检疫类别

学名：*Ceratitis capitata*（Widedmann）。

英文名：Mediterranean fruit fly，medfly。

分类地位：双翅目（Diptera）实蝇科（Tephritidae）。

检疫害虫类别：进境植物检疫性害虫。

2. 分布与为害

地中海实蝇原产于西非热带雨林，后传遍西非和北非。1842 年传入西班牙，随后在地中海沿岸各国迅速蔓延。现在除远东、东南亚和北美大陆以外，几乎遍布热带、亚热带地区。已知传入的国家或地区有俄罗斯、乌克兰、匈牙利、德国、奥地利、瑞士、荷兰、比利时、卢森堡、法国、西班牙、葡萄牙、意大利、马耳他、阿尔巴尼亚、希腊、埃及、利比亚、突尼斯、阿尔及利亚、摩洛哥、塞内加尔、布基纳法索、马里、佛得角、几内亚、塞拉利昂、科特迪瓦、利比里亚、加那利群岛、马德拉群岛、亚速尔群岛、加纳、多哥、贝宁、尼日尔、尼日利亚、喀麦隆、苏丹、埃塞俄比亚、肯尼亚、乌干达、坦桑尼亚、卢旺达、刚果（金）、布隆迪、刚果（布）、加蓬、圣多美和普林西比、安哥拉、赞比亚、马拉维、莫桑比克、马达加斯加、毛里求斯、塞舌尔、津巴布韦、法属留尼汪岛、博茨瓦纳、南非、圣赫勒拿岛、斯威士兰、澳大利亚、马里亚纳群岛、新西兰、美国、百慕大群岛、墨西哥、危地马拉、伯利兹、萨尔瓦多、洪都拉斯、尼加拉瓜、哥斯达黎加、巴拿马、牙买加、哥伦比亚、委内瑞拉、巴西、厄瓜多尔、秘鲁、智利、阿根廷、巴拉圭、印度、叙利亚、伊朗、黎巴嫩、沙特阿拉伯、巴勒斯坦、约旦、以色列、塞浦路斯等。该虫至今仍继续传入新区，依然是重要的检疫对象。

地中海实蝇在世界各地广泛分布，比大多数其他种类的热带实蝇更能忍受较凉爽的气候，加之寄主范围广和具有极高的繁殖力，对作物造成极大危害。危害65科350种水果、蔬菜和坚果等，最主要的有柑橘、橙、柚、苹果、梨、桃、李、杏、石榴、番石榴、柠檬、樱桃、咖啡、柿、枇杷、龙眼、荔枝、芒果、香蕉、无花果、葡萄和可可等植物的果实和花。番茄、辣椒和茄子果实带虫，但田间发生较少。

成虫在果皮上刺孔产卵，每孔有卵数粒。幼虫孵化后钻入果肉为害，一个果实内常有多条幼虫，最多的有100余条。严重时幼虫常把果肉吃光，带有幼虫和卵的果实，品质大大降低。除直接食害果肉外，地中海实蝇还导致细菌和真菌侵入，常使果实腐烂，失去食用价值。目前，此虫已随果蔬等传播到六大洲的80多个国家和地区，成为世界性果蔬大害虫。地中海实蝇因其分布广、寄主多等原因，在经济上重要的实蝇中排名第一，我国将其公布为一类进口植物检疫性害虫，对其检疫极其严格。

扩展阅读 5-3

扩展阅读 5-4

3. 形态特征

地中海实蝇的形态特征具体见图 5-1。

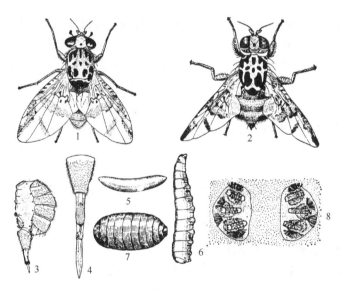

图 5-1　地中海实蝇（Bodenheimer，1951）
1. 雄成虫；2. 雌成虫；3，4. 雌虫产卵管侧面和背面观；5. 卵；6. 幼虫；7. 蛹；8. 幼虫的后气门

（1）成虫　　体长 4～5mm，翅长 4.5mm。头顶和额黄色，单眼三角区黑褐色，复眼深红色具闪光。触角 3 节，1、2 节红褐色，第 3 节黄色，触角芒黑色。雄虫上额眶鬃第 1 对不发达，第 2 对着生于突起的额上（触角外侧），端部扩大为扁阔的匙形薄片，银灰色，其上有纵向条纹，称为额附器；雌虫第 2 对上额眶鬃仅比其他 3 对额眶鬃粗但不变形。胸部背面有光泽，底色为乳白色至黄色，镶有黑色特殊斑纹。背面有黑亮区域和黄白色斑纹，黑亮区以外为黄白色斑纹。黑亮区域包括两肩胛间的横带、2 个较大的前缘角、中胸前缘一纵斑、位于中部横列的 3 个小圆斑、其下有 2 个大圆斑和 2 个较大的后缘角。小盾片为黑色，近基部有一波形黄色横带。胸鬃有背中鬃 2 对和背侧鬃 2 对，前翅上鬃 2 对，后翅上鬃 1 对，肩

鬃和沟前鬃各 1 对。翅透明，翅宽短，有黄、褐及黑色斑区形成的带纹，基部布满形状不规则的黄褐色或淡黑色斑；中部有一条宽红黄色垂直带，自亚缘室延伸到臀脉附近的翅缘，带的边缘为褐色。前缘带与此带同色，延伸到翅端，其上有暗斑。此外，还有一斜褐色带穿过中肘横脉，直到翅的后缘。翅前缘及基部为深灰色。足红褐色，前足腿节侧毛为黑色（♂）或黄色（♀），后足胫节有一排较长的黄毛。

腹部心形，浅黄色或橙红色，着生黑色刚毛，第 2 与第 4 背板后缘各有一条银灰色横带。雌产卵器针状，红黄色，短而扁平，平时缩入第 5 腹节。

（2）卵　　长 0.9～1.1mm，宽 0.2～0.3mm。纺锤形，略弯曲。白色至浅黄色，有光泽。前端有瘤状卵孔区。

（3）幼虫　　蛆形，白色，长圆柱形，前端变窄，有点向后弯曲，口前钩尾端扁平。末龄幼虫长 7.0～10.0mm，宽 1.5～2.0mm，粗壮。前颊隆起通常为 9 或 10 个。前气门有指突 7～12 个，排成单列；指突列的背缘几乎平直。腹部每节腹面的纺锤区有小刺。腹部末节着生小乳突两对，位于后气门的背侧方，在后气门的腹侧方有一对明显的脊状中突，脊状突的腹面有两对小乳突；后气门板有 3 列孔。

（4）蛹　　围蛹，长 4.0～4.3mm，宽 2.1～2.4mm，长椭圆形或长筒形，头部一端稍尖。深红棕色，状似麦粒。

识别特征：地中海实蝇成虫翅及中胸背板上的特殊花纹极易辨别，胸部背面为黑色且有光泽，间有黄白色斑纹。翅透明，有橙黄色或褐色斑纹和断续的横带；中部横带位于前缘和外缘之间，外侧横带从外缘延伸但不达前缘；翅的前缘及基部为深灰色。与地中海实蝇近

扩展阅读 5-5

缘且相似的种类有分布于毛里求斯、留尼汪岛和塞舌尔，为害鳄梨、杨桃、番石榴、番樱桃、枣、枇杷、芒果、桃、石榴、橘、番茄和辣椒等的马斯卡林实蝇（*C. catoirii* Guerin Meneville）和分布于马达加斯加的马达加斯加实蝇（*C. malgassa* Munro）。

4. 发生规律

（1）生活史　　在佛罗里达州的夏季，一个世代所需的时间为 21～30d。在不同的分布区年发生 2～16 代。成虫补充营养 4～5d，产卵前期 8d 左右，寿命为 1～3 个月，最长的可达 7 个月。在适宜的温度和水分等条件下，有的成虫可存活 1 年以上。冬季平均气温高于 12℃地区可终年活动，低于 12℃地区以蛹或成虫越冬。

（2）生活习性　　在温暖的天气，成虫大多在清晨羽化。而在凉爽的天气，则会零星羽化。成虫自土壤中羽化出来后，作为补充营养，多在附近取食植物渗出液、蚜虫和蚧分泌的蜜露、动物分泌物、细菌、果汁等，性成熟后飞向有果实的树丛交配。雄性 4d 后可达性成熟，第 5 天开始交配。大多数雌性在羽化后 6～8d 可交配。雌雄成虫在一天中的任何时间都可交配。

成虫具趋光性，也具较强的飞翔力，一般可飞行 10m，但借助风可飞 1 英里①或更远，最远可达 37.04km。雌虫喜在成熟的果实上产卵，产卵时将产卵器刺入果皮内，刺开一空腔，即在其中产卵。一个果实上可有多个卵腔，一个 1mm 深的卵腔可产 1～10 粒。每头雌虫日产卵最多 22 粒，一生产卵量一般为 300 粒，最多可达 800 多粒。被产卵处起初症状不明显，随后可见其周围有褪色痕迹，该虫喜在树冠顶部和密植果园的外围产卵。

---

① 1 英里≈1609.34m

幼虫孵化后立即侵入果实内，在果瓤中发育，一果内有多头幼虫危害，最多可达 100 多头。危害的果实常被细菌等感染，造成落果，整个果实腐烂。幼虫具有强烈的负趋光性，老熟幼虫多在黎明或刚过黎明时脱果而出，入土 5～15cm 处化蛹。如脱果时见到光线，即不断爬行，身体弯曲，跳跃至土中；极少数也可在箱子及包装物外化蛹。

（3）发生与环境的关系　　成虫生命力很强，在 2～3℃时，停止取食 3～4d 才死亡；气温在 13℃时可存活 37～60d。产卵前期受温度和日照时数影响很大，卵的发育、孵化受温度和湿度影响很大。卵在低湿（相对湿度为 30%、温度为 25℃）条件下，孵化率只有 8%，保持 12h 后就不再孵化。幼虫发育最适温为 24～30℃，发育起点温度为 12℃，完成一代的有效积温为 622℃·d。如果温度在 16～32℃，相对湿度在 75%～85%，终年有可用的寄主果实，则可以连续发育下去。若因为气候寒冷，没有连续可用的寄主果实，则可以幼虫、蛹或成虫越冬，蛹对不适环境条件抵抗力较强。蛹期在 24.4～26.1℃时为 6～13d。

地中海实蝇危害多种柑橘类及落叶果树，此外还有许多栽培或野生植物的果实。幼虫孵化后钻入果肉为害和发育，果实表面单位面积油胞腺的多少和果皮厚度及其结构，常是影响寄主受害程度的重要因素。果皮油胞腺多，破裂后放出的芳香油可使幼虫死亡；果皮厚，则阻力较大，幼虫入果困难，寄主受害较轻。果实的种类和状况往往会影响幼虫发育进度。在柑橘类水果中，尤其是酸橙和柠檬中，发育历期要长些。幼虫在成熟的柠檬中需要 14～26d 才能成熟，而在绿桃子中则需要 10～15d。

成虫羽化后如不能及时获得食物，4d 内就死亡。在良好的食物条件（水果、蜜露）、水和凉爽的天气下可以存活 6 个月或更长时间。当寄主果实连续可得，天气状况良好且持续多月时，其后代将会大而持续。缺少 3～4 个月水果使可使种群数量减少到最低限度。

5. 传播途径

以卵、幼虫、蛹和成虫随水果、蔬菜等农产品及其包装物、交通工具等远距离传播，还可为苗木所带的泥土所传播。

6. 检疫检验方法

禁止从有地中海实蝇分布的国家和地区进口水果、蔬菜等。必须进口的需办特许审批并认真做好进口检疫，并对疫区进行产地检疫，以防地中海实蝇随果蔬调运而传播蔓延。对特许进口或调出疫区的果蔬等植物，必须严格检疫，并彻底消毒处理。在进口货物的停放场地、仓库等场所利用诱捕器对地中海实蝇进行监测。进境旅客不得携带水果、蔬菜入境，如有发现立即处理。国际航班、国际航运和国际列车人员不得将水果、蔬菜带离飞机、轮船和列车。烂果、果核、果皮要妥善处理，不准乱丢。

扩展阅读 5-6

对批准入境的批量果蔬，应观察表面有无火山口状突起包围的产卵孔，有无手按有松软感觉的水渍状斑块或黑化的斑块，剖视有无幼虫。番茄受害果皮上刺孔周围变成绿色；桃上产卵孔处会流出胶状果汁。枇杷受害果实即使成熟变黄，但刺孔周围仍为绿色。甜橙、梨、苹果果实被害部分变硬，颜色发暗，且凹陷下去。柑橘上产卵孔周围呈火山喷口状突起。

7. 检疫处理与防治技术

（1）检疫处理

1）采用水浸法检验果实。将果实切成片放入温水中，约经 1h，幼虫便从果肉中爬出沉到底部，然后捞出仔细鉴定并处理。

2）低温处理处理有虫果实。0℃以下处理 10d；0.6℃以下处理 11d；1.0℃以下处理 12d，1.7℃以下处理 14d；2.2℃以下处理 15d 可达到理想效果。

3）二溴乙烷常压或减压熏蒸。杏、柑橘和菠萝果实也可用二溴乙烷常压或减压熏蒸（有些国家禁止用二溴乙烷熏蒸水果），方法如表 5-1 所示。

表 5-1　二溴乙烷熏蒸处理方法（商泓生，1997）

温度 /℃	空气压力 /kPa	用药量 /（g/m³）	熏蒸时间 /h	果实
16～21	101.32〈常压〉	12～16	2	杏，柑橘
19～25	67.73（减压）	10	2	杏，柑橘
16～18	67.73（减压）	12	2	杏，柑橘
21 以上	101.32〈常压〉	8	2	菠萝

4）蒸汽处理。用热蒸汽将水果中心处加热到 44.4℃，保持 8.75h 后，立即冷却。柑橘、柚、芒果等水果中心处加热到 43.3℃ 后保持 6h 或 4h。

（2）防治技术

1）切断害虫的循环过程。疫区要尽量避免各种果树混栽，尽量摘光树上被害果，捡净落果，这有助于切断害虫的循环过程。

2）用杀虫剂防治。利用生物农药或化学农药喷洒树木，喷洒范围为核心区和其向外延伸 1～1.5 英里。

3）用 γ 射线或化学不育剂（tepa，metepa）处理雄蛹，具有不育效应。美国、墨西哥和日本应用此技术获得了成功。

4）天敌防治。夏威夷释放天敌，使地中海实蝇的种群数量减少 95%。阿里山潜蝇茧峰（*Fopius arisanus*）也可以有效地抑制地中海实蝇的数量。

5）套袋。适合种植规模小、不使用农药的果园。

6）蛋白质诱饵和甲基丁香油诱捕。成虫需要糖和蛋白质食物才能存活和成熟，故被高质量的蛋白质和糖饵所吸引。蛋白质诱饵将捕获大多数果蝇种类的雄性和雌性。甲基丁香油诱捕与天气条件如最低气温、降雨量和最低湿度等呈正相关，可有效地监测实蝇的种群数量。

二、橘小实蝇

1. 名称及检疫类别

别名：柑橘小实蝇、东方果实蝇、黄苍蝇、果蛆。

学名：*Bactrocera dorsalis*（Hendel）。

英文名：oriental fruit fly。

分类地位：双翅目（Diptera）实蝇科（Tephritidae）。

检疫害虫类别：进境植物检疫性害虫。

2. 分布与为害

橘小实蝇原产于亚洲热带和亚热带地区，现已侵入北美洲、大洋洲和亚洲许多国家和地区。在南北纬 20°～30°，冬季气温 20℃ 以上的地区为害最重。已知分布的国家或地区有日本（奄美大岛、冲绳岛、久米岛、石垣岛、西表岛、小笠原群岛）、越南、老挝、柬埔寨、缅甸、泰国、马来西亚、新加坡、菲律宾、印度尼西亚、尼泊尔、锡金、阿拉伯联合酋长国、美国（夏威夷州、加利福尼亚州、佛罗里达州）、关岛、瑙鲁、不丹、孟加拉国、印度、斯里兰卡、巴基斯坦、密克罗尼西亚、马里亚纳群岛、中国（江苏、湖南、福建、广东、海南、广西、四川、贵州、云南、台湾、北京、河南、河北）。

橘小实蝇是一种世界危险性检疫果蔬害虫，可为害 46 科 250 多种果树、蔬菜和花卉，如橄榄、樱桃、番石榴、草莓、芒果、桃、杨桃、香蕉、苹果、甜橙、酸橙、柑橘、柠檬、柚、香橼、杏、枇杷、黑枣、柿、红果仔、酸枣、蒲桃、番茄、辣椒、番木瓜、茄子、西瓜、西番莲等，给果蔬业、花卉业带来严重的经济损失。

成虫产卵于寄主果皮下，幼虫孵化后钻入果肉为害和发育。近成熟的果实，被害处果皮变褐、软化，甚至腐烂；有的果实被害处凹陷，发育受阻，果实易受碰伤及易遭其他病虫侵入。采收后在运输和储藏期，受害果易变质。被害轻者，果品等级下降，重者果肉变味腐烂，不能食用。20 世纪 40 年代末期，橘小实蝇在夏威夷州连年发生，柑橘类等果品几乎百分之百受害。该虫已在我国华南、西南地区急剧蔓延、猖獗发生，并扩展至华中、华东地区，甚至华北、西北局部地区已经发现，给水果产业造成重大损失，成为制约该地区果蔬生产持续稳定发展的因素之一。

过去很长一段时间，橘小实蝇都被认为是单一种，被定名为 *Bactrocera dorsalis*（Hendel）。但是随着分类研究手段的不断发展，全世界已知的橘小实蝇复合种数目被确定为近 100 种，亚洲及太平洋区域橘小实蝇是由 68 个姐妹种组成的复合种。

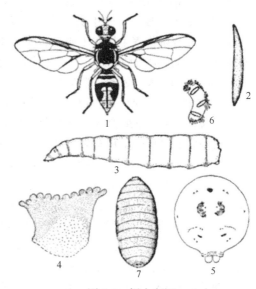

图 5-2　橘小实蝇
1. 成虫；2. 卵；3. 幼虫；4. 幼虫前气门；5. 幼虫腹部末节；6. 幼虫后气门；7. 蛹
（1. White, 1992; 2, 6, 7. 中华人民共和国农业部植物检疫实验室, 1956; 3～5. 浙江农业大学, 1979）

3. 形态特征

橘小实蝇的形态特征具体见图 5-2。

（1）成虫　　体长 6～8mm，翅长 5～7mm，全体深黑色和黄色相间。头黄褐色，中颜板下部具 1 对圆形黑色斑点；复眼边缘黄色；触角 3 节。中胸背板几乎黑色，横缝后有 2 个黄色侧纵条，无中纵条；小盾片黄色，有狭窄的黑色基带；足腿节黄褐色。翅透明、脉黄色；翅前缘带褐色，伸至翅尖，较狭窄，其宽度不超出径脉（R_{2+3} 脉，即径脉 2 和 3 合并后的脉），臀条褐色，不达后缘。腹部棕黄色或锈褐色，第二背板前缘有一黑色横带，第三背板前部的黑色横带与第 3～5 背板中央的一黑色纵条互连成 "T" 形斑。雄虫第 3 腹节背板两侧具栉毛。雌虫产卵管发达，由 3 节组成。

（2）卵　　长 1.0mm，宽 0.2mm。初产时乳白色，表面光亮，后为浅黄色。长筒形稍弯曲，一端稍尖，另一端钝圆。

扩展阅读 5-7

（3）幼虫　　3 龄，白色至黄白色，蛆形，前端小而尖，后端宽圆，口钩黑色。1 龄幼虫体长 1.55～3.92mm，2 龄体长 2.78～4.30mm，3 龄体长 7.12～11.00mm。3 龄幼虫前气门呈小环状，有 10～13 个指突；后气门板一对，新月形，其上有 3 个椭圆形裂孔，末节周缘有乳突 6 对。

（4）蛹　　长 4.4～5.5mm，宽 1.8～2.2mm。椭圆形，初化蛹时浅黄色，后逐步变至红褐色。第二节上可见前气门残留暗点，末节后气门稍收缩。

4. 发生规律

（1）生活史 随各地积温不同，每年发生 3～10 代。例如，海南地处热带，岛内橘小实蝇一年发生 8（中北部）～10 代（南部），世代重叠，发生高峰期为 6 月下旬至 7 月上旬。台湾一年发生 7～8 代，无明显冬眠现象。华南地区一年发生 3～5 代，以蛹越冬。云南景谷傣族彝族自治县每年发生 5 代，以蛹、老熟幼虫在潮湿疏松土层或成虫于杂草中越冬。在广州市郊，橘小实蝇全年活动，8 月底至 9 月初为成虫发生盛期。10 月以后，随气温下降，发生量迅速减少。约 12 月下旬成虫停止产卵，翌年 4 月中下旬又开始产卵繁殖。在北京地区，橘小实蝇成虫发生高峰在 8 月底至 9 月。在河北，橘小实蝇一年发生 3～6 代，以蛹越冬。在热带和南亚热带地区，气候炎热多雨，年平均气温为 16～28℃，年平均极端最低气温 ≥5℃，均降水量为 750～2000mm，且全年生长各种热带水果，橘小实蝇可全年危害。

（2）生活习性 橘小实蝇成虫全天均可羽化，但以 8:00～10:00 羽化最盛。羽化后，雌虫以产卵管刺伤寄主果实（或自然受伤果实）吸取分泌出的果汁或植物的花蜜。成虫喜欢在上午天气较凉爽时取食；中午或下午常在叶丛中、树干枝条上活动、停息。成虫羽化后 11～13d 达性成熟。交尾一般在 19:00～21:00 或更晚，每次交尾时间为 3～4h 或更长。雌虫可多次交尾，交配过的雌虫更偏好与同一雄虫交配。雌虫交尾后 2～3d 便可产卵。仅交尾 1 次可持续产卵期达 27d 之久，其产卵量及平均日产卵量均不及多次交尾者多。

橘小实蝇产卵于果皮与果肉之间，一般喜欢在新的伤口、裂缝等处产卵，不喜欢在已有幼虫为害的果上产卵。一头雌虫在寄主果实上一般每次产卵 1～10 粒，但在同一天内，可反复多次多处产卵，亦可连续数日产卵或间歇一至数日再行产卵。雌虫平均产卵 400～1800 粒，日产卵量受雌虫个体大小的影响。个体大的雌虫日产卵量的分布为凸形曲线，个体小的雌虫日产卵量的分布为凹形曲线。卵的孵化率随产卵日数增加而逐渐下降。

成虫扩散能力较强，雄虫能飞 6.5～8km，并能横跨两岛之间（相距 14.5km）的海面。

幼虫共 3 龄，3 龄期食量最大，为害最严重。幼虫较活跃，孵化后数秒钟便开始活动，潜入瓜果内昼夜不停地取食为害。幼虫一般不会从一个寄主果实转移到另一个寄主果实，除非果实之间紧贴。1～2 龄幼虫不会弹跳，老熟幼虫会从果中弹跳到土表，找适当地点化蛹。跳跃距离可达 15～25cm，高度可达 10～15cm，并可连续跳跃多次。如果无法找到合适环境，也可直接裸露化蛹；有些来不及脱离或无法脱离受害果的个体，也能在受害果里化蛹。

（3）发生与环境关系 温度对橘小实蝇的生长发育和种群动态有重要影响。各虫态适宜发育的平均气温在 14℃ 以上，最适温度为 25～30℃，气温高于 34℃ 或低于 15℃ 均对其发育不利。在 35℃ 的高温条件下发育历期缩短，产卵量明显减少。在 15～20℃ 的低温条件下，生长发育缓慢，各虫态历期长，种群增长较慢。在 21℃ 以上时有利于成虫性成熟。在 16℃ 和 32℃ 时，雌虫寿命分别为 133.5 和 27.5d，雄虫寿命分别为 116.8d 和 23.1d。卵、幼虫和蛹的发育起点温度分别为 12.19℃、5.24℃ 和 10.5℃，有效积温分别为 19.9℃·d、156.7℃·d 和 157.8℃·d；整个世代的发育起点温度为 12.19℃，完成整个生活史所需的有效积温 334.4℃·d。在日平均温度为 25～30℃ 时，卵期为 1.2～1.8d，幼虫期为 8d，蛹期为 8～11d，成虫期为 27～75d。在 22℃ 及相对湿度 80% 的条件下，橘小实蝇的产卵前期为 52～53d，而在 25～26℃，其产卵前期缩短为 9～12d。冬季成虫在较温暖的天气仍会活动、取食，获取补充营养，在缺乏食物时成虫不能安全越冬。卵、幼虫、蛹在越冬期间即使有食物也会因低温而死亡。

在自然界中，湿度对橘小实蝇的影响也较大，在饱和湿度、微湿、干燥时，卵的孵化率分别为 83%、50% 和 3%。一般在雨量充沛时，雌虫的产卵量较多，种群增长快。在旱季，雌虫的产卵量降低，种群受到压制；新羽化的成虫无法从土壤中钻出，且无法充分展翅，死亡率极度增加。干旱会造成蛹体的暂时性发育迟缓甚至休眠，但一旦雨水充足即可大量羽化。

土壤的含水量影响化蛹的深度和蛹的存活率。土壤含水量较高时幼虫入土快，预蛹期短。在干砂土中，97.2%的幼虫化蛹深度为0～5.5mm；在湿砂土中，95.5%的幼虫化蛹深度为0～27.5mm。干砂土中蛹死亡率比湿沙土中高50%。土壤含水量低于40%或高于80%时，老熟幼虫入土慢，死亡率高。将老熟幼虫分别放在30cm、20cm、10cm、5cm和0cm深的土壤里试验：成虫的羽化率分别为0、20%、65%、45%和30%，说明将被害果埋在30cm以上深度的土壤中较为合适。

光对橘小实蝇的影响也较大。成虫仅在白天有光照的情况下飞翔活动，夜间没有光照时，停止飞翔。成虫在24h内飞行活动存在显著差异。从7:00起，橘小实蝇开始飞行活动，至8:00～9:00达到当天飞行活动的最高峰，之后飞行活动减弱，飞行时间、速度和距离逐渐降低。17:00以后，橘小实蝇的飞行活动再次活跃，至18:00～19:00达当天飞行活动的第2个高峰，此后飞行活动逐渐减弱，21:00以后停止飞行。

经室内饲养观察和田间为害调查发现，橘小实蝇成虫在产卵、取食、为害等对12种寄主的嗜好程度顺序如下：番石榴、杨桃、芒果、番荔枝、番橄榄、黄皮果、枇杷、人心果、莲雾、油梨、橙、柑橘。其中番橄榄被产卵后易于造成落果，产于其上的卵不能正常孵化或幼虫无法存活。当食物缺乏或食物变质时，1、2龄幼虫的死亡率大大增加，3龄幼虫则可提前化蛹或龄期延长，但蛹成活率低、体形变小或羽化畸形的成虫。

成虫的寿命与食料和环境有关。成虫在没有食物和水的情况下，能存活3d，如仅提供水，则可存活5d。室内饲养越冬代成虫在提供充足的寄主果实橙、芒果等食物时，最长寿命可达330d。

橘小实蝇的寄生蜂种类丰富，据不完全统计，国内外已知的橘小实蝇寄生蜂有34种。其中，主要寄生蜂种类如下：卵寄生蜂有阿里山潜蝇茧蜂（*Fopius arisanus*）；幼虫寄生蜂有切割潜蝇茧蜂（*Psyttalia incisi*）、凡氏费氏茧蜂（*Fopius vandenboschi*）、长尾潜蝇茧蜂（*Diachasmimorpha longicaudata*）、实蝇啮小蜂（*Tetrastichus giffardianus*）等。据报道，蚂蚁能捕食裸露的老熟幼虫、蛹和刚羽化的成虫。隐翅虫、步行虫能捕食落土果中的幼虫。

5. 传播途径

橘小实蝇以卵、幼虫通过各类被害的水果和蔬菜随人类活动（如交通运输、物流贸易、旅游等）进行远距离传播；蛹随水果包装物携带及运输远距离传播。

6. 检疫检验方法

检验时应仔细鉴别被害状，被害果有如下特征：①果面有芝麻大的孔洞，挑开后有幼虫弹跳出来；②果面有水浸状斑，用手挤压，内部有空虚感，挑开后可见幼虫；③被害部分常与炭疽病斑相连；④果柄周围有孔洞，挤压后果皮出现皱缩。挑开后有虫检出的，幼虫用75%乙醇杀死，放入幼虫浸渍液，然后镜检鉴定。

扩展阅读5-8

7. 检疫处理与防治技术

（1）检疫处理　　目前在国际贸易中，针对实蝇类有害生物较为通行的做法是实施检疫冷处理。例如，在1.5℃下处理枇杷12d，可完全杀灭枇杷中的橘小实蝇。根据磷化氢熏蒸橘小实蝇的检验检疫行业标准，使用2.25g/m³磷化氢在5℃以下，熏蒸6d或在5～10℃下熏蒸4d，即可完全杀灭水果中的橘小实蝇。用1kGy⁶⁰Co辐射实蝇成虫和1.5kGy处理幼虫和卵，死亡率为 100%，但辐射对小瓜品质有轻度伤害。微波炉内处理 50s 能 100% 杀死南瓜内的实蝇幼虫，但对品质有轻度影响。

（2）防治技术

1）综合防治策略。根据橘小实蝇的生活史与生物学特性，以农业防治为基础，物理防治与化学防治相结合，尤其食物引诱剂（蛋白饵剂等）和化学合成引诱剂配合应用，通过控制田间种群数量，达到保果目的。

2）农业防治。包括合理布局作物品种、轮作、调整播植期、清洁田园及改善田间小气候等。例如，根据橘小实蝇嗜好水果和蔬菜作物的特性，将嗜好作物与非嗜好作物或非寄主植物合理布局，以及轮作或不连片种植嗜好作物，均可有效减轻橘小实蝇的为害。清洁田园，及时摘除被害果和收捡成熟的落果，集中深埋或沤肥，防止幼虫入土化蛹。冬、春翻耕果园土壤，可减少和杀死土中越冬的幼虫和蛹。在柑橘园内和附近不种番茄、苦瓜、芒果、桃、番石榴、番荔枝和梨等蔬菜、果树，以切断该虫的食物链。选用种植抗性品种和成熟期较晚的品种，可使果蔬成熟期避开橘小实蝇高发期。

3）物理防治。在成虫进入羽化盛期后采用性诱剂诱杀的方法，在发生虫害的果园悬挂诱捕器 75 个 /hm²，定期添加性诱剂诱杀成虫，减少田间虫量。针对橘小实蝇喜欢在黄色果实上产卵的习性，可采取黄板诱杀措施。悬挂黄板 150～300 片 /hm²，虫量高时 10～15d 更换 1 次。在橘小实蝇尚未产卵之前，对果实进行集中套袋，可有效防止其产卵危害。用 ^{60}Co-γ 射线 0.30～1.9kGy 照射果实，处理后实蝇幼虫多数不能化蛹，或化蛹但不能羽化为成虫。在田间虫口密度低时或虫口即将上升前释放不育雄虫，以降低其繁殖率。根据橘小实蝇成虫产卵前需要大量补充营养的生物学特性，按 200g 食用醋、1000g 红糖、100g 15% 毒死蜱兑水 30kg 配制成糖醋药液诱杀成虫。

4）生物防治。目前已发现多种橘小实蝇的寄生蜂，如割潜蝇茧蜂、跳小蜂、黄金小蜂等。国外一些地区已进行一些释放研究，有一定的效果。蚂蚁能捕食裸露的实蝇老熟幼虫、蛹和刚羽化的成虫。隐翅虫、步行虫能捕食落土果中的实蝇幼虫。在橘小实蝇成虫羽化高峰期喷施球孢白僵菌，可有效控制橘小实蝇种群数量。利用蛋白饵剂对实蝇雌、雄虫均有诱杀作用。保护和助长自然界天敌，以充分发挥其自然控制作用。

5）化学防治。化学药剂防治橘小实蝇效果不佳，但刚羽化出土的成虫和入土的幼虫对有机磷药剂敏感。用 50% 马拉硫磷乳油或 50% 二嗪农乳油 1000 倍液进行全园、全部地面喷布，每隔 7d 喷施 1 次，连喷 2 或 3 次。

三、苹果实蝇

1. 名称及检疫类别

别名：苹果绕实蝇。

学名：*Rhagoletis pomonella*（Walsh）。

英文名：apple maggot。

分类地位：双翅目（Diptera）实蝇科（Tephritidae）。

检疫害虫类别：进境植物检疫性害虫，中俄植检植保双边协定规定的检疫性害虫。

2. 分布与为害

苹果实蝇原产于美国，是寒温带水果的重要害虫。目前此虫分布于美国、加拿大和墨西哥。在美国，分布范围南到佛罗里达州北部和得克萨斯州东部，西到俄勒冈州、华盛顿州；

墨西哥则发生于中部高原地带。

　　苹果实蝇为寡食性，目前已知的寄主主要为害蔷薇科植物，如苹果类、山楂类、酸樱桃、甜樱桃、杏、桃、西伯利亚海棠、梨、山茱萸、海棠、大叶李、火棘、河山楂、山荆子、玫瑰、山秋梅和黑涩石楠等，其中苹果受害最严重。

　　苹果实蝇可为害未成熟或成熟的水果。成虫刺破果皮产卵，如产卵于未成熟的水果，产卵孔周围的果肉常不能继续生长，表皮褪色，形成色斑并出现凹陷。幼虫孵化后蛀食果肉，造成褐色的弯曲虫道，受害果变形，表面凸凹不平，常提前落果。如产卵于成熟的水果，幼虫孵化在成熟果实中筑道取食，被害组织留下褐色痕迹。若多头幼虫一起取食，内部果肉组织可被毁掉或腐烂，严重时落果。早熟薄皮品种受害严重，果实常常腐烂。晚熟品种果实虽不腐烂，但虫道周围形成软木状愈伤组织，果实成熟时露出虫道，降低商品价值。

扩展阅读 5-9

3. 形态特征

　　苹果实蝇的形态特征具体见图 5-3。

　　（1）成虫　　成虫雌虫体长 5.0mm，雄虫体长 4.5mm，翅展 12.0mm。全体黑色有光泽。头部背面浅褐色，腹面柠檬黄色。复眼绿色有蓝褐色闪光，复眼后缘白色，额鬃黑色。触角 3 节，橘红色，触角芒 2 节。胸部黑色，中胸背板侧缘从肩胛至翅基有黄白色条纹，背板中部有灰色纵纹 4 条，外侧较长，在前端合并。小盾片白色，基部和两侧黑色，表面隆起。前足最短，中足最长，各足腿节和胫节等长；腿节中部色深，端部变浅，胫节蓝色；跗节基部蓝色，端部黑色。翅透明，有 4 条明显的黑色斜形带，第 1 条在后缘和第 2 条合并，第 2～4 条在翅的前缘中部合并，故翅中部无横贯全翅的透明区。翅面透明区有白毛，斜带部分有黑毛。腹部黑色，有白色横带纹，雌虫

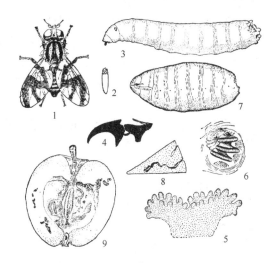

图 5-3　苹果实蝇
1. 成虫；2. 卵；3. 幼虫；4. 幼虫口钩；5. 幼虫气门；
6. 3 龄幼虫后气门；7. 蛹；8. 苹果切面，示幼虫及卵；
9. 被害苹果切面
（4～5. Peterson, 1953；1～3, 6～9. Snodgrass, 1924）

4 条，雄虫 3 条。雌虫腹部可见 7 节，第 3 节最宽，第 7 节骤然缩窄。产卵管不用时缩入第 7 腹节，伸出时呈尖角状，褐色，腹面有沟。雄虫腹部可见 5 节，第 6、7 节缩入第 5 节之下。

　　（2）卵　　长 0.8～1.0mm，宽 0.2～0.3mm。椭圆形，前端具雕刻纹。半透明，乳白色，两端微黄色，稍透明，一端呈结节状且比另一端色深。

　　（3）幼虫　　蛆形，近白色。1 龄幼虫口勾下侧有明显的"爪"状突；2 龄突起变小；3 龄突起消失。1 龄幼虫无前气门；2 龄和 3 龄幼虫前气门为扇形，前缘有 17～23 个小而简单的指突，排成不规则的 2 或 3 行。1 龄幼虫后气门为圆形的二裂孔，周围有细毛 4 丛；2 龄裂孔为椭圆形，内缘各具 6～8 个齿，周围细毛 4 丛；3 龄裂孔细，齿和细毛分枝更多，在末节后气门腹侧部分，有 1 对明显的突起。

　　（4）蛹　　椭圆形，体长 4.0～5.0mm，宽 1.5～2.0mm。初化蛹时乳白色，随后变为黄褐色，最后呈褐色。头部和第 1 胸节收缩，前气门突向前和外倾，近似一对小耳状物，残留幼虫的前气门和后气门痕迹。在前端前气门之下有 1 条线缝向后延伸至第 1 腹节，与该节环

形线缝相接，从后胸至腹末各节两侧都有 1 个小气门，共 9 对。后气门与幼虫期一样明显，但颜色更深。

4. 发生规律

（1）生活史　　该虫在北美 1 年发生 1 代，在美国南部部分个体可发生第 2 代。成虫常于 6 月羽化，羽化期一般持续 1 个月，有的长达 2 个月。成虫羽化 10d 后开始交配、产卵。产卵前期 8～10d，卵期 5～10d。老熟幼虫入土 3～5d 开始化蛹，以蛹在土壤中越冬，大部分蛹一直保持休眠状态至第二年夏天。在北方，部分围蛹可隔年羽化。

（2）生活习性　　羽化后，成虫迅速分散去寻找食物。取食寄主表面水滴或蚜虫等昆虫的分泌物。雌虫在寄主果实表面刺孔产卵，将卵产于苹果等果皮下，单产（1 孔 1 卵），每头雌虫产 400 余粒。幼虫孵化后钻入果肉为害，即在果实内取食，蛀成不规则的褐色隧道。幼虫老熟后脱果在土壤中化蛹。

（3）发生与环境的关系　　季节性气温、雨量、光照和幼虫的寄主果实对羽化时间都有影响。温度高，成虫羽化早。幼虫在早熟果中历期 15d，晚熟果中为 20～25d。青幼果内幼虫发育缓慢，通常在果实脱落后，幼虫才能完成发育。受害果常提前脱落，果实落地后，幼虫方迅速生长成熟，老熟幼虫离开受害果落地，钻入地下 5～7cm 深处化蛹。

5. 传播途径

该虫主要以卵或幼虫随寄主被害果实远距离传播；蛹可随被害果的包装物或寄主植物根部所带土壤传播；成虫可随交通工具远距离传播；脱果幼虫也可随包装物及运输工具传播。

6. 检疫检验方法

扩展阅读 5-10

对来自疫区的水果，检查包装箱内有无脱果幼虫与蛹，将带有被害症状（如产卵白斑、变形和腐烂）的果实切开检查有无幼虫。对来自疫区的苗木，尤其是苹果、山楂等，对其根部所带土壤也应严格检查是否带蛹；收集的幼虫和蛹都应饲养到成虫鉴定。

用诱捕的方法在港口和机场进行监测。可悬挂引诱剂和诱捕器引诱苹果实蝇。对来自疫区的水果，检查其包装箱内有无脱果幼虫和蛹，将有被害状（如变形、腐烂、产卵与斑）的果实切开进行检查。对来自疫区的苗木，尤其是苹果、山楂等，也要严格检查其根部土壤有无蛹。幼虫和蛹应带回室内饲养至成虫再鉴定。

7. 检疫处理与防治技术

（1）检疫处理　　参照地中海实蝇和橘小实蝇的方法。另外，将虫果在 0℃条件下冷藏 5～40d，可杀死幼虫。美国的处理方法是在 -0.6～2.2℃下冷藏 42d。

（2）防治技术　　及时清洁田园，处理所有被害落果。在成虫羽化期，喷施饵剂和高效低毒的农药或释放不育成虫。

四、柑橘大实蝇

1. 名称及检疫类别

别名：柑蛆、柑橘大果实蝇、黄果蝇。

学名：*Bactrocera minax*（Enderlein）。

英文名：Chinese citrus fly。

分类地位：双翅目（Diptera）实蝇科（Tephritidae）。

检疫害虫类别：进出境植物检疫性害虫。

2. 分布与为害

原产于日本奄美大岛，主要生活在亚洲热带、亚热带和暖温带地区。国外分布于南亚次大陆的不丹、锡金、印度等国。我国于20世纪六七十年代首先发现于四川江津，现主要分布在重庆、四川、云南、贵州、陕西、湖南、湖北、江苏、广西、河南等地。

该虫寡食性，主要危害柑橘属，包括甜橙、金橘、红橘、柚子、柠檬、酸橙、佛手、枸橼、温州蜜橘、葡萄柚、弹金橘等。

成虫在果实表面产卵，产卵处呈乳头状突起，中央凹入，变黄褐色或黑褐色，具白色放射状裂口。幼虫在果内穿食瓢瓣，使果实局部或全部腐烂并成为糊状，或造成果实未熟先黄而脱落，甚至完全失去食用价值。该害虫造成损失一般在10%～20%，严重时可达50%以上，甚至绝收，严重影响柑橘的经济效益。

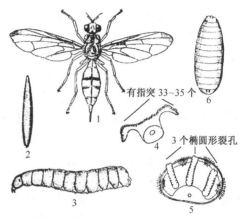

3. 形态特征

柑橘大实蝇的形态特征具体见图5-4。

（1）成虫 体淡黄褐色，体长12.0～14.0mm，翅展21.0～25.0mm。复眼肾形，亮绿色。触角3节，末节扁平膨大，深褐色。

图5-4 柑橘大实蝇
1. 成虫；2. 卵；3. 幼虫；4. 前气门；5. 后气门；6. 蛹

额面具近圆形黑色颜斑2个，复眼下有黑褐色小斑1个。胸部背面正中有赤褐色"人"字形大斑1个，大斑两侧有黄色带状纵斑各1条。沟后有3个黄色纵条，两侧呈弧形，向后伸至内后翅上鬃基部，中间的1条较短，介于"人"字形纹叉内。肩胛及其后1短条、背侧板、中侧板后部2/3、腹侧板上部的半圆

扩展阅读5-11

形斑、侧背片及小盾片除基缘外均呈黄色。胸部有鬃6对（黑色）。翅透明，前翅具中脉2条（M1、M2），端部有棕色斑。足黄色，腿节末端以后色较深，跗节5节，端节深裂为2瓣。腹部5节，第1～5节腹背中央有黑色纵纹；第3、5节前缘各有一较宽的黑纹，与腹背中央从基部伸达腹端的1黑色纵纹交成"十"字形。雄虫第3背板两侧后缘具栉毛。雌虫产卵器基节呈瓶状，其长度约等于第2～5背板的长度之和，与腹部等长。

（2）卵 长1.4mm，宽0.3mm，长椭圆形，一端尖，另一端钝圆，中央稍弯曲，乳白色。

（3）幼虫 老熟幼虫长约15mm，白色，蛆式。前气门扇形，有指突33～35个，排成1行。后气门显著骨化，有3个椭圆形裂孔，周缘有4～5丛细毛群。

（4）蛹 体长8.0～10.0mm，宽4.0～4.2mm。短肥椭圆形，初为金黄色，后变为黑褐色，可见前气门乳头状突起。

4. 发生规律

（1）生活史 柑橘大实蝇一年发生1代，以蛹在土壤内越冬。成虫发生期常受当地气候因素影响而有所不同。在四川、贵州、湖北等地一般于4月下旬羽化出土。成虫盛期为5月上中旬；5月下旬至7月上旬为交尾盛期，产卵期为6月下旬至7月上旬，产卵盛期7月中旬；8～9月，幼虫孵化危害蛀果。少数发育较迟的幼虫可随果实运输，在果内越冬，到翌年1、2月老熟后脱果。蛹可在包装物、铺垫物上越冬，第二年羽化。

（2）生活习性　　初羽化的柑橘大实蝇成虫起飞活动高峰为 9:00～10:00 和 16:00～17:00。成虫晴天羽化较多，阴天较少。雨后天晴，天气闷热，则羽化最多。刚羽化的成虫，不能飞翔，多在地面或树干枝叶上爬行，只补充水分或近处觅食。等逐渐具有飞翔能力后再开始飞行，喜栖息在阴凉场所或枝叶茂密的树冠上，取食蚜虫或蚧虫的蜜露以及露水。一般 20d 后才飞至果园交配，多在晴天下午交配，半个月后才开始产卵。雌虫以产卵管刺入果皮产卵，每头雌虫产卵 50～150 粒。果面的产卵孔多为 1 个，每个产卵孔最多产卵可达 35 粒。卵多产于树下部果实上，以离地面 2cm 内的最多，4cm 以上锐减。

幼虫 3 龄，均在果内为害，孵出后取食果瓤。初龄幼虫群集为害，一果内幼虫数可达 81 头。3 龄幼虫食量剧增，一个水果被食尽或食去大部分后，幼虫可穿透果皮进入另一个水果中为害。幼虫老熟后随果实落地，脱果入土化蛹。化蛹深度一般为 3～7cm，以 3cm 居多。

（3）发生与环境的关系　　温度对柑橘大实蝇的影响比较大。冬季 25℃时，群体虽然能够发育并缩短发育历期（32～36d），但以牺牲个体存活为代价。成虫最适羽化土温为 22℃，最适含水量为 10%～15%，最适活动温度为 20～30℃，最适交尾温度为 22.5～30℃。在 5℃下，脱果幼虫化的蛹不能羽化；15℃和 20℃时，蛹的羽化率较高。化蛹历期随温度的升高而缩短；蛹历期随温度的升高而显著延长。蛹最适发育温度为 20～25℃、在-5～0℃下存活期为 6～18d，在 30℃以上不羽化，30～35℃下 5～8d 死亡。蛹对土壤的最适含水量要求为 15%～20%。特定短时温和低温处理有利于蛹的存活；短时高温（39～47℃）暴露对卵的孵化有显著影响。随暴露温度增加，卵的孵化率总体呈先上升后下降的趋势。

成虫在食物短缺时，寿命缩短，产卵量下降。成虫产卵时对水果品种及水果的甜、酸、香味有极强的趋性。果实大小、果壳的厚薄、纤维化程度和组织紧密与产卵孔数、产卵量及水果内幼虫的成活数量有明显的影响。柑橘种类不同，成虫产卵部位不同。在广柑上多产在果脐与果腰间；在红橘上多产于果脐部；在柚子上多产于果蒂部。幼虫对橙类（如冰糖橙、脐橙等）的喜嗜性明显强于橘类（如南橘、蜜橘、天草和椪柑等）和沙田柚等。该虫一般在日照较短的阴山果园发生较重。有少数幼虫留在果子内，且多藏在种子里，酸橙种子内即发现有柑橘大实蝇的老熟幼虫和蛹。

5. 传播途径

主要以幼虫随柑橘类果实携带、运输远距离传播。越冬蛹也可随带土苗木进行远距离传播。近距离可通过成虫迁飞扩散或果园落果顺坡、顺流，将幼虫带至别处。

6. 检疫检验方法

用食物诱饵或性诱剂监测。柑橘类果实进出境时，根据产卵为害状识别害果，可疑者剖检有无幼虫。有的产卵孔周围乳状突起，中央凹陷，有灰白色木栓化裂纹；有的并无乳状突，仅有 1 微小黑点。

7. 检疫处理与防治技术

（1）检疫处理　　对来自疫区的寄主果实，要仔细检查有无被害状，如发现可疑情况要进行剖检。幼虫可根据前后气门鉴定。为了防止蛹随带土苗木传播，疫区调入的寄主苗木也要严格检疫。

（2）防治方法　　冬春翻挖果园树盘，消灭入土虫蛹；及时采摘受害果实和捡拾落果，处理方法可参照橘小实蝇。药剂防治、释放雄性不育也参照橘小实蝇的方法。

另外，还可进行诱杀成虫，在柑橘大实蝇成虫羽化盛期，利用其趋糖性，利用糖酒醋敌百虫液或敌百虫糖液进行诱杀。

五、蜜柑大实蝇

1．名称及检疫类别

别名：日本蜜柑大实蝇。

学名：*Bactrocera tsuneonis*（Miyake）。

英文名：Japanesa orange fly，citrus fruitfly，Japanese citrus fly。

分类地位：双翅目（Diptera）实蝇科（Tephritidae）。

检疫害虫类别：进境植物检疫性害虫，全国农业植物检疫性害虫。

2．分布与为害

原产于日本九州的野生橘林中。我国于 1960 年发现于广西宁明和凭祥，后扩展到四川、贵州等地。现该虫在国外主要分布于日本九州、越南；在我国主要分布于台湾、广西、贵州、广西、四川、湖南、湖北、江苏等华东、华中和西南地区。

蜜柑大实蝇为寡食性，仅危害柑橘类，包括金柑、金橘、酸橙、甜橙、柑、红橘、酸橙、乳橘、温州蜜柑和柠檬等。成虫在寄主果实表面刺圆形或椭圆形针头状小孔产卵，产后不久卵孔变黑褐色小点，小点扩大并木栓化。幼虫取食瓤瓣，有时也侵害种子，致使果实干瘪失水，提早变黄脱落。当幼虫发育到 3 龄期时，被害果实的大部分已遭破坏。严重受害的果实，通常在收获前出现落果而导致减产。缺少阳光，荫蔽度大的橘园发生重，果实被害率可达 49.2%，反之则轻。在该虫严重发生区，果实的虫果率在 20%～30%，严重时高达 100%。

3．形态特征

蜜柑大实蝇的形态特征具体见图 5-5。

（1）成虫　　体长 10.1～12.0mm（♀），9.9～11.0mm（♂）。头黄褐色，单眼三角区黑色，颜面斑棱形或长椭圆形，黑色。触角黄褐色，触角芒暗褐色，其基部近黄色，具 1 对上侧额鬃和 2 对下侧额鬃，内、外顶鬃各 1 对。中胸背板红褐色，背中央有"人"字形褐纹，肩胛和背侧板胛以及中胸侧板条均为黄色；中胸侧板条宽，几乎伸抵肩胛的后缘；侧后缝色条始于中胸缝并终于上后翅上鬃之后，呈内弧形弯曲，具中后缝色条。小盾片黄色。胸部

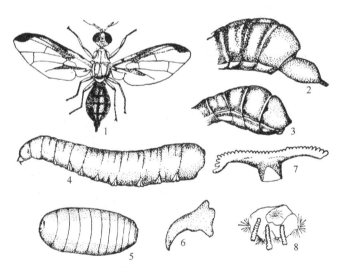

图 5-5　蜜柑大实蝇（浙江农业大学，1979）

1. 成虫；2. 雌虫腹部；3. 雄虫腹部；4. 幼虫；5. 蛹；6. 3 龄幼虫口钩；7. 3 龄幼虫前气门；8. 3 龄幼虫后气门

鬃序如下：小盾端鬃 1 对，后翅上鬃 2 对，前翅上鬃 2 对（有时 1 对，或有时1 侧 1 根，而另 1 侧 2 根，不等），背侧鬃 2 对（前、后各 1 对），肩板鬃 2 对（内对常较外对弱小）。翅膜质透明，前缘带宽，与径脉汇合，并在翅端径脉的下方和中脉之间略扩展；R_{2+3} 脉与 R_{4+5} 脉之间的暗褐色前缘带上有 1 空白透明长形条。足近红褐色，胫节色较深。腹部黄褐至红褐色，背面具 1 暗褐色到黑色中纵带，自腹基部延伸到腹部末端或在末端之前终止；第 3 腹节背板前缘有 1 暗褐色到黑色横带，与上

扩展阅读 5-12

述中纵带相交呈"十"字形；第4和第5节背板两侧各有1对暗褐色到黑色短带。雌虫产卵器的基节长度约为腹部1～5节长之和的1/2，其后端狭小部分短于第5腹节。雄虫第3腹节板具栉毛，第5腹板后缘略凹。

（2）卵　　长1.3～1.6mm。白色，椭圆形，略弯曲，一端稍尖，另一端圆钝，上有2个小突起。

（3）幼虫　　共3龄。1龄，体长1.25～3.5mm。口钩不发达，前气门不可见，后气门甚小，由2片气门板组成，裂孔马蹄形；气门板周围有气门毛4丛。2龄，体长3.4～8.0mm。口钩发达，黑色，气门具气门裂3个，气门毛5丛。3龄，体长5.0～15.5mm。口钩发达，黑色，前气门"T"形，外缘呈直线状，略弯曲，有指突33～35个。体节2～4节前端有小刺带，腹面仅2～3节有刺带。后气门具气门裂3个，气门毛5丛。

（4）蛹　　体长8.0～10.0mm，椭圆形，淡黄色到黄褐色。

柑橘大实蝇与蜜柑大实蝇各虫态形态很相似，成虫和幼虫的主要区别见表5-2和图5-6。

表5-2　蜜柑大实蝇与柑橘大实蝇成虫和幼虫的主要区别（商鸿生，1997）

虫态	蜜柑大实蝇	柑橘大实蝇
成虫	1. 体型稍小，体长10.1～12.0mm	1. 体型稍大，体长12.0～14.0mm
	2. 颜斑长椭圆形，未充满触角沟端部内侧	2. 颜斑近圆形，充满触角沟端部内侧
	3. 肩板鬃2对（中间的1对较小），前翅上鬃2或1对，胸鬃一共8对	3. 肩板鬃1对，无前翅上鬃，胸鬃一共6对
	4. 产卵管基节长度约为腹部长的一半	4. 产卵管基节长度等于腹部长度
	5. 雄虫腹节3两侧有栉毛7或8根	5. 雄虫腹节3两侧有栉毛8～10根
幼虫	1. 背面第2～4节前端有1小刺带	1. 背面仅2～3节有小刺带
	2. 腹面2～3节有小刺带	2. 腹面仅第2～3有小刺带

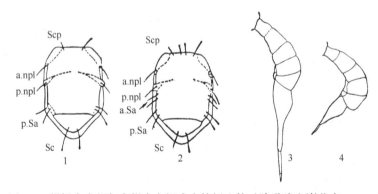

图5-6　柑橘大实蝇与蜜柑大实蝇成虫特征比较（陈世骧和谢蕴贞，1955）

1. 柑橘大实蝇胸部背面（示鬃序）；2. 蜜柑大实蝇胸部背面（示鬃序）；3. 柑橘大实蝇腹部侧面（示产卵管长度）；
4. 蜜柑大实蝇腹部侧面（示产卵管长度）

Scp为肩板鬃；a. Sa为前翅上鬃；p. Sa为后翅上鬃；a. npl为前背侧鬃；p. npl为后背侧鬃；Sc为小盾鬃

4. 发生规律

（1）生活史　　1年发生1代，多数以蛹在土壤10cm内越冬，少数以幼虫在被害果中越冬。不同地区成虫羽化时间略有差异。在日本九州，6月初开始羽化，持续到7月末。成虫寿命为40～50d，6～8月均能见成虫，多在8月产卵。幼虫共3龄，幼虫期为40～60d。幼虫脱果始期在10月下旬，少数可延至次年1月上、中旬。在四川，成虫始见于4月中旬，

5月上中旬为羽化盛期，7月下旬至8月中旬为产卵盛期。幼虫8月下旬至9月下旬孵出；10月下旬至12月中旬幼虫随落果入土越冬，蛹期在200d以上。

（2）生活习性　　成虫羽化集中于雨后晴天，9:00～13:00为羽化高峰期。成虫栖息于叶背，取食花蜜和水滴。寄主不同，成虫产卵的部位也有一定差异，红橘、蜜橘等产于近脐部处，冰糖橙、脐橙等甜橙类多产于腰脐之间，产卵处常有乳状突。用刀削去突起处表皮，产卵孔四周有明显的晕圈。产卵处多呈椭圆形或圆形内陷的褐色小孔，常有油脂溢出堆积在外，用手摸易掉。成虫刺孔产卵于果皮下或果瓤里，一般果皮较薄产卵量较多，通常1孔1粒，少数个别的可达6粒不等。

幼虫为害柑橘果实，蛀食果肉，取食瓤瓣，有时也侵害种子。当幼虫发育到3龄时，被害果实的大部分已遭破坏，严重受害的果，通常在收获前脱落而导致减产。幼虫有时也食害种仁，但果实一般不致腐烂，最多使瓤瓣变白干缩。每果有虫1或2头，最多6头，幼虫脱果后1d或2～3d才化蛹，化蛹率很高。3龄幼虫有弹跳的习性，老熟幼虫随被害果落地入土化蛹。蛹的密度与地势和土质有关。平地橘园蛹集中于树冠投影范围内，树冠范围以外的稀少。坡地橘园以坡的下方为多，疏松土壤蛹的密度大。

（3）发生与环境的关系　　蜜柑大实蝇一般在白天活动，日活动高峰期因天气情况而变化：晴天约为16:00，阴天约为15:00，雨天约为11:00和14:00，天黑后不活动。在21～30℃活动为宜，晴天较阴天活动多，雨天几乎不活动。若遇过高气温，常在荫蔽处栖息，如叶片的背阴面。

5. 传播途径

主要以幼虫随被害果，有时也能随被害的种子，从一地传到另一地。卵也可随果实传播。蛹则可随果实的包装物或结果寄主树木所附土壤传播。

6. 检疫检验方法

对从疫区输入的柑橘果实及其包装箱或其他容器进行严格的检疫。首先从外表观察果实是否有此虫感染，然后剖果检查是否有幼虫或卵存在，检查包装的碎屑物中是否有蛹存在。由于越冬蛹有随带土的植株转运他处的可能性，因此在清除所附土壤的过程中，要注意检查是否有蛹蜕。

扩展阅读 5-13

7. 检疫处理与防治技术

（1）检疫处理　　参照柑橘大实蝇的方法进行检疫处理。

（2）防治技术　　具体如下：①人工摘果杀蛆。9月采摘被害果（正常果实为青褐色，被害果产卵孔周围未熟先黄）；捡拾落果。将采摘和捡拾的果实，用火烧1h或水煮沸3min，或深埋（在50cm以下）。②诱捕成虫。田间诱集配方可用糖醋酒液＋0.2%乙酸乙酯。各物质比为红糖：乙酸：乙酸乙酯：水＝5：0.6：0.02：0.2：100，防虫效果好，不污染环境，可保护天敌。③施用农药。春季当土温升到15℃时，结合深翻洒农药。在成虫开始产卵时，也可进行药剂防治。

六、墨西哥按实蝇

1. 名称及检疫类别

别名：墨西哥实蝇。

学名：*Anastrepha ludens*（Loew）。

英文名：Mexican fruit fly，Mexican orange worm，Mexican orange maggot。

扩展阅读 5-14

分类地位：双翅目（Diptera）实蝇科（Tephritidae）。

检疫害虫类别：进境植物检疫性害虫。

2. 分布与为害

分布于美国（得克萨斯州、亚利桑那州、加利福尼亚州）、墨西哥、阿根廷、危地马拉、萨尔瓦多、哥斯达黎加、洪都拉斯、巴拿马、哥伦比亚、伯利兹、尼加拉瓜等国家或地区。

扩展阅读 5-15

墨西哥按实蝇主要危害柑橘类、梨、李、杏、苹果、芒果、柿、柚、桃、石榴、枇杷等 50 多种蔬菜和水果。卵产于果皮下，其产卵刻点在成熟果子上常消失，有时可见流出的汁液或褪色斑。幼虫取食果肉，偶尔也取食未成熟种子。墨西哥按实蝇造成危地马拉橙子损失 70%～80%；造成美国蔬菜和水果大量减产，直接经济损失约为 7500 万美元。

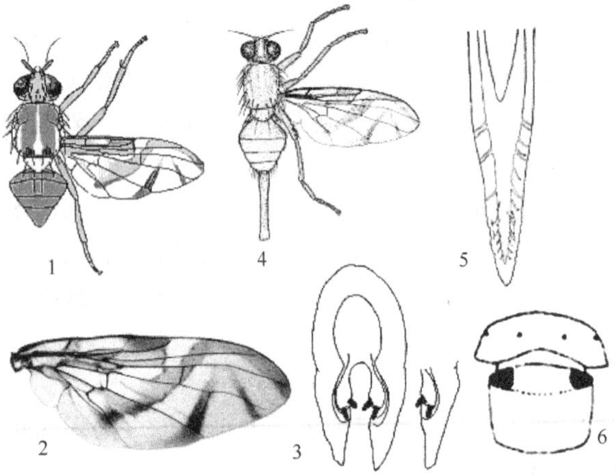

3. 形态特征

墨西哥按实蝇的形态特征具体见图 5-7。

（1）成虫　　中型。中胸背板长 2.8～3.6mm，黄褐色，具 3 黄色条。肩胛及后端变宽的细长中带；通常在盾间缝中间部位有一模糊的褐色斑点；中背片橙色；后胸背板黄褐色，小盾片两侧黑褐色，通常后胸背板两侧黑色。胸鬃黑褐色，毛被黄褐色；有腹侧鬃。翅色带浅黄褐色；S 带通过沿径脉延伸的一极狭窄的黄褐色斑与基前缘带连接；V 带与 S 带分离或狭窄相连；V 带前端颜色通常很浅。雌性产卵管基节的长度达整个腹长的 1.5 倍；针突的长度为 3.3～4.7mm。雄虫背针中等长，粗，端尖，抱器基粗，端扁平。

图 5-7　墨西哥按实蝇（Carrol et al.，2002）
1. 雄成虫；2. 雄成虫右翅；3. 雄虫抱器；4. 雌成虫；
5. 产卵管的针突末端；6. 小盾片和中背片

（2）卵　　绿色，馒头状。

（3）幼虫　　老熟幼虫白色、灰白色或黄色。3 龄幼虫长 5.8～11.1mm。口脊（颊缝）11～17 条，前气门有排列不规则的指突 12～21 个。后气门毛较短，背、腹丛各有毛 6～13 根。胸节和腹节有背刺。在后气门上下的尾部吐丝突排列成 2 排而不是 1 排。臀板二分式。

（4）蛹　　浅褐色。

4. 发生规律

（1）生活史　　每年 3 或 4 代，主要以蛹越冬。1～2 月成虫羽化，成虫只在成熟水果上活动，1～4 月为害早橘，5～6 月为害芒果，数量高峰一般出现在春末夏初。无滞育现象，发生期不整齐，有重叠现象。一般成虫羽化后 8～34d 交配，交配后 1～8d 产卵，雄性比雌性早成熟。成虫可活数月，有的可达 1 年，经 10 个月不活动期后仍能产卵。雄性寿命长于雌性，可达 16 个月。

（2）生活习性　　成虫羽化后取食汁液。成虫主动迁移能力强，在适宜的环境下，可飞行 150km。墨西哥按实蝇幼虫不能在绿色未成熟的果实内生存。成虫在果实变色时才开始在上面产卵，一雌可产卵上千粒。卵一般 10 粒一组，产在果实的表面，尤其是那些果皮破裂处或裸露的果肉中。卵 6～12d 开始孵化，幼虫钻进果实，从里面开始吞食果实，造成水果腐烂、发霉，果肉被吃。

（3）发生与环境的关系　　墨西哥按实蝇主要发生在温度最低月份平均气温在10℃以上的地区。成虫在3℃左右进入休眠，再低则引起死亡。成虫的性成熟与环境密切相关，一般越温暖，性成熟越快。幼虫依寄主不同在果实内危害10d至6个星期，老熟后脱果在土中化蛹。卵和1～3龄幼虫的发育起始温度分别为9.7℃、12℃、14.1℃、9.3℃。蛹的发育起点温度为7.8℃，20℃时蛹期约为32d，22℃时约为21d。完成一个世代所需的有效积温为607℃·d。

幼虫期因温度和条件不同而变化，温度较高也发育得更快。果实成熟的时间越短，幼虫的发育就越快。3龄幼虫在46.1℃下处理19.6min，死亡率为94.6%，存活的幼虫在变为成虫前全部死亡。在46.1℃下处理12.9min，死亡率为70%，存活幼虫只有3.75%能存活到成虫，但成虫都为畸形，不能繁殖。

5. 传播途径

以卵和幼虫随被害果携带及运输传播。成虫也可随飞机、轮船等远距离传播。

6. 检疫检验方法

对从疫区进口的柑橘、芒果、番石榴等必须进行严格检疫。观察水果有无被害状，剖果查找幼虫，饲养为成虫以备鉴定；对已受害或可疑的水果应立即销毁。

7. 检疫处理与防治技术

（1）检疫处理　　芒果和柚可用熏蒸剂进行熏蒸。芒果也可用蒸热处理，开始8h自室温升至43.3℃，再保持3.9～5.7h，可达99.99%的死亡率。冷处理，0.6℃以下18d，1.1℃以下20d，1.7℃以下22d。

（2）防治技术　　不断释放雄性不育，使其不可产生后代，逐渐减低种群数量。也可利用信息素进行诱集，降低种群数量。

七、西印度按实蝇

1. 名称及检疫类别

别名：西印度实蝇。

学名：*Anastrepha obliqua*（Macquart）。

英文名：west Indian fruit fly，antillean fruit fly。

分类地位：双翅目（Diptera）实蝇科（Tephritidae）。

检疫害虫类别：进境植物检疫性害虫。

2. 分布与为害

分布于美国（得克萨斯州、佛罗里达州）、墨西哥、危地马拉、伯里兹、萨尔瓦多、洪都拉斯、哥斯达黎加、巴拿马、古巴、牙买加、海地、加勒比海地区（巴哈马、百慕大、多米尼加、波多黎各、瓜德罗普岛、多米尼克、圣卢西亚、马提尼克岛、特立尼达和多巴哥及尼维斯岛）、哥伦比亚、委内瑞拉、厄瓜多尔、秘鲁、巴西、阿根廷。

西印度按实蝇是水果和蔬菜的毁灭性害虫。寄主植物有杨桃、番荔枝、番木瓜、柚、葡萄柚、甜橙、酸橙、柿、枇杷、苏里南樱桃、无花果、日本金橘、苹果、山楂、芒果、大果西番莲、杏、桃、李、番石榴、石榴、洋梨、蒲桃、加耶檬果、葡萄、腰果、咖啡、红果仔、云南黄果木、菜豆、槟榔青、黄花夹竹桃、海檀木等。

幼虫孵出后直接在果实内取食，毁坏果肉，甚至造成腐烂或落果，使果实品质下降，产量减少，严重时作物完全失收，从而造成严重的经济损失。有时，西印度按实蝇也侵害以上

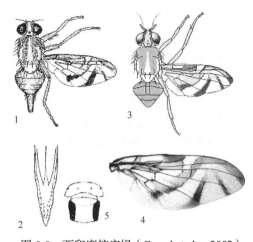

图 5-8　西印度按实蝇（Carrol et al., 2002）
1. 雌成虫背面观；2. 雌成虫产卵管之针突末端；
3. 雄成虫背面观；4. 雄成虫翅面；5. 小盾片和中背片

果树的种苗和幼株。

3. 形态特征

西印度按实蝇的形态特征具体见图 5-8。

（1）成虫　　体中型，黄褐色。中胸背板长 2.6～3.3mm，橘黄色，具 3 黄色条，中纵条在中胸背板前缘伸抵小盾前鬃；小盾片黄色；后小盾片全部黄褐色，无褐色斑纹；中背片（中胸后背片）两侧褐色；后胸背板橘黄色，两侧通常稍黑。胸鬃黑褐色，毛被主要为黑褐色，仅胸中带毛被淡黄色。翅长 5.7～7.5mm，色带黄褐色，前缘带和 S 带相汇于 R_{4+5} 脉上，R_{4+5} 脉几乎直；V 带完整，但 V 带的顶端有时略分离，通常 S 带相连，且相连较宽阔。雌性产卵管基节的长度接近或等于腹长；针突很短，其长度为 1.3～1.6mm。雄背针突细长。

（2）卵　　长 1.181～1.584mm，宽 0.202～0.259mm。乳白色，长梭形，前端具较长的细长柄，后端钝圆形。除两端是网状并具粒状纹理外，卵表面大部光滑，无明显的刻痕。

（3）幼虫　　3 龄幼虫长 7.5～9.0mm。口脊 7～10 条，脊短，沿后缘有不规则的齿。前气门指突 9～16 个。腹节无背刺，后气门毛背、腹丛各有毛 10～16 根；前气门指状突 12～16 个。臀板整式，突起，有明显的龟裂纹，无沟。

（4）蛹　　圆柱形，中等大小，黄赭色到暗红色。

西印度按实蝇和南美按实蝇两种很难区分，但南美按实蝇中背片和后小盾片两侧均呈黑褐色。翅 S 形带通过一宽阔的黄褐色斑与基前缘带联结。针突的长度为 1.4～1.7mm。

4. 发生规律

（1）生活史　　每年 6 或 7 代，无滞育现象。卵单产，一般产于成熟的绿色果子。芒果有些品种果实很小时也会被害。幼虫期夏季为 10～13d，冬季稍长，蛹期与幼虫期相似。

（2）生活习性　　仅为害成熟或过熟果实，毁坏果肉，影响品质。卵为单产，产在成熟果实的外果皮或中果皮区域，幼虫孵化后在果实内完成发育，老熟幼虫入土化蛹，有时也在果实内化蛹。

（3）发生与环境的关系　　卵在 26℃和相对湿度 65% 的发育时间约为 3d。幼虫期一般为 10～15d，蛹期为 13～15d，成虫平均寿命为 79d，但有 10% 的成虫也可存活 140d。成虫产卵期可达 33d，平均每天产卵约 15 粒。雌性繁殖力的强弱与体型大小有密切相关，体型大的产量多。雌性产卵后会分泌一种信息素进行产卵标记，以防止下一个个体重复产卵。

5. 传播途径

以卵和幼虫随被害果携带及调运传播。

6. 检疫检验方法

剖果寻找幼虫，饲养为成虫以备鉴定。

7. 检疫处理与防治方法

46℃热水处理卵和幼虫 1.1h，其死亡率可达 99.99%。

八、南美按实蝇

1. 名称及检疫类别

别名：南美实蝇，南美洲实蝇。

学名：*Anastrepha fraterculus*（Wiedemann）。

英文名：south American fruit fly。

分类地位：双翅目（Diptera）实蝇科（Tephritidae）。

检疫害虫类别：进境植物检疫性害虫。

2. 分布与为害

目前所称的南美按实蝇，实际包含多个具有某些遗传差异种群的复合体。分布于伯利兹、美国、墨西哥、危地马拉、巴拿马、特立尼达和多巴哥、西印度群岛、哥伦比亚、委内瑞拉、圭亚那、苏里南、厄瓜多尔、秘鲁、巴西、玻利维亚、智利、阿根廷、乌拉圭。

该虫为杂食性，取食15科80多种植物，如人心果、柑橘类、榅桲、枇杷、山香圆、芒果、番樱桃、番石榴、石榴、洋梨、葡萄、咖啡、可可、红果仔、南美稔、金虎尾、叶下珠、桃榄、悬钩子、杨桃、柿、无花果、南美番荔枝、费约果、日本金橘、草莓、苹果、山楂、鸡蛋果、鳄梨、杏、李、石榴、蒲桃、锡兰莓、鹅莓、番茄、茄、海檀木、槟榔青等。

成虫产卵于果皮下，幼虫孵出后通常取食果肉，偶尔取食未成熟种子。果表皮产卵刻点常消失，有时能见到汁液和褪色斑。

3. 形态特征

南美按实蝇的形态特征具体见图5-9。

（1）成虫　体小型，长约12.0mm（不包括产卵器），黄褐色。中胸背板长2.75～3.30mm，黄褐色，无暗褐色斑，具3黄色条，中纵条在中胸背板后半部逐渐变宽；小盾片黄色；侧板黄色或黄褐色；后胸背板和后小盾片两侧黑色；胸鬃黄褐色至黑色；毛被黄褐色。翅长4.4～7.2mm，色带橘黄色或褐色。前缘带与S带相接，V带顶部完整，与S带相连接；翅的斑纹偶有变异（如有的前缘带与S带不连；墨西哥类型V带与S带相连）。R_{4+5}脉几乎直，M脉端部略弯。雌性产卵管长度大致与腹长相等，基部粗端部渐细；针突的长度为1.4～1.7mm。雄腹背针突细长，抱器长约0.35mm，基部中等粗

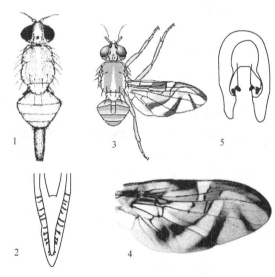

图5-9　南美按实蝇
1. 雌成虫头、胸、腹背面观；2. 雌成虫产卵管的针突末端；
3. 雄成虫背面观；4. 雄虫右翅面；5. 雄虫抱器
（1. 汪兴鉴，1997；2～4. Carrol et al.，2002）

大，端部明显扁平，较窄、钝；齿位于偏基的中间部位。

（2）卵　　长梭形，奶白色，前端绒毛膜延伸略尖，后端钝圆。

（3）幼虫　　3龄幼虫长8.0～9.5mm。口脊7～10条，脊列短，沿后缘有不规则的齿。前气门指突14～18个。腹节无背刺；后气门裂缘高度骨化且暗褐色，约3倍长于宽，第1和第4突丛平均有枝11条以上；后气门上下的尾部吐丝突排列成1排。臀板整式或二分式。

4. 发生规律

（1）生活史　　每年发生6或7代，世代数随季节而有变化，无滞育现象。在秘鲁，成虫可存活约1个月。雄性性成熟期为7～10d。卵期夏季为3d，冬季为6d；幼虫期夏季为15～20d，冬季为20～25d；蛹期有时可达12～18个月，气温适宜时，大约为14d，成虫羽化。

（2）生活习性　　交配发生在清晨，多数在黎明后的2～3h发生。雄性喜欢聚集在光照充足的地方吸引雌性。复眼大、胸部大、颜面小、求偶时间长、占据有利地位的雄虫比复眼小、胸部小、颜面大、求偶时间短、占据不利地位的雄性更易获得雌性青睐。交配多在树叶下进行，也有一些在树上进行。雌成虫将卵产在成熟水果果皮下，一般每雌一次产卵1粒，每果可产卵达50粒，数量与果子的成熟度和品种有关。幼虫孵化后在果实内取食果肉直到老熟。老熟幼虫土中化蛹。

（3）发生与环境的关系　　温度/光照以及风速对交配行为都有影响。交配从9:30开始，一直持续到11:30，高峰时间是10:15，这段时间光照充足。交配持续时间为15～105min。各虫态最适发育的相对湿度为60%～80%，适宜温度为15～30℃。当温度达到35℃时，各虫态均不能完成发育。卵的发育起点温度为9.2℃，所需有效积温为52.2℃·d；幼虫发育起点温度和有效积温分别是10.3℃和161.4℃·d；蛹的发育起点温度和有效积温分别是10.8℃和227.7℃·d；整个生命周期发育起点温度为10.8℃，有效积温为430.6℃·d。南美按实蝇在25℃下的产卵前期为7d，每头雌虫平均产卵408粒。当温度为20℃和30℃时，其平均产卵量分别有所下降。蛹在17.9%的土壤含水条件下羽化率最高。

5. 传播途径

南美按实蝇主要靠带有卵和幼虫的水果进行远距离传播。

6. 检疫检验方法

用诱捕器诱捕监测或仔细检查来自疫区的水果有无被害状，对可疑受害状（如果皮有刺孔、果畸形或腐烂）的水果应剖果寻找幼虫，将幼虫饲养为成虫以备鉴定。

7. 检疫处理与防治技术

（1）检疫处理　　具体如下：①冷冻处理，在0℃、72%～88%的相对湿度条件下，卵经4d、幼虫7d、蛹8d、成虫3d，死亡率可达100%。②热水处理，用46℃热水处理芒果中的幼虫1.2h，死亡率可达99.99%。③二溴乙烷处理芒果，21℃时，药剂用量16g/m³，处理时间为2h。

（2）防治技术　　具体如下：①释放雄性不育或用性诱剂诱集成虫。②清理果园，将被害果深埋至46cm以下土内。

九、加勒比按实蝇

1. 名称及检疫类别

别名：加勒比实蝇。

学名：*Anastrepha suspense*（Loew）。

英文名：Caribbean fruit fly。

分类地位：双翅目（Diptera）实蝇科（Tephritidae）。

检疫害虫类别：进境植物检疫性害虫。

2. 分布与为害

分布于美国（佛罗里达州南部）、墨西哥、古巴、牙买加、海地、多米尼加、伊斯帕尼奥拉岛、大安的列斯群岛、波多黎各、巴哈马群岛、海地。

寄主植物有番石榴、苏里南樱桃、桃、蒲桃、番荔枝、牛心果、杨桃、番木瓜、九里香、柠檬、葡萄柚、柚、枸橼、柑橘、甜橙、黄皮、海葡萄、柿、锡兰莓、枇杷、巴西番樱桃、无花果、金橘、月橘、荔枝、苹果、芒果、鳄梨、杏、油桃、石榴、洋梨、沙梨、海枣、椰枣、西班牙李、牙买加樱桃、多香果、辣椒、番茄、苦瓜、重阳木、香肉果、刺篱木、藤黄、槟榔青等。

幼虫仅危害成熟或过熟果实，毁坏果肉，影响品质。

3. 形态特征

加勒比按实蝇的形态特征具体见图 5-10。

（1）成虫　　小型，黄褐色。中胸背板长 2.28～2.86mm，黄褐色。中胸背板无暗褐色斑，但在背板与小盾片之间缝上有一明显的黑色斑横跨。肩胛及后端加宽的中带、自横缝至小盾片的侧带和小盾片色较浅；侧板黄褐色，背侧片下方的带和后胸侧板的大部分色较浅；后胸背板整个黄褐色或两侧变黑，前面的黑色区域最宽。胸鬃黑褐色至黑色；毛被黄褐色。腹侧鬃通常发达。翅长 4.9～6.7mm，色带黄褐色至褐色；S 带发达，前缘带和 S 带在 R_{4+5} 脉处相连或相隔很近；V 带完整，与 S 带分离。一些雄虫中室略带棕色。雌性产卵管基节的长度约与腹长相等；针突很短，其长度为 1.4～1.6mm。雄抱器长约 0.3mm，基中等粗，端扁平，窄，但末端圆；齿大致在中间部位。

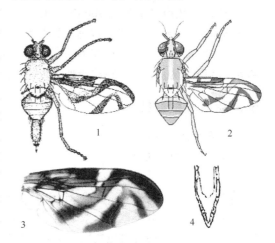

图 5-10　加勒比按实蝇（Carrol et al., 2002）
1. 雌成虫背面观；2. 雄成虫背面观；3. 雌成虫右翅；
4. 产卵管的针突末端

（2）卵　　淡白色而具有白色光泽，两端略细，整体椭圆形。长 1～2mm，宽 0.3mm，前端具微孔和特殊花纹。

（3）幼虫　　共 3 龄，蛆形，端部逐渐尖。1 龄幼虫透明至淡白色，口钩由腹面两排浅棕色、弱裂的钩组成，上面一排钩可随虫龄增长不断生长发育。2 龄幼虫白色至奶白色，头前部具有较发达前螺旋、小口脊、黑口钩等。3 龄幼虫奶白色至淡黄色。口钩由单对尖锐的牙齿组成，黑色且骨化程度高；口脊具 8～11 条短、间距宽和钝圆的齿列。前气门指突 9～14 个。胸部第 3 节有背刺，腹节无。后气门裂约 3 倍长于宽；有高度骨化、暗褐色的缘；第 1 和第 4 突丛平均有枝 7 条以上，端梢 15 条以上，臀板整式。

（4）蛹　　围蛹，体长约 4.5mm，宽 1.6mm。色泽比麦秆色略深呈褐色。

4. 发生规律

（1）生活史　　卵经过 2～3d 后孵化，幼虫在果实内危害果肉，取食期为 10～14d。老熟幼虫钻出果实入土化蛹，蛹期为 12～15d。雌虫在羽化后 7d 开始产卵。

（2）生活习性　　雄性在水果中的发育历期长于雌性。个体大的雄性往往击败小的个体而获得交配权。雌性通常将卵产于成熟的果实中，有时也在未成熟的果实内产卵。一只雌虫可产卵 138～320 粒。产卵时将产卵管插入果实内一粒一粒地产。幼虫孵化后在果肉内为害，老熟后从果内钻出落入土壤化蛹。被害的果实很多在成熟前脱落。

（3）发生与环境的关系　　在（25±1）℃、80%的相对湿度和12h∶12h（L∶D）光周期的实验室条件下，一个世代需要34～36d。卵低于12℃不孵化，成虫低于这个温度不羽化。在冬季则各虫态历期延长，无滞育现象。

5. 传播途径

以卵和幼虫随被害果携带、调运传播。

6. 检疫检验方法

剖果寻找幼虫，并饲养为成虫以备鉴定。

7. 检疫处理与防治技术

（1）检疫处理　　具体如下：①冷处理，在1.1℃，90%的死亡率为13.6d，5℃为21.1d。冷库中迅速冷却（从24℃到5℃约为6h）和在1.1℃下保存15d，对水果的经济价值几乎没有损失。经γ射线处理被害柚，接着1.1℃下冷藏5d，杀虫效果为99.99%。②热处理，受害芒果在51.67℃热空气下处理90min，幼虫100%死亡；43.3～43.7℃蒸热处理4h，幼虫死亡率为99.9%。46.1～46.7℃热水浸泡受害芒果60min，杀虫效果为100%，且对芒果没有损伤。

（2）防治技术　　具体如下：①清洁果园，将落果深埋。②药剂喷雾，如用乐果和倍硫磷等。③诱剂诱杀成虫或释放雄性不育进行防治。

十、葫芦寡鬃实蝇

1. 名称及检疫类别

别名：大南瓜实蝇。

扩展阅读5-17

学名：*Dacus bivittatus*（Bigot）。

英文名：pumpkin fly，greater pumpkin fly，two spotted pumpkin fly。

分类地位：双翅目（Diptera）实蝇科（Tephritidae）。

检疫害虫类别：进境植物检疫性害虫。

2. 分布与为害

限于非洲，如塞内加尔、塞拉利昂、尼日利亚、喀麦隆、肯尼亚、乌干达、坦桑尼亚、刚果（金）、马拉维、莫桑比克、津巴布韦、南非。此外，撒哈拉以南的其他所有国家均可能有分布。

寄主植物有葫芦、西葫芦、黄瓜、苦瓜、丝瓜、笋瓜、南瓜、佛手瓜、甜瓜、非洲角瓜、番木瓜、西番莲、番茄、咖啡及多种野生葫芦科植物。

成虫刺破葫芦类果实尤其是幼果的表皮产卵。产卵孔周围组织变黑、坏死，产卵孔处凹陷。幼虫孵化后在果内蛀食，使果实变软、腐烂和变色。受侵染的嫩果往往未熟先黄和脱落，较大的果实则变成畸形或慢慢腐烂。在葫芦寡鬃实蝇的流行区或自然分布地，其主要寄主果实的被害率平均为10%～50%，为害严重时高达80%以上，甚至绝产。

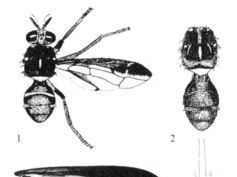
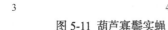

图5-11　葫芦寡鬃实蝇
1. 雄成虫背面观；2. 成虫胸、腹部背面观；3. 雄成虫右翅；4. 雌成虫产卵器末端
（1，3White and Elson-Harris，1992；
2. Carrol，2002）

3. 形态特征

葫芦寡鬃实蝇的形态特征具体见图5-11。

成虫的中颜板具 1 对黑色斑点。中胸盾片棕黄色至红褐色，横缝后具 3 个黄色纵条，居中的一条呈梭形，两侧的 1 对极其狭窄，自前向后逐渐细尖，其后端达前翅上鬃之后。肩胛前端 1/4 和背侧胛为黄色；肩胛后部 3/4 呈深棕黄色或红褐色。小盾片黄色，基部有一红褐色狭带。足大部棕黄色至红褐色，股节基部及第 1 分跗节为黄色。上侧额鬃 1 对，下侧额鬃 2 对；肩板鬃、背侧鬃和后翅上鬃各 2 对，中侧鬃、前翅上鬃和小盾鬃各 1 对，小盾前鬃缺如。翅前缘带极其宽阔，褐色，其基半段达 R_{4+5} 脉，端半段扩至 R_5 室的上半部；径中 r-m 横脉上罩盖一褐色短带；臀条褐色，伸至后缘。腹部完全为黄褐色至红褐色，雄虫第 3 背板具栉毛；雌虫产卵管的针突长 2.5~2.9mm，末端尖锐，具亚端毛 3 对。

4. 发生规律

（1）生活史　　成虫可在冬季存活，无休眠期。在温暖的地方如南非，一些成虫可在冬季繁殖，春季作物危害重，秋季达到顶峰。在冬季较冷的地方，成虫存活数量少，春季作物受害通常不严重。

（2）生活习性　　成虫喜欢聚集在有阳光的地方。为了寻找新的繁殖地方，成虫能飞行较远的距离。

（3）发生与环境的关系　　葫芦寡鬃实蝇种群的建立在很大程度上依赖于寄主的连续性，包括野生寄主和田间的迟熟果实。成虫一年四季可活动，只有在极度干燥和高温的情况下，成虫的活动才受到抑制。

5. 传播途径

以卵和幼虫随寄主果实携带及运输传播。

6. 检疫检验方法

对来自害虫发生区的葫芦科、茄科及西番莲属等蔬菜进行严格的检验或采用引诱酮诱集。

7. 检疫处理与防治技术

（1）检疫处理　　可参考其他实蝇。

（2）防治技术　　具体如下：①清洁果园，摘除受害的果实或捡拾落果，集中杀死果内幼虫。②引诱剂诱杀，在引诱剂中加入杀虫剂，杀死吸引来的雄虫。③释放不育蝇灭虫，将大规模饲养的实蝇至蛹期进行辐射处理，然后释放不育成虫，降低雌蝇产卵率。④化学防治，根据葫芦寡鬃实蝇的发生量、为害情况及果蔬的生长情况适时喷洒高效、低毒杀虫剂，及时降低虫口密度。

十一、埃塞俄比亚寡鬃实蝇

1. 名称及检疫类别

别名：小南瓜实蝇、甜瓜实蝇。

学名：*Dacus ciliatus* Loew。

英文名：Ethiopian fruit fly，lesser pumpkin fly，cucurbit fly。

分类地位：双翅目（Diptera）实蝇科（Tephritidae）。

检疫害虫类别：进境植物检疫性害虫。

2. 分布与为害

原产于非洲热带或亚热带地区，最早发现于埃塞俄比亚的厄立特里亚。现分布于孟加拉国、印度、斯里兰卡、巴基斯坦、伊朗、沙特阿拉伯、也门、埃及、塞内加尔、几内亚、塞拉利昂、加纳、贝宁、尼日利亚、喀麦隆、乍得、苏丹、埃塞俄比亚、索马里、肯尼亚、乌干达、坦桑尼亚、刚果（金）、安哥拉、赞比亚、莫桑比克、莱索托、马达加斯加、毛里求斯、留尼汪、津巴布韦、博茨瓦纳、纳米比亚、南非。

危害多种瓜类和蔬菜作物，寄主植物有甜瓜、南瓜、黄瓜、苦瓜、西葫芦、西瓜、葫芦、棱角丝瓜、瓜叶栝楼、越瓜、佛手瓜、辣椒、番茄、菜豆、咖啡、黄葵、非洲角瓜、胶苦瓜、蛇瓜及多种野生葫芦科植物。成虫产卵于寄主果实中，幼虫潜居果内食害。

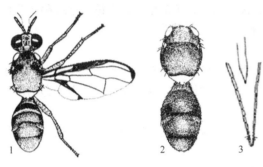

图 5-12　埃塞俄比亚寡鬃实蝇（White，1992）
1. 雄成虫；2. 成虫胸、腹部背面观；
3. 雌成虫产卵器末端

3. 形态特征

埃塞俄比亚寡鬃实蝇的形态特征具体见图 5-12。

（1）成虫　　体长 6.0～7.0mm、翅长 4.4～6.0mm。中颜板具黑色斑点 1 对。中胸盾片全部黄褐色或棕黄色，缝后无黄色纵条。肩胛、背侧胛黄色。小盾片黄色，基部有一深棕黄狭带。足黄色。头、胸鬃均较弱短；上侧额鬃 1 对，下侧额鬃 2 对；肩板鬃、背侧鬃和后翅上鬃各 2 对，中侧鬃、小盾鬃各 1 对；前翅上鬃和小盾前鬃均缺如。翅斑褐色；前缘带在 r_1 室内骤然变窄，并于翅端部明显变宽；臀条较狭窄，伸至后缘。腹部全部黄褐色或棕黄色；雄虫第 3 背板具梳毛；雌虫产卵管的针突细而尖，长 1.5～1.6mm，具 3 对亚端刚毛，彼此大小相似。

（2）幼虫　　蛆形，3 龄体长 9.0～10.5mm。口脊 12～13 条；前气门指状突 14～16 个；后气门裂长 3.5～4.0 倍于宽；气门毛每边 4 丛，每丛 4～19 根，其长度不足后气门裂的 1/2，部分毛于端部分枝。肛叶 1 对，较小。

4. 发生规律

（1）生活史　　在印度南部的热带及暖亚热带气候条件下，一年发生 6 代，成虫全年可以活动；而北部温带区每年发生的代数相应减少，以蛹越冬。翌年 4 月成虫开始羽化，产卵前期约为 4d。9～10 月，卵期为 2～4d，幼虫期为 4～6d，蛹期为 6～8d，但在冬季蛹期将延长。

（2）生活习性　　成虫羽化时间集中在上午，喜欢将 5～10 粒卵成簇产在果实中。成虫交配行为发生在黄昏，主要在非寄主植物（如柠檬树）叶子下面进行。老熟幼虫多数喜欢在寄主果实内化蛹，仅部分脱果入土表下 3～5cm 处化蛹。

（3）发生与环境的关系　　在 28℃ 的条件下，2～3 周完成一个世代。

5. 传播途径

卵、幼虫和蛹均可随寄主果实携带、调运传播。

6. 检疫检验方法

对来自害虫发生区的葫芦科、茄科和豆科植物实施严格的检疫措施。

7. 检疫处理与防治技术

（1）检疫处理　　禁止从疫区输入未经产地检疫或灭虫处理的葫芦科植物的果实。

（2）防治技术　　在害虫盛发季节，菜园内喷洒水解蛋白毒饵诱杀成虫；或大量释放雄性不育。

十二、西瓜寡鬃实蝇

1. 名称及检疫类别

别名：西瓜实蝇。

学名：*Dacus vertebratus* Bezzi。

英文名：jointed pumpkin fly，melon fly。

分类地位：双翅目（Diptera）实蝇科（Tephritidae）。

检疫害虫类别：进境植物检疫性害虫。

2. 分布与为害

原产于非洲热带或温暖的亚热带地区。现分布于沙特阿拉伯、也门、塞内加尔、冈比亚、利比里亚、加纳、尼日利亚、埃塞俄比亚、肯尼亚、坦桑尼亚、安哥拉、赞比亚、马拉维、马达加斯加、津巴布韦、博茨瓦纳、纳米比亚、南非。

该虫的寄主植物有葫芦类作物、西瓜、甜瓜、黄瓜、南瓜、番西莲及多种野生葫芦科植物，尤其对西瓜的危害最烈。成虫产卵于寄主的果实中。幼虫潜居果内食害，破坏内部果肉，导致果实畸形，害果从内部腐烂、发臭，并招致重复产卵。每果幼虫 3～5 条者居多，而 20 条以上者则甚少。

扩展阅读 5-18

3. 形态特征

西瓜寡鬃实蝇的形态特征具体见图 5-13。

（1）成虫　体长 7.5～8.5mm，翅长 4.8～5.5mm。中颜板黄色，具黑色斑点 1 对。中胸盾片几乎全黄褐色，缝后无黄色纵条。肩胛、背侧胛、横缝前每侧的一小斑和小盾片全为黄色。足黄色，股节端部和胫节呈深棕黄色。头、胸鬃均较弱短，其鬃序与埃塞俄比亚寡鬃实蝇相同，上侧额鬃 1 对，下侧额鬃 2 对；小盾鬃 1 对，前翅上鬃和小盾前鬃均缺如。翅斑褐色，前缘带狭短，其末端略加宽，终止于翅尖之前；基前缘室和前缘室完全透明，

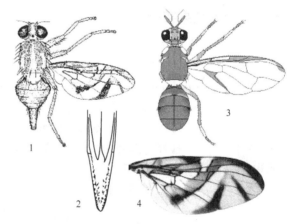

图 5-13　西瓜寡鬃实蝇（Carrol et al.，2002）
1. 雌成虫；2. 雌成虫产卵管的针突末端；3. 雄成虫；
4. 雄成虫右翅

二者的长度之和接近翅长的一半。腹部黄褐色，第 3～5 背板的中央一般具深棕黄色至淡褐色狭纵条，两侧部色泽较深。雄虫第 3 背板具栉毛；雌虫产卵管的针突长为 1.7～1.8mm，末端细尖，具亚端刚毛 3 对。

（2）幼虫　蛆形，3 龄体长 11.0～12.5mm。口脊 13～16 条。第 1～3 胸节的前部具小微刺带。前气门指状突 17～19 个。后气门裂长约 4.0 倍于宽；气门毛短，其长度不足后裂的 1/2，部分毛于端部分枝，每边各 4 丛，每丛 4～18 根。肛叶 1 对，隆突。

4. 发生规律

（1）生活史　西瓜寡鬃实蝇在塞内加尔每年发生约 10 代，各世代界限不清，世代重叠。高温季节，发生一代为 35～40d；低温季节，发生一代为 40～45d。

（2）生活习性　成虫羽化后常于清晨爬出土面，在瓜蔓等荫蔽处休息约 10h，即可飞

翔。成虫喜香甜食物，除取食葫芦科植物的果实、伤流等汁液外，还经常在烂瓜和废瓜皮上取食。成虫喜欢在幼嫩的果实上产卵，5:30～6:30 为产卵高峰。幼虫孵化后，通常呈垂直方向取食，2～3d 后，侵害部位较深，为不规则方向取食。老熟的幼虫多在清晨爬出虫孔，弹跳至地面，寻找适合的化蛹环境。

（3）发生与环境的关系　　卵期、幼虫期和蛹期随着气温的升高，历期缩短。阳光强烈时，成虫很少活动，常在荫蔽处休息。老熟幼虫一般在瓜蔸附近湿度适宜的土壤的松土层中化蛹，深度多为 5～10cm 处，少数可达 30cm 深。缺乏食物或突然中断饲料，老熟幼虫可提前化蛹。

5. 传播途径

以卵和幼虫随寄主果实传播。

6. 检疫检验方法

切实做好瓜类入境前的检验工作；利用有专一性引诱剂（Vertlure）进行监测。

7. 检疫处理与防治技术

（1）检疫处理　　禁止从疫区进口未经产地检疫或灭虫处理的葫芦科果实。

（2）防治技术　　具体如下：①在害虫发生季节，菜园内采取水解蛋白毒饵喷雾或使用专性引诱剂诱杀成虫的方法进行防除。②及时清除园内虫、落果以及周围的野生葫芦科寄主，以减少害虫发生数量，提高防治效果。

十三、昆士兰果实蝇

1. 名称及检疫类别

别名：昆士兰大实蝇。

学名：*Bactrocera tryoni*（Froggatt）。

英文名：Queensland fruit fly。

分类地位：双翅目（Diptera）实蝇科（Tephritidae）。

检疫害虫类别：进境植物检疫性害虫。

扩展阅读 5-19

2. 分布与为害

分布于澳大利亚（昆士兰州东北部、新南威尔士州东部、维多利亚州的最东端）、美国、巴布亚新几内亚、瓦努阿图、新几内亚、新喀里多尼亚等地。

寄主范围很广，有栽培和野生植物 25 科，主要有苹果、杏、咖啡、鳄梨、黑桑、杨桃、腰果、无花果、番石榴、番荔枝、葡萄柚、袋鼠茄、芒果、李、木瓜、油桃、辣椒、番茄和枇杷等。实际上，所有果树和灌木性果树都是其潜在的寄主。

3. 形态特征

昆士兰果实蝇的形态特征具体见图 5-14。

（1）成虫　　颜面黄褐色，有两个近椭圆形的黑斑；胸部为红棕色，肩胛、背侧板胛以及小盾片均为黄色。翅缘边从翅基部到翅端部有 1 条明显的色带；色带窄，通常不

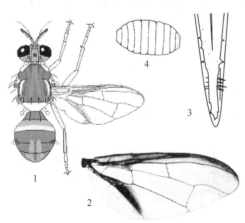

图 5-14　昆士兰果实蝇

1. 雄成虫；2. 雄成虫右翅；3. 雌成虫产卵器末端；4. 蛹

（1，2. Carrol et al., 2002；3. White and Elson-Harris，1992；

4. Dadour et al., 1993）

延伸到径脉（R₂₊₃）的下面。后前胸背板突叶上无刚毛（有时具有小毛或柔毛）；盾片具前上盾片刚毛和前小盾片中刚毛；小盾片无突叶，仅具 2 支缘刚毛（1 对顶刚毛）。腹部第 1 节背板红褐色至暗褐色；第 2 节黄褐色，中间具 1 大棕色斑；第 3～5 背板常为红褐色，有 1 较宽暗褐色条纹，中间具一模糊的暗褐色纵带；第 5 腹板具有一对黄棕色的亮斑。雄虫腹部第 3 节背板每侧有一排刚毛（栉）。

（2）幼虫　　共 3 龄，蛆形。老熟幼虫口器开口腹面，具突出的口钩及口钩侧口感觉乳突。前口齿前侧至口器开口处具 6 对非锯齿状的齿围绕口感器乳突。口器开口处每侧横列9～12 条口脊，口脊上具深锯齿状钝缘齿。

（3）蛹　　围蛹。蛹有明显的前凹口，蛹体略向两端延长，蛹分节凹陷明显。

4. 发生规律

（1）生活史　　昆士兰果实蝇在澳大利亚每年发生 4 或 5 代，具有世代重叠现象。各虫期的长短随温度和季节的变化而有所不同。卵产于寄主果实表皮的下面，温度适宜时，卵期为 1～3d，幼虫期为 4～35d（21℃下为 10～31d）。老熟幼虫在寄主植物附近的土壤中化蛹；化蛹 1～2 周后羽化为成虫。成虫寿命一般为 6 个月左右，但在 2～24℃ 的恒温下，个别个体可活 11 个月。

（2）生活习性　　成虫羽化后，需取食蚜虫的分泌物、果汁、花蜜等约 14d 才能达到性成熟。交配一般在傍晚进行。卵产于成熟果实表皮下，每次产卵 10 粒左右。在柔软的果实中，幼虫在其中蛀食为害，果肉变成褐色，进而变软成粉糊状，内部很快腐烂。在果肉质地较硬的果实中，幼虫在其内钻蛀为害，造成纵横交错网状的隧道形状虫蛀道。被害果实，有的果肉腐烂，品质降低；有的果实脱落或提早落果。

（3）发生与环境的关系　　在秋季，卵期为 2～4d，存活温度为 11.1～33℃；25～27℃时 9% 死亡。幼虫期为 10～31d，存活低温为 10℃，其寿命长短因温度而异，18.3℃时为 18d，24℃时为 12d，30℃时为 9d。蛹期发育最低温为 11.2℃，在 20～30℃时死亡 22%，32～37.8℃时死亡率上升。18.3℃时蛹期为 26d，24℃时为 14d，30℃时为 9d。18℃以下，化蛹主要受土壤湿度影响。在土壤含水量为 0 和 100% 时蛹的死亡率分别达 85% 和 30%，而在土壤含水量为 75% 时，羽化率最高。成虫低温致死临界温度为 12.3℃，29℃时成虫最活跃。

5. 传播途径

以卵和幼虫随果实运输远距离传播，以及成虫飞行的自主扩散。

6. 检疫检验方法

从昆士兰实蝇发生地运来的水果必须严格检疫。检查被害状，如果实上有产卵的痕迹或糖分含量高的果实（如桃）分泌糖液在某处凝结等，需对可疑果实作剖果检查以寻找卵或幼虫；从实蝇发生地运输带根的寄主植物应不带土，或土壤经杀蛹处理后输入。输入植物不能带果，如带有果实则严格禁止输入。

7. 检疫处理与防治技术

（1）检疫处理　　对可疑果实进行冷处理，如橘子中昆士兰实蝇的卵和幼虫在（1.0 ±0.5）℃，经 10d 贮存，卵的死亡率是 9.9960 %，初龄幼虫和老龄幼虫各是 99.8167%和 99.9641%。或者对果实采用蒸气热处理（即 43～44℃条件下保持 6～9h）或热水处理等。也可用 75Gy 剂量的 γ 射线照射感染水果，能使昆士兰实蝇卵和幼虫死亡或导致蛹和成虫完全不育。

（2）防治技术　　①用报纸、纸袋或聚乙烯套包裹水果，阻止实蝇产卵。②诱饵喷雾，由适当的杀虫剂（如马拉硫磷）和蛋白质诱饵（通常称为"蛋白质"）混合而成，对整株植物进行覆盖喷雾，对天敌的影响小，更经济，也更环保，比整园喷药更具优越性。③诱集。可单独利用诱剂［4-（对乙酰氧基苯基)-2-丁酮］或用甲基丁香酚（4-烯丙基-1，2-二甲氧基苯）或诱剂与化学农药混合，连续诱集雄性实蝇。

第二节　检疫性瘿蚊类

瘿蚊隶属双翅目（Diptera）瘿蚊科（Cecidomyiidae）。全世界已知种类约 4490 种，我国记录近 60 种。

瘿蚊的成虫外形像蚊而小，身体纤细，有细长的足。触角细长，念珠状，10～36 节，有明显的毛，雄的常有环状毛。复眼发达或左右愈合成一个，无单眼。喙短或长，下颚须 1～4 节。前翅阔，有毛或鳞，只有 3～5 条纵脉，径分脉（Rs）不分支，横脉不明显，基部只有一个基室。足基节短，胫节无距，具中垫和爪垫，爪简单或有齿。腹部 8 节，伪产卵器短或极长，能伸缩。

幼虫体纺锤形或后端较钝，共 13 节，头很退化，有触角，老熟幼虫中胸腹板上通常有一"Y"形剑骨片，具齿或分为两瓣，是弹跳器官，它的存在是瘿蚊科幼虫的识别特征，而其形状则是鉴别种的依据。气门小，9 或 10 对，位于前胸、腹部 1～8 节或臀节上。

瘿蚊主要为两性生殖，少数种类可进行孤雌生殖。成虫不取食或食花蜜、腐烂有机质。对灯光趋性不强，喜早晚活动，常产卵于未开花的颖壳内或花蕾上。幼虫食性变异大。植食性种类为害植物的各个部位，特别是禾本科、菊科、芸香科和杨柳科的一些植物易受害。很多种类能造成虫瘿，故有"瘿蚊"的名称。幼虫老熟时入土潜伏，生活在植物上的多在阴雨天弹跳入地，都喜欢湿润的土壤。幼虫有的有隔年羽化的现象，即当环境不适合时，可以长期潜伏下来，等合适的年份再上升到地表层化蛹、羽化。幼虫入土前和化蛹前的两场雨水是瘿蚊发生的有利条件。

瘿蚊是为害农作物的重要害虫，重要的种类有黑森瘿蚊［*Mayetiola destructor*（Say）］、高粱瘿蚊［*Contarinia sorghicola*（Coquillett）］、麦红吸浆虫（*Sitodiplosis mosellana* Gehin）、麦黄吸浆虫（*Contarinia tritici* Kirby）、稻瘿蚊（*Pachydiplosis oryzae* Wood-Mason）等。黑森瘿蚊主要为害栽培麦类，世界各产麦国对此虫都十分重视，认为是瘿蚊科中为害小麦最重要的一种。其幼虫潜藏在茎秆基部的叶鞘内侧吸吮汁液，受害茎秆脆弱倒伏，籽粒空瘪，产量降低。我国于 1980 年在新疆首次发现。高粱瘿蚊是栽培高粱上最重要的和分布最广的害虫，成虫产卵于花穗内，幼虫取食造成瘪粒，严重时半数以上的小穗不能结实，对产量影响极大。高粱瘿蚊现已传播到世界许多国家，我国尚未发现。麦红吸浆虫和麦黄吸浆虫均以幼虫潜伏在大麦、小麦的颖壳内吸食正在灌浆的麦粒汁液，造成籽粒空瘪、空壳，大发生年全田毁灭，颗粒无收。稻瘿蚊是南方水稻的重要害虫之一，幼虫吸食水稻生长点汁液，致使受害稻苗基部膨大，随后心叶停止生长且由叶鞘部伸长形成淡绿色中空的葱管，葱管向外伸形成"标葱"。水稻从秧苗到幼穗形成期均可受害，受害重的几乎都形成"标葱"或扭曲不能结实。

危险性及检疫性瘿蚊有黑森瘿蚊［*Mayetiola destructor*（Say）］、高粱瘿蚊［*Contarinia sorghicola*（Coquillett）］、苹果瘿蚊［*Dasineura mali*（kieffer）］。

一、黑森瘿蚊

1. 名称及检疫类别

别名：黑森麦秆蝇、小麦瘿蚊、黑森蝇。

学名：*Mayetiola destructor*（Say）。

英文名：hessian fly。

分类地位：双翅目（Diptera）瘿蚊科（Cecidomyiidae）。

检疫害虫类别：进境植物检疫性害虫。

2. 分布与为害

黑森瘿蚊原产地为幼发拉底河流域。在国外，主要分布于伊拉克、以色列、哈萨克斯坦、叙利亚、土耳其、阿尔及利亚、摩洛哥、突尼斯、美国、加拿大、奥地利、比利时、保加利亚、塞浦路斯、捷克、斯洛伐克、丹麦、芬兰、法国、德国、希腊、匈牙利、意大利、拉脱维亚、荷兰、挪威、波兰、葡萄牙、罗马尼亚、俄罗斯、塞尔维亚、西班牙、瑞典、瑞士、英国、乌克兰、新西兰。在我国分布于新疆北部。

小麦、大麦、黑麦、冰草属植物、匍匐龙牙草以及其他的牧草和杂草均是其寄主植物。黑森瘿蚊对3种栽培麦类的为害以小麦最重，大麦次之，黑麦最轻。在新疆仅见为害小麦。

黑森瘿蚊对冬小麦、春小麦都能造成严重为害，幼虫潜藏在茎秆基部的叶鞘内侧吸吮汁液。小麦在不同生长期受害，被害状不同。拔节前受害，植株严重矮化，受害麦叶比未受害叶短宽而直立，叶片厚而脆，叶色加深呈墨绿色，受害植株因不能拔节而匍匐地面，心叶逐渐变黄甚至无法抽出，严重时分蘖枯黄，甚至整株死亡。小麦拔节后，由于幼虫侵害节下的茎，阻碍营养向顶端输送，影响麦穗发育，籽粒空瘪，千粒重减少，产量降低。受害茎秆脆弱倒伏，严重田块折秆率可达50%～70%，产量损失达70%～90%，甚至颗粒无收。

1890～1935年，美国密西西比河以东各州多次大发生，局部受灾年年都有，年损失在数百万美元以上。我国于1980年在新疆首次发现，当年伊犁发生面积为9410多公顷，博尔塔拉蒙古自治州重灾田为5333hm²，翻耕改种超过200hm²。1981年，博尔塔拉蒙古自治州发生面积将近3万hm²，占小麦播种面积的78.9%，翻种超过600hm²，产量损失700万kg。某兵团农场，春季田间受害率为21.4%，麦收前麦秆折倒率为55.6%，不但产量降低，还对机械收割造成不便。据初步测算，冬麦单株有虫1～6头，减产45.6%～76.7%；春麦单株有虫1～6头，减产64.6%～83.8%。

目前我国发生地区仅限于新疆伊犁州和博尔塔拉蒙古自治州，为中亚麦区传入。通过CLIMEX＋GIS方法预测，其在我国的适生区面积占全国的66.45%，从北纬30°～北纬60°，即从我国长江流域到黑龙江漠河均在适生范围内，这一区域是我国主要的产麦区，黑森瘿蚊一旦传开，后果严重。

3. 形态特征

黑森瘿蚊的形态特征具体见图5-15。

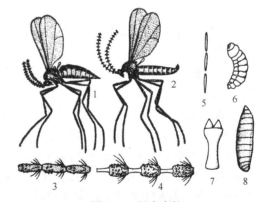

图 5-15 黑森瘿蚊

1. 雌成虫；2. 雄成虫；3. 雌虫触角；4. 雄虫触角；
5. 卵；6. 幼虫；7. 幼虫剑骨片；8. 围蛹

扩展阅读 5-20

（1）成虫 似小蚊子，身体灰黑色。雌成虫体长 2.5～4.0mm，雄虫体长 2.0～3.0mm。头部前端扁，后端大部分被眼所占据。触角黄褐色，位于额部中间，基部互相接触，18 或 19 节，长度超过体长的 1/3，每两节之间被透明的柄（触角间柄）分开，雌虫触角的柄短于节，雄虫的柄与节等长。触角每节被覆微小针突，轮生长毛。下颚须 4 节，黄色，第 1 节最短，第 2 节球形，第 3 节相当长，第 4 节圆柱形较细，但长于前一节的 1/3。胸部黑色，背面有两条明显的纵纹。平衡棒长，暗灰色。足极细长且脆弱，跗节 5 节，第 1 节很短，第 2 节等于末 3 节之和。翅脉简单，亚缘脉很短，几乎跟缘脉合并，径脉很发达，纵贯翅的全部，第 3 纵脉从近后端分成两叉。雌虫腹部肥大，红褐色。雄虫腹部纤细，几乎为黑色，末端略带淡红色。雌虫的产卵器由 3 节组成。雄虫外生殖器上生殖板很短，深深地凹入，有很少刻点，当从上面看时，被下生殖板和阳具鞘远远超过。尾铗的端节长近于宽的 4 倍，爪着生于末端。

（2）卵 长 0.4～0.5mm，宽为长的 1/6，长圆柱形。初产时透明，有红斑点，后变红褐色。

（3）幼虫 老熟体长幼虫 3.5～5.0mm。初孵幼虫红褐色，后为乳白色半透明状，纺锤形，背部中央具一条半透明的绿色条带。表面光滑无毛，中胸腹板有一个"Y"形剑骨片，节间纹和气孔均不明显。

（4）蛹 长 4.0～5.9mm，为围蛹，外裹幼虫蜕皮硬化而成的蛹壳，栗褐色，略扁似亚麻籽，前端小而钝圆，后端稍大有凹缘。

4. 发生规律

（1）生活史 由于黑森瘿蚊的发育、夏眠和滞育依赖于温度和湿度，因此不同地区的世代数不同。1 年最多可发生 6 代。欧洲大部分发生 3 代，法国发生 6 代；在美国北部（堪萨斯州、密苏里州、宾夕法尼亚州和内布拉斯加州），黑森瘿蚊每年至少完成 2 代，在美国南部（从得克萨斯州到南卡罗来纳州），黑森蝇每年完成 3～6 代；我国新疆一般可发生 4 代，但夏季高温干旱则蛹不羽化，一年只发生两个完整世代，即春季为害世代和秋季为害世代。若夏季低温高湿，则对发生有利。以老熟幼虫在俗称"亚麻籽"的褐色围蛹内越冬。越冬虫体常潜伏在自生小麦或早播小麦下部茎秆与叶鞘之间或麦株叶下，有时也潜伏在田间残留的根茬内。"亚麻籽"阶段的幼虫已停止取食，静止不动。

（2）生活习性 翌年 3 月中下旬，当小麦开始生长时，幼虫在围蛹内化蛹。4 月上旬开始羽化，中下旬为羽化盛期，这代幼虫主要为害冬麦春苗。第二代幼虫为害期因寄主老化，以后又进入夏季高温干旱季节，大部分幼虫进入滞育，为害性不大，而第三代幼虫为害秋苗比较严重。

（3）成虫习性 多在夜间羽化，体柔弱，不取食，飞翔力不强。温暖天气则在田间飞行、交配，在食料寄主 3km 范围内可见到大量成虫，适宜的风速则可把成虫吹带数千米之远，遇大风天气则紧贴在叶片上或群集于植株基部。成虫寿命短，一般为 2～3d。成虫交尾在 8:00～11:00 进行，一生可交尾数次，交尾后 3～4h 即可产卵，1～2d 可将卵产完。每头雌虫一生产卵 40～400 粒，平均 285 粒，春季世代稍少。卵多产于小麦嫩叶正面脉沟内，密集成行，一行有 2～15 粒，头尾相接，状若小麦条锈病病斑。卵孵化需要 3～12d。一般在 17:00 至第二天 8:00 孵化，视温度而定。

（4）幼虫习性 初孵幼虫沿叶脉沟向植物基部移动，在叶鞘下的茎节上建立取食点，吸食为害而不再移动，这个过程一般需要 12～24h，此时幼虫死亡率受湿度、温度、风力、降水影响最大。1 龄和 2 龄幼虫需要 2～3 周，3 龄 / 蛹期需要 7～35d，如进入夏眠期（过夏）或滞育期（过冬）则历期延长。在不利的环境条件下，幼虫可滞育 25 年之久。围蛹历期因温度不同而差异较大，短的几天，最长可达 5 个月。围蛹具抗干燥和抗碾压能力。在气候和食料条件较适宜情况下，一般一代历期约 45d，最短仅需 28d。

（5）发生与环境关系　　黑森瘿蚊的发生和为害程度与温度、湿度、寄主品种和生育状况关系密切。一般春季高温多雨会造成严重为害，秋季干旱则为害较轻。低温、低湿、大风及大雨可使初孵幼虫大量死亡。叶片多毛、分蘖力强、叶鞘紧密、组织坚硬的品种抗性强，受害较轻。

黑森瘿蚊的天敌很多，如卵寄生蜂-广腹细蜂科属，蛹寄生蜂-柄腹姬小蜂属和 *Pseuderimerus* 等。据我国新疆伊犁等地调查，寄生蜂有 5 种，蜘蛛多种，还有草蛉、蚂蚁等，其中麦瘿蚊黑卵蜂田间卵寄生率有时可达 80% 以上；金小蜂跨期寄生于幼虫至围蛹阶段，田间寄生率可达 20%；黄褐新圆蛛、草间小黑蛛能大量捕食成虫；普通草蛉幼虫每头 1h 可食卵 200 多粒。

5. 传播途径

黑森瘿蚊主要借带有围蛹的麦秆和寄主植物制成的包装铺垫材料进行远距离传播。少量围蛹也可混入麦种而被携带。此外，观赏用的禾本科植物，如鹅冠草上也可能带虫传播。成虫也可随风扩散蔓延数十千米。

6. 检疫检验方法

根据黑森瘿蚊的形态特征、传播途径和生活习性，对来自疫区的麦类作物种子及用麦秆等禾本科植物做包装的材料进行严格检查。重点剥查寄主植物根部 30cm 以下第 1～4 节的节间叶鞘内，检查其中是否有幼虫及围蛹。调运小麦种子时，应严格过筛检查，看有无围蛹。将可疑虫体在室内进行鉴定。

7. 检疫处理及防治技术

（1）检疫处理　　对国外进口的麦类和其他寄主填充物、铺垫物、包装物要进行严格检查。对国内疫区要严加封锁，禁止麦秆和其他寄主植物制品外运，必须外运的需做熏蒸灭虫处理。

扩展阅读 5-21

（2）防治技术

1）农业防治。按《小麦种子产地检疫规程》进行产地检疫，发现虫株立即拔除，集中销毁。调整播种期，根据当地黑森瘿蚊成虫的发生期和气候情况，春麦顶凌播种，冬麦适当晚播，以减轻为害，如美国北部各州将延迟种植作为一种有效的管理策略。小麦收获后，及时将麦茬深翻入土，消灭麦茬中的幼虫和围蛹。及时清除田间的自生麦苗和寄主杂草，以减少虫源。推广种植抗虫、避虫、耐虫小麦品种。小麦品种间的抗虫性有明显差异，凡叶片多毛、分蘖力和再生力强、发育快、叶鞘紧裹、茎秆坚实的抗虫品种，成虫产卵量少或卵孵化率低，或幼虫不易侵入，或幼虫发育不良，故受害轻，损失小。新疆已发现 10 来个抗虫品种可推广使用。

2）药剂防治。对发生面积不太大的田块，可进行土壤处理和药剂拌种用 30% 噻虫嗪种子处理悬浮液 300mL/100kg 种子进行处理，防效可达 92%～100%。在大面积发生为害时，可于成虫羽化高峰期和产卵期进行喷雾、喷粉，把幼虫消灭在入侵叶鞘前，一般每隔 4～7d

喷1次，共喷药2次，可明显降低为害程度。

3）诱捕成虫。利用雌性信息素诱捕雄虫是控制黑森瘿蚊的一种有效方法。特定波长LED灯光对黑森瘿蚊有引诱作用，如通过不同波长LED灯光引诱对比实验发现，502nm和525nm波长和光照强度16W/m² 对黑森瘿蚊雌蚊有较好的引诱效果。

另外，还可通过保护利用天敌来进行防治。

二、高粱瘿蚊

1. 名称及检疫类别

学名：*Contarinia sorghicola*（Coquillett）。

英文名：sorghum midge。

分类地位：双翅目（Diptera）瘿蚊科（Cecidomyiidae）。

检疫害虫类别：进境植物检疫性害虫。

2. 分布与为害

主要分布于欧洲：意大利；非洲：贝宁、喀麦隆、中非、埃塞俄比亚、冈比亚、毛里求斯、尼日利亚、塞内加尔、塞拉利昂、苏丹、坦桑尼亚、乌干达、津巴布韦等；亚洲：印度、印度尼西亚、日本、缅甸、菲律宾、泰国等；大洋洲和太平洋岛屿：澳大利亚、夏威夷；美洲：美国、古巴、多米尼加、危地马拉、牙买加、墨西哥、阿根廷、巴西、哥伦比亚、乌拉圭、委内瑞拉等。

寄主主要是栽培和野生的高粱属植物，如高粱、甜高粱、假高粱（约翰生草）、帚高粱、苏丹草，其他寄主有须芒草属（*Andropogon gayanus*）、双花草属（*Dichanthium sericeum*）、野黍属（*Eriochloa* spp.）、孔颖草属（*Bothriochloa* spp.）。

高粱瘿蚊是栽培高粱最重要的害虫之一，对高粱生产造成很大威胁。成虫产卵于正在抽穗开花的寄主植物的内稃和颖壳之内。幼虫孵化后即取食正在发育的幼胚汁液，造成瘪粒，严重时半数以上小穗不能结实，影响产量和质量。在高粱一个小穗中只要有1条幼虫存在，就可使籽实干瘪。大量发生时，小穗里可有8～10条幼虫，每个穗头常达千条，致使全穗发红干枯。在美国高粱瘿蚊为害很严重，常年损失20%，严重年份颗粒无收；苏丹损失率为25%；西印度群岛某些地区严重时损失率可达50%；在东非地区损失率为25%～50%；在加纳一般早开花的品种损失率为20%，迟开花的品种损失率可达80%。

扩展阅读 5-22

3. 形态特征

高粱瘿蚊的形态特征具体见图5-16。

（1）成虫　体长约2mm，雌虫略大于雄虫。全体黄褐色至红色。头小，复眼黑色，连接成拱形。下颚须4节，偶尔第2节愈合减为3节。触角丝状，淡褐色，14节。雄虫触角与体等长，每节具一环丝，鞭节每节中间缢缩，似2节；第5节基柄的长度为其宽度的1.5倍，端节基部膨大近球形。雌虫触角长度仅为体长的一半，第5节最短，粗壮，似圆柱形，末节末端缢

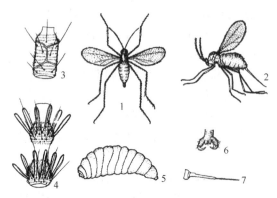

图 5-16　高粱瘿蚊
1. 雄成虫；2. 雌成虫；3. 雌虫触角节；4. 雄虫触角节；
5. 幼虫；6. 雄外生殖器；7. 雌虫产卵器

缩，其上散生长毛和整齐的短毛，节上也有环丝排列。胸部橘红色，中胸背板中央、横贯侧板的斑点及腹板膨大部分均为黑色。翅灰色透明，稀生细毛，后缘毛较长，沿翅脉生有鳞片。纵脉共 4 条。前缘脉淡褐色；第 2 纵脉几乎平直，终止于翅的端部下方，第 3 纵脉约在外端 1/3 处分 2 叉。足细长，基节不延伸，跗节共 5 节，第 1 跗节显著短于第 2 跗节。爪细长，高度弯曲，略长于爪垫。腹部可见 11 节，除末节外，每节散生不成轮的鬃。雌虫产卵器细长，其长度（当完全伸出时）长于体长，端部具有 1 对细长瓣状物，其长度为其宽度的 5 倍。雄虫外生殖器的背片和腹片中间皆深裂为两叶，背片较宽，凹缘宽而呈三角形，叶阔圆。

（2）卵　　长 0.15mm，长纺锤形，淡粉红色或黄色，柔软，基部有 1 小短柄。

（3）幼虫　　老熟幼虫体长 1.5mm，近圆筒形，两端微尖。初孵灰白色，后渐变为粉红色。末次蜕皮后剑骨才显现出来。化蛹时体为橘红色。

（4）蛹　　称围蛹，形似亚麻籽。初期深红色，近羽化时头部及附肢变为黑色。

4. 发生规律

（1）生活史　　高粱瘿蚊在各地因气候的差异发生规律有所不同。在美国得克萨斯州和加利福尼亚州平均 14d 完成 1 代，1 年可发生 13 代。在肯尼亚西部完成 1 代需 23d 左右。以休眠的幼虫在寄主的小穗颖壳内作一薄茧越冬。

（2）生活习性　　开春后大部分越冬幼虫化蛹、羽化。化蛹期不整齐，部分休眠的幼虫可连续休眠 2～3 年。4 月中旬，当约翰生草（*Sorghum halepense*）、苏丹草（*S. sudanense*）等野生寄主开花时，首批羽化的成虫就在其上产卵，繁殖第一代。当栽培的高粱进入开花盛期，正值越冬幼虫大量化蛹并羽化，加上野生寄主上的第一代成虫，一起飞集至高粱上产卵繁殖，然后一代接一代加害高粱，只要有寄主植物的穗头，就能连续繁殖，直至 11～12 月寄主枯死，才进入冬季休眠。

（3）成虫习性　　成虫多在早晨羽化，先羽化的雄虫聚集在高粱花穗上等待雌虫羽化后前来交配。雌虫交配后即产卵于高粱小穗的颖壳内。产卵多在晴天的 9:00～11:00，阴天则几乎全天都可产卵。每头雌虫在同一小穗内仅产卵 1 粒，别的雌虫可继续在其上产卵。通常一粒种子内可有幼虫 8～10 头。每头雌虫产卵 28～124 粒。雌虫寿命仅 1d。但因羽化不整齐，产卵期可持续 10d 左右。卵期约 2d，最短 42～60h，低温下可达 4d。

（4）幼虫习性　　幼虫孵化后钻入子房，取食幼胚，使之变黑枯萎，不结实。一粒种子内只要有 1 头幼虫就会变瘪。幼虫期为 9～11d。在环境不适（如干旱）时，一部分休眠幼虫可连续休眠 2～3 年。休眠幼虫具有较强的适应能力。蛹期为 2～6d，茧抗干旱和寒冷的能力很强。

（5）发生与环境关系　　高粱瘿蚊的发生和为害程度与温度、湿度、寄主品种和生育状况关系密切，与最高温度、最低温度、风速和日照呈正相关，与最高相对湿度、最低相对湿度和降雨量呈负相关。幼虫滞育的特性是造成其广泛分布和危害的重要因素之一，其最适温度范围为 23～30℃，高温 30～35℃次优，5～20℃时滞育期延长。寄生性的啮小蜂属（*Tetrastichus*）和旋小蜂属（*Eupelmus popa*）及捕食性的热带火蚁（*Solenopsis geminata*）对高粱瘿蚊有控制作用。

5. 传播途径

高粱瘿蚊主要以休眠的幼虫随寄主种子或穗头调运远距离传播。

扩展阅读 5-23

6. 检疫检验方法

对来自疫区或产地不明的寄主植物的种子和穗头，均要严格检验，发现虫茧、空壳、破损种子立即取虫鉴定。对特许进口的应仔细逐粒剖检。有条件可进行 X 射线透查（被害粒模糊不清，休眠幼虫清晰可见）。种子量大时可用淘水法检查，漂浮在水面的可能为带虫种子，再对其进行剖检。

7. 检疫处理及防治技术

（1）检疫处理　　严禁从发生高粱瘿蚊的国家和地区进口寄主种子、未脱粒穗头及受过感染的包装物。发现疫情立即除害处理，可选用溴甲烷、磷化铝或二硫化碳进行熏蒸。

（2）防治技术　　如选用花期一致的品种；栽培田远离早高粱、帚高粱、约翰生草等感染地；春季翻耕野生寄主消灭越冬虫源；收获脱粒后烧毁残秆；选育抗虫品种（颖壳构造紧密坚硬者可阻碍雌虫产卵）等。

扩展阅读 5-24

成虫发生盛期或高粱露头时可喷布西维因、吡虫啉等药剂。植物源农药印楝提取物对其有较好的防治效果。

另外，还可利用天敌进行生物防治。

第三节　检疫性斑潜蝇类

斑潜蝇属双翅目（Diptera）潜蝇科（Agromyzidae）斑潜蝇属（*Liriomyza*）。该科的主要特征是体微小至小型，黑色或黄色；后顶鬃分开，有髭；前缘脉（C 脉）有一个折断处，亚前缘脉（Sc 脉）退化或与径脉（R 脉）合并。中脉（M 脉）间有 2 闭室，其后有一个小臀室。斑潜蝇是潜蝇科中最大的类群之一，全世界已知 300 多种，大部分分布在北半球温带地区。在 10 种多食性斑潜蝇中，番茄斑潜蝇（*Liriomyza bryoninae* Kaltenbach）、线斑潜蝇（*L. strigata* Meigen）主要分布于欧洲和欧亚大陆；三叶斑潜蝇［*L. trifolii*（Burgess）］世界分布；原产于南美洲、北美洲的美洲斑潜蝇（*L. sativae* Blanchard）和拉美斑潜蝇（*L. huidobrensis* Blanchard）已成为世界广布种；木防己斑潜蝇（*L. cocculi* Frick）仅限于夏威夷。

我国除有美洲斑潜蝇、拉美斑潜蝇、番茄斑潜蝇分布外，还有葱斑潜蝇（*L. chinensis* Kato）、白菜斑潜蝇（*L. brassicae* Riley）、豌豆斑潜蝇（*L. congesta* Becker）和蔬菜斑潜蝇（*Liriomyza* sp.）较为常见；蒿斑潜蝇（*L. artemisicola* Meijere）、菊斑潜蝇（*L. compositella*）、凯氏斑潜蝇（*L. katoi* Sasakawa）、黄斑潜蝇（*L. lutea* Meigen）、小斑潜蝇（*L. pusilla* Meigen）、微小斑潜蝇（*L. subpusilla* Malloch）、牡荆斑潜蝇（*L. viticola* Sasakawa）、苦苣斑潜蝇（*L. sonchi* Hendel）和黄顶斑潜蝇（*L. yasumatsui* Sasakawa）零星分布，我国台湾有三叶斑潜蝇分布。

斑潜蝇属中绝大部分是单食性种或寡食性种，只有少数是能取食不同科属植物的多食性种，其中包括几种农业上的危险性害虫，以潜食叶片和叶柄危害植物。随着各种化学杀虫剂在世界上的广泛使用，一些多食性斑潜蝇种类已由原来的次要害虫，上升为主要害虫，严重为害蔬菜、花卉。美洲斑潜蝇于 1995 年在我国海南首次被发现后，现已遍布全国，每年造成数十亿元的损失，给我国的花卉业造成严重影响。

欧洲与地中海区域植物保护组织（EPPO）将美洲斑潜蝇、拉美斑潜蝇列为 A_1 名单的检疫害虫；将三叶斑潜蝇列为 A_2 名单的检疫害虫。最近，已有 40 多个国家将美洲斑潜蝇列为最危险的一类检疫性害虫。我国于 1995 年曾将美洲斑潜蝇列为全国植物检疫性有害生物。

拉美斑潜蝇被列为省级植物检疫性有害生物。

自 2007 年起，三叶斑潜蝇［*Liriomyza trifolii*（Burgess）］被列为我国进境植物检疫性害虫。

三叶斑潜蝇

1. 名称及检疫类别

别名：三叶草斑潜蝇。

学名：*Liriomyza trifolii* Burgess。

英文名：American serpentine leaf miner，chrysanthemum leaf miner。

分类地位：双翅目（Diptera）潜蝇科（Agromyzidae）。

检疫害虫类别：进境植物检疫性害虫，全国农业植物检疫性害虫。

扩展阅读 5-25

2. 分布与为害

原产地为北美洲，现在美洲、欧洲、亚洲和非洲都有分布，我国周边发现疫情的国家和地区有日本、韩国、印度。三叶斑潜蝇于 20 世纪 80 年代末侵入我国台湾，2005 年 12 月在广东中山市发现，随后扩散到海南、浙江、江苏等 11 个省（自治区、直辖市），并在局部地区造成严重危害，成为重要蔬菜害虫。根据适生区预测结果，三叶斑潜蝇可分布于华东、华南、华中和西南等绝大部分地区，以及华北的山东、河北、天津和北京，东北的辽宁，西北的陕西等部分地区，甚至可达北部的内蒙古、黑龙江，以及西部的新疆、西藏等个别地区。

该虫记载的寄主范围包括 25 科 300 多种植物，尤喜食菊科植物，其次为豆科、茄科、葫芦科、石竹科、锦葵科、十字花科、伞形科、毛茛科等。重要的寄主有紫菀属、甜菜根、鬼针草属、甘蓝、辣椒、西芹、香芹、中国甘蓝、菊花、棉花、黄瓜、丝瓜、大丽花属、石竹属、大蒜、大丁草花属、石头花属、香豌豆属、韭菜、莴苣、苜蓿、大豌豆、甜瓜、洋葱、豌豆、多花菜豆、金甲豆、菜豆、豇豆、四季豆、番茄等。

三叶斑潜蝇是观赏植物及农作物的重要害虫之一，该虫以幼虫潜入寄主叶片和叶梗引起危害。幼虫为害叶片时，取食正面叶肉，虫道不沿叶脉伸展，呈不规则线状，虫道端部不明显变宽。被害植株因叶绿体被损害，光合作用的能力大为下降。其危害可造成受害植株的叶片脱落，花和果实形成疮疤，严重时可导致植株枯死。除直接为害外，还可传播植物病毒病。据统计，1980 年三叶斑潜蝇在美国暴发，芹菜业的损失达 900 万美元；1981～1985 年，加利福尼亚州因此虫危害，菊花业损失达 9300 万美元。在艾奥瓦州每公顷洋葱上的潜蝇幼虫达 150 万头。该虫也曾造成土耳其温室中的石竹大量受害。

三叶斑潜蝇自从传入我国以来，在华南地区不断扩散。2006 年 2 月，广东省出入境检验检疫局在中山市坦洲镇对出口蔬菜种植基地进行疫情调查时，发现了三叶斑潜蝇。该虫已对当地 2 个菜场 1000 余亩蔬菜造成危害，其中以芹菜受害最重，被害株率几乎达到 100%。2008 年 8 月，江苏省句容市郊外的芹菜田调查结果显示株害率近 100%，而苏州、无锡、大丰等地也出现受害较重的田块，2008 年江苏省的直接经济损失达 100 多万元。因此，应对三叶斑潜蝇的检疫引起高度重视。

扩展阅读 5-26

3. 形态特征

三叶斑潜蝇的形态特征具体见图 5-17。

（1）成虫　成虫小，黑灰色，身体粗壮，雌虫较雄虫稍

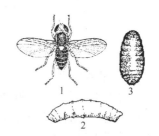

图 5-17　三叶斑潜蝇
1. 成虫；2. 幼虫；3. 蛹

大，体长雌虫 2.3mm；雄虫 1.6mm。头顶和额区黄色，眼眶全部黄色，额宽为眼宽的 2/3。头鬃褐色，头顶内、外鬃着生处黄色，具 2 根等长的上眶鬃及 2 根较短小的下眶鬃，眼眶毛稀疏且向后倾。触角 3 节，均黄色，第 3 节圆形，触角芒淡褐色。背板两后侧角靠近小盾片处黄色，小盾片黄色，具缘鬃 4 根。中胸侧板下缘黑色，腹侧片大部分黑色，仅上缘黄色。腹部可见 7 节，各节背板黑褐色，第 2 节背前缘及中央常呈黄色，3～4 背板中央亦常为黄色，形成背板中央不连续的黄色中带纹。

（2）卵　　长 0.2～0.3mm，宽 0.10～0.15mm，卵圆形，白色略透明，将孵化时卵色呈浅黄色。

（3）幼虫　　共 3 龄，初孵幼虫体长 0.5mm，老熟幼虫体长 3mm，初孵无色略透明。渐变淡黄色。末龄幼虫为橙黄色。幼虫（和蛹）有 1 对后胸气门，形态如三面锥体。每个后胸气门有 2 个孔，有 1 个孔位于三面锥体的顶端。

（4）蛹　　长 1.3～2.3mm，宽 0.5～0.75mm，卵形，腹部稍扁平长。蛹体颜色变化很大，从浅橙黄色到金棕色。初蛹呈橘黄色，后期蛹色变深。后气门突出，与幼虫相似。

三叶斑潜蝇与近似种的区别见表 5-3。

表 5-3　4 种重要斑潜蝇主要特征比较

特征	美洲斑潜蝇	拉美斑潜蝇	番茄斑潜蝇	三叶斑潜蝇
成虫	内顶鬃着生在黄色区，外顶鬃着生在黄色或黄黑交界处，中胸背板亮黑色有光泽；中胸背板有不规则褐色斑。翅中脉（M$_{3+4}$）末段为次末段的 3～4 倍，阳茎端长壶状；前足色淡，后足色暗，基节和腿节黄色，胫、跗节褐色，体长 1.3～2.3mm	内、外顶鬃均着生在黑色区，中胸侧板有灰黑色斑，翅中脉（M$_{3+4}$）末段为次末段的 1.5～2 倍，阳茎端双鱼形，足基部黄色，腿节有黑斑，胫、跗节很暗，体长 1.3～2.3mm	内、外顶鬃均着生在黄色区，中胸侧板有褐色条纹，翅中脉（M$_{3+4}$）末段为次末段的 2～2.5 倍，阳茎端双卵形，三足后相同，基腿节有黄色，有线褐斑，胫、跗节稍暗，体长 2mm 左右	内、外顶鬃均着生在黄色区，中胸侧板灰黑粉状；中胸侧板全部黄色，翅中脉（M$_{3+4}$）末段为次末段的 3 倍，阳茎端短壶状，足、茎、腿节黄色有灰褐条纹，胫、跗节淡褐，体长 1.3～2.3mm
卵大小	（0.2～0.3）mm×（0.1～0.5）mm	0.28mm×0.15mm	0.23mm×0.15mm	（0.2～0.3）mm×（0.1～0.15）mm
幼虫	淡黄至金黄	黄色	淡黄色、老熟幼虫前半部金黄色	淡黄至金黄
幼虫、蛹后气门形态	三叉状	6 或 7 个气门孔	扇形、7～12 个气门孔	三叉状、3 个气门孔
化蛹习性	叶片外或土表化蛹	虫道终端化蛹	叶片上、下表皮或土表化蛹	叶片外或土表化蛹
潜道	叶片上表皮，出现典型蛇形虫道，终端扩大，排泄物呈虚线状	虫道沿叶脉伸展，虫道粗宽，常呈块状，并可出现在叶片的下表皮	虫道在上表皮，不规则线状伸展，终端可明显变宽，虫道较宽，在叶面表皮隐约可见	虫道在上表皮呈不规则线状伸展，终端不明显变宽

4. 发生规律

（1）生活史　　三叶斑潜蝇在低纬度和温度高的地区或温室，全年都可发生和繁殖，生命周期约为 3 周，而在欧洲北部不能越冬。25℃条件下，三叶斑潜蝇在菜豆上由卵发育至成虫羽化需 16.6d，包括 3.3d 卵期，4.6d 幼虫期（其中 1～3 龄分别为 0.9d、0.9d、2.8d），8.6d 蛹期。

（2）生活习性　　一天之中成虫羽化多在上午，雄虫羽化一般比雌虫早。羽化24h后交配，一次交配足以使所产的卵可育。雌虫产卵器在叶面上做出刻点，产生的伤口用作取食或产卵的位点。取食造成的刻点肉眼清晰可见。三叶斑潜蝇做出的刻点大约15%含有可见卵。雄虫不能在叶面上造出刻点，但见到有的雄虫在雌虫做出的刻点上取食。雄虫和雌虫都能从花上取食花蜜，并都能取食稀释的蜂蜜。雌成虫将卵产于叶表下。产卵的数量依温度和寄主而异。每头雌虫在旱芹上产卵量，15℃时为25粒，30℃时约为400粒。

5. 传播途径

成虫飞翔能力有限，远距离传播以随寄主植物的调运为主要途径。其中，以带虫叶片作远距离传播为主，茎和蔓等植物残体夹带传播次之。瓶插菊花足以使该虫完成生活周期，因此鲜切花可能是一种更危险的传播途径，应该引起注意。

6. 检疫检验方法

三叶斑潜蝇检验分为产地检疫检验、市场检疫检验和调运检疫检验，可根据植物检疫操作规程进行抽样。

扩展阅读 5-27

应加强对来自疫区的花卉调运检疫，密切注意当地花卉植物（特别是鲜切花）是否发生相似为害状。主要根据斑潜蝇的为害状、成虫形态特征、幼虫和蛹的后气门突的形态和气门数来鉴定。成虫以内、外顶鬃着生区域，中胸背板颜色，中胸侧板有无褐色斑，翅中脉（M_{3+4}）末段长度为次末段的几倍为主要鉴定特征，准确的鉴定还需解剖雄性外生殖器。必要时，可用酶染色凝胶电泳区分不同生活阶段的不同斑潜蝇种类。还可根据三叶斑潜蝇成虫的趋黄色特性，采用黄胶板进行产地监测，如发现异常情况，应立即进行隔离检疫，严防传播。

7. 检疫处理与防治技术

（1）检疫处理

1）加强产地检疫和调运检疫。斑潜蝇发生区的蔬菜瓜果及其包装铺垫物调运时，要求不得带有有虫叶、蔓，最好作检疫处理后方可调运。三叶草斑潜蝇发生区的花卉也不得带有有虫叶，土壤不得带有虫蛹。一旦发现三叶斑潜蝇，应立即逐级上报，并迅即销毁携带该害虫的植物。

2）低温储藏。根据斑潜蝇卵、幼虫和预蛹对低温的敏感性，将植株放在0～1.1℃下储藏1～10周，可以冻死大部分卵、幼虫和预蛹。

3）冷冻结合熏蒸处理。将寄主材料在1～2℃下冷冻2d（视寄主而定，可以不冷冻），然后在15℃下用溴甲烷熏蒸，其浓度在6.75～13.5g/m³，CT值即熏蒸时间与浓度的乘积＞54（g·h）/m³时，可杀死寄主上的卵、幼虫。

4）熏蒸处理。用CO_2和溴甲烷混合熏蒸效果好。

此外，还可采用冷冻、γ辐射等方法进行处理。

（2）防治技术

1）农业防治。作物品种进行合理布局，推广间作套种斑潜蝇非寄主植物或非嗜食作物，如苦瓜、葱、蒜等。菜区可根据斑潜蝇嗜食明显的特性，因地制宜地进行轮作。进行植株修整，人工摘除所有带虫叶片。做好田间管理，恶化害虫的生存条件，如收获后的蔬菜残余植株及叶片要及时清理烧毁，适时灌溉，同时对田边、沟边、路边杂草喷施除草剂，减少或消灭虫源。

2）物理防治。插黄牌、挂黄条诱杀成虫，利用成虫的趋黄习性，用塑料板、条正反涂上黄色油漆，再涂上一层机油或粘虫胶，做成黄牌或黄条，插或挂于蔬菜地周围或中央。或用灭蝇纸诱杀成虫，在成虫始盛期至盛末期，每 667m² 设置 15 个诱杀点，每个点放置 1 张诱蝇纸诱杀成虫，3～4d 更换 1 次。在条件允许的地区，可以使用防虫网（20～25 目）进行防控。

3）生物防治。①保护和释放天敌。已发现对三叶斑潜蝇有效的天敌有捕食性和寄生性两类，其中非洲菊斑潜蝇寄生蜂（*Ganaspidium utilis*）的抑制效果是目前最好的。②使用生物农药。苏云金杆菌、印楝素等种类被发现对三叶斑潜蝇具有较好的防效。

4）化学防治。掌握好用药时间，一般在低龄幼虫时期防治效果较好。在任何作物上查到 1 片叶上有 5 头幼虫或在苗期（2～4 片叶）即进行喷药防治。防治成虫一般在早晨晨露未干前，防治幼虫一般在 8:30～11:00 施药防治。在斑潜蝇发生高峰期，有条件的地方可发动当地干部群众统一适时喷药，并注意轮换用药。

5）选用高效、低毒、低残留的化学农药喷雾。目前有效的药剂有 52.2% 农地乐乳油 1000 倍；1% 灭虫灵乳油 2500～3000 倍；0.3% 阿维菌素乳油 1500～2000 倍；阿苏美特可湿性粉剂 1000～1500 倍；73% 潜克（灭蝇胺）可湿性粉剂 2500～3000 倍。上述药剂间隔期一般为 10～14d。还可选用 48% 乐斯本乳油 1000 倍，40% 速凯乳油 1000 倍，40% 乐果乳油 1000 倍，2.5% 功夫菊酯 3000 倍，20% 杀灭菊酯乳油 1500 倍。使用时，坚持轮换用药，避免连续使用同类农药。由于三叶斑潜蝇成虫具短距离飞行能力，因此对虫口密度较高的地区要开展统防统治，实行"三统一"：统一时间、统一药剂、统一施药方法，连续用药 2～3 次，可迅速压低虫口密度，抑制扩散。种植前，可用一些残效期较短的农药如 3% 米乐尔颗粒剂进行土壤处理，安全期过后再种植蔬菜。

扩展阅读 5-28

复习思考题

1．为什么说检疫性实蝇对农业生产所造成的经济损失是巨大的？

2．实蝇科昆虫在形态方面与其他双翅目昆虫相比，有哪些主要特点？

3．寡鬃实蝇属、绕实蝇属、果实蝇属、小条实蝇属和按实蝇属在寄主范围方面各有何特点？

4．为防止地中海实蝇传入国内，我国农业部曾于 1981 年 11 月 30 日发出了有关通告，其主要内容有哪些？

5．目前对实蝇进行检疫杀虫处理主要有哪些方法？

6．苹果实蝇的近缘种有哪些，它们有何共同特征？

7．我国哪些地区有橘小实蝇分布，如何防治橘小实蝇？

8．如何从形态上区别柑橘大实蝇和蜜柑大实蝇，在分布区和为害习性方面二者有何异同点？

9．如何处理带有地中海实蝇的果实？

10．我国为哪些检疫性实蝇的检疫鉴定方法制定了国家标准或行业标准，有何重要意义？

11．鉴别按实蝇和寡毛实蝇种类（包括成虫和幼虫）通常依据哪些主要形态特征？

12．根据按实蝇和寡毛实蝇的地理分布和生物学特性，举例说明如何有效防止这两类检疫性害虫传入我国。

13．试述黑森瘿蚊的为害特点。

14．如何区别黑森瘿蚊和高粱瘿蚊成虫？

15．防治黑森瘿蚊有哪些有效措施？

16．试论高粱瘿蚊在检疫上的重要性。

17．三叶斑潜蝇的检疫控制方法有哪些？

第六章　检疫性半翅目害虫

内容提要： 本章包括半翅目的蚜虫类和介壳虫类检疫性害虫。先概述该类检疫性害虫的分类地位、经济重要性、危险性种类。然后详细阐述了葡萄根瘤蚜、苹果绵蚜、松突圆蚧、松针盾蚧、枣大球蚧和可可盲椿象6种检疫性害虫的分布与为害、形态特征、发生规律、传播途径、检疫检验方法、检疫处理与防治技术等，着重每种检疫害虫的形态鉴定特征、检疫检验方法与检疫处理。

第一节　检疫性蚜虫类

半翅目（Hemiptera）胸喙亚目（Sternorrhyncha）包括球蚜总科（Adelgoidea）、蚜总科（Aphidoidea）、蚧总科（Coccoidea）、粉虱总科（Aleyrodoidea）和木虱总科（Psylloidea）。许多学者将球蚜总科和蚜总科归为蚜虫类（Aphidina）。蚜虫类与蚧总科区别在于：跗节两节（后者大多一节），有两爪（后者一爪），有翅型四翅，静止时覆于背上成屋脊状，翅脉很少（后者中雄虫中胸一对翅，平覆体上，翅脉不显，后翅退化为平衡棒；雌虫无翅，大多无足，不活动），体节分明（后者雄性不分明）。蚜虫类与木虱总科的差异：足细长，大多不善于跳跃（后者善跳跃，股节加粗）；两对翅膜质或白色半透明（后者前翅稍厚，些许革质）；触角3～6节（后者5～10节，大多10节）。蚜虫类与粉虱总科的差异：翅透明，后翅较小（后者翅不透明，后翅几乎与前翅同大），跗节第Ⅰ节退化为很小的一节（后者两跗节几乎同大）；虫体大多不被粉，有时被蜡粉、蜡丝，但翅不被粉（后者体翅皆被有蜡粉）；若虫大多活动（后者第2龄以后若虫成为介壳虫状，无足）。

蚜虫类涉及球蚜总科的球蚜科（Adelgidae）和根瘤蚜科（Phylloxeridae），以及蚜总科的 矿蚜科（Mindaridae）、平翅绵蚜科（Phloeomyzidae）、扁蚜科（Hormaphididae）、瘿绵蚜科（Pemphigidae）、群蚜科（Thelaxidae）、毛管蚜科（Greenideidae）、斑蚜科（Drepanosiphidae）、毛蚜科（Chaitophoridae）、大蚜科（Lachnidae）、短痣蚜科（Anoeciidae）、蚜科（Aphididae）。

目前全世界已记载蚜虫4500多种，我国记载1600多种。蚜虫类是农林植物的重要害虫，大多数蚜虫取食单一种、属或科的植物，很多种类又有转移寄主的行为。蚜虫每小时取食量是其体重的1%～133%，疯狂取食的蚜虫，每日取食植物枝叶质量是其体重的几倍。蚜虫数量庞大，连续几天至几十天的取食，致植物水分和养分的损失可观，最终植株营养恶化，生长停滞，组织早衰，植株种子、块根、块茎和纤维的产量下降。蚜虫营体外消化方式，将口腔酶类等化合物注入植物组织，造成植物斑点、卷叶、虫瘿、肿瘤、变色、变形、植株生长缓慢、落叶和枯死，影响农林作物产量和产品品质。蚜虫边刺吸边排泄蜜露，蜜露中含有的糖分等营养物质滋生烟煤菌，覆盖于叶面上引发烟煤病流行，致枝叶漆黑，从而影响光合作用和呼吸作用。许多蚜虫是植物病毒的媒介，可传播数以百种计的病毒病，病毒病流行过程中引发大片植株死亡。

现阶段我国规定的检疫性蚜虫大多属于根瘤蚜科和瘿绵蚜科。根瘤蚜科体小型，长 1mm 左右，体表无或有蜡粉。成蚜触角 3 节，有 2 个纵长感觉圈；头部和胸部之和大于腹部；前翅有 3 斜脉，即 1 根中脉和 2 根共柄或基部接近的肘脉，后翅缺斜脉，静止时翅平叠于背面。腹管缺，产卵器罕见，尾片半月形。无翅蚜和若蚜，有 1 个感觉圈。性蚜无喙，不活泼。孤雌蚜和雌性蚜均卵生。大多营同寄主全周期生活。瘿绵蚜科体长 1.5～4.0mm，背面蜡腺通常比较发达，分泌蜡粉或蜡丝。触角 5 或 6 节，有时 4 节，末节端部甚短，头部与胸部之和常大于腹部。前翅有 4 斜脉，中脉分叉或不分叉，两肘脉基部接近或共柄，后翅两斜脉近平行或仅 1 支，静止时翅呈屋脊状。腹管退化成环状、圆锥状或缺，尾片宽半月形。性蚜无翅，喙缺乏取食功能。大多营异寄主全周期或不全周期生活。

扩展阅读 6-1

主要检疫性和危险性蚜虫有梨矮蚜［*Aphanostigma piri*（Cholodkovsky）］、苹果绵蚜［*Eriosoma lanigerum*（Hausmann）］、葡萄根瘤蚜［*Viteus vitifoliae*（Fitch）］。

一、葡萄根瘤蚜

1. 名称及检疫类别

学名：*Viteus vitifoliae*（Fitch）。

英文名：grape phylloxera，vine aphid。

分类地位：半翅目（Hemiptera）根瘤蚜科（Phylloxeridae）。

检疫害虫类别：进境植物检疫性害虫，全国农业植物检疫性害虫。

2. 分布与为害

葡萄根瘤蚜仅为害葡萄属，为毁灭性害虫，是世界上第一个植物检疫性有害生物。1854 年发现于北美洲，较广泛地分布于美国纽约州和得克萨斯州的野生葡萄上。1856～1862 年随苗木传到欧洲，至 19 世纪末该蚜毁坏了欧洲大陆 2/3 的欧亚品种葡萄园。1926 年扩展至非洲、南美洲和大洋洲，成为世界性重要病虫害。1892 年经由法国传到我国山东，之后在辽宁大连、陕西武功和台湾局部地区有发生，之后很少发生。2005 年在上海嘉定重新发生，2013 年在上海嘉定区、湖南怀化的中方县、贵州铜仁的玉屏县、陕西西安的灞桥区等地均有发现。

其成蚜、若蚜刺吸葡萄根部和叶部。为害根部的称"根瘤型"，主要为害新生须根，受害须根形成结节状根瘤，端部膨大成菱角形根瘤，蚜虫体聚集在凹陷处；侧根和大根受害则形成关节形肿瘤，蚜虫大多在肿瘤缝隙处。受害部位营养成分被吸收而腐烂，皮层开裂剥落，维管束受到破坏，严重损毁根系吸收和运输功能，致树势衰弱，叶片黄化，提前脱落，影响结果，大幅度减产，严重时植株死亡。为害叶部的称"叶瘿型"，在叶背形成虫瘿，致

扩展阅读 6-2

叶片畸形萎缩，阻碍光合作用，影响叶片生长发育。该蚜大量吸取树体营养，其口腔中酶类等分泌物注入根部破坏了根部正常的生理代谢活动，刺吸还会介导其他病原进入树体。欧洲系葡萄品种主要是根部受害，美洲系葡萄品种和野生品种叶部和根部皆会受害。

3. 形态特征

葡萄根瘤蚜成蚜分为无翅型孤雌成蚜和有翅型孤雌成蚜，其中无翅型孤雌成蚜又分为叶

瘿型和根瘤型，根瘤型或叶瘿型成蚜所产的卵均为无性卵。有翅型孤雌成蚜所产的卵为有性卵，有大小之分，大的为雌卵，小的为雄卵。卵孵化为若蚜，有性的大卵孵出雌性蚜，有性的小卵孵出雄性蚜。葡萄根瘤蚜的若蚜共 4 龄，与成蚜一样，分为有翅若蚜和无翅若蚜。各虫态的形态特征见图 6-1。

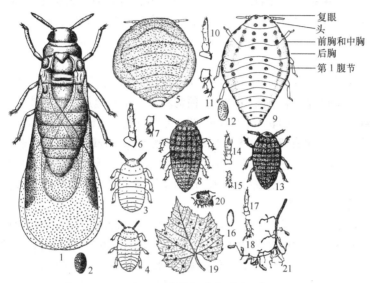

图 6-1　葡萄根瘤蚜形态

1. 有翅性母。2. 有性卵。3. 雌性蚜。4. 雄性蚜。叶瘿型孤雌蚜：5. 成蚜；6. 成蚜触角；7. 成蚜第 3 对足端部；
8. 若蚜。根瘤型孤雌蚜：9. 成蚜；10. 成蚜触角；11. 成蚜足端部；12. 无性卵；13. 若蚜；14. 若蚜触角；
15. 若蚜足端部。干母：16. 越冬卵；17. 若蚜触角；18. 若蚜足端部。为害状：19. 叶片上的虫瘿；
20. 叶瘿横切面；21. 根部上的根瘤

（1）干母　　由越冬卵孵化的蚜虫，无翅，孤雌卵生。体长 1.0～1.3mm，体黄绿，体表多毛。触角第 3 节长度大于第 1、2 节长度之和。

（2）无翅孤雌成蚜　　其中根瘤型蚜体卵圆形，长 1.2～1.5mm，宽 0.8～0.9mm。体黄色、灰色，有时绿色，各体节背面有灰黑色瘤状，头部 4 个，每胸节 6 个，每腹节 4 个。叶瘿体形近于圆形，体长 0.9～1.0mm，体背面各节无黑色瘤状突起，各胸节腹面内侧有 1 对小型肉质突起，触角末端有刺毛 5 根，其他特征与根瘤型相似。

（3）有翅孤雌成蚜　　虫体橙黄色，椭圆形，长约 0.90mm，宽约 0.45mm。复眼由许多小眼组成，单眼 3 个；触角第 3 节有感觉器圈 2 个，1 个在基部近圆形，另 1 个在端部长椭圆形。翅 2 对，前宽后窄，静止时平叠于体背，不同于一般有翅蚜（翅呈屋脊状覆于体背）；前翅翅痣长形，有中脉、肘脉和臀脉 3 根斜脉，肘脉 1 与 2 共柄，后翅仅有 1 根径分脉，无斜脉。

（4）有翅性母　　体长 1.0～1.2mm，体橙黄色。触角黑色，第 3 节很长，有 2 个感觉圈。中胸褐色，足黑色。

（5）雌性蚜　　体长 0.4～0.5mm，宽 0.16～0.20mm，体黄褐色。第 3 节长约为第 1、2 节长的 2 倍，有 1 个圆形感觉圈，末端有刚毛 5 根。无喙。无翅，有黑色背瘤。

（6）雄性蚜　　体长 0.32～0.35mm，宽 0.1～0.12mm，体黄褐色。无喙，无翅。外生殖器乳突状，突出于腹部末端。

（7）卵　　卵有多种类型。有翅型孤雌成蚜所产的大的为雌卵，小的为雄卵。大卵长0.40～0.50mm，宽0.2mm。小卵长0.30～0.35mm，宽0.1mm。淡黄至黄色。雌、雄性蚜交尾产下越冬卵，长0.30mm，宽0.1mm，橄榄绿色。无翅孤雌成蚜产的卵长0.27～0.30mm，宽0.2mm，其中根瘤型产的卵初为淡黄色，渐变暗黄色，叶瘿型产的卵色浅且明亮。

（8）若蚜　　共4龄。初孵蚜虫体淡黄，椭圆形，蚜体渐变为黄色，胸部淡黄；2龄以后为卵圆形，黄绿色。根瘤型若蚜2龄时有明显的黑色背瘤，有翅若蚜3龄时体侧现灰黑色翅蚜。

4. 发生规律

在美洲系葡萄品种或美洲系葡萄作砧木的部分欧洲系葡萄品种上，其具有全周期生活史，根瘤型和叶瘿型同时发生；而在欧洲系葡萄品种上呈不全周期生活史，只有根瘤型，无叶瘿型。全周期生活史：越冬卵—干母（若蚜、无翅成蚜）—干雌（卵、若蚜、无翅成蚜）—叶瘿型（卵、若蚜、无翅成蚜）—无翅成蚜根瘤型（卵、若蚜、无翅成蚜）—有翅蚜（性母）—有性蚜（卵、成蚜）—越冬卵。不全周期生活史：根瘤型葡萄根瘤蚜卵—若蚜—无翅成蚜—卵。叶瘿型可以直接转变成根瘤型，根瘤型不能直接转变成叶瘿型。其在南美洲阿根廷的主要生殖方式是孤雌生殖。

各葡萄品种抗蚜性的差异较大，生产上可选育推广抗性较强的品种。杜远鹏等（2008）用盆栽方式接种根瘤蚜，发现砧木5BB、1103P、SO4、3309C、101-14Mgt被该蚜侵染后皆不形成根结，砧木140Ru、Lot和110R仅形成少量根结而不能形成根瘤，砧木'贝达'，以及栽培品种'达米娜''巨峰'和'赤霞珠'不仅形成根结和根瘤，而且根系腐烂程度严重。'达米娜''巨峰''赤霞珠'的根结重占根重百分比分别为40.02%、37.08%和35.36%。140Ru等3个形成根结的砧木的枝条生长量平均减少16.5%，而形成根瘤的3个高感品种和砧木'贝达'的生长量平均减少43%。根结质量与根结内营养物质淀粉、可溶性糖和游离脯氨酸的积累量呈正相关，即根瘤蚜为害形成的根结和根瘤吸取了根系的养分；有害微生物随着蚜虫口针的刺吸伤口而进入葡萄根系，引发感染和腐烂，而抗性品种阻抑根结形成和阻止根瘤蚜刺伤的潜能较强。

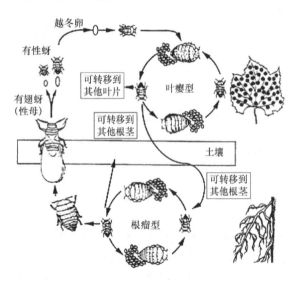

图6-2　根瘤蚜生活史

每年不同地区的根瘤蚜发生代数不同，根瘤型每年5～8代，以若蚜在葡萄根际越冬，偶有以卵越冬；叶瘿型每年7或8代，以卵和若蚜在葡萄藤蔓上或根际越冬。根瘤蚜在生长季节主要营孤雌繁殖，在秋季短日照诱导下，秋末全周期型产生雌、雄性蚜，交尾产受精卵越冬。9、10月就是有翅若蚜发生盛期，有翅成蚜随后出现，在美洲系葡萄上产大、小卵，大卵孵化为雌性蚜，小卵孵化为雄性蚜。雌、雄性蚜交尾产下受精卵越冬。翌年春天越冬卵孵出的若蚜在叶片上取食，形成虫瘿。第2代以后，叶瘿型蚜虫转入土壤中为害根系，形成根瘤型蚜，其生活史如图6-2所示。

我国山东省烟台地区发生的为根瘤型，一般每年发生8代，各龄若蚜在1cm以下土层、两年生以上的粗根叉和根缝隙中越冬。翌年4月开始活动，5月上旬无翅成蚜产第1代卵，5月中旬至6月底、9月初至9月底形成两个虫口高峰。7、8月雨季，被害根腐烂，蚜虫沿着根和土壤缝隙转移到土壤表层的须根上危害，形成菱角形或鸡头状根瘤。每次产卵100～150粒，我国烟台地区7～8月每头雌虫产卵39～86粒。若蚜期为12～18d，成蚜期为14～26d。

土壤疏松、物理性状好、团粒结构好，则利于根瘤蚜迁移、为害和繁殖。砂质土和黏重土壤中，不利于根瘤蚜迁移和繁衍。越冬卵和若蚜有比较强的抗寒能力，致死温度为−14～−13℃，春天土壤温度升到13℃时，越冬蚜开始活动。与其他蚜虫类似，高温干旱利于根瘤蚜生存。4～6月、9～10月，月平均温度为13～18℃、平均降雨量为100～200mm适宜于葡萄生长，也适宜于根瘤蚜生长繁殖。

5. 传播途径

根瘤型蚜从感染蚜虫的葡萄株根系爬到地面，经过缝隙爬行到临近植株。若虫随风力、水流传播。根瘤型蚜形成的有翅蚜、叶瘿型蚜可随风传播。葡萄根瘤蚜随着物体、工具、包装和运输车辆传播。最重要的途径是葡萄根瘤蚜通过苗木、插条和砧木远距离传播。

6. 检疫检验方法

依据我国出入境检验检疫行业标准（SN/T 1366），在葡萄根瘤蚜发生地区，严禁葡萄苗木、砧木、插条外运；从其他地区引进葡萄苗木、砧木、插条时，需要检查苗木、砧木、插条及其包装物和运输工具上是否有各龄蚜虫和卵。田间巡查过程中，如发现树势衰败、黄化、落叶、减产，或者整株枯死，就要查根，剥去根部附近泥土，检测主根和须根上有无根瘤蚜和卵，尤其是检查须根上有无菱形或鸟头状根瘤。

扩展阅读 6-3

7. 检疫处理和防治技术

（1）检疫处理　　从疫区、可疑地区调运葡萄苗木、砧木和插条时，或者发现可疑葡萄材料，要做检疫处理。每10～20株苗绑成一捆，连同包装袋，在50%辛硫磷1000倍液中浸10min。取出，在阴凉处晾干；或用43～45℃温水泡20～30min，然后再用52～54℃水泡3～5min；或用溴甲烷密闭熏蒸，在20～30℃，剂量30g/m³，密闭3～5h。

（2）风险分析　　新疆是我国重要的葡萄产区之一，岳朝阳等（2012）参照我国有害生物风险性分析指标体系，做了葡萄根瘤蚜在新疆的风险分析（表6-1）。危险度分级标准：$2.50 \leqslant R < 3.00$ 为特别危险，$2.00 \leqslant R < 2.50$ 为高度危险，$1.50 \leqslant R < 2.00$ 为中度危险，$0 \leqslant R < 1.50$ 为低度危险。由表6-1算得：

$P_1 = 3$

$P_2 = 0.6 \times P_{21} + 0.2 \times P_{22} + 0.1 \times P_{23} + 0.1 \times P_{24} = 0.6 \times 3 + 0.2 \times 0 + 0.1 \times 3 + 0.1 \times 3 = 2.4$

$P_3 = \max(P_{31}, P_{32}, P_{33}) = \max(3, 1, 1) = 3$

$P_4 = (P_{41} \times P_{42} \times P_{43} \times P_{44} \times P_{45})^{1/5} = (1 \times 3 \times 2 \times 3 \times 3)^{1/5} = 1.78$

$P_5 = (P_{51} + P_{52} + P_{53})/3 = (3 + 3 + 3)/3 = 3$

$R = (P_1 \times P_2 \times P_3 \times P_4 \times P_5)^{1/5} = (3 \times 2.4 \times 3 \times 2.22 \times 3)^{1/5} = 2.70$

葡萄根瘤蚜的危险性 R 值为2.70，属特别危险。

表 6-1 葡萄根瘤蚜在新疆葡萄产区的风险分析

评判指标	评判标准	赋分
新疆分布情况（P_1）	新疆无分布面积	3
潜在的经济危害性（P_{21}）	造成产量损失 30% 以上，严重降低产品质量	3
是否为其他有害生物传播媒介（P_{22}）	不传带其他有害生物	0
国外重视程度（P_{23}）	29 个以上国家列为检疫对象	3
外检重视程度（P_{24}）	列入进境检疫危险性有害生物名录	3
受害寄主的种类（P_{31}）	寄主植物在 10 种以上	3
受害寄主的分布面积或产量（P_{32}）	寄主面积小于 150 万 hm²	1
受害寄主的特殊经济价值（P_{33}）	有一定的经济价值，年产值在 40 亿元以上	3
被截获的频次（P_{41}）	偶尔截获	1
运输过程中有害生物存活率（P_{42}）	存活率在 40% 以上	3
传播方式（媒介）（P_{43}）	人为调运寄主传播	2
新疆适生范围（P_{44}）	新疆 50% 以上的地区能够适生	3
区外分布情况（P_{45}）	50% 以上的省区有分布	3
检疫鉴定的难度（P_{51}）	检疫鉴定的可靠性很低，花费的时间很长	3
除害处理的难度（P_{52}）	常规方法不能杀死有害生物	3
根除的难度（P_{53}）	田间防效差，成本高、难度大	3

（3）防治技术　　对于已发生根瘤蚜的葡萄园，在 4 月越冬代若虫活动时期，用 1.5% 蒽油与 0.3% 硝基磷甲酚的混合液对根部土壤、2 年生以上的粗根根叉、缝隙等处喷药。在主蔓周围 25cm 范围，每平方米打 8 或 9 个深度为 10～15cm 的孔，春季时每孔注入二硫化碳 6～8g，夏季 4～6g，花期和采收期不用此法，以避免药害。对于零星发生的园和病株，应将病株砍伐、清除、烧毁，再使用 50% 辛硫磷 800～1000 倍液喷土壤，进行消毒。对于严重发生的葡萄园，要全园挖除、集中焚烧，同时还要对土壤进行喷药消毒。

二、苹果绵蚜

1. 名称及检疫类别

学名：*Eriosoma lanigerum*（Hausmann）。

英文名：woolly apple aphid，woolly aphid，American blight。

分类地位：半翅目（Hemiptera）瘿绵蚜科（Pemphigidae）。

检疫害虫类别：进境植物检疫性害虫，全国农业植物检疫性害虫。

2. 分布与为害

苹果绵蚜属于绵蚜属，又叫血色蚜虫、赤蚜、绵蚜等，原产于北美洲东部，现已扩散到六大洲 70 多个国家和地区的苹果产区。在中国于 1914 年最早传入山东威海，20 世纪 50 年代在辽东半岛（1914 年由日本传入大连）、胶东半岛和云南昆明（1930 年由美国传入云南昆明）一带局部发生，此外西藏地区也有检出，可能由印度传入。而 20 世纪 90 年代，"'富士'热"的兴起，苹果栽培面积的扩大和大规模调运苗木、接穗，致使带虫苗木由疫区进入非疫区的机会增多。此外，在果园管理技术上出现了重果实轻枝叶管理的现象，也为绵蚜的发生扩散创造了优良的条件。再加上新发生区，果农对绵蚜的生态特性和为害认识不足，出现防治不及时或盲目防治的现象，客观上也加重了绵蚜的危害。目前，我国四大苹果产区——渤海湾产区、西北黄土高原产区、黄河故道和秦岭北麓产区、西南冷凉高地产区无一幸免，均普遍发生，涉及山东、辽宁、天津、河北、陕西、山西、河南、甘肃、江苏、云南、西藏等地，就连新疆产区也于 2005 年传入，在 2006 年首次报道伊犁河谷产区遭受苹果绵蚜严重危害。

苹果绵蚜寄主较多，其最初寄主为美国榆、山楂和花楸等植物，在栽培苹果（*Malus domestica* Borkhausen）被引种到北美后逐渐适应并转移至苹果为寄主，随后大面积扩散危害。其寄主涉及苹果属（*Malus*）、梨属（*Pyrus*）、山楂属（*Crataegus*）、花楸属（*Sorbus*）、李属（*Prunus*）、桑属（*Morus*）、榆属（*Ulmus*）等多种植物。在国内主要为害苹果，也为害海棠、沙果、山荆子等。

苹果绵蚜对果树的主干、枝干、新梢、根部和果实等许多部位均造成为害。在树干、枝干上，苹果绵蚜通常群聚在病虫伤口、剪锯口、老皮裂缝和新梢叶腋等处寄生为害，吸取树液体，消耗果树营养而减弱树势，持续为害时会阻止伤口的愈合且延长和扩散细菌的侵染。在根部土壤的苹果绵蚜群落以为害树根侧根为主，为害后形成根瘤且可以周年增长；根瘤不但会造成水分传导降低，其生长还会造成与枝条竞争氮素。因此，根部危害后会降低根组织的生长，降低枝条的延长生长，降低果实数量和重量，最终使整株树势衰弱。苹果绵蚜还可以通过果实萼部直接进入果心为害果实，特别是近几年套袋技术的应用，绵蚜进入袋内为害果实，严重影响果品质量。苹果绵蚜无论为害果树什么部位，其被害部位组织都会因受刺激而形成肿瘤，覆盖 1 层白色棉状物，为害严重时，造成枝干枯死，树体抗寒、抗旱能力下降，遇严寒或干旱时整株死亡。

3. 形态特征

苹果绵蚜的形态特征如图 6-3 所示。

（1）干母　　体长 1.4～1.6mm。呈纺锤形，头部狭小，胸部稍宽，腹部肥大，无翅，活动能力小，全体深灰绿色，上覆一层白色蜡毛。

（2）无翅孤雌成蚜　　体长 1.70～2.10mm，宽 0.93～1.30mm。卵圆形，肥大，活体黄褐色至红褐色，体表光滑，背面有 4 条明显的纵列蜡腺，呈花瓣状，有 5～15 个蜡孔组成的蜡片，分泌白色蜡质使背面有大量白色长蜡毛。喙粗，端部达后足基，第 5+6 节节长为基宽的 1.90 倍，为后足第 2 跗节的 1.70 倍，有次生刚毛 6～8 根，端部短毛 4 根。头部、复眼暗红色，复眼由 3 个小眼组成。触角粗短，有微瓦纹，全长 0.31mm，为体长的 0.16 倍，共 6 节，各节有短毛 2～4 根；第 3 节最长；第 5 节与第 6 节等长，上各生有

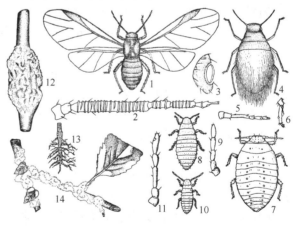

图 6-3　苹果绵蚜

有翅孤雌蚜：1. 成蚜；2. 触角；3. 腹管。无翅孤雌蚜：4. 成蚜；5. 触角；6. 足；7. 成蚜（去掉蜡毛）。性蚜：8. 雌性蚜；9. 雌性蚜触角；10. 雄性蚜；11. 雄性蚜触角。为害状：12. 枝干上的瘤状突起；13. 根部的根瘤；14. 苹果枝被害

（1～3，4，7，12～14.农业部植物检疫实验室，1957）

1个感觉圈。中胸腹岔两臂分离。腹部第7背片有微瓦纹。气门不规则圆形、关闭，气门片突起，骨化黑褐色。腹部第1~7背片各有中、侧、缘蜡片1对，第7背片有中蜡片1对；腹部第1~8背片毛数分别为12根、18根、16根、18根、12根、8根、6根、4根，各排列一行，各毛长稍长于第3触角直径。腹管半环形，围绕腹管有短刚毛11~16根。尾片馒头状，小于尾板，有微刺突瓦纹，有1对短刚毛。尾板末端圆形，有短刚毛38~48根。生殖突骨化灰黑色，有毛12~16根。足短粗，光滑少毛，后足股节长0.21mm，长为该节直径的3.50倍，为触角全长的0.68倍；后足胫节长0.26mm，为体长的0.14倍，毛长为该节直径的0.90倍；第1跗节毛序为3、3、2。玻片标本体色较淡，头部顶端稍骨化，无斑纹、触角、足、尾片。

（3）有翅孤雌成蚜　体长1.80~2.30mm，宽0.90~1.00mm，翅展5.5~6.5mm。体型较无翅孤雌成蚜略微细长，呈椭圆形。活体头、胸部黑色，腹部橄榄绿色，全身被白粉，腹部有白色长蜡丝。喙不达后足基节，第4、5节尖细，长为基宽的2.20倍，为后足跗第2节的1.40倍。触角6节，全长0.75mm，为体长的0.31倍，有小刺突横纹，第1、2节短粗；第3节最长为0.35mm，第1~6节长度比例为13、14、100、30、30、19+5；第3节有短毛7~10根，其他各节有毛3或4根，第3节毛长为该节直径的1/6；第5、6节有圆形原生感觉圈各1个，第3~6节各有环形次生感觉圈17或18个、3~5个、3或4个、2个。翅2对，前翅翅脉7根，中脉分2岔，翅脉及翅痣棕色；后翅翅脉3根，中脉与肘脉分离。第1~7腹节有深色的中、侧、缘小蜡片，第8节有1对中蜡片；腹部背毛稍长于腹面毛，节间斑不明显。腹管半环形，黑色，环基部稍骨化，端径与尾片约等长，围绕腹管有短毛11~15根。尾片有短刚毛1对。尾板有毛32~34根。后足股节长0.41mm，为第3触角节长的1.20倍；后足胫长0.70mm，为体长的0.29倍，毛长为该节直径的0.68倍。其他特征与无翅孤雌成蚜相似。玻片标本头、胸部黑色，腹部淡色，触角、各足节、腹管、尾片、尾板均为黑色。

（4）雌性蚜　体长0.6~1.0mm，宽0.4mm，淡黄褐色或黄绿色，头部、触角及足均为淡黄绿色，腹部赤褐色，稍被棉状物。触角仅5节，口器退化。

（5）雄性蚜　体长0.6~0.7mm，黄绿色，触角仅5节，末端半透明，口器退化，腹部各节中央隆起，有明显沟痕。

（6）卵　长0.5mm左右，宽0.2mm左右，椭圆形，初产时橙黄色，后渐变褐，表面光滑，外覆白粉，较大的一端精孔突出。

（7）若蚜　共4龄，老熟时体长1.4~1.8mm，触角5节。体赤褐色。喙长度超过腹部。蜡毛稀少。高龄有翅若蚜翅芽黑色。

4. 发生规律

苹果绵蚜的生活史根据其生活区域是否存在美国榆作为冬季寄主而被分为全周期和不全周期两种类型。全周期型大部分出现在北美洲有美国榆的地区，有翅蚜虫在夏季结束后迁飞到美国榆，产生性蚜在美国榆上雌雄交配产卵越冬。这些卵一般在美国榆的粗皮裂缝内越冬，但是在没有美国榆的地区有翅蚜的迁飞方向未知或其产生的卵在其他寄主（如苹果）上总不能孵化。美国榆上的卵在翌年早春孵化为干母，孤雌繁殖2或3代后，于春末产生有翅蚜迁飞到苹果等第二寄主上进行孤雌生殖，至秋末冬初再生产有翅蚜，迁回美国榆上产生性蚜。在欧洲和亚洲等其他缺少美国榆的国家和地区，其生活史为不完全周期型，年发生代数差异较大，欧洲为12~15代，日本和朝鲜为10~13代；我国发生12~26代，相对来说南方平均温度较高地区发生代数较多，东北如辽宁地区一般为 13 或 14 代，华北如河北、河南、山东等分别为 10～19 代、14～20 代、17～18 代，而西南地区除西藏为 12 代左右外，昆明地区大多为 23～26 代。以 1、2 龄若蚜在树干、主枝、侧枝的剪锯口、节疤、老树皮下、树缝、新梢的叶腋、短果枝的端部和树基的萌蘖枝处、枯枝落叶下，根茎外围 0～7cm 土层中均能越冬。

翌年 3～4 月中旬越冬代雌虫感知气温回升至 8℃左右时，在越冬场所开始活动取食。5 月下旬至 6 月上旬当气温再次回升到 11℃左右时，蚜虫开始繁殖扩散危害，以孤雌生殖方式产生若蚜，低龄若虫逐渐向枝条上扩散爬行迁移寻找适宜场所，如剪锯口、愈合伤口、嫩梢、叶腋、嫩芽、果梗、果萼、果洼及地下根部或露出地表的根际等处，初时迁移至当年生枝条的叶腋及嫩芽基部危害，寻找到合适场所固定下来吸取树液一般不再转移。6 月中旬至 7 月上旬是全年繁殖盛期，也是 1 年中第 1 个发生危害高峰期，严重时可布满全树，在伤疤边缘形成白环，枝梢、叶腋处形成棉絮状白团，寄主皮层肿胀成瘤并开裂。进入 7 月中下旬，随着气温升高，降雨量增多，以及主要天敌蚜小蜂的大量寄生，其发生数量受到抑制，虫口密度降到 1 年中最低，枝条上基本见不到蚜块。但是 9 月中旬以后随着气温的降低，种群数量又开始回升，9 月下旬至 11 月中旬出现第 2 次危害高峰，第 2 个高峰期虫口密度显著低于第 1 个高峰期，进入 11 月下旬当平均气温降至 7℃左右以后，枝条上绵蚜逐渐向主干病虫伤疤缝隙和根部迁移，12 月上旬以后随着气温的降低若虫进入越冬状态。

在不全周期型地区，苹果绵蚜主要以孤雌生殖方式繁殖。单次产仔量受温度影响较大，最多 172 头，最少仅 3～8 头。蚜虫发生盛期，其种群在春季和夏季均呈"蚜块群"，蚜块面积一般为 1～4cm^2，有时几个蚜块连在一起，面积可达 10cm^2；每蚜块蚜量一般为 200～600 头，最高可达 1000 头左右，其中包含各个龄期的个体，以 1、2 龄若蚜数量居多。1 龄若蚜爬行扩散能力较强，可迅速布满全树枝梢，也可借助风和雨等吹落地面，扩散至根蘖等处。若蚜 2 龄后开始固定刺吸危害，一般不发生转移，直至长成成蚜，才会有转移产仔的行为。在全周期型地区，秋季有翅孤雌成蚜会产生性蚜，每头雌性成蚜一般产卵 4 粒，最多的为 7 或 8 粒。性蚜一般不取食，若蚜经历 7～8d 蜕皮 4 次后变为性成蚜，交配后雌蚜产 1 粒卵即死亡。

温度是影响苹果绵蚜生长发育和繁殖的重要因子，温度的高低直接影响了苹果绵蚜发生世代的时间与产蚜能力。生长发育和繁殖的适宜温度为 22～25℃，低于 22℃或高于 25℃时，若蚜发育迟缓，成蚜产仔量大幅度减少。全世代发育起始温度为 13.42℃，有效积温为 186.98℃·d；1 龄若蚜的发育起始温度和有效积温分别为 13.42℃和 56.71℃·d，2 龄若蚜的发育起始温度和有效积温分别为 9.45℃和 38.49℃·d，3 龄若蚜的发育起始温度和有效积温分别为 6.57℃和 44.37℃·d，4 龄若蚜的发育起始温度和有效积温分别为 5.34℃和 55.45℃·d。在发育起点温度以上，随着温度的增高，日平均产蚜数也迅速增加，20℃时产蚜数量为 5.63，25℃时产蚜数量达到最大值 8.75，以后随着温度的升高产蚜数呈下降趋势。25℃时全世代产蚜总量为 91.58 头，高于 25℃时，随着温度的上升，平均世代产蚜总量迅速下降到最低，28℃时全世代产蚜总量为 28.61 头，30℃时每一世代只产 3 头。高湿也是蚜虫发生的重要因子，果园调查中发现，雨量较大对果树上的棉絮具有冲刷作用，一部分苹果绵蚜随棉絮掉落淹死，从而导致苹果绵蚜的种群密度下降。但雨后田间湿度增加，适宜苹果绵蚜的生长发育，导致绵蚜种群密度又迅速上升。高温、高湿是限制其发生为害的主要气候因子，7～8 月气温达 25℃以上，降雨较多，会造成虫口密度急剧下降。

苹果绵蚜的发生也与果园内苹果树品种和植株生长状况密切相关。果树品种抗性的强弱也直接影响蚜虫发生的程度，如抗性较强的'金帅''青香蕉''红富士'等品种，相对抗性较弱的'红香蕉''祝光''红玉'等品种危害较轻。苹果绵蚜暴发的最理想场所一般是树势较弱和树体伤口较多的果园，造成因素主要有果园管理粗放、修剪不当、树龄较大、通风透光较差、果实腐烂病等病虫害严重等。

苹果绵蚜的天敌较多，可分为寄生性天敌和捕食性天敌。其中，寄生性天敌主要为苹果绵蚜蚜小蜂（*Aphelinus mali* Haldeman），蚜小蜂的发育相对滞后于绵蚜发育，4~5月、9月下旬至11月，果园中蚜小蜂数量较少，对绵蚜控制作用并不显著。5月下旬寄生率仅为0.32%，进入6月上旬，寄生率上升为8.2%，6月中旬以后，随着绵蚜种群密度的快速增加和气温快速升高，寄生率也在不断提高，到7月下旬，不同果园绵蚜寄生率高达到65%~83%，在一些管理粗放的果园，绵蚜种群能得到有效控制，植株上基本见不到白色的棉絮。随着绵蚜种群数量的降低，蚜小蜂数量降低。10月以后随着绵蚜种群密度增加，寄生蜂种群也会增加，11月下旬以后随着绵蚜进入越冬期，蚜小蜂也进入越冬期。6月下旬到8月上旬对绵蚜控制作用非常明显。捕食性天敌对苹果绵蚜也具有良好的控制作用，瓢虫类包括异色瓢虫 [*Harmonia axyridis*（Pallas）]、七星瓢虫（*Coccinella septempunctata*）、二双斑唇瓢虫（*Chiloccrus lijugs* Mulsant）、黑条长瓢虫 [*Macronaemia hauseri*（Weise）]、多异瓢虫 [*Hippodamia variegata*（Goeze）]、白条菌瓢虫（*Halyzia hauseri*）、十一星瓢虫（*Coccinella undecimpunctata* L.）、龟纹瓢虫 [*Propylea japonica*（Thunberg）] 等；食蚜蝇主要有黑带食蚜蝇、土纹食蚜蝇、三条突额食蚜蝇、灰背羽毛食蚜蝇等，其他如大草蛉和捕食性蜘蛛等也是重要的捕食者。

5. 传播途径

苹果绵蚜的传播途径主要分为人为因素和非人为因素。其中非人为因素主要是近距离传播，既有依靠若蚜爬行能力扩散为害面积的行为，也有有翅蚜迁飞转移为害的行为，还有借助于风能将包裹苹果绵蚜的棉絮吹落到地面、相邻的枝条和相邻的植株上的扩散，但这些因素的扩散能力有限，仅能向周围植株或相邻果园扩散蔓延。人为因素的影响相对较大，可分为近距离和远距离传播。近距离传播主要借助于果园内农事操作时随人活动或附着劳动工具等方式在周围植株和邻近果园内传播；远距离传播主要指携带或感染苹果绵蚜的苗木、接穗、果实及其包装物、果箱等在异地运输中被动传播到其他果园的传播方式。

6. 检疫检验方法

按照苹果绵蚜检疫鉴定方法国家标准（GB/T 29586）进行。以现场检疫为主，检查苗木、接穗、果实及果筐、果箱等包装物是否有虫体；观察苹果属苗木、砧木、接穗和根部是否膨大成瘤、破裂，或苹果的萼洼及梗洼部分是否有为害症状，根据为害症状检查芽接处、嫩梢基部、嫩芽、叶腋、伤口愈合处、粗皮裂缝、顶芽、卷叶虫为害部位和其他有缝隙隐蔽处、果实梗洼和萼洼以及根部。详细记录现场症状，并将查获的虫体用小毛笔刷入盛有75%乙醇的小瓶或指形管内，密封后送实验室进行鉴定、核准。

7. 检疫处理与防治技术

（1）**处理方法** 严禁从苹果绵蚜疫区向外调运苗木，确需从疫区调运苹果、山荆子等苗木、接穗或发现可疑材料时，须严格进行检疫处理，并经隔离试种，检查无虫后再行种植。若发现苗木有少量虫情，可做浸泡处理，用50%辛硫磷乳油1000倍浸泡2~3min。也可熏蒸处理，溴甲烷用药量为24g/m³，熏蒸3h。

（2）防治技术

1）农业防治。在农事操作过程中，可调整和改善果树的生长环境，增强果树对苹果绵蚜的抵抗力，创造不利于苹果绵蚜生长发育和繁殖传播的环境，以达到避免或降低为害发生水平。具体措施如在果树秋季结实季节施足有机基肥，适时追肥及灌溉，合理修剪病枝，优化果园内树体结构，提升树势和抗病虫能力；果树冬季休眠期，刮除老树皮、翘皮，泥土填塞树体较大的树洞、伤疤、剪锯口缝隙等处，消除以感染为害场所；将残枝、落叶僵果等清除果园，集中焚烧以消灭越冬若虫，降低虫口密度；结合中耕除草，对于根茎外围0～7cm土层重点刮除虫疤集中处理减少虫源。枝干和老根刮除蚜块后涂抹40%氧化乐果乳油或50%久效磷乳油10～20倍，防治效果更佳。此外，苹果园间种大葱，可预防和减少苹果绵蚜的发生。

2）化学防治。主要分为喷药和灌根两个方面。发芽至开花前、落花后至幼果期、采果后至落叶期是3个化学防治的关键时期。花前施药可采用树上喷雾、药泥抹杀或灌根的方法，尤其要针对主要越冬场所进行重点防治。具体操作如春季从立春节气开始至萌芽前或果实采收后至小雪节气，以树干为中心50cm为半径，扒土露根，周围做15cm高的圆形土埝，然后用"绵贝"800倍液，根据树的大小灌入25～60kg的药液，等药液渗入土壤中，再将土埝填回树盘。在主干和主枝便于操作的部位，用锋利刀将老树皮刮1道10cm左右的皮环，使其刚刚露出韧皮部（不要伤到韧皮部），用棉花或柔软的废旧棉布均匀地铺在刮皮部位，厚度为1cm左右，用事先稀释好的"绵贝"800倍液将棉花或旧棉布浸湿，外用塑膜包扎好，"绵贝"溶解绵蚜体表的蜡质然后将绵蚜杀死，并可保护天敌。花后和采收后施药主要采用树上喷雾的方法，施药要均匀，要重点喷透伤疤、剪锯口、树皮缝隙、根茎等处。具体操作如对较分散的绵蚜如主干、中心干及侧枝采用涂抹800倍的"绵贝"杀虫剂杀死绵蚜，或结合防治螨类、介壳类害虫，在果树发芽前喷含油量为5%的矿物油乳剂或石硫合剂，可以杀死越冬蚜虫。由于农药对天敌同样具有伤害，为保护利用天敌，喷药时要尽量选择毒性小的药剂，如吡虫啉、毒死蜱等。常用的药剂有1.8%阿维菌素乳油4000～5000倍、1%杀虫素乳油3000～5000倍液、5%吡虫啉乳油1000倍液、10%氯氰菊酯乳油3000～4000倍、40%氧化乐果乳油1000～2000倍、10%氯噻啉可湿性粉剂2000倍液、480g/L毒死蜱乳油1000倍液、5%抗蚜威水分散粒剂200～500倍液、48%乐斯本乳油2000倍。

3）天敌防治。苹果绵蚜的天敌资源丰富，常见的天敌种类有苹果绵蚜蚜小蜂、食蚜蝇、异色瓢虫、龟纹瓢虫、中华草蛉、七星瓢虫等，其中以寄生性天敌的苹果绵蚜蚜小蜂为主，其发生期长、繁殖快、控制能力强，在7～9月的寄生率可达70%以上，应加以保护利用。为保护利用这些天敌，喷药时要尽量选择毒性小的药剂，如10%吡虫啉、3%啶虫脒、毒死蜱等，并在天敌发生量少时喷药。7～8月是这些昆虫的活跃期，要尽量减少杀虫剂使用次数，可显著控制苹果绵蚜的发生量。

扩展阅读6-6

第二节　检疫性介壳虫类

介壳虫即蚧类，属于半翅目（Hemiptera）蚧总科（Coccoidea）。国内外已记载6000多种，通常认为它们分别属于19科。1979年Miller和Kosztarab将蚧总科分为20科。周尧将蚧类列为蚧亚目（Coccomorpha），分为蚧总科（Coccoidea）、旌蚧总科（Orthezioidea）、粉蚧总科（Pseudococcoidea）和盾蚧总科（Diaspoidea），包括17科。

1. 形态特征

蚧类为不完全变态昆虫，雌雄异型。雄虫有蛹期，雄成虫生活时间很短，个体数量稀少或者无，或者具有季节性。雄成虫体细小纤弱，触角7～10节，无口器，具有1对前翅，翅脉1条，分为两叉，后翅退化为平衡棒。跗节1节，爪1个。跗节顶端常生有跗冠毛。雌虫无蛹期，雌成虫卵圆形，口器发达，触角和足通常退化，无翅，无产卵器，虫体被有介壳、蜡块或蜡粉等，产卵于虫体下或保护物内，产卵过程中雌虫体逐渐皱缩干瘪。1龄若虫有足，可以爬行。之后定居下来，口针刺入植物组织，触角和足逐渐退化。

雌成虫体型大于雄成虫，雌成虫外形与若虫相似，极少数种类虫体裸露，虫体柔软、坚韧或硬化，雌成虫虫体被有介壳，而形成卵形、卵圆形、长卵形、圆形、梨形、壶形，或者扁平、半球形、球形，身体以中线对称或不规则，其介壳形状作为重要的分类特征。当雌成虫的比较形态特征不充分时，则记载若虫形态。

盾蚧科雌成虫虫体圆形或长形。前部常由头、前胸、中胸组成，有时由头、胸部和第1或1、2腹节共同组成，这一部分常为虫体的宽大部分。腹部末端第4～8节或5～8节则形成末端稍尖而且高度硬化的较突出的臀板，臀板边缘生有对称而又形状多变的突起，称为臀叶。臀叶、管状腺和围阴门的阴门周腺是盾蚧科的重要分类特征。雄成虫触角丝状，10节。单眼4～6个。大多有翅。交配器狭长。腹部末端常无白色蜡质尾丝。

蜡蚧科雌成虫体型多样，常见为卵圆形、圆形、卵形、长形，有时虫体两侧缘近平行，虫体有不同程度的隆起，使虫体呈半球形、球形，有的种类则扁平。大部分种类在虫体背面和腹面交接的体缘处有褶，借以划分出高度硬化的背面和柔软膜质的腹面，头、胸、腹三部分合并，体节几乎完全消失。触角通常为5～9节，有的类群为3节，有的触角退化。口器正常发育，由唇基、喙和4条细长而硬的口针组成。胸足3对，大部分种类足明显分为基节、转节、股节、胫节、附节和前附节。腹部末端中央为臀裂所分，肛门位于虫体背面臀裂的基部，肛门开口处有两块三角形肛板。雌成虫常在产卵期间分泌白色絮状的卵囊，由腹末或腹下突出向后方；有的种类不分泌卵囊，卵产在虫体腹面向背方收缩的空腔。雄成虫平均体长为2.86mm，褐色，带有紫色。雄成虫有翅，平衡棒有各种类型。触角10节。单眼4～12个。足长而发达，有正常节数。交配器短。在腹部倒数第2节上具有2个蜡腺孔，分泌出2根长的白色蜡丝。

2. 为害情况

介壳虫都是植食性的，雌成虫和若虫将口针深深刺入植物组织中，吸食寄主植物汁液，致植物营养缺失，同时分泌酶类等物质进入植物体，破坏植物的正常生理代谢，致使植物组织褪色、消解或死亡。还会使局部组织畸形膨大，形成瘤或虫瘿；排泄的大量"蜜露"落于下层叶面上，滋生烟霉菌而引发烟煤病流行；更为严重的是有些蚧类在刺吸过程中传播病毒病。介壳虫种类繁多，寄主十分广泛，可为害草本，也可为害木本植物，如森林植物、果树、观赏植物、茶，以及粮、油、棉和蔬菜作物。一般为害地上部分的主干、枝叶、果实和果柄，也有种类专性为害主根、须根、块根和块茎。

由于其体型小、栖息荫蔽、繁殖量大，体表被蜡，因此防治困难，时常给许多农林作物造成大的损失。当其大量发生时，介壳以及虫体分泌的蜡质布满植物枝叶，烟煤病大流行，影响植物的光合作用、呼吸作用。即便高大的绿化植物、林木和果树，经受长期为害之后，也会憔悴枯萎，以至于死亡。

介壳虫是柑橘类的重要害虫，已记载为害种类近100种。1886年吹绵蚧（*Icerya purchasi*

Maskell）造成南加利福尼亚州橘园的全部毁灭，1888 年引进的澳洲瓢虫成功地控制了该蚧，此例也奠定了现代生物防治的基石。严重为害柑橘的蚧类还有肾圆盾蚧［*Aonidiella aurantii*（Maskell）］、褐圆蚧（*Chrysomphalus aonidum* L.）、矢尖蚧［*Unaspis yanonensis*（Kuwana）］等。为害苹果、梨、桃和李的蚧类也有 100 种左右，重要种类有桑白蚧［*Pseudaulacaspis pentagona*（Targioni-Tozzetti）］、长白蚧（*Lopholeucaspis japomca* Cockerell）、康粉蚧［*Pseudococcus comslocki*（Knwana）］和梨圆蚧［*Quadraspidiotus perniciosus*（Comstock）］。

为害茶树和油茶的蚧类有 30 多种，重要种类有茶梨蚧（*Pinnaspis theae* Mask）、角蜡蚧（*Ceroplastes ceriferus* Anderson）、龟蜡蚧（*Ceroplastes japonicus* Green）、红蜡蚧（*Ceroplastes rubens* Maskell）、长白蚧。

行道树和庭院观赏植物上严重发生的蚧类包括山茶花和茶树上的柑橘并盾蚧［*Pinnaspis aspidistrae*（Signoret）］、苏铁的苏铁牡蛎蚧（*Lepidosaphes cycadicola* Kuwana）、玫瑰上的月季白轮盾蚧（*Aulacaspis rosarum* Borchsenius）。

为害林木的介壳虫也很多，重要种类有松突圆蚧［*Hemiberlesia pitysophila*（Takagi）］、日本松干蚧［*Matsucoccus matsumurae*（Kuwana）］、湿地松粉蚧［*Oracella acuta*（Lobdell）］。

截至 2017 年 6 月的《中华人民共和国进境植物检疫性有害生物名录》中包括了 21 种蚧类：香蕉肾盾蚧（*Aonidiella comperei* McKenzie）、松唐盾蚧［*Carulaspis juniperi*（Bouchè）］、无花果蜡蚧［*Ceroplastes rusci*（L.）］、松针盾蚧［*Chionaspis pinifoliae*（Fitch）］、新菠萝灰粉蚧（*Dysmicoccus neobrevipes* Beardsley）、香蕉灰粉蚧（*Dysmicoccus grassi* Leonari）、桃白圆盾蚧［*Epidiaspis leperii*（Signoret）］、枣大球蚧［*Eulecanium gigantea*（Shinji）］、松突圆蚧［*Hemiberlesia pitysophila*（Takagi）］、黑丝盾蚧［*Ischnaspis longirostris*（Signoret）］、灰白片盾蚧（*Parlatoria crypta* Mckenzie）、芒果蛎蚧（*Lepidosaphes tapleyi* Williams）、东京蛎蚧［*Lepidosaphes tokionis*（Kuwana）］、榆蛎蚧［*Lepidosaphes ulmi*（L.）］、霍氏长盾蚧［*Mercetaspis halli*（Green）］、木薯绵粉蚧（*Phenacoccus manihoti* Matile-Ferrero）、扶桑绵粉蚧（*Phenacoccus solenopsis* Tinsley）、南洋臀纹粉蚧（*Planococcus lilacius* Cockerell）、大洋臀纹粉蚧［*Planococcus minor*（Maskell）］、刺盾蚧（*Selenaspidus articulatus* Morgan）、七角星蜡蚧［*Vinsonia stellifera*（Westwood）］等。

一、松突圆蚧

1. 名称及检疫类别

学名：*Hemiberlesia pitysophila*（Takagi）。

英文名：pine scale。

分类地位：半翅目（Hemiptera）盾蚧科（Diaspididae）。

检疫害虫类别：进境植物检疫性害虫、全国林业检疫性害虫，中俄植检植保双边协定规定的检疫性害虫。

2. 分布与为害

该虫原分布于日本、我国台湾，20 世纪 70 年代在香港和澳门大面积发生。1982 年 5 月首先在邻近澳门的广东珠海马尾松林内发现，很快向广东和福建地区蔓延，至 2000 年分布面积近 2000 万亩，其中数十万亩松林枯死或濒临死亡。现阶段在日本本州、琉球群岛蔓延，国内在台湾、香港、澳门、广东和福建蔓延。

主要寄主植物为马尾松、黑松、湿地松、火炬松、古加勒比松、巴哈马加勒比松、洪都拉斯加勒比松、南亚松、琉球松、光松、短叶松、卡西亚松、晚松、展叶松、裂果沙松、卵果松等松属植物。在松树叶鞘内或针叶、嫩梢、球果上吸取汁液，使针叶和嫩梢生长受到抑制，影响松树造脂器官的功能和针叶的光合作用，被害处变色、发黑、缢缩或腐烂，针叶枯黄，严重时脱落，新抽枝条变短、变黄，以至于全株枯死。

魏初奖等（2013）在综合考虑松突圆蚧适生性分布的基础上，结合松突圆蚧寄主植物分布，应用地理信息系统软件的空间叠置分析功能，对松突圆蚧的寄主分布与该虫气候适生分布进行空间叠置分析，获得松突圆蚧在我国潜在的适生分布图。发现在我国北纬40°以南除西部的新疆、青海、西藏大部和四川的北部、甘肃西北部等地区外的广大地区均为松突圆蚧的潜在分布区，其潜在的分布区域面积占全国国土面积的41.5%，占我国松树分布面积的90%以上。再以年平均气温作为区划风险等级的主要指标，即1级风险区年平均气温为18～23℃，2级风险区年平均气温为11～18℃或23～32℃，3级风险区年平均气温为0～11℃或32～46℃，将年平均气温分布图与松突圆蚧潜在适生分布图在软件 ArcGIS 9.3 版本上叠加形成松突圆蚧在我国的潜在风险等级区划图。

扩展阅读 6-7

3. 形态特征

雌蚧虫一生经历卵、若虫和成虫3个虫态，为渐变态。雄蚧虫一生经历卵、若虫、预蛹、蛹和成虫5个虫态，为过渐变态。形态特征具体如图6-4所示。

（1）卵　　椭圆形，长约0.34mm，宽约0.15mm。卵壳白色透明。

（2）若虫　　1龄虫体扁平、卵圆形、淡黄色，长0.25～0.35mm，宽0.15～0.35mm。介壳白色，膜状，边缘透明。2龄若虫性分化前近乎圆形、淡黄色，触角退化只留遗迹，足完全消失，腹末出现了臀板，介壳中央有橘红色的1龄若虫蜕皮。性别分化后，雌若虫体型增大，雄若虫体型变得狭长。

（3）预蛹和蛹　　预蛹黄色，棒槌状，长约0.71mm，宽约0.41mm，体前端出现眼点。蛹淡黄色，棒槌状，长约0.74mm，宽约0.43mm。触角、足及交配器淡黄色而稍显透明。口器完全消失。

（4）雄成虫　　体微小，长约0.8mm。触角10节，长约0.2mm，每节生有数根细小刚毛，柄节粗短，梗节

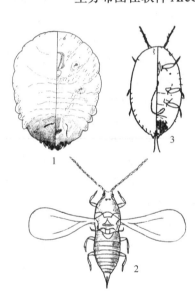

图6-4　松突圆蚧
1. 雌成虫；2. 雄成虫；3. 初孵若虫
（1. 中华人民共和国动植物检疫局，农业部检疫实验所，1997；2、3. 林业部野生动植物保护司，林业部森林病虫害防治总站，1996）

短，鞭节各节大小、形状相似。单眼为半球形的突起。胸足3对。一对前翅，膜质，翅展约1.1mm，具有2条翅脉。后翅退化为平衡棒，棒端有1根刚毛。腹部由9节组成。

（5）雌成虫　　体宽梨形，淡黄色，体长0.75～1.10mm。头胸部最宽，达0.50～0.98mm。臀板较厚，呈半圆形，虫体除臀板外均为膜质，体侧缘2～4腹节稍向外突出。触角疣状，具有1根刚毛。口器发达。胸气门2对。2对臀叶，中臀叶突出，2叶，宽略大于长，顶端圆，每边有2凹刻，基部的硬化部分深入臀板中；第2臀角小，硬化，不两分。在中臀叶和第2臀叶间及第2臀叶前各有1对顶端膨大的硬化棒。臀栉（缘鬃）细长如刺，中臀叶间1对，不超过中臀叶；在第2臀叶与中臀叶间1对；第2臀叶前各3对。肛孔位于臀板基部，略呈

圆形。背管腺细长，在 2 个中臀角间 1 个，在中臀角和第 2 臀角间 3 个，在第 2 臀叶前 2 纵列，1 列 4～8 个，1 列 5～7 个；另外，在后胸到第 5 腹节边缘也有分布。第 3 臀叶不明显，外侧有不分叉的臀棘 3 根。无阴门周腺。介壳白色。

4. 发生规律

松突圆蚧在广东地区 1 年 5 代，世代重叠，初孵若虫呈现 4 个高峰期，即 3 月中旬至 4 月中旬、6 月初至 6 月中旬、7 月底至 8 月上旬、9 月底至 11 月中旬，其中 3～5 月是该蚧发生的高峰期。1～5 代完成发育需时分别为 52.9～62.5d、47.5～50.2d、46.3～46.7d、49.4～51.0d 及 114.0～118.3d。在福建福清 1 年 4 代，第 1 代与第 2 代是高峰期，第 3 代与第 4 代世代重叠，4～7 月是全年危害最重时期。该蚧在广东地区无明显越冬现象。

林间全年自然雌雄性比因季节不同略有差异，为 1.5：1～2.0：1。该蚧可以孤雌生殖，也可两性生殖。大多卵生，卵期很短，产卵和孵化同时进行，少数卵胎生。初孵若虫一般先在母体介壳内停留一段时间，待环境适宜时从介壳边缘的裂缝爬出。刚出壳的若虫比较活跃，来回爬动的距离不超过 60cm。在松针上找到合适位置时，将口针插入针叶内刺吸，固定下来，5～19h 开始泌蜡，20～32h 蜡质遮盖全身，1～2d 蜡质增厚变白，成为卵圆形介壳。定居在叶鞘内的蚧多发育为雌虫，寄生于针叶上和球果上的蚧多发育为雄虫；一项调查表明，寄生在叶鞘内雌性占 93%，雄性占 7%；寄生在针叶外、球果和嫩梢上雄性占 99%。2 龄若虫后期，部分若虫蜡壳颜色加深，尾端伸长，虫体前端出现眼点，发育为前蛹，蜕皮成为蛹；还有部分若虫虫体和蜡壳继续增大，不显眼点，再蜕皮成为雌成虫。雄蛹发育 3～5d 后羽化为雄成虫，先在介壳内蛰伏 1～3d，出壳后数分钟内翅完全展开，沿松针爬行，或短距离飞翔，找到合适雌蚧，即将腹部朝下弯曲，从雌介壳缝中插入生殖刺，与雌虫交尾。雄虫可多次交尾，交尾后数小时死去。成虫交尾后 10～15d 产卵，越冬代和第一代产 64～78 粒，8～9 月的第 3 代最少，约 39 粒。

松突圆蚧种群在林间呈聚集分布，聚集度随虫口密度增大而增强，分布的基本成分是疏松的个体群，可能是因为松突圆蚧成虫产卵集中，若虫孵化后大部分就在附近固定下来。

扩展阅读 6-8

气温是影响其种群消长的重要因子，最适温度为 18～23℃，日平均气温大于 23℃或低于 18℃时，其死亡率增大。高温对于低龄若虫的影响大于高龄，松突圆蚧致死高温为 48℃左右，34～46℃为不适高温，一般认为雌成虫过冷却点在 14～16℃。松突圆蚧发育起点温度为 10.5℃，世代发育有效积温为 810.8735 ℃·d，−28℃为该蚧的致死低温。松突圆蚧虫口总死亡率与旬平均温度呈显著相关性，雄蚧发育最适温区的温度低于雌成虫及分化后雌蚧的发育最适温区的温度。

降雨对初孵若虫有机械杀伤作用，并且影响若虫固着和取食；月降水量大于 100mm 时，蚧虫虫口密度与降水量呈负相关。降水量与初孵若虫的死亡率极显著相关，降水量愈大，初孵若虫的死亡率愈高，是影响初孵若虫的关键因子。

调查发现，在郁闭度为 0.9 的林分内，虫口密度要比郁闭度为 0.5 的大 1 倍多；黑松、湿地松、晚松、卡锡松、卵果松、巴哈马加勒比松、短叶松、展松等的抗性和耐害性显著优于马尾松、火炬松、南亚松、洪都拉斯加勒比松、本种加勒比松和裂果沙松等。陈顺立等（2010）报道，高抗家系全 N 含量低于中抗和低抗家系，受松突圆蚧危害诱导，松针可溶性糖含量、总糖含量、可溶性蛋白、全 N 含量和游离氨基酸总量降低，并且高抗家系可溶性蛋白、全 N 含量和游离氨基酸总量的降低量大于低抗家系。

松突圆蚧天敌资源比较丰富，重要天敌有红点唇瓢虫（*Chilocorus kuwanae* Silvestri）、松突圆蚧花角蚜小蜂（*Coccobius azumai* Tachikawa）、整胸寡节瓢虫（*Telsimia emarginata* Chapin）、细缘唇瓢虫 [*Chilocorus circumdatus*（Gyllenhal）]、台毛艳瓢虫（*Pharoscymnus taoi* Sasaji）、六斑月瓢虫 [*Menochilus sexmaculata*（F.）]、细纹裸瓢虫 [*Bothrocalvia albolineata*（Schonherr）]、隐斑瓢虫 [*Harmonia yedoensis*（Takizawa）]、八斑绢草蛉（*Ancylopteryx octopunctata* F.）、牯岭草蛉（*Chrysopa kulingensis* Nevas）、圆果大赤螨 [*Anystis baccarum*（L.）]、尼氏钝绥螨 [*Amblyseius nicholsi*（Ehara et Lee）]、草钝绥螨 [*Amblyseius herbicolus*（Chant）]、纽氏钝绥螨 [*Amblyseius newsami*（Evans）]、日本方头甲（*Cybocephalus nipponicus* Endrödy-Yonnga）、捕虱管蓟马 [*Aleurodothrips fasciapennis*（Franklin）]、盾蚧长缨蚜小蜂 [*Encarsia citrina*（Craw.）]、友恩蚜小蜂（*Encarsia amicula* Viggiani et Ren）、黄金蚜小蜂 [*Aphytis chrysomphali*（Mercet）]、梨圆蚧扑虱蚜小蜂（*Prospaltella perniciosi* Tower）、黄胫长鬃蓟马（*Karnyothrip flavipes*）、芽枝状枝孢霉（*Cladosporium* sp.）。

1986～1988 年广东从日本引进了松突圆蚧花角蚜小蜂，起到了很好的控制作用。该蜂在广东 1 年发生 9～10 代，发育起点温度为 10.1℃、有效积温为 448.3℃·d。个体发育经过卵、幼虫、蛹和成虫等 4 个虫态，其雌性幼虫是松突圆蚧雌蚧的初级内寄生蜂，而雄性幼虫则是次级寄生蜂，重寄生在同种或它种膜翅目的老熟幼虫、预蛹和蛹上。交配过的雌蜂喜欢寄生产卵初期和盛期的雌成蚧，能识别已被寄生的寄主。花角蚜小蜂的寄生过程分为搜索、寄主定位、寄主试探、穿刺、产卵和梳理等几个步骤。生殖方式为两性生殖和孤雌生殖，重寄生方式产下的个体皆为雄性。1998 年以后花角蚜小蜂种群数量急剧下降，松突圆蚧又严重起来。经过 20 多年的自然选择，花角蚜小蜂已基本消失，本地寄生蜂逐渐适应松突圆蚧而成为它的主要寄生蜂。但是这些小蜂类人工繁殖工艺复杂，成本昂贵，本地种或者引进种的寄生率都难以超过 50%。

5. 传播途径

进入我国香港、澳门的松突圆蚧主要由日本和我国台湾等地输入的圣诞树（松树）带来的，苗木运输是重要传播途径。初孵若虫比较活泼，能够随着气流、风力、雨水、动物和人类活动而传播。

6. 检疫检验方法

现场检验松针、嫩梢基部、新鲜球果的鳞片上是否有松突圆蚧寄生，松树、苗木、盆景等的枝叶是否枯黄、卷曲或脱落，植株受害部位是否色变、黑化、缢缩或腐烂，包装物和运输工具是否携带松突圆蚧。

扩展阅读 6-9

还可采取样品，用解剖针剥开介壳，在解剖镜下观察样品是否带有各个虫态的松突圆蚧。

7. 检疫处理和防治技术

（1）检疫处理　充分利用林业检疫站和木材检查站，严禁疫区马尾松、黑松、湿地松、加勒比松等松属植物的苗木、枝条、针叶和球果外运，木材调运要剥皮。对于有虫苗木和木材，可以用药剂处理，也可用 56% 磷化铝熏蒸，用药量为 6.6g/m³，1.5～2.0d。

（2）防治技术

1）预测预报。坚持持久的虫情调查，预测预报松突圆蚧的发生期、发生量、发生范围、为害程度和种群动态等，作为防控的参考标准。

2）营林措施。有计划地更换疫区树种，改造林分，营造隔离针叶林的阔叶林林带，逐步形成多树种、多层次的混交林，使林分郁闭度在 0.5～0.7。保持冠高比为 2 ∶ 5，侧枝保留 6轮以上，以降低虫口密度，增强树势。福建福清在 2003～2016 年马尾松松突圆蚧的综合治理中采用了皆伐、择伐、带状疏伐套种阔叶树、块状皆伐营造混交林、建立隔离带、幼林修枝间伐等营林措施对松突圆蚧治理影响显著，该蚧发生面积、发生率、发生程度呈逐年下降趋势。

3）化学防治。若虫盛期，尤其是第 1 代若虫盛发期，用高压喷雾器喷洒 10% 吡虫啉乳油 1000 倍，40% 久效磷乳油 800 倍，40% 毒死蜱乳油。蚧害严重时，在其寄主植物基部打孔，注入 40% 氧化乐果乳油。还可将松脂（含量 38.9%）、柴油（含量 22.2%）加乳化剂配成松脂柴油乳剂，稀释 9 倍，每公顷林分高压喷施 150L。

4）生物防治。以生物防治为主的综合治理是控制松突圆蚧的有效手段，其重要举措是繁殖、助迁和利用花角蚜小蜂和当地蜂类。花角蚜小蜂林间繁殖：选地势平坦、交通便利的松林，树龄 7～10 年，枝繁叶茂，松突圆蚧种群密度比较大，每束松针的活雌蚧在 1 头以上。每 100m 左右设 1 个放蜂点，每点放蜂 150～200 头，10d 后再放 1 次，1 年后平均寄生率达 35% 以上，作为采集蜂使用。花角蚜小蜂释放：3 月下旬到 6 月上旬，花角蚜小蜂大多进入蛹期或老熟幼虫期时，在该小蜂林间繁殖点剪蚧虫和小蜂密集枝条，每把扎成 2～3kg（小蜂 150 头以上），装入透气布袋运往放蜂区，2～3d 内挂放到林间，每 600m 设 1 放蜂点。

在有些林区，花角蚜小蜂已经很难见到，取而代之的是当地蜂：盾蚧长缨蚜小蜂、友恩蚜小蜂、黄金蚜小蜂，经室内繁殖再释放到林间，可明显提高对松突圆蚧的寄生率。主要捕食性天敌是红点唇瓢虫。营林工作中要加强保护和利用。

王莎莎等（2017）从林间松突圆蚧罹病虫尸分离鉴定出广布拟盘多毛孢（*Pestalotiopsis disseminata*），制成菌剂，于 4 月林中松突圆蚧若虫孵化盛期喷施，剂量为 7.50kg/hm^2，可以对松突圆蚧进行有效防治。他们检查发现，被该虫生真菌侵染之后，松突圆蚧体内蛋白质和海藻糖含量明显减少，葡萄糖含量先升后降；虫体防御相关酶——超氧化物歧化酶（SOD）、过氧化氢酶（CAT）、过氧化物酶（POD）和海藻糖酶活性在 2～4d 升到峰值再下降；虫体解毒酶——羧酸酯酶、谷胱甘肽-S-转移酶、乙酰胆碱酯酶活性在 3～5d 升至峰值之后很快下降。该虫生真菌的侵染激活了虫体防御酶系活性，消耗了蛋白质和糖类等营养物质。

二、松针盾蚧

1. 名称及检疫类别

学名：*Chionaspis pinifoliae*（Fitch）。

英文名：pine needle scale。

分类地位：半翅目（Hemiptera）盾蚧科（Diaspididae）。

检疫害虫类别：进境植物检疫性害虫。

2. 分布与为害

松针盾蚧主要分布在北美地区加拿大和美国蒙大拿州及艾奥瓦州等地区，目前中国尚未有分布。

松针盾蚧是美国和加拿大针叶树上最普遍发生的蚧虫。树木被松针盾蚧为害后，由于汁液被吸食，针叶变成黄褐色，从远处看，树叶呈霜状或银色，圣诞树等观赏植物由于覆盖了白色的蜡状成虫及其分泌液，导致观赏性变差。随着侵染时间的延长，枝叶枯萎，严重的可导致全株死亡。

在森林自然条件下，由于受天气影响、寄生蜂和瓢虫等天敌的自然控制作用，通常其种群密度较低，松针盾蚧的为害程度不很严重。然而，只要每个针叶上有数头松针盾蚧，叶片就会黄化，停止生长并最终导致死亡。观赏树和行道树常常因松针盾蚧的严重侵染而导致死亡。新种植的树木易受侵害，一年就可以使该虫达到暴发的数量。

松针盾蚧主要危害松属（*Pinus* L.），特别是欧洲山松（中欧山松）（*Pinus mugo* Turra）、美加红松（多脂松）（*Pinus resinosa* Ait .）、小干松（扭松）（*Pinus contorta* Loud.）、西黄松（美国黄松）（*Pinus ponderosa* Dougl. et Laws）、欧洲赤松（*Pinus strobes* L.）和欧洲黑松（南欧黑松）（*Pinus nigra* Arnold）等松属植物。此外，还可在雪松属（*Cedrus*）、红豆杉属（*Tsxus*）、榧树属（红豆杉科）（*Torreya.*）、云杉属（*Picea*）、冷杉属（*Abies*）上发生危害。

3. 形态特征

松针盾蚧形态特征如图 6-5 所示。

扩展阅读 6-10

扩展阅读 6-11

图 6-5　松针盾蚧虫体（左上）；松针盾蚧雌成虫及虫体下卵粒（右上）；
密被松针盾蚧的松针（左下）；受害松树（右下）

（1）成虫　　松针盾蚧白色，在寄主针叶上形成白色、牡蛎壳状的蜡质棉絮状覆盖物，在较小的一端有一个黄色至橘黄色的蜕。雌蚧一般长 3～4mm；雄蚧长约 1mm，比雌虫柔软，雄蚧沿白色部分有 3 条纵嵴。

（2）卵　　成熟卵椭圆形，粉红色、紫红色至红褐色。

（3）若虫　　新孵若虫红褐色，有黑色的眼斑。

4. 发生规律

一般该蚧虫在北美洲南方地区每年发生 2 代，北方和高海拔地区则发生 1 代。卵的孵化与季节温度和海拔有关。越冬卵在 4 月底至 5 月中旬孵化，春季温度较高时，越冬卵可在 4 月底开始孵化，春季温度低时，越冬卵要到 6 月才开始孵化；如果整个春季温度持续低温，则越冬卵孵化期会持续 1 个月以上。6～7 月，第 1 代成虫形成介壳并开始产第 2 代卵。夏季产的卵在 7 月底孵化，若虫在 8 月中旬成熟。第 2 代的发生期为 7～9 月。第 2 代在 10 月上中旬成熟并产卵。卵孵化持续 2～3 周。第 2 代若虫大多定居在当季生出的针叶上。

　　该蚧主要以深红色的卵在雌虫介壳下越冬，也有极少数雌虫可越冬并在春季继续产卵。卵在5月上中旬孵化成小而扁的若虫，颜色类似卵的玫瑰紫色，可爬行，称作爬虫，这是松针盾蚧整个生活史中唯一的活动期。这些粉红色的爬虫在新枝条上找到适合的位置开始吸食叶液，位置较低的枝条上数目一般较多。这些爬虫非常笨拙，经常被风吹下树或吹到附近的树上。一旦找到合适的位置，爬虫就插入针状口器，并开始形成介壳，形成介壳后则难以防治。几周后，羽化为成虫。雄虫在长翅前有1周的蛹期，而雌虫变成无翅的、类似若虫的成虫。成熟后，雌虫在产卵前，会继续在介壳下生长约3周。成虫后，雄虫到处爬行寻找雌虫。雄虫的数量较少，有两翅，身体也非常柔软。在交配后，雌虫会继续生长数周直至在介壳下产卵。每头雌虫平均产卵40枚。该蚧也可进行孤雌生殖。

　　该蚧通常通过若虫从一棵树上吹到另一棵树上传播。当成树的树枝相碰时，传播会更快。若虫也可经鸟或动物的栖息或摩擦而传播。远距离主要通过枝条、苗木传播。该蚧虫在寄主的针叶上定殖，6、7月时常在枝上排成1排。定殖后，该虫一般不移动位置，直到7月初长成成虫时为止。

扩展阅读 6-12

　　瓢虫是其主要天敌，尤其是双点唇瓢虫［*Chilocorus stigma*（Say）］。Rodger等（2014）测定了被小蜂类群寄生的盔唇瓢虫属中50个寄主样本的28S rDNA序列，建立系统进化树以探讨寄主-小蜂之间的关系，结合以前的研究，认为有一些种类的小蜂寄生松针盾蚧，但这些小蜂尚未被系统地分类鉴定，它们的种类数和寄生作用都被低估了。

　　5. 传播途径

　　远距离主要通过种苗和原木调运等人为方式传播，近距离则是若虫自身及其借助于风力、雨雪等外界条件传播。

　　6. 检疫检验方法

　　参照松突圆蚧。

扩展阅读 6-13

　　7. 检疫处理和防治技术

　　（1）检疫处理　参照松突圆蚧的处理。

　　（2）防治技术　在5月下旬至6月中旬第1代若虫孵出，在7~8月第2代若虫孵出，喷洒杀虫剂或氢化油，可以有效地控制其种群密度。一旦介壳形成，化学防治的效果就不理想，可以使用的杀虫剂有马拉硫磷、西维因、二嗪农、乙酰甲胺磷和毒死蜱等。近年来，美国发明了一种土壤中施用的内吸式农药，商品名为Transtect ™，其在土壤中移动较快，2周内传遍松树全身。5月下旬至6月使用，1年使用1次即可获得良好效果。

三、枣大球蚧

　　1. 名称及检疫类别

　　学名：*Eulecanium gigantea*（Shinji）。

　　英文名：gigantic globular scale。

　　分类地位：半翅目（Hemiptera）蜡蚧科（Coccidae）。

　　检疫害虫类别：进境植物检疫性害虫，全国林业检疫性害虫。

　　2. 分布与为害

　　枣大球蚧又称瘤坚大球蚧、大球蚧、梨大球蚧、大玉坚介壳虫、枣球蜡蚧，分布于俄罗斯的远东地区、日本等地。国内分布于新疆、宁夏、内蒙古、青海、甘肃、陕西、山西、河北、辽宁、河南、山东、安徽和江苏等地。

危害枣、酸枣、梨、柿、核桃、苹果、山荆子、桃、槐、刺玫等50余种植物。主要以雌成虫、若虫于枝干上刺吸寄主汁液，导致寄主大量落叶、落果、减产，树势衰弱，枝条干枯，甚至整株死亡。其排泄蜜露滋生烟霉菌，引起烟煤病发生，影响光合作用。1980年首次在新疆和田县园艺场树上发现该蚧虫，1992年和田地区因枣大球蚧的危害，导致266hm²红枣树死亡，总产量下降74%；喀什地区的巴旦杏因此虫害减产40%，小红枣减产75%，分布区域由当时的1个县扩展到现在的30多个县。1989年在宁夏灵武发现枣大球蚧，几年后蔓延到全部老枣区，严重为害区域出现大量落果，减产达70%。

3. 形态特征

枣大球蚧的形态特征如图6-6所示。

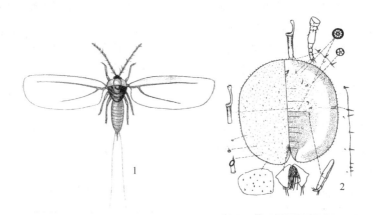

图6-6　枣大球蚧（林业部野生动物和森林植物保护司等，1996）
1. 雄成虫；2. 雌成虫

（1）雌成虫　　平均体长11.5mm、体宽9.5mm，比较高大的虫体长达18.8mm、宽18.0mm、高14.0mm。虫体黑红褐色至紫褐色。体背呈现整齐的黑灰色斑，1条中纵带，2条锯齿状缘带，两带之间有8个斑点，排成1个亚中列或亚缘列，虫体多向后倾斜，体被毛绒状蜡被。受精产卵后，体为半球形或球形，虫体硬化，体色为黑褐色。体背花斑和毛绒状蜡被消失，除了个别凹点外，基本上光滑锃亮。喙1节，位于触角间。触角7节，第3节最长，第4节突然变细。足3对，分节明显。气门与足相比，相对较大，气门腺路由五孔腺组成，每条气门腺路成为不规则一列，约20个五孔腺。体背有小管状腺，腹面体缘有大管状腺。多孔腺分布于腹面中部区，尤以腹部数量较多，体背面分布有小刺及盘状孔。

臀裂不深，仅为体长的1/6。肛板两块，合而成正方形，外角近乎直角，前侧缘与后侧缘几乎等长，后角有长、短刚毛各2根。肛管短，无缘毛，肛环前、后端常断缺，环上有内、外2列孔及肛环毛8根。

（2）雄成虫　　体长2.0～3.0mm，翅展4.8～5.2mm，体橙黄色。头部黑褐色，前胸、腹部、触角黄褐色。丝状触角，10节，第5节最长。前胸背板发达，中部轻微骨化。腹板有横脊、中脊和一个三角形骨片。一对前翅发达，半透明，每翅上有1支两分叉的脉，在距离基部约1/3处分叉。后翅退化为平衡棒，呈叶片状。3对胸足中的后足较长，足上密布刚毛。尾部有锥状交配器1个和白色蜡丝2根。

（3）卵　　长椭圆形。初产卵白色，渐变粉红色，卵产于雌成虫体下，与白色细蜡丝搅裹在一起。

（4）1龄若虫　　长扁椭圆形，肉红色，体节明显，体长约0.5mm、宽约0.3mm，头部和前胸发达，具红色单眼1对。触角6节，第1节最粗，第3节最长，末节最细，触角上有6根长刚毛，第2、3、5节各1根，端节3根。胸气门2对，直筒状，气门刺各3根，等大，锥状。3对胸足比较发达。肛板短毛3根，中央1条细长。固定下来之后，若虫扁平，草履形，淡黄褐色。

（5）2龄若虫　　前期长椭圆形，淡黄色，体长约1.0mm、宽约0.5mm。背部有前、后2个环状壳点（蜡块），2根白色蜡丝部分露出介壳。中期长椭圆形，黄色，体长约1.3mm、宽约0.6mm。背部有前、中、后3个环状壳点（蜡块），可见2根白色蜡丝残痕。后期椭圆形，黄褐色，体长约1.3mm、宽约0.7mm。背部有前、中、后3个环状壳点（蜡块），尚见2根白色蜡丝残痕。

（6）雄预蛹　　近梭形，体长1.5～1.9mm，宽0.5～0.7mm。黄褐色。具有触角、足和翅芽的雏形。各器官和附肢发育不完全。

（7）雄蛹　　长椭圆形，黄褐色，体长1.7～2.1mm，宽0.5～0.7mm。前期淡褐色，眼点红色，后期深褐色，眼点褐色。腹部分为明显的8节，密布微小刺毛。体被长卵圆形无光泽玻璃状介壳。翅芽明显。交配器钝圆锥形。

4. 发生规律

枣大球蚧在我国1年发生1代，以2龄若虫固定在1～2年生枝条上越冬，翌春4月寄主植物芽头萌动时越冬若虫开始活动，4月中、下旬若虫危害最烈；4月底至5月初羽化，5月上旬出现卵，每头雌成虫产卵量统计为800～900粒；4月底至5月中旬雌虫虫体迅速膨胀，3个星期内雌成虫虫体长度由2.0～2.5mm增长到10.0～10.5mm、宽度由1.5mm增到8.5mm左右。虫体直径可以膨大10倍左右，雌虫大量吸食汁液，该阶段也是一个为害盛期。

卵孵化特别整齐，孵化率达95%以上。5月底至6月初若虫大量发生，若虫于6～9月在叶面刺吸危害，主要沿枣叶3条基脉两侧固定取食，尤以中脉两侧分布最多，若虫出壳在枣树盛花期，6月中旬若虫变为暗棕红色，披少量蜡粉，9月中旬2龄若虫开始陆续由叶、果转向1～2年生枝上，寻找适当的部位固定越冬，10月中旬转移结束。

树种差异和早春萌动期不同，直接影响枣大球蚧种群生育进程和越冬死亡率。紫穗槐上越冬死亡率高于枣树、黄榆上。紫穗槐上枣大球蚧种群生育进程比黄榆晚5～10d；枣树生长发育最晚，枣树上枣大球蚧种群生育进程比黄榆晚15～20d。水肥投入充足、营养条件好的树体比管理粗放、营养条件差的树体越冬若虫更大、更饱满。4月中下旬喷施化学农药次数多，会导致雌蚧产卵率和寄生蜂寄生率明显降低，化学药剂在防治介壳虫的同时对天敌也有很强的杀伤作用。

主要寄生性天敌有蜡蚧跳小蜂 [*Encyrtus infidus*（Rossi）]，寄生后枣大球蚧不产卵。被球蚧花角跳小蜂 [*Blastothrix sericae*（Dalman）] 和拜氏跳小蜂（*Oriencyrtus beybienkoi* Sugonjaev et Trjapitzin）寄生后，该蚧产卵量明显减少。捕食性天敌有红环瓢虫（*Rodolia limbata* Motschulsky）、李斑唇瓢虫（*Chilocorus geminus* Zaslavskij）、多异瓢虫 [*Adonia variegata*（Goeze）]、十三星瓢虫 [*Hippodamia tredecimpunctata*（L.）]、日本方头甲（*Cybocephalus nipponicus* Endrody-Yonnga）、丽草蛉 [*Chrysopa formosa*（Brauer）]、三突花蛛（*Misumenops tricuspidatus* F.）、冠突花蟹蛛 [*Xysticus cristatus*（Clerck）]、合古

卷叶蛛 ［*Archaeodictyna consecuta* （O.P.-Cambridge）］、细小皿蛛 ［*Microlinyphia pusilla* （Sundevall）］。

5. 传播途径

枣大球蚧可随着苗木、砧木、接穗及包装物和运输车辆长距离传播。虫体可随风、雨、水力等而近距离移动。

6. 检疫检验方法

严格检查来自疫区的苗木、砧木和接穗，检查其是否携带枣大球蚧的卵、若虫、雌成虫、预蛹、蛹或雄成虫。若发现了虫或卵，还可带回实验室进一步检验鉴定。

7. 检疫处理和防治技术

（1）检疫处理　　发现了携带枣大球蚧的苗木，要及时处理，可透喷 40% 氧化乐果乳油 500 倍液或者 40% 久效磷乳油 500 倍液，或将苗木集中焚烧。

（2）预测预报

1）虫情监测。在南疆枣区 11 月 20 日至翌年 1 月 20 日进行的野外调查，在枣区代表性踏查路线上每隔 200m 左右查 1 棵，发现虫情就设立 3～5 亩的样地，其中主要寄主树木不少于 100 株，用单对角线法选 10 棵样株。在样株东、南、西、北方向上各选 1 枝条，检验枝条上 10cm 长度范围内的越冬若虫数。计算虫口密度、有虫株率、发生程度和受害程度，并进行监测（齐曼古丽·阿卜来提和米力克木·艾买提，2015）。

2）发生程度和寄主植物受害程度分级。

发生程度分级：轻——有虫株率在 5%～30%，平均每 10cm 枝条上有若虫 1～3 头；中——有虫株率在 30%～50%，平均每 10cm 枝条上有若虫 3～5 头；重——有虫株率在 50% 以上，平均每 10cm 枝条上有若虫 5 头以上。

寄主植物受害程度分级：轻——被害状不明显，花、叶、果发育基本正常，枝梢生长量无明显不正常。中——被害状较明显，树势明显较衰弱，花、叶、果发育受影响，有落花落果现象，果实产量和品质下降，枝梢生长量明显减小。重——被害状明显，树势明显衰弱，花、叶、果发育不正常，落花落果落叶，果实绝收，枝梢生长量停滞。

3）成虫期调查。在雌成虫虫体膨大期间，在样地内取 10 个样株，每株东、南、西、北方向上各查 1 段 10cm 枝条上的雌成虫数量，计算存活率。每次从 10 个样株上采回 100 个雌成虫介壳，计算平均产卵量。

4）若虫期调查。春夏季在 10 个样株上选定 10 多个活的雌蚧，清除周围蚧体和叶片，并在雌蚧枝条两头涂抹凡士林，阻止孵化的若虫爬出和外来若蚧。每日上午记数孵出若蚧，确定若虫孵化开始期、始盛期、盛期、盛末期。

5）虫情测报。经多年观测得知，雌成虫始期至雌成虫盛期平均为 7.25d；雌成虫盛期至卵盛期平均为 6.25d；若虫盛期平均为 35.5d；卵出现至卵盛期平均为 8d；卵盛期至若虫孵化盛期平均为 29.25d；若虫孵化始见期至若虫盛孵期 8.25d。根据上述历期，使用期距法测报防治适期。

防治适期是防治的关键时刻，以雌成虫虫体膨大盛期和若虫孵化盛期为防治适期。预测出雌成虫虫体膨大盛期后，提前 1 星期用内吸性农药涂抹树干，还可兼治其他蚧类、蚜虫类。预测出若虫孵化率为 45%～50% 时，喷施化学农药。

（3）风险分析　　李娟和许秋（2013）参照我国林业有害生物风险性分析指标体系，对枣大球蚧在我国的风险性进行了分析（表 6-2）。

表 6-2　枣大球蚧风险分析表

准则层（P_i）	指标层（P_{ij}）	评判及赋分标准	赋分	权重
国内分布情况 P_1	国内分布情况 P_{11}	有害生物分布面积占其寄主（包括潜在的寄主）面积的百分率 <5%，2.01～3.00	2.05	等权
传入、定殖和扩散的可能性 P_2	有害生物被截获的可能性 P_{21}	寄主植物、产品调运的可能性和携带有害生物的可能性都大，2.01～3.00	2.15	等权
	运输过程中有害生物存活率 P_{22}	存活率≥40%，2.01～3.00	2.20	
	有害生物的适生性 P_{23}	繁殖能力和抗逆性都强，2.01～3.00	2.30	
	自然扩散能力 P_{24}	随介体携带扩散或自身扩散能力一般，1.01～2.00	1.50	
	国内适生范围 P_{25}	≥50% 的地区能够适生，2.01～3.00	2.10	
潜在危害性 P_3	潜在经济危害性 P_{31}	传入可造成树木死亡率或产量损失≥20%，2.01～3.00	2.15	0.4
	非经济方面的潜在危害性 P_{32}	潜在环境、生态、社会影响中等，1.01～2.00	1.90	0.4
	官方重视程度 P_{33}	曾经被列入我国植物检疫性有害生物名录，2.01～3.00	2.70	0.2
受害寄主经济重要性 P_4	受害寄主的种类 P_{41}	10 种以上，2.01～3.00	2.60	等权
	受害寄主的分布面积或产量 P_{42}	分布面积广或产量大，2.01～3.00	2.05	
	受害寄主的特殊经济价值 P_{43}	经济价值高，社会影响大，2.01～3.00	2.10	
危险性管理难度 P_5	检疫识别的难度 P_{51}	当场识别可靠性一般，由经过专门培训的技术人员才能识别，1.01～2.00	1.05	等权
	除害处理的难度 P_{52}	50%≤常规方法的除害效率≤100%，0～1.00	0.80	
	根除的难度 P_{53}	介于效果差、成本高、难度大和效果好、成本低、简便易行之间，1.01～2.00	1.80	

$P_1 = 2.05$

$P_2 = (P_{21} \times P_{22} \times P_{23} \times P_{24} \times P_{25})^{1/5} = 2.02$

$P_3 = 0.4 P_{31} + 0.4 P_{32} + 0.2 P_{33} = 2.16$

$P_4 = \max (P_{41}, P_{42}, P_{43}) = 2.60$

$P_5 = (P_{51} + P_{52} + P_{53})/3 = 1.22$

枣大球蚧在我国的风险性 R 值为

$$R = (P_1 \times P_2 \times P_3 \times P_4 \times P_5)^{1/5} = 1.95$$

按照危险度分级标准：2.50≤R<3.00 为特别危险，2.00≤R<2.50 为高度危险，1.50≤R<2.00 为中度危险，0≤R<1.50 为低度危险，枣大球蚧在我国属于中度危险的林业有害生物。

（4）防治技术

1）营林措施。选种健康苗木，加强肥水管理，提高枣树的抗病虫能力。整形修剪，剪除病虫枝叶。清洁果园，通风透光。

2）农业防治。秋冬季果树落叶后，人工刮除枣树上的虫卵。结合整形修剪，清理带虫的枝条、落叶、枣吊、僵果和刮掉的树枝干翘皮，降低越冬虫口基数。晚秋至早春，抹除树枝干上枣大球蚧固定若虫。雌虫体膨大至卵孵化前，用钢刷刷除若虫、摘除虫体或剪除病虫枝条，集中烧毁。

3）化学防治。在枣树落叶后至发芽前的休眠期，对往年已发生及周围有可能传播危害的枣树及其他树木，喷雾石硫合剂 3～5 °Bé 防治 2 龄越冬若虫，整株树木要全部喷成淋洗状。

扩展阅读 6-14　扩展阅读 6-15

4月下旬至5月上旬为枣树萌芽至花芽分化期，枣大球蚧越冬若虫虫体膨大开始活动危害；5月下旬至7月下旬为开花坐果期至果实膨大期，也是枣大球蚧防治关键期。在这两个阶段轮换交替使用高效、低毒、低残留化学农药、微生物源农药和矿物源药剂，采取淋洗式树体喷布或喷雾防治。

第三节　检疫性盲蝽类

可可盲椿象

1. 名称
学名：*Sahlbergella singularis* Haglund。
别名：可可褐盲蝽。
英名：brown cocoa mirid，cocoa mirid，brown capsid，cocoa capsid。
分类地位：半翅目（Hemiptera）盲蝽科（Miridae）。
检疫害虫类别：进境植物检疫性害虫。

2. 分布与为害
（1）分布　　原产于非洲。目前分布于非洲的安哥拉、贝宁、布隆迪、赤道几内亚、多哥、刚果、几内亚、加纳、加蓬、喀麦隆、科特迪瓦、尼日利亚、塞拉利昂、圣多美和普林西比、乌干达、刚果（金）和中非。

（2）寄主　　比较广泛，但以梧桐科（Sterculiaceae）植物为主，包括梧桐科的苏丹可乐果（*Cola acuminata*）、异叶可乐果（*C. dirversifolia*）、大叶可乐果（*C. gigantea*）、侧生可乐果（*C. lateritia*）、半氏大叶可乐果（*C. millenii*）、亮叶可乐果（*C. nitida*）、香苹婆（*Sterculia foetida*）、象鼻黄苹婆（*S. rhinopetala*）、二色可可（*Theobroma bicolor*）、可可（*T. cacao*）和小可可（*T. microcarpum*），椴树科（Tiliaceae）的植物 *Berria amonilla*，木棉科（Malvaceae）的几内亚斑贝（*Bombax buonpozense*）和吉贝（*Ceiba pentandra*）。

扩展阅读 6-16

（3）为害　　以成虫和若虫的刺吸式口器刺吸植物嫩梢和茎秆时，引起嫩梢变黑干枯和茎秆开裂，不仅削弱树势，而且利于病菌侵入，严重时造成幼枝和茎秆枯萎。刺吸果荚时，引起果荚变黑、腐烂和开裂，严重影响产品品质。

3. 形态特征
可可褐盲蝽的形态特征具体见图 6-7。

（1）成虫　　体长 8.0～10.0mm，宽 3.0～4.5mm。褐色至红褐色，散布浅色斑。复眼较宽大，约为额宽1/2。触角 4 节，褐色至黑褐色。前胸背板梯形，后缘宽于前缘，其上颗粒状突起较小，胝多为黑色，或多或少隆起。小盾片较平，颗粒状突起小。前翅膜片黄色，密布大型褐斑。足的腿节有 1 个淡色宽环，两端黑褐色，两侧黄白色，散布稀疏的褐色碎斑。前足基节白小，由背方不可见。后足胫节不呈结节状，外缘直。

（2）卵　　圆筒形，长 1.6～1.9mm。白色，孵化前变为玫瑰色。端部稍弯曲，前部有隆线，有 2 个不同长度的附器。

（3）若虫　　圆形或小球形。低龄玫瑰色，后渐变为栗色。触角与成虫相似。胸部和小盾片具皱纹。老龄若虫腹部具明显的圆疣，并在各节呈整齐横向排列。

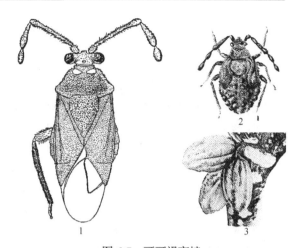

图 6-7　可可褐盲蝽
1. 成虫；2. 若虫；3. 为害状
（1. 中华人民共和国动植物检疫局农业部检疫实验所，1997；
2、3. 中华人民共和国北京动植物检疫局，1999）

4. 发生规律

（1）生活史　　在非洲可终年繁殖，年发生代数与当地的温湿度条件密切相关。一般每年 3～7 月虫口密度上升，8 月开始为害树冠，10～12 月为繁殖高峰期，11～12 月进入为害高峰期。

（2）生活习性　　成虫喜在夜间活动取食，具趋光性，白天多栖息于枝条缝隙、果荚背面、果柄下面等背光隐蔽处。成虫羽化 2～3d 后开始飞翔，4～5d 后性成熟并开始交配产卵。卵多产于植株的直生枝、扇形枝或树冠低处枝条表皮下。单雌产卵量 60 粒，最多可达 180 粒。卵期为 9～18d，平均为 13d。若虫共 5 龄，各龄期平均为 4.5～5.0d，低龄若虫期较短，高龄若虫期较长。从卵发育到成虫需 34～45d。

（3）发生与环境的关系　　适宜温度为 18.5～23.5℃，适宜相对湿度为 90%～95%。高湿度环境有利于发生为害，在非洲旱季多雨常常发生为害较重。

5. 传播途径

主要以卵、若虫或成虫随寄主植物的种苗、枝条、果荚和种子等的运输进行远距离传播。

扩展阅读 6-17

6. 检疫检验方法

按 SN/T 1355《可可褐盲蝽检疫鉴定方法》进行。重点查验来自疫区的可可类植物果荚、种苗和枝条，可借助放大镜仔细观察果荚上是否有圆形小斑点或变黑、腐烂、开裂，嫩梢是否有水渍状梭形斑点或变黑、干枯下陷、纵折痕，茎秆是否有细长的卵形下陷斑、裂纹、开裂、网状韧皮纤维和组织愈合形成的梭形突起痂等为害状。用木条拍击植物材料，并采集标本。若采集的为卵、若虫时，应连同植物材料采集，带回实验室置于 25℃、相对湿度 75% 的条件下饲养，待羽化为成虫后进行种类鉴定。

7. 检疫处理与防治技术

（1）检疫处理　　对携带检疫对象的寄主植物初级产品，应清除果荚后进行药剂熏蒸等检疫除害，当气温超过 20℃ 时，可用溴甲烷 80g/m³ 熏蒸 6h，或用磷化铝 9g/m³ 熏蒸 72h。对运载工具也要进行熏蒸处理，对包装材料应就地烧毁。对必须进口的种苗进行灭虫处理后，还需在隔离苗圃检疫试种 1 年以上。

（2）防治技术　　在发生地，选择种群密度最小的旱季进行化学防治。在成虫发生高峰期，用性诱剂大量诱杀雄成虫。

复习思考题

1. 对危险性蚜虫进行检验和检疫处理的方法有哪些？

2. 蚜类有哪些主要的生物学特性？

3. 简述葡萄根瘤蚜的检疫处理和防治方法，并论述不同防治方法的优缺点。

4. 葡萄根瘤蚜的发生与葡萄品种有何关联？

5. 葡萄根瘤蚜的发生与土壤性状有何关系？

6. 简述苹果绵蚜在我国和美国的生活史存在差异的原因。

7. 简述苹果绵蚜的检疫处理和防治方法。

8. 苹果绵蚜是如何扩散的？分析其寄主范围与检疫的关系。

9. 举例说明苹果绵蚜远距离传播和近距离传播的可能原因。

10. 我国规定的进境植物检疫性蚧虫有哪些种类？

11. 蚧类有哪些主要的生物学特性？

12. 简述蚜类和蚧类的形态差异。

13. 扼要评述天敌对于松突圆蚧的自然控制效果。

14. 蚧类的雌虫有哪些特征？为何雌性成虫有着极其重要的分类特征？

15. 分别简述松突圆蚧、松针盾蚧、枣大球蚧的鉴别特征、为害特点、检疫方法和检疫处理与防治方法。

第七章 检疫性鳞翅目害虫

内容提要： 鳞翅目中的危险性和检疫性害虫涉及多种昆虫，本章将重点介绍苹果蠹蛾、美国白蛾、小蔗螟、咖啡潜叶蛾和蔗扁蛾5种重要检疫性害虫的分布与为害、形态特征、发生规律、检疫检验方法和检疫处理与防治等。

鳞翅目（Lepidoptera）是昆虫纲中一个较大的类群，包括蛾类和蝶类，全世界已知16万种。该目的共同形态特征是成虫身体和翅面上被覆鳞片，具有虹吸式口器。通常把翅脉、翅的连锁方式、翅形和翅面斑纹等作为成虫分类的依据，将体线的类型、毛片等被覆物、腹足数量及其趾钩的排列方式等作为幼虫分类的依据。

鳞翅目昆虫几乎全部为植食性，主要以幼虫食害植物的叶片、嫩茎，或钻蛀果实、种子、花蕾、茎秆、块根和块茎等，对农林产品的产量和质量影响极大。许多鳞翅目昆虫是重要的农林害虫，也包含不少检疫性害虫，如列入我国进境植物检疫性有害生物的苹果蠹蛾 [*Cydia pomonella*（L.）]、樱小卷蛾 [*C. packardi*（Zeller）]、山楂小卷蛾 [*C. janthinana*（Duponchel）]、梨小卷蛾 [*C. pyrivora*（Danilevskii）]、杏小卷蛾 [*C. prunivora*（Walsh）]、荷兰石竹卷蛾（*Cacoecimorpha pronubana* Hubner）、斜纹卷蛾 [*Ctenopseustis obliquana*（Walker）]、云杉色卷蛾 [*Choristoneura fumiferana*（Clemens）]、黑头长翅卷蛾 [*Acleris variana*（Fernald）]、苹果异形小卷蛾 [*Cryptophlebia leucotreta*（Meyrick）]、葡萄花翅小卷蛾（*Lobesia botrana* Denis et Schiffermuller）、谷实夜蛾 [*Helicoverpa zea*（Boddie）]、海灰翅夜蛾 [*Spodoptera littoralis*（Boisduval）]、黄瓜绢野螟 [*Diaphania nitidalis*（Stoll）]、石榴螟 [*Ectomyelois ceratoniae*（Zeller）]、小蔗螟 [*Diatraea saccharalis*（Fabricius）]、合毒蛾 [*Hemerolampa leucostigma*（Smith）]、美国白蛾 [*Hyphantria cunea*（Drury）]、橘花巢蛾（*Prays citri* Milliere）、猕猴桃举肢蛾（*Stathmopoda skelloni* Butler）、蔗扁蛾 [*Opogona sacchari*（Bojer）]、松异带蛾 [*Thaumetopoea pityocampa*（Denis et schiffermuller）]、咖啡潜叶蛾 [*Leucoptera coffeella*（Guérin-Méneville）] 和石榴小灰蝶（*Deudorix isocrates* Fabricius）等，列入国内部分省份补充林业检疫性有害生物的有杨干透翅蛾 [*Sesia siningensis*（Hsu）] 和柳蝙蛾（*Phassus excrescens* Butler）等。本章将重点介绍苹果蠹蛾、美国白蛾、小蔗螟、咖啡潜叶蛾、蔗扁蛾这5种重要检疫性害虫。

一、苹果蠹蛾

1. 名称及检疫类别

别名：苹果小卷蛾、食心虫。

学名：*Cydia pomonella*（L.）。

英文名：codling moth。

分类地位：鳞翅目（Lepidoptera）卷蛾科（Tortricidae）。

检疫害虫类别：进境植物检疫性害虫，全国农业植物检疫性害虫，全国林业检疫性害虫。

2. 分布与为害

苹果蠹蛾原产于欧洲南部地区，现已广泛分布于除南极洲外的六大洲，除了日本无分布外，世界上大多数苹果产区几乎均有分布。1953年在我国新疆首次发现苹果蠹蛾，目前已在新疆普遍发生，在甘肃、宁夏、内蒙古、辽宁、吉林、黑龙江、内蒙古和天津等地局部分布。

苹果蠹蛾的主要寄主有苹果、沙果、梨、海棠、桃、杏、山楂、李、胡桃、石榴等。以幼虫蛀食果实，且大多在果心部为害，常造成被害果早期大量落果，后期发霉腐烂，严重影响果品的产量和品质。在新疆，主要为害苹果和沙果，第1代幼虫的蛀果率常达50%左右，第2代达80%以上；驰名全国的库尔勒香梨也是其主要寄主之一，被害率达40%；此外该虫还为害桃、杏等果实。在甘肃酒泉，对苹果的蛀果率平均为45%，落果率为50%。由于危害严重且防治比较困难，苹果蠹蛾被列为世界上最严重的蛀果害虫之一。

3. 形态特征

苹果蠹蛾的形态特征具体见图7-1。

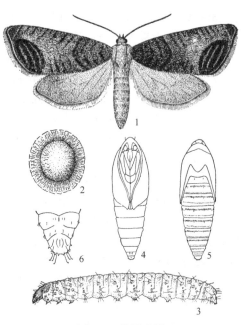

图7-1 苹果蠹蛾
1. 成虫；2. 卵；3. 幼虫；4～6. 蛹

（1）成虫　　体长约8.0mm，翅展19.0～20.0mm。体灰褐色略带紫色光泽，雌蛾色淡，雄蛾色深。前翅翅面颜色可分为三区：基部浅褐色，翅基部、中部和前缘杂有深色斜形波状纹，臀角处有一深褐色大圆斑，内有3条青铜色条纹，其间显出4或5条褐色横纹，此斑为本种最显著的特征。翅基部褐色，杂有较深的波状纹，翅中部颜色最浅，也杂有褐色的斜纹。雄虫前翅腹面中室后缘处有一黑褐色条斑，雌虫无此条斑；雄虫有翅缰1根，雌虫有4根。前翅翅脉R_5达外缘，M_1和M_2远离，M_2与M_3接近平行，Cu_2起自中室后缘2/3处。后翅Rs与M_1脉基部靠近，M_3与Cu_1脉共柄。

（2）卵　　长1.1～1.2mm，宽0.9～1.0mm。椭圆形，扁平，中央部分略隆起。

（3）幼虫　　老熟幼虫体长14.0～20.0mm。初龄幼虫体淡黄白色，稍大变为淡红色，老熟时背面呈红色，腹面色淡。头黄褐色，有云雾状深色大斑块。前胸背板淡黄色，有较规则的褐色斑点；前胸气门前的毛片有刚毛3根，同在一个椭圆形的毛片上。臀板较前胸背板的颜色淡，其上有褐色的小斑点，腹末无臀栉。腹足趾钩单序缺环（外缺），趾钩数为14～30个，大多为19～23个。

（4）蛹　　体长7.0～10.0mm。黄褐色，蛹外被有皮屑与丝连缀形成的坚硬丝茧。第2～7腹节背面各有小刺列2排，前排刺粗大，后排刺细小；第

扩展阅读7-1　扩展阅读7-2

8~10腹节背面各有1排刺。肛门孔两侧各有2根钩状毛，腹末有6根钩状毛，其中腹面4根，背面2根。

4. 发生规律

（1）生活史　　年发生世代数因地而异。在新疆北部的石河子和伊犁一年发生2~3代（两个完整的世代和一个不完整的第3代），在南疆的库尔勒一年发生3代；在甘肃酒泉一年发生1~2代，敦煌一年3代。以老熟幼虫在老树皮下、树皮裂缝、树干的分枝处、树干或树根附近的树洞等处，或树盘下的松土中（在寒冷地带）做茧越冬，少数幼虫在被害果中或果筐的缝隙中越冬，其中绝大多数幼虫在树干距地面30~90cm处越冬，且85%的幼虫在树缝内结茧越冬。气候条件是造成越冬场所不同的主要原因，随着纬度的增加和分布地区的北移，幼虫越冬场所可由树干中部转向树干下部乃至土壤中，如在新疆南部果树均为直立，幼虫大多在树干上越冬；而在新疆北部较寒冷的大部分地区，果树需埋土才能过冬。因此，树主干倾斜，匍匐于地，越冬幼虫大多在主干靠近地面的一边，甚至有的在土中5cm深处越冬。

在新疆伊犁，越冬幼虫于3月下旬开始化蛹，化蛹盛期在4月下旬至5月上旬，此时的旬平均温度在15℃左右，正值中、晚熟苹果开花期。5月上、中旬越冬代成虫开始羽化，5月下旬至6月上旬进入羽化盛期，此时正值当地有名的晚熟品种'阿波尔特'的开花盛期。第1代幼虫的为害期在5月下旬至7月下旬；第1代幼虫完成发育后，约有50%的个体进入滞育状态，即以老熟幼虫在茧内越夏、越冬，这部分个体一年只发生一代。第1代成虫羽化盛期在7月中旬，第2代幼虫为害期在7月中旬至9月上旬。第2代成虫发生盛期距第1代成虫发生盛期50d左右。每代成虫期延续50~60d。在甘肃酒泉，第1代幼虫的滞育率为28%。苹果蠹蛾属于兼性滞育的害虫，它们既能以滞育方式渡过不利的环境条件，又能充分利用有利的环境条件得到发展，据国外研究，在种群密度较高时一化性占优势，即第1代幼虫的滞育率与营养条件有密切的关系，在第2代中仅有少数可发育至第3代。

（2）生活习性　　成虫有趋光性、趋化性，黑光灯和糖醋液可诱集成虫。成虫羽化后1~2d开始交尾，下午日落前后为交尾活动高峰，此后活动下降，午夜停止活动。产卵前期3~6d。在新疆库尔勒一般4月下旬开始产卵，在伊犁则在5月上旬开始产卵；在伊犁，第1代产卵盛期出现在6月上旬，第2代出现在7月下旬。每头雌虫一生可产卵40粒左右，最多可达140粒。卵散产，多产于果实和叶片的正反面，也可产在枝条上。成虫产卵具有明显的选择性，第1代卵主要产在苹果和沙果上，以晚熟品种上最多，中熟品种次之，梨上极少；第2代卵普遍产在苹果、沙果和梨上；梨树品种中以苏梨上着卵量最大，其次是慈梨、巴梨、香梨，鸭梨和白梨上的卵量极少。从田间分布看，通常种植稀疏，树冠四周空旷，尤其是向阳面的果上落卵量较多；就树龄而言，老树上落卵量大，尤其是树龄30年的多于15~20年的；同一棵树上，树冠上层的果实和叶片上卵量最多，中层次之，下层最少；果实上以胴部最多，萼洼及果柄上较少。

幼虫孵化后，先在果实和叶面上爬行，寻找适宜的蛀果部位。开始蛀果时，并不吞食咬下的果皮碎屑，而是将碎屑吐在蛀孔外，据此习性，可利用强触杀剂或具有内吸作用的杀虫剂防治初孵幼虫。幼虫蛀果部位随果树种类、品种和生育期而异。在质地较软的沙果上多从果实胴部蛀入；在'夏立蒙'等早期质地较硬的果实，多从萼洼处蛀入；在后期果实较熟软时，从果面（胴部）蛀入者增多；在杏果上多自梗洼处蛀入；第2代幼虫蛀食香梨约有半数以上从萼洼处蛀入。幼虫蛀食沙果和苹果时，先在果皮下咬一小室，并在此脱1次皮，随后向果心蛀食，在心室旁脱第2次皮，随后在心室内蛀食种子，脱第3次皮后开始转果危害。

一头幼虫可转移为害 1～3 个果实，蛀食小型果实时均需取食 2 个或以上果实后才能完成发育。后期幼虫有偏食种子的习性，只有在被害极其严重的情况下，才出现纵横交错穿食果肉的现象。蛀孔外一般堆积有褐色虫粪，并缀有虫丝，严重时成串堆积于蛀孔外。一个果实内常可蛀入多头幼虫，在一个苹果或沙果上，有时有 10～20 个蛀孔，幼虫 7～8 头，但多数为 1～2 龄幼虫，3 龄以上的极少，且能完成发育的仅有 2～3 头。蛀食香梨时，一般不需转果即能完成发育。因此，果面上的蛀孔较小，排出的粪便为黑色，虫粪量远少于蛀食苹果和沙果的量。蛀食杏果时，大多每果仅有 1 头幼虫，且沿杏核蛀食，粪便多留在果实内。

扩展阅读 7-3

幼虫老熟后由原蛀入孔或另蛀孔脱出果实，寻找隐蔽场所做茧化蛹。幼虫多在树干翘皮下做茧化蛹，或随落果下地后再爬向树干，在较大的树干分枝裂口处也可潜入做茧；在支撑果树的支柱、腐朽中空的老树干内和树干根际的树洞中，也有大量的幼虫化蛹。

（3）虫态历期　在新疆库尔勒，第 1 代卵期为 4～13d，平均约 10d；第 2 代卵期为 3～11d，平均约 7d。在伊犁，第 1 代卵期为 5～25d，第 2 代卵期为 5～10d，平均约 8d。在甘肃敦煌，第 1 代卵期为 5～24d，第 2 代、第 3 代卵期为 5～10d，平均约 9d。幼虫历期一般为 30d 左右，蛀食不同品种幼虫的发育历期不同，如在苹果品种'斯特洛维'上蛀食历期为 21～22d，蛀食小型野果则需 32～34d。因此，在品种繁多的果园，世代重叠现象突出。在甘肃敦煌，第 1 代蛹期为 9～19d，第 2 代蛹期为 13～17d，第 3 代蛹期为 12～19d。

（4）发生与环境的关系　苹果蠹蛾发生与气候因子密切相关。生长发育的适宜温度为 15～30℃，当温度低于 11℃ 或高于 32℃ 时，均不利于生长发育；卵、幼虫和蛹的最适发育温度分别为 31℃、29℃ 和 30℃。发育起点温度为 9℃，完成一代的有效积温为 700℃·d，在年有效积温不足 480℃·d 和 1 月平均气温低于 −28.6℃ 的地区不能生存。苹果蠹蛾不同虫态的耐低温能力不同，其中卵和非滞育幼虫对低温较敏感，卵在 −1.1～0.4℃ 低温下 35d 全部死亡；滞育幼虫抗低温能力强，在 −27℃ 时才会造成大量死亡。幼虫的耐高温能力较强，温度达 33℃ 时发育受阻，超过 38℃ 时死亡率才急速增加。苹果蠹蛾喜干怕湿，生长发育的适宜相对湿度为 70%～80%，相对湿度为 35%～49% 时不影响成虫产卵，但大于 74% 时成虫飞行受阻，不能交尾产卵。6～9 月平均月降雨量大于 150mm，会造成初孵幼虫大量死亡；在年降雨量小于 250mm 的地区，有利于发生。光周期变化是诱发和打破滞育的主要因子，短日照可诱发滞育，但不同纬度诱发滞育的临界日照时数不同；长日照或长日照加高温可阻止滞育的发生，但打破幼虫滞育必须经过低温。

寄主植物对苹果蠹蛾的地理分布、发生规律和为害程度等均有显著的影响，特别是苹果作为主要寄主，对其影响十分明显。在苹果产区，苹果蠹蛾的发生必须与苹果的开花节律相吻合，否则难以生存。越冬幼虫在树干上的密度随树种和品种而异，以苹果和沙果树上较多，其次为梨树；在苹果品种中，以中晚熟品种上数量最多，如在中熟品种'红玉'、晚熟品种'青香蕉'和'国光'上较多，而在早熟品种'祝光'上较少，因此不同果树和不同品种上发生基数差异较大，加上成虫对不同果树和品种的产卵选择性，造成不同果树和不同品种受害程度存在显著差异。

赤眼蜂是苹果蠹蛾的主要天敌，广赤眼蜂对卵的寄生率达 40% 以上，在 7 月下旬对第 2 代卵的自然寄生率可达 50%，但在 5～8 月降雨量偏高的年份，寄生率较低。

5. 传播途径

苹果蠹蛾主要借助寄主果品及其包装材料的调运远距离传播。由于幼虫是蛀果为害，且多数幼虫老熟后具有脱果化蛹的习性，在果实采收时部分幼虫或蛹可能留在果实中，在转运这些果品时，部分幼虫会从果内脱出爬到果品的包装物、果箱或果品堆放处化蛹，因此寄主果品的包装材料也是苹果蠹蛾远距离传播的重要载体。

6. 检疫检验方法

按照苹果蠹蛾检疫鉴定行业标准（SN/T 1120—2002）进行。对来自疫区的水果、包装材料、集装箱及运输工具进行现场检验，对来自疫区的入境旅客严格检查其携带物。对来自疫区的水果、包装物进行严格检验，直观观察果实外表是否有为害状，并剖开被害果观察是否有幼虫和蛹，同时检查包装材料及其缝隙内是否有虫茧。发现昆虫的幼虫和蛹，应进一步镜检鉴定。

7. 检疫处理与防治技术

（1）检疫处理　禁止从有苹果蠹蛾发生的国家和地区输入新鲜苹果、杏、樱桃、梨、梅、桃和有壳的胡桃。发现苹果蠹蛾后，可采用药剂熏蒸或高温处理对检疫材料进行除害处理。使用溴甲烷熏蒸时，其安全剂量为21℃下，48g/m³，处理2h；使用二硫化碳熏蒸时，其安全剂量为15℃，56g/m³，24h。

扩展阅读7-4

扩展阅读7-5

（2）防治技术　在已经发生苹果蠹蛾的地区，应从压低发生基数入手，采取多种有效措施控制危害，积极推广应用无公害防治技术，不断提高果品质量。

1）农业防治。随时清除果园内的落果，消灭落果中未脱果的幼虫；在果树落叶后或早春发芽前，刮除树干上的翘皮并集中烧毁，清除果树支柱裂缝，填补树洞，消灭潜伏越冬的幼虫，并进行树干涂白；对于果园内的临时堆果场地也应彻底清扫，将虫果、烂果移出园外，集中销毁，压低越冬幼虫基数。有目的地选种对雌虫产卵有驱避作用或抗虫的果树品种，或将这些品种与常规品种混种，降低发生程度。结合田间管理及时摘除虫果，防止幼虫转果为害；在果品生长季节适时套袋，不仅能控制蠹蛾蛀果为害，还能提高果品质量。

2）诱杀防治。利用老熟幼虫潜入树皮下做茧化蛹的习性，在树干主枝下束草带或布带，诱集幼虫化蛹，定期检查并消灭其中的幼虫或蛹；或用浸过药的草带束在树干上，在整个果树生长期对侵入的幼虫都有防效。在成虫发生期，可利用成虫的趋光性和趋化性，安装黑光灯、放置糖醋液或性诱剂诱杀成虫，通常糖醋液罐的放置密度为105～150个/hm²，性诱芯诱捕器的放置密度为60～75个/hm²。

3）生物防治。有条件的地方，可人工饲养繁殖广赤眼蜂（*Trichogramma evanescens*）、松毛虫赤眼蜂（*T.dendrolimi*）、白蛾周氏啮小蜂（*Chouioia cunea*）等天敌，在果园内释放，能起到显著的防治效果，如白蛾周氏啮小蜂的防治效果能达到80%；也可利用苹果蠹蛾颗粒体病毒（CpGV）。

4）药剂防治。防治低龄幼虫，以西维因效果较好；防治高龄幼虫，以敌百虫效果较好。对早熟品种一般喷药2次，中熟品种3次，晚熟品种4次，每次间隔10～15d。在幼虫孵化始期施药效果好，可杀死初孵幼虫和卵。

5）遗传防治。即利用不育昆虫释放技术（sterile insect technique，SIT）进行控制。1995年来，美国、阿根廷、加拿大、南非等国相继大规模应用SIT技术防控苹果蠹蛾，取得显著效果。用300～400Gy的γ射线处理蛹和羽化1d的成虫，可使90%～99%的雄虫和100%的雌虫不育，田间释放不育雄蛾可有效降低卵的受精率。利用低剂量（50～100Gy）的γ射线处理卵，可抑制卵的发育，或引起幼虫阶段死亡，或不能化蛹羽化，或使成虫无生育能力；高剂量（＞400Gy）照射则可使卵完全致死。但是辐射剂量会降低不育成虫的交配竞争力，从而影响SIT的效果，实践中可通过苹果蠹蛾遗传修饰技术对传统SIT进行改进，以提高防控效果。

二、美国白蛾

1. 名称及检疫类别

别名：秋幕毛虫、秋幕蛾。

学名：*Hyphantria cunea*（Drury）。

英文名：fall webworm, spotless fall webworm, American white moth。

分类地位：鳞翅目（Lepidoptera）灯蛾科（Arctiidae）。

检疫害虫类别：进境植物检疫性害虫，全国农业植物检疫性害虫，全国林业检疫性害虫。

2. 分布与为害

美国白蛾原产于北美，广泛分布于美国、墨西哥和加拿大南部。1940 年在匈牙利布达佩斯附近发现，1948 年蔓延至匈牙利全境，并开始向捷克斯洛伐克和南斯拉夫扩散；此后又很快传播到罗马尼亚、奥地利、法国、波兰和保加利亚等国；1945 年传入日本，1958 年传入韩国，1961 年传入朝鲜。我国于 1979 年在辽宁丹东发现，1981 年传播到大连，1982 年传入山东荣成、河北秦皇岛、陕西武功和西安，后又传到天津和甘肃天水等地。目前，在我国局部分布于天津、河北、辽宁、吉林和河南。

根据国内各地的温度和光照等指标，可以将我国美国白蛾的适生地分为三级危险区和四级生存区，其中特别危险区北起新疆的博乐（阿拉山口北纬 45°11′，东经 82°35′），南至贵州的黔西（北纬 27°02′，东经 106°01′），东起山东的荣成（北纬 37°24′，东经 122°41′），西至新疆的喀什（北纬 39°28′，东经 75°59′）；而主要潜在分布区位于北纬 30°～北纬 40°、东经 100°～东经 125°，包括山东、辽宁、河南、陕西、河北、北京、天津、上海、山西、江苏、安徽、甘肃、宁夏和湖北等地，因此，美国白蛾在我国可能扩散和生存的范围十分广阔。

美国白蛾的食性复杂，幼虫可取食 400 多种植物。主要为害臭椿、柿树、桑、白蜡、泡桐、五角枫、悬铃木、紫叶李、海棠、桃、枣树、文冠果、紫荆、丁香、金银花、锦带花、月季、菊花、葡萄、爬山虎、紫藤、凌霄等林木，也为害大豆、玉米等农作物和蔬菜，但在不同地区取食偏好性不同。以幼虫取食寄主叶片造成危害，1～2 龄幼虫一般群集在叶背面啮食叶肉，受害叶片残留上表皮和细叶脉，呈纱窗状，仅个别嫩叶被咬成小洞；3 龄幼虫取食形成小孔洞；4～5 龄幼虫开始在叶缘啮食形成缺刻；6～7 龄幼虫往往将整片叶吃光，仅留叶柄。幼虫在寄主上吐丝结成网幕。1～4 龄群居网幕中取食，并不断扩大网幕。常见的网幕长 1m 左右，大的则超过 3m，可从树梢向下直到树干基部。每棵树上的网幕有几个到十几个，多的达 200 多个；网幕把树叶及小枝条缀连在一起，内有大量虫粪、幼虫和幼虫蜕的皮壳，对树木的生长发育影响极大。5 龄后开始破幕分散为害，将植株叶片吃光后向附近的其他植物上转移为害。严重暴发时，可在极短时间内吃光所有绿色植物，对农业生产、花卉种植、农田林网、城市绿化、林果业和养蚕业等影响极大。

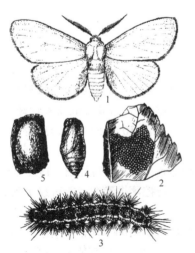

图 7-2　美国白蛾（张执中，1997）

1. 成虫；2. 卵块；3. 幼虫；
4. 蛹；5. 茧

3. 形态特征

美国白蛾的形态特征具体见图 7-2。

（1）成虫　雌蛾体长 14～17mm，翅展 33～48mm；雄蛾体长 9～12mm，翅展 23～35mm。头白色，触角干和栉齿下方黑色，翅基片和胸部有时有黑纹；胸部背面密生白毛；多数个体腹部白色，无斑点，少数个体腹部黄色，背面和侧面具有 1 列黑点。雌蛾触角褐色，锯齿状；前翅为纯白色，通常无斑点；后翅为纯白色或在近边缘处有小黑点。雄蛾触角黑色，双栉齿状；第 1 代前翅从无斑到有浓密的暗色斑点，具有浓密斑点的个体则内横线、中横线、外横线、亚缘线在中脉处向外折角，再斜向后缘，中室端具黑点，外缘中部有 1 列黑点，后翅上一般无黑点或中室端有 1 黑点；第 2 代个别有斑点。

（2）卵　直径 0.4～0.5mm，圆球形。初产时淡黄绿或淡蓝绿色，有光泽，后变灰绿色。卵聚产，数百粒平铺叶表，上覆雌虫白色体毛。

扩展阅读 7-6

（3）幼虫　老熟幼虫体长 28～35mm。体色变化较大，根据头部颜色可分为红头型和黑头型两类。红头型的头部为橘红色，在我国发生数量较少。黑头型的头部黑色发亮，体黄绿色至灰黑色，体背面有 1 条灰褐至灰黑色的宽纵带，背线、气门上线、气门下线浅黄色。背部毛瘤黑色，体侧毛瘤多为橙黄色，毛瘤上着生白色长毛丛，杂有少量黑色或褐色毛。气门白色，椭圆形，具黑边。腹面灰黄至淡灰色。腹足黑色，有光泽，腹足趾钩单序异中带列式。

（4）蛹　体长 8～15mm，暗红褐色。头、前胸和中胸密布不规则细微皱纹，后胸和腹部布满凹陷刻点，臀棘 8～17 根，末端喇叭口状，中间凹陷。

（5）茧　淡灰色，较薄，由稀疏的丝混杂幼虫的体毛结成网状。

4. 发生规律

（1）生活史　美国白蛾一年发生 1～4 代。在辽宁丹东、山东荣成和陕西武功一年发生 2 代，少数为不完全 3 代；在河北秦皇岛一年发生 3 代。各地均以蛹在表土下、枝叶、树屑或树皮下等处越冬。

在辽宁丹东，越冬蛹于 5 月上旬开始羽化，5 月下旬为成虫盛发期；第 1 代幼虫发生期为 6 月上旬至 8 月上旬，8 月上旬为第 1 代成虫盛发期；第 2 代幼虫期为 8 月上旬至 11 月上旬，第 2 代幼虫于 9 月上旬开始化蛹，并进入越冬状态；个别年份第 2 代蛹可羽化为成虫，发生不完全的第 3 代幼虫，但在 4～5 龄时被冻死。在河北秦皇岛，越冬代成虫发生期为 4 月下旬至 6 月上旬，盛发期为 5 月上中旬；1 代幼虫发生期为 5 月下旬至 7 月下旬，1 代成虫发生期为 7 月上旬至 7 月下旬，盛发期为 7 月中下旬；2 代幼虫发生期为 7 月中旬至 9 月中旬，2 代成虫发生期为 8 月下旬至 9 月上旬，盛发期为 8 月下旬至 9 月上旬；3 代幼虫发生期为 8 月下旬至 11 月上旬。

（2）生活习性　成虫主要在下午或傍晚羽化。在春季，成虫的羽化多集中在 14:00～20:00，高峰期在 14:00～16:00；在夏季，成虫的羽化高峰多集中在 18:00～20:00。成虫羽化后会迅速爬到附近直立的物体上，如树干、墙壁、电线杆和草本植物的茎秆上，静伏不动，高度为距离地面 1m 左右。天黑后成虫开始飞翔和寻找寄主植物。在群体密度较大时，成虫一个接一个地起飞，直线飞向天空，其飞行高度可超越树冠。找到适宜寄主植物后降落到寄主植物上静伏，直到次日 3:00。受到微光刺激时向叶片边缘移动，此时雄蛾尤为活跃，在叶片上来回爬行，有时还拍击翅膀。随着光线的增强，雄蛾开始起飞，在雄虫活动的诱导下，雌蛾开始释放性外激素，招引雄蛾交尾。成虫交尾始于日出前 0.5～1h，交尾持续时间为 7.5～36.5h。雌虫交尾后于当天下午或晚上开始产卵。成虫产卵对寄主植物有严格的选择性，60%～65% 的卵产在白蜡槭和桑树上，30%～35% 的卵产在其他果树上。雌虫常将卵产在树冠周缘枝条端部或近端部的叶片背面的叶脉间，多数卵块呈矩形或菱形。一头雌虫一生只产一个卵块，每个卵块 2～3cm²，有卵 500～700 粒，最大的卵块有 6～7cm²，卵粒数可达 2000粒以上。成虫产一个卵块往往需要 2～3d，个别情况下甚至更长，但大部分卵在第 1 天产下。雌虫具有明显的护幼习性，产卵时受惊扰也不飞走，同时，卵块上覆盖有雌蛾腹部脱落的体毛，可以防止卵粒被雨水冲刷掉。雌虫产卵时缓慢向一侧摆动腹部，产下一排卵，然后身体稍向前移动，又将腹部摆向另一侧，产下另一排卵，因此，在一个卵块中，卵块的行与行之间排列紧密。"黑头型"美国白蛾卵块多为单层排列，"红头型"的卵块则多为双层排列。未交尾的雌虫一般不产卵或只产少数分散的卵，大部分卵留在体内。成虫的趋光性较弱，在各种光线中，对紫外光的趋性相对较强，因此黑光灯仍能诱到一定数量的成虫。由于雌蛾的孕卵量较大，活动不便，因此灯光诱到的成虫多为雄虫，占总诱蛾量的 88%～92%。

幼虫共 6～7 龄。幼虫孵化后不久即开始吐丝结网，营群居生活。开始时幼虫吐丝缀叶1～3 片，随着幼虫的生长，食量不断增加，越来越多的新叶被网在网幕中，使网幕不断扩大。幼虫在网幕中的生活时间较长，占整个幼虫期的 60% 左右。幼虫进入 5 龄便抛弃网幕，分成小群在叶面自由取食，5 龄后分散在树冠上单个取食。幼虫具有暴食性，一头幼虫一生可吃掉 10～15 片桑叶或白蜡、槭树叶片，尤其是 5 龄后食量剧增，数量多时 3～4d 可将一棵树的叶片吃光。此外，幼虫耐饥饿能力较强，在 19.6℃时，1～2 龄幼虫可耐饥饿 4d，3～4龄可耐饥饿 8～9d，5～7 龄可达 9～15d，幼虫的耐饥饿能力有利于幼虫随运输工具进行远距离传播。

幼虫老熟后沿树干下行，在树干上的老皮下或附近寻觅化蛹场所。遇到合适的地方后，幼虫钻入其内化蛹。若幼虫钻入土中，则形成蛹室，蛹室内壁衬以幼虫吐的丝和幼虫的体毛。在其他场所，幼虫则吐丝做茧，在其内化蛹。一代蛹多集中在树干老皮下的裂缝中，部分在树冠下的枯枝落叶层中、石块下或土壤表层中。由于第 2 代幼虫多爬到附近的林木、农作物或杂草上取食为害，活动范围较大，因此化蛹场所比较分散，有很多幼虫甚至到建筑物的缝隙中或其他隐蔽场所化蛹越冬。

美国白蛾雌蛾寿命为 3～13d，平均 7.7d；雄蛾寿命为 2～8d，平均 5.2d；通常第 1 代成虫的寿命长于第 2 代。卵期 6～12d，长短因温、湿度条件而异。幼虫期一般为 30～40d。第1 代蛹期为 10～30d，平均 15d；第 2 代蛹期分为两种情况，发生 3 代时蛹期为 10～20d，平均为 13d，以第 2 代蛹越冬的蛹期为 240～260d，以第 3 代蛹越冬的为 210～230d。

（3）发生与环境的关系　　美国白蛾喜欢生活在阳光充足而温暖的地方。23～25℃、相对湿度 75%～80% 时最适宜卵的发育，在 12℃时卵大部分死亡，孵化率很低；干燥炎热的天气往往使卵粒干枯死亡。发育起点温度和有效积温因虫态而异，卵分别为 13℃和80～85℃·d，幼虫为 10.5℃和 420℃·d，蛹为 10.5℃和 200℃·d。在 2～3 代发生区，秋季气温是决定第 3 代幼虫是否化蛹的关键，温度高时可以完成化蛹越冬，而在低温时幼虫生长速度极慢，不能化蛹过冬。冬季温暖可提高越冬蛹的成活率，早春气温回升快可使越冬蛹提前羽化。

降雨的影响因季节而不同，在北方早春降雨较多会造成蛹的大量死亡；秋季雨量多则有利于幼虫化蛹。

美国白蛾具有滞育的习性，光照是诱导滞育的主要因素，2～3 龄幼虫为光照敏感期。美国白蛾属典型的长日照型，诱导滞育的临界光周期为 14h，光照时间大于 14h 时蛹不进入滞育。低湿和寄主植物叶片营养的恶化可增加滞育蛹的比例。

寄主植物与幼虫的发育和雌虫的产卵量有明显的关系。俄罗斯将美国白蛾的寄主植物分为四大类：幼虫最喜食的寄主植物有桑树、白蜡槭、苹果、梨、李、酸樱桃、甜樱桃、胡桃、柳树、小叶榆等，不经常为害的寄主植物有刺槐、杏、桃等，仅老龄幼虫为害的寄主植物有马栗、玉米、大麻、曼陀罗等，幼虫可以取食但影响发育的植物有葡萄、栗树、山毛榉、橡树、杨树、千金榆、马铃薯、辣椒、向日葵、甘蓝、茄子、胡萝卜、番茄、苋菜等。在嗜好寄主上取食会提高成虫生殖力，取食悬铃木、榆树等喜食植物叶片的每雌产卵量比取食臭椿、紫穗槐等非喜食植物叶片的多187～296粒。寄主植物叶片中的碳水化合物，尤其是蔗糖的含量是决定幼虫取食和生长发育的重要因素。此外，同种寄主叶片的营养状况也会影响幼虫的发育和成虫的定殖力。

美国白蛾的捕食性天敌主要有鸟类、蛙类、蜘蛛及多种天敌昆虫，国内外记载的捕食性天敌昆虫有20余种，分属步甲科、草蛉科、螳螂科、姬蝽科、蝽科、猎蝽科和胡蜂科，常见的有毛青步甲（*Chlaenius pallipes*）、黄缘步甲（*Nebria livida*）、丽草蛉（*Chrysopa formosa*）、大草蛉（*C. pallens*）、中华通草蛉（*Chrysoperla sinica*）、七星瓢虫（*Coccinella septempunctata*）、异色瓢虫（*Harmonia axyridis*）。美国白蛾寄生性天敌昆虫近40种，分属茧蜂科、小蜂科、旋小蜂科、姬蜂科、金小蜂科、姬小蜂科、长尾小蜂科和寄蝇科，如白蛾周氏啮小蜂（*Chouioia cunea*）、白蛾黑棒啮小蜂（*Tetrastichus septentrionalis*）、白蛾派姬小蜂（*Pediobius elasmi*）、白蛾索棒金小蜂（*Conomorium cuneae*）、日本追寄蝇（*Exorista japonica*）等，这些天敌对美国白蛾的种群发展有一定的抑制作用。

5. 传播途径

美国白蛾成虫的飞翔能力较弱，因此其自然扩散速度较慢。老龄幼虫在爬行寻找化蛹场所的过程中，可小范围扩散。幼虫耐饥力强，尤其是老龄幼虫可在运输过程中发育至蛹期，因此幼虫和蛹可以借助运输工具随原木、苗木、鲜果、蔬菜及包装物等进行远距离传播。

6. 检疫检验方法

按照美国白蛾检疫鉴定行业标准（SN/T 1374）进行。法桐、糖槭、桑树、榆树、杨属、李属、梨属、苹果属、刺槐、国槐、柳属等是美国白蛾喜食的植物，因此这些植物活体、木材及其加工品、植物性包装材料（含铺垫物、遮阴物）以及装载上述植物的容器、运载工具等均为应检对象。检查时要广泛查验来自疫区的上述材料及其包装和运输工具，检查是否有残留的虫体、排泄物、脱皮物和被害状，并采集标本。美国白蛾个体较大且形态特征明显，一般用放大镜可直接检验识别，有可疑虫态时应带回室内，根据形态特征进一步鉴定。

扩展阅读 7-7

7. 检疫处理与防治技术

（1）检疫处理　　严禁从疫区调出前述的植物苗木及其繁殖材料，从疫区运出的木材、新鲜果品和蔬菜及其包装物必须经过检疫处理。若发现美国白蛾，应及时封存货物及其包装材料，予以销毁；或使用溴甲烷进行熏蒸消毒，用药量为10～30g/m³，密闭24h。

（2）防治技术　　应做好虫情监测，在美国白蛾发生期，特别是在6～10月，对各种树木进行全面调查，尤其要做好铁路、公路沿线及城镇周围的果园、桑园、林场等树的调查，一旦发现，应尽快查清发生范围，并进行封锁和根除。

1）人工防治。利用幼虫4龄前群居网幕内的习性，可以剪除网幕集中烧毁。在蛹期，人工挖除树木附近的稻草堆、杂草或杂物堆和树缝裂隙等处的蛹，然后集中深埋或烧毁。在成虫发生期，于黄昏时捕捉树干、电线杆、墙壁等物体上的成虫。

2）诱杀防治。成虫发生期，可在田间设置黑光灯或放置美国白蛾性诱剂诱杀成虫。在老熟幼虫化蛹前，在树干上绑草把诱集幼虫化蛹，每隔 7d 换 1 次草把，并集中烧毁或深埋处理。

3）生物防治。目前可人工繁殖且技术成熟、防效比较好的是白蛾周氏啮小蜂、松毛虫赤眼蜂。在美国白蛾老熟幼虫期，按益害比（3～5：1）的比例释放白蛾周氏啮小蜂，放蜂区美国白蛾的寄生率高达 88.0%，连续 2 代 4 次放蜂，可有效控制美国白蛾的危害。通过喷施美国白蛾核型多角体病毒（HcNPV）、苏云金杆菌、白僵菌、青虫菌等也能获得良好控制效果。

扩展阅读 7-8

我国多地还采用天敌昆虫和病原微生物综合利用的策略，在幼虫期施用病毒杀虫剂，老熟幼虫和蛹期释放白蛾周氏啮小蜂，获得了持续良好的控制效果。

4）药剂防治。防治适期为 2～3 龄幼虫期。若错过最佳防治时期，可在人工剪除网幕和幼虫破幕后，对疫情树及其周围 200～300m 范围内采用飞机喷施或雾炮喷施杀虫剂。可选用 5% 环虫酰肼悬浮剂、24% 虫酰肼悬浮剂、50% 辛硫磷乳油、2.5% 溴氰菊酯乳油、10% 溴·马乳油、18% 高氯·虫酰肼乳油、22% 阿维·毒死蜱微乳剂、20% 杀铃脲悬浮剂等化学农药，或 1% 苦参碱可溶液、1.2% 烟·参碱乳油等植物源农药。

三、小蔗螟

1. 名称及检疫类别

学名：*Diatraea saccharalis*（Fabricius）。

英文名：American sugarcane borer。

分类地位：鳞翅目（Lepidoptera）螟蛾科（Pyralidae）。

检疫害虫类别：进境植物检疫性害虫。

2. 分布与为害

分布于美洲的美国、墨西哥、危地马拉、格林纳达、洪都拉斯、萨尔瓦多、安提瓜、古巴、巴巴多斯、多米尼加、巴拿马、背风群岛、马提尼克岛、瓜德罗普岛、圣卢西亚岛、圣文森特岛、牙买加、海地、波多黎各、阿根廷、维尔京群岛、玻利维亚、秘鲁、巴西、圭亚那、哥伦比亚、厄瓜多尔、乌拉圭、委内瑞拉和巴拉圭。

扩展阅读 7-9

小蔗螟为寡食性害虫，寄主包括甘蔗、玉米、水稻、高粱等禾本科作物和一些禾本科杂草。以幼虫为害心叶和钻蛀茎秆。在植株的苗期，幼虫侵入植株的生长点，为害心叶，造成"死心"苗；在植株生长中后期，幼虫则钻入植株茎秆内部蛀食组织，受害严重的植株有时仅留纤维组织。小蔗螟在中美洲是重要的甘蔗害虫，被害甘蔗茎秆较细，产糖率降低，同时，蛀入孔也容易遭到细菌、真菌、病毒等病原微生物的入侵。甘蔗受害后一般减产 45% 左右，为害严重时蔗茎折断，植株死亡。

3. 形态特征

小蔗螟的形态特征具体见图 7-3。

（1）成虫　雌虫翅展 28.0～39.0mm，雄虫翅展 18.0～26.0mm。体淡黄色。额突出。下唇须褐色，伸出头长 1.25 倍。前翅橘黄色或褐色，有 2 条斜纹，斜纹由 1

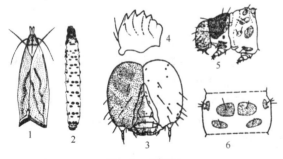

图 7-3　小蔗螟

1. 成虫；2. 幼虫；3. 幼虫头部；4. 幼虫上颚；

5. 幼虫头部及前中胸侧面；6. 幼虫第 2 腹节背面

排 8 个的小斑点组成。在 2 条斜纹上方各有 1 个黑色圆点。前翅的亚端线几乎呈连续和不规则的波浪形，中线是分离的点或短的条纹。翅脉棕色，较明显，中脉 M_2 和 M_3 在末端几乎合并，径脉 R_2 紧靠 R_{3+4}。后翅白色至灰白色。雄外生殖器爪形突侧面呈镰刀状，末端尖；颚形突与爪形突约等长，内面密被瘤突。背兜宽阔，基叶发达。抱器瓣自基部向端部逐渐变窄；抱器背基突粗壮，拇指状。阳茎直、细长，末端稍尖，近端部有一角状器。

（2）卵　　长 1.16mm，宽 0.75mm，扁平椭圆形，卵块呈鱼鳞状重叠排列。卵初产时白色，后变为橙色，孵化前可见黑色眼点。

（3）幼虫　　分夏型和冬型。夏型老熟幼虫体长约为 26.0mm。头深褐色，口器黑色，身体白色。头部第 3 盾片透明；上颚具 4 个尖齿和 2 个圆钝齿，第 1 个尖齿基部有 1 个小尖突；亚单眼毛 SO_2 与第 5 和第 6 单眼之间距离相等。前胸盾片淡褐色到褐色，毛片和毛淡褐色。腹节前背毛片大，间距小于毛片长度的 1/2；前背毛和后背毛的连线与体中线在该节前方交叉，夹角约为 30°。第 9 腹节前背毛可见。气门深褐色，长卵形。腹足趾钩双序。无次生刚毛。冬型老熟幼虫体长约 22mm，与夏型幼虫主要区别是前胸盾片和毛片颜色较浅。

（4）蛹　　长 16～20mm。米黄色到红褐色。末端有明显的尖状凸起。

4. 发生规律

（1）生活史　　在美国路易斯安那州和得克萨斯州，小蔗螟一年发生 4～5 代，以幼虫在钻蛀的秸秆内越冬。春季幼虫化蛹，4～5 月出现越冬代成虫，此后一直到秋季均可见到成虫，世代重叠严重，但发蛾高峰出现在春季和秋季。

扩展阅读 7-10

（2）生活习性　　成虫昼伏夜出，晚上活动和交尾、产卵，产卵持续 4d 左右。卵产于寄主植物的叶片上，重叠排列成鱼鳞状，每个卵块有卵 2～50 粒。每头雌虫平均产卵 700 粒。

卵的孵化时间比较集中，一般在数小时内每个卵块就可完成孵化。幼虫孵化后集中到心叶内取食叶片，脱皮 1～2 次后蛀入茎秆，被害茎秆遇风容易折断。幼虫老熟后清除虫道内的粪便和残渣，在茎秆上化蛹并在茎秆上咬一羽化孔，仅留一层薄的植物组织供成虫脱出。

（3）发生与环境的关系　　小蔗螟的世代历期与季节密切相关，在夏季完成 1 个世代最短仅 25d，在冬季则需 200d。成虫期为 3～8d；卵期为 4～6d。幼虫 3～10 龄，通常 5～6 龄，历期 25～35d；取食甘蔗时一般为 5 个龄期，1～5 龄幼虫的历期分别为 3～6d、4～8d、6～9d、4～6d 和 4～9d；取食人工饲料时一般为 5 个龄期。蛹期通常 8～9d，最长 22d。

低温和降雨对小蔗螟的发生不利，特别是冬季低温和降雨较多会使越冬幼虫大量死亡。

寄主植物对小蔗螟的发生危害影响较大。在甘蔗、玉米、高粱、水稻、苏丹草等作物种植区小蔗螟发生较重；田间石矛、黍属、雀稗属、绒毛草属等禾本科杂草较多时也有利于其发生。

天敌对小蔗螟的发生具有一定的抑制作用。蚂蚁是甘蔗田小蔗螟的重要捕食性天敌，数量多时可减少为害损失 90%。其他捕食性天敌有猎蝽、草蛉、虎甲、步甲、蜘蛛等。赤眼蜂是卵的重要寄生性天敌，在秋季发生数量较大；幼虫的主要寄生性天敌有茧蜂、寄蝇等。

5. 传播途径

主要随禾本科寄主植物的茎秆、甘蔗繁殖材料和包装材料等的调运作远距离传播。

6. 检疫检验方法

按照小蔗螟检疫鉴定行业标准（SN/T 1448）进行。对于有可能携带该虫的甘蔗、玉米、高粱和杂草的茎秆，使用这些植物做包装的材料和运载工具等，均应进行仔细检查，采集标本进行形态鉴定。

7. 检疫处理与防治技术

扩展阅读 7-11

（1）检疫处理　　禁止从疫区调运甘蔗种苗、蔗茎、蔗宿根和玉米、高粱的茎秆、穗、叶片等。

从疫区来的货物需有原产地出具的检疫证书，从疫区调运的玉米粒等需过筛，确保玉米粒没有夹杂茎秆、玉米穗和其他可能携带螟虫的植株部分。

从疫区来的甘蔗需进行低温或高温处理，可将蔗茎放在−10℃下处理 72h，或在 52℃ 的水中浸泡 20min，并不断搅动保持各处温度均匀。对玉米、高粱和相关的包装材料用溴甲烷进行熏蒸处理。

（2）防治技术

1）农业防治。种植抗小蔗螟的甘蔗品种，是控制其危害最经济有效的措施。越冬期或春季幼虫化蛹前处理寄主秸秆，可压低发生基数。

2）生物防治。保护利用自然天敌，可抑制小蔗螟的发生。在卵期释放赤眼蜂可杀死大部分卵。

3）药剂防治。应在幼虫集中在心叶内未钻蛀茎秆前进行，可在叶丛上撒施颗粒剂或喷洒杀虫剂。

四、咖啡潜叶蛾

1. 名称及检疫类别

学名：*Leucoptera coffeella*（Guérin-Méneville）。

英文名称：coffee leaf miner，white coffee leaf miner。

分类地位：鳞翅目（Lepidoptera）潜蛾科（Lyonetiidae）。

检疫害虫类别：进境植物检疫性害虫。

2. 分布与为害

咖啡潜叶蛾分布于美洲的危地马拉、萨尔瓦多、哥斯达黎加、牙买加、古巴、多米尼加、波多黎各、瓜德罗普岛、安的列斯群岛、特立尼达和多巴哥、哥伦比亚、圭亚那、委内瑞拉、厄瓜多尔、秘鲁、玻利维亚、巴西。

主要为害小粒种咖啡、中粒种咖啡、大粒种咖啡、高种咖啡、丁香咖啡等咖啡属植物。以幼虫蛀入叶片内取食叶肉组织，形成虫道，影响叶片光合作用，严重时引起叶片坏死，造成叶片干枯脱落，削弱树势，导致咖啡豆产量和品质下降。在巴西，常年造成咖啡减产21%～46%，若不进行防治则减产达 80% 以上。

3. 形态特征

咖啡潜叶蛾的形态特征具体见图 7-4。

（1）成虫　　雌虫体长 2.3～3.5mm，翅展约 6.5mm；雄虫体长约 2.2mm，翅展约5.75mm。头部有白色鳞片，颜面急下弯，平滑，银白色。触角丝状，静止时伸达腹部末端，长为前翅的 4/5，触角基节膨大，被白色鳞片，相邻一节为白色，其他节淡褐色。前足约从头部前面边缘伸出。前翅狭长，中间宽，银白色，有 1 个明显凸出的椭圆形臀斑，其中央呈蓝色或紫色，由 1 个黑色环包围，边缘黄色，并向内弯成镰刀形；在前缘脉长度一半处具 1窄的黄带，边缘黑色，倾斜伸向镰刀形的基部，继之有 1 个相似倾斜的黄带；翅的端部有 3

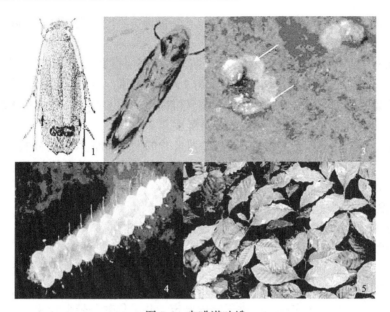

图 7-4 咖啡潜叶蛾
1. 成虫；2. 成虫腹面观；3. 卵；4. 幼虫；5. 危害状
（2～5. Gutiérrez, 2008）

个浅黄色区，缘毛末端黑色。后翅狭长，披针形，基部最宽，浅褐色，有长缘毛。腹部浅黄色，稀被白色鳞片。静止时翅合拢，但不重叠，两个椭圆形臀斑靠近。

（2）卵　　长约 0.28mm，宽 0.18mm，高 0.08mm。乳白色，随着发育颜色逐渐加深；顶部似船形，具明显的纵背纹。俯视具有宽大的基座。卵散产于叶片正面。

（3）幼虫　　初孵幼虫透明，但很快呈现淡绿色，长约 0.3mm。老熟幼虫体长 4～5mm，念珠状，体扁，浅黄色，部分透明，可见消化道。头扁平，前端浑圆，常部分缩入前胸。上颚大，端部有 3 齿突，头两侧约有刚毛 9 根。身体可见体节 12 节，胸部 3 节，前胸最宽，中胸至第 8 腹节均匀，第 9 和第 10 腹节逐渐变细，后端呈半圆形。腹部第 3～6 节及第 9 节具 1 对突起的肉足。

（4）蛹　　长 2.0～2.6mm。初为浅黄色，微带绿色，快羽化时变亮褐色。触角一直延伸到 3 对足的下方。翅芽表面具精细皱纹，蛹被丝茧包围。

（5）丝茧　　长约 6mm，白色，呈"H"形。

4. 发生规律

（1）生活史　　咖啡潜叶蛾是重要的热带害虫，可终年发生为害。在巴西咖啡产区一年可发生 12 代左右，世代重叠现象明显。

扩展阅读 7-12

（2）生活习性　　成虫白天潜伏，晚上活动产卵，有取食花蜜和蚜虫蜜露的习性。成虫产卵对寄主植物有严格的选择性，主要产卵于咖啡属植物上，也可在大沙叶属和狗骨柴属等茜草科植物上产卵。卵随机产于叶片表面，每头雌虫产卵 60 粒左右，以羽化后第 2～6 天产卵最多。

幼虫孵化后自卵底部蛀入叶片内部，取食叶肉组织，剩下叶脉和上下表皮，在叶面上形成黄褐色潜道，每头幼虫一生取食叶面积约 $50mm^2$。发生严重时，若干潜道交叉相连，形成 1 个大潜道斑，内有多头幼虫，但每头幼虫栖息于各自分叉处。叶片被害处变为淡黄色，后变为褐色，最后形成一个易碎的斑，当弯曲叶片时易折断。幼虫老熟后，在斑点表面做半圆形裂缝，钻出叶片吐丝下垂到下层叶片，寻找合适的地方在叶片表面结茧化蛹，通常蛹茧多在叶片背面，叶片正面很少。

（3）发生与环境的关系　　世代和虫态历期与气候密切相关。24℃时世代历期为27～30d，19.5℃时为45～50d。其中卵期7～12d，幼虫期9～40d，蛹期4～20d，成虫寿命14d左右。

低温和干燥是限制咖啡潜叶蛾发生的重要气候因子，温度低于18℃成虫不能产卵，高于30℃产卵量减少。卵孵化需要近100%的相对湿度。

不同咖啡品种上的落卵量有明显差异，咖啡叶片的大小和厚度与品种的抗性有关。

此外，捕食幼虫的胡蜂、草蛉，寄生幼虫的姬小蜂，寄生蛹的茧蜂等自然天敌对潜叶蛾的发生有一定的抑制作用。

5. 传播途径

主要随咖啡属植物的植株或种苗的运输进行远距离传播。

6. 检疫检验方法

扩展阅读 7-13

按照咖啡潜叶蛾检疫鉴定行业标准（SN/T 1912—2007）进行。仔细检查咖啡植株，特别是叶片上有无幼虫蛀食形成的不规则褐色潜道，叶背面是否有虫茧。采集各虫态标本，进行室内鉴定。并采集部分带虫叶片，在室内饲养出成虫，进行形态鉴定。咖啡潜叶蛾及其近缘种成虫的区别见表7-1。

表 7-1　白潜蛾属（*Leucoptera*）近缘种检索表

1. 前翅前缘中部的暗褐色条纹与臀角的黑斑相连，后翅淡褐色····································咖啡潜叶蛾（*Leucoptera coffeella*）
　 前翅前缘中部的暗褐色条纹不与臀角的黑斑相连，后翅白色到淡白色··2
2. 前翅前缘中部的暗褐色条纹在达中室端时呈锐角折向前缘；寄主植物为咖啡····················咖啡白潜蛾（*L. coffeina*）
　 前翅前缘中部的暗褐色条纹在达中室端时即终止；寄主植物为白花丹··3
3. 前翅中室上角的两支脉共柄很长，超过脉长的4/5··黑白潜蛾（*L. staterias*）
　 前翅中室上角的两支脉共柄较短，不超过脉长的1/2··4
4. 前翅中室上角的两支脉共柄中等长，不超过脉长的1/2··指白潜蛾（*L. onychotis*）
　 前翅中室上角的两支脉共柄很短，不超过脉长的1/5··丹白潜蛾（*L. daricella*）

7. 检疫处理与防治技术

（1）检疫处理　　禁止从疫区调入咖啡种苗或活体植物材料，必须调入时应加强产地检疫。若发现调入咖啡种苗或活体植物材料携带有咖啡潜叶蛾，应及时封存货物及其包装材料，予以销毁，或使用溴甲烷进行熏蒸消毒。

（2）防治技术　　咖啡潜叶蛾的防治目前仍以有机磷、拟除虫菊酯类药剂为主，但由于发生代数多，容易产生抗药性，因此应注意合理轮换农药。此外，可利用性诱剂诱捕雄虫或迷向法干扰交尾，降低卵的受精率。

五、蔗扁蛾

1. 名称及检疫类别

学名：*Opogona sacchari*（Bojer）。

英文名称：banana moth。

分类地位：鳞翅目（Lepidoptera）辉蛾科（Hieroxestidae）。

检疫害虫类别：进境植物检疫性害虫，全国农业植物检疫性害虫，全国林业检疫性害虫。

2．分布与为害

蔗扁蛾原产于毛里求斯附近的马斯克林群岛。现已扩散到非洲、欧洲、南北美洲等近30个国家或地区，在国外主要分布于热带-亚热带地区的意大利、葡萄牙、西班牙、比利时、丹麦、芬兰、法国、德国、希腊、荷兰、巴西、美国的佛罗里达州、非洲除撒哈拉沙漠以外的广大地区，以及中美洲和加勒比海地区。国内1995年首次在北京园林植物上发现为害，随后在广东、海南、广西、福建、新疆、四川、上海、江苏、河南、山东、浙江等地也相继发现。随着温室花卉的发展，其潜在分布范围将不断扩大。

蔗扁蛾属于多食性害虫。国外已报道的寄主植物涉及龙舌兰科、天南星科、木棉科、桑科、棕榈科、禾本科和茄科等24科46种和4变种；国内已发现14科55种和2变种植物，且在不断发现新的寄主植物，如国内新发现木棉科、石蒜科、大戟科和牻牛儿苗科等4科的寄主植物，且在广州已发现该虫向玉米、香蕉和甘蔗等大田作物转移；在江苏室内用烟草、棉铃和玉米、高粱的茎秆饲养幼虫均能发育至成虫，因此传播风险更大。国内查明的主要寄主植物有龙舌兰科的巴西木（*Dracaena fragrans*）和荷兰铁（*Yucca elephantipes*）、木棉科的瓜栗（发财树）（*Pachira macrocarpa*）、天南星科的绿萝（黄金葛）（*Epipremnum aureum*）、桑科的印度榕（橡皮树）（*Ficus elastica*）、牻牛儿苗科的天竺葵（*Pelargonium hortorum*）、棕榈科的国王椰子（*Ravenea rivularis*）和散尾葵（*Chrysalidocarpus lutescens*）等。

蔗扁蛾是重要的观赏植物害虫，尤其以巴西木、发财树和天竺葵这3种植物受害最重，一般株被害率在30%～60%，严重时达100%；其次是棕榈科的鱼尾葵、散尾葵和棕竹，桑科的印度榕（橡皮树），天南星科的海芋等，株被害率在15%～35%；对其他寄主植物为害较轻。幼虫在寄主植株的皮层内上下蛀食，形成不规则隧道或连成一片，为害轻时，植株局部受损；为害重时，将整段木桩的皮层和木质部全部蛀空，仅留薄薄一层外表皮，皮下充满粪屑。幼虫在木段表皮上咬有排粪通气孔，排出粪屑，最终使枝叶逐渐萎蔫、枯黄，整株枯死。不同寄主植物因其表皮与内部结构的差异，被害状也明显不同，巴西木表皮有较大裂纹，韧皮部较柔软，木质部坚硬，有的幼虫从上部切口处侵入为害，有的从表皮直接侵入为害，往往取食韧皮部，仅剩表皮，手触时有软感，后期树皮易剥离，剥离后可见堆满棕黑色虫粪，而木质部则较少取食；发财树的木质部和韧皮部都比较疏松，表皮光滑，常常3～5个树干似辫子状扭在一起，其缝隙适宜初孵幼虫栖息生活，导致整个树干近根部被蛀成蜂窝状，只留下一层表皮，被害处不断向茎上部和根部发展，表皮上有很多蛀孔，为害处充满虫粪和碎木屑；印度榕以侧枝条受害为主，受害枝条外表皮可见棕黑色虫粪，后期表皮与木质部分离、枯死，用手触摸可以感到有明显的疏散感，折断被害枝条，可见木质部中心也被蛀食；棕榈科植物因具有许多大的叶柄包裹着嫩叶和生长点，且木质部疏松，被害植物往往是生长点被取食后死亡。为害甘蔗和玉米时，幼虫先在叶鞘或茎节的嫩芽着生处取食，然后钻入茎秆，使组织中间变空，充满虫粪；玉米穗也是易受害部位，幼虫最先蛀破苞叶，然后进入内部取食玉米粒。为害香蕉时能为害除根部和叶缘尖部以外的所有部分，但以为害花序为主。取食番薯和马铃薯时，一般从破口处钻入，慢慢向中央为害，受害块茎一般不会很快腐败，但严重影响其发芽和品质。

3．形态特征

蔗扁蛾的形态特征具体见图7-5。

（1）成虫　　体长8.0～10.0mm，翅展22.0～26.0mm。体黄褐色，雄虫略小，具强金属光泽，翅基具长毛束，腹部色淡。停息时触角前伸。前翅深棕色，中室内缘和端部各有一黑

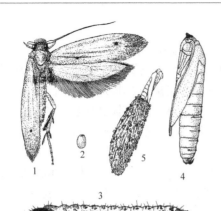

图 7-5　蔗扁蛾（程桂芳等，1997）
1. 成虫；2. 卵；3. 幼虫；4. 蛹；5. 茧

扩展阅读 7-14

色斑点；前翅后缘有毛束，停息时毛束翘起如鸡尾状。后翅黄褐色，后缘有长毛。后足长，超过后翅端部，胫节具长毛。腹部腹面有两排灰色点列。雌虫前翅基部有一可达翅中部的黑色细线；产卵管细长，常露出腹端。

（2）卵　　长 0.5～0.7mm，宽 0.3～0.7mm。卵圆形，淡黄色。

（3）幼虫　　老熟幼虫体长 30.0mm，宽 3.0mm。体乳白色，半透明。头红褐色。胴部各节背面有 4 个矩形毛片，前两个与后两个排成 2 排，各节侧面也有 4 个小毛片。腹足 5 对。

（4）蛹　　长约 10mm，宽约 4mm。亮褐色，背面暗红褐色，腹面淡褐色，首尾两端多呈黑色。头顶具三角形粗壮而坚硬的"钻头"，尾端具 1 对向上弯曲的臀棘固定在茧上。触角、翅芽、后足相互紧贴，与蛹体分离。

（5）茧　　长 14～20mm，宽约 4mm。由白色丝织成，外表粘以木丝碎片和粪粒等杂物，常紧贴在寄主植物的木质层内，不易觉察。

4. 发生规律

（1）生活史　　在广东、江苏、北京等地室内观赏花木上，蔗扁蛾一年发生 3～4 代，以幼虫在盆栽花木的盆土中越冬。温度适宜时，冬季也可继续为害。翌年温度适宜时越冬幼虫上树为害，多在 3 年以上的巴西木木段的干皮内蛀食，有时也可蛀入木质部表层。在浙江 3 代发生区，越冬代和第 1、2 代成虫出现的时间分别为 5 月底至 6 月上旬、8 月中下旬、9 月下旬。

（2）生活习性　　成虫羽化前蛹的头胸部先露出蛹壳，约 1d 后成虫羽化。成虫可连续交尾 2～3 次，交尾多在 2:00～3:00 进行，也有在 8:00～10:00 进行的，交尾持续时间长短不一，一般在 30min 内，最长的可持续近 1h。成虫爬行速度快，并可短距离跳跃，但飞行能力弱，一次飞行距离最远达 10m 左右。成虫具有取食补充营养和趋糖习性，但趋光性较弱，喜阴暗，常栖息于树皮裂缝或叶片背面。成虫羽化 4～7d 后开始产卵，少数在羽化 1～2d 后产卵，通常在 1～5d 所产的卵占总产卵量的 89%。产卵多选择在衰弱的植株上，以未展开的叶、伤口、嫩枝、枝条扭结处较多，散产或 20～30 粒堆在一起。产卵期 3～7d。单头雌虫产卵量为 145～386 粒。

幼虫孵化后吐丝下垂，很快钻入树皮内为害，常数头幼虫集中在一起。幼虫食性较杂，有钻蛀性、腐食性和杂食性，可供其选择的食物非常广泛。室内饲养发现，老熟幼虫能在仅装有树下表土的烧杯内完成其生长发育过程并结茧化蛹，或在各种湿润的、含有纤维素或纤维素制品（如滤纸）的环境下生长发育，甚至可取食其母体本身、卵或相互残杀。幼虫 6～7 龄，老熟时吐丝结茧化蛹，夏季多在木桩顶部或上部的表皮，秋冬季多在花盆上下结茧化蛹。

（3）发生与环境的关系　　各虫态历期受温度影响较大，雌成虫寿命最长 15d，最短 5d，平均 8.54d；雄成虫最长 14d，最短 6d，平均 9.40d。卵期 7d 左右。幼虫历期长达 37～75d，其中 1 龄 4d，2、3 龄 3～5d，4 龄 5～6d，5 龄 7～9d，6 龄 13～16d，7 龄 14～16d。蛹期 15d 左右。

低温是限制蔗扁蛾在露地越冬的关键因素。幼虫耐低温能力差，在 -2℃条件下暴露72h死亡率高达86%，低于 -5℃则不能存活。适于生长发育和繁殖的温度为19～31℃，随温度的升高发育历期缩短。22℃时雌虫产卵量最大，31℃时世代历期最短、存活率最高；温度高于31℃时幼虫发育迟缓。卵、幼虫、蛹和全世代的发育起点分别为11.2℃、8.8℃、10.97℃和11.1℃，有效积温分别为75.4℃·d、729.0℃·d、206.8℃·d和876.6℃·d。

适于卵孵化的相对湿度为80%，低于60%时不利于卵孵化，低于45%时基本不孵化。

在广东，毛蠼螋对蔗扁蛾幼虫的捕食能力较强，对其有一定的控制作用。

5. 传播途径

蔗扁蛾成虫飞翔能力有限，远距离传播主要靠寄主植物及其繁殖材料携带，特别是巴西木、发财树等观赏花木盆景的调运，是国内传播蔓延的主要途径。

6. 检疫检验方法

对来自疫区的花卉、苗木，特别是巴西木和发财树应加强检验。在田间或温室，仔细观察是否有蔗扁蛾造成的害状，采集幼虫或蛹进行室内检查和形态鉴定，并人工饲养出成虫进行确认。

7. 检疫处理与防治技术

（1）检疫处理　　加强对外植物检疫，严禁带虫巴西木等继续从国外流入我国。国内各潜在发生区应加强疫情检测，特别是对花卉市场和苗木基地应定期调查，及时掌握虫情的发生发展情况，发现疫情应采取隔离、重症株销毁等措施进行彻底处理。

对巴西木和荷兰铁的茎段，可在15～25℃下用溴甲烷 50g/m³ 熏蒸 2h；对于花场，可用 10g/m³ 磷化铝片剂密闭熏蒸 24h；对于少量繁殖材料，可用 44℃热水处理 30～60min，能杀死全部幼虫且不损伤植物本身。

扩展阅读 7-15

（2）防治技术

1）农业防治。避免在同一温室内种植蔗扁蛾最嗜食的寄主，如巴西木、发财树等，防止寄主之间的交叉感染。在寄主栽培过程中，经常检查植株茎干，用手按压表皮，发现不坚实、松软感，可剥掉表皮清理虫粪，杀死幼虫和蛹。蔗扁蛾喜欢在寄主植物的剪锯口产卵，可用红色或黑色蜡及时封闭锯口，再涂杀虫剂涂刷一次。此外，加强寄主苗木的水肥管理，培育健壮植株，增强苗木的抗害能力。

2）生物防治。受害植株上注射或喷施昆虫病原线虫斯氏线虫（*Steinernema carpocapsae*）。受害株数量少时，可用医用注射器将线虫悬浮液注入受害部位表皮下；大面积防治可采用喷雾法，喷施浓度为 3000 条/mL。

3）诱杀防治。可用糖水、性诱剂诱杀成虫，压低发生基数。

4）药剂防治。幼虫入土越冬期是药剂防治的最佳时期。可用 40% 氧化乐果乳油 100倍液灌茎段受害片，并用 90% 晶体敌百虫与细沙土按照 1：200 的比例配成毒土，撒于花盆土表，每隔 7～10d 撒 1 次，连续 3 次。可用 3.2% 金色甲维盐氯微乳剂 200 倍液或 25%毒死蜱·氯氰菊酯乳油 1500 倍液浸泡巴西木桩 20min 后晾干植入盆中。也可用 80% 敌敌畏乳油 500 倍液喷布后用塑料膜封盖进行熏蒸，每隔 3d 熏蒸 1 次，连续进行 3 次。冬季在温室内挂蘸 80% 敌敌畏乳油 100 倍液的布条，每 2d 蘸药液 1 次，连续进行 3 个月，可有效防治温室中的蔗扁蛾。夏季发生高峰期可用 10% 吡虫啉可湿性粉剂 700 倍液或 1.8% 阿维菌素乳油 1500 倍液喷树干，每隔 7d 喷 1 次，连喷 3～5 次。

复习思考题

1．简述苹果蠹蛾的发生规律和发生为害特点。

2．苹果蠹蛾传播扩散的主要途径有哪些？应采取哪些检疫措施？

3．如何做好苹果蠹蛾发生区的综合防治工作？

4．简述美国白蛾的发生为害规律。

5．美国白蛾是如何传播扩散的？分析其寄主范围与检疫的关系。

6．怎样进行美国白蛾的检疫处理和防治？

7．小蔗螟传播扩散的主要途径有哪些？应采取的检疫措施是什么？

8．分析咖啡潜叶蛾的发生为害特点及其与检疫控制的关系。

9．蔗扁蛾发生为害有哪些特点？应采取哪些措施控制其扩散蔓延？

10．如何进行温室内蔗扁蛾的防治？

第八章 其他检疫性害虫

内容提要：植物检疫性害虫除前面4目的昆虫外，还涉及膜翅目、等翅目和缨翅目的一些昆虫，以及软体动物中的多种蜗牛。这些害虫一旦传入，同样会对其取食为害的农作物、果树、林木、牧草、花卉及其建筑物、构筑物等造成不可挽回的损失。本章主要选取我国进境植物检疫性害虫，分别介绍它们的分布与为害、形态特征、发生规律、传播途径、检疫检验方法和检疫处理与防治技术。

第一节 检疫性膜翅目害虫

膜翅目（Hymenoptera）昆虫绝大多数为益虫，少数为害虫。检疫性害虫主要集中在叶蜂科（Tenthredinidae）、树蜂科（Siricidae）、瘿蜂科（Cynipidae）、姬小蜂科（Eulophidae）、长尾小蜂科（Torymidae）、广肩小蜂科（Eurytomidae）和蚁科（Formicidae）。其中，蜂类检疫性害虫多以幼虫取食为害寄主植物的叶片、果实或种子，有些种类钻蛀茎秆，有些种类形成虫瘿。蚁科检疫性害虫食性较杂，不仅取食为害农林植物，而且还捕食、排挤土栖动物，影响生物多样性。检疫性膜翅目害虫除了本节介绍的进境植物检疫性害虫外，还有全国林业危险性害虫，如鞭角华扁叶蜂 [*Chinolyda flagellicornis*（F. Smith）]、泰加大树蜂（*Urocerus gigas taiganus* Beson）、栗瘿蜂（*Dryocosmus kuriphilus* Yasumatsu）、桉树枝瘿姬小蜂（*Leptocybe invasa* Fisher et La Salle）、大痣小蜂（*Megastigmus* spp.）、柠条广肩小蜂 [*Bruchophagus neocaraganae*（Liao）]、槐树种子小蜂 [*B. onois*（Mayr）]、刺槐种子小蜂（*B. philorobiniae* Liao）、落叶松种子小蜂（*Eurytoma laricis* Yano）、黄连木种子小蜂（*E. plotnikovi* Nikolkaya）、桃仁蜂（*E. maslovskii* Nikoiskaya）、杏仁蜂（*E. samsonoui* Wass）和小黄家蚁 [*Monomorium pharaonis*（L.）]。

一、李叶蜂

1. 名称

学名：*Hoplocampa flava*（L.）。

别名：黄实蜂。

英文名：plum sawfly。

分类地位：膜翅目（Hymenoptera）叶蜂科（Tenthredinidae）。

检疫害虫类别：进境植物检疫性害虫。

2. 分布与为害

（1）分布　　最早发现于罗马尼亚。目前分布于欧洲的爱尔兰、爱沙尼亚、奥地利、白俄罗斯、波斯尼亚和黑塞哥维那、保加利亚、比利时、波兰、丹麦、德国、俄罗斯、法国、荷兰、黑山、捷克、克罗地亚、拉脱维亚、立陶宛、卢森堡、罗马尼亚、北马其顿、摩尔多瓦、瑞典、瑞士、塞尔维亚、斯洛伐克、斯洛文尼亚、乌克兰、西班牙、希腊、匈牙利、意大利和英国，亚洲的黎巴嫩、土耳其、伊朗、以色列和约旦。

扩展阅读 8-1　扩展阅读 8-2

（2）寄主　　寄主植物有杏（*Prunus armeniaca*）、欧洲李（*P. domestica*）和李（*Prunus salicina*）。

（3）为害　　以幼虫钻蛀为害发育中的果实，被害果实上可见到 1 或 2 个虫孔，造成果实提前脱落。

3. 形态特征

李叶蜂的形态特征具体见图 8-1。

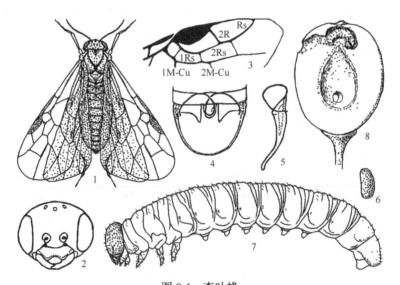

图 8-1　李叶蜂
1. 雄成虫；2. 成虫头部正面观；3. 雌成虫前翅；4 雄成虫腹末背面观；5. 雄成虫阳茎瓣；
6. 卵；7. 幼虫；8. 为害状

（1）成虫　　体长 3.5～5.5mm。体表黄色。雌成虫头部暗黄褐色，背侧具有较细密小刻点。复眼细长，颚眼距稍短于前单眼直径。触角 9 节，黄褐色，有光泽。唇基宽浅内凹，深度不及唇基长的一半，顶缘深凹，唇基前缘缺口近三角形，深度约等于唇基长的一半。胸部暗黄褐色，中胸背板无黑斑，后胸背板凹处黑褐色，背板大部、中胸侧板上半部具有较细密小刻点，中胸侧板均匀密被毛，侧板下部无光裸横带。翅透明，翅脉黄色，前翅基部 2/3 微呈烟黄色，基部的翅痣黑色，翅痣下无明显暗褐色横带，前缘脉、亚前缘脉和痣基黄色。足浅黄褐色，有光泽，后足跗节稍短于胫节，爪具微小内齿。腹部橘黄色，产卵器显著短于后足胫节，稍短于后足跗节。雄成虫头部和触角多呈棕色，单眼区黑褐色，但有时头顶有黑斑。前胸背板横沟、中胸背板前叶大部、后胸背板大部褐色，中胸背板有时有黑斑，侧板沟缝黑褐色。腹部下生殖板长大于宽，端部宽圆，弧形突出。阳茎瓣具强烈弯曲的细长端突。其他特征与雌成虫相似。

（2）卵　　肾形，长约 0.5mm，宽约 0.25mm。白色，半透明。

（3）幼虫　　老熟幼虫体长 8～11mm。圆柱状，略弯曲，白色至黄绿色。头部橙色或褐色。腹足 7 对，浅黄色。

（4）蛹　　裸蛹。体长 5～6mm。

4. 发生规律

（1）生活史　　1 年发生 1 代，在伊朗以老熟幼虫在土中越冬。翌年 2 月越冬幼虫化蛹，3～4 月成虫羽化。幼虫孵化后钻入果实为害，幼虫老熟后脱果入土，在 5～8cm 深的土中结茧滞育越冬。

（2）生活习性　　发生与寄主果树花期密切相关，开花前 2～3 周化蛹，开花前 1～2d 成虫开始羽化，盛花期成虫发生数量最多。成虫取食花粉和花蜜后开始产卵，产卵于花萼内或果实上，单头雌虫产卵量为 50～60 粒，成虫寿命为 8～15d。卵期 10～14d。幼虫 5 龄，历期 25～38d，蛀果可直达果核，有转果为害习性，每头幼虫最多可为害 5 个幼果，造成果实脱落。

（3）发生与环境的关系　　土壤温度与寄主果树物候期密切相关，进而影响越冬幼虫的化蛹和蛹的羽化。在立陶宛 10cm 深土壤最低发育温度为 4℃，在匈牙利 5cm 深土壤最低发育温度为 10℃，3～4 月土壤温度对成虫发生期、寿命、性比和飞行能力等影响较大。李叶蜂为寡食性害虫，寄主果树开花期与成虫盛发期吻合度越高，发生为害越重。土壤中的线虫是其主要天敌。

5. 传播途径

以幼虫随被害果实的运输进行远距离传播。

6. 检疫检验方法

按 GB/T 33118《李叶蜂检疫鉴定方法》进行检疫检验。对来自疫区的李果或杏果进行现场查验时，若发现疑似李叶蜂幼虫，需连同被害果实取样，置于实验室 22～28℃，相对湿度 65%～75%，光周期 L：D＝14：10 的培养箱中饲养获得成虫，进行种类鉴定。

扩展阅读 8-3

7. 检疫处理与防治技术

（1）检疫处理　　对携带有检疫对象的李、杏等果实应退货或销毁，或进行药剂熏蒸、热水浸泡或微波加热等检疫除害。

（2）防治技术　　在发生区，秋冬季深耕整地，可杀死部分越冬幼虫。在果树开花前或落花后幼虫蛀果前，及时喷洒拟除虫菊酯类或新烟碱类杀虫剂，也可喷洒印楝素、鱼藤酮等无公害杀虫剂。在幼虫脱果入土前，在土表使用斯氏线虫或小杆线虫制剂。在成虫发生期，可用白色粘虫板大量诱杀成虫。

二、苹叶蜂

1. 名称

学名：*Hoplocampa testudinea*（Klug）。

别名：苹实叶蜂，苹实蜂。

英文名：apple sawfly。

分类地位：膜翅目（Hymenoptera）叶蜂科（Tenthredinidae）。

检疫害虫类别：进境植物检疫性害虫。

2. 分布与为害

（1）分布　　原产于欧洲。目前分布于欧洲的爱尔兰、爱沙尼亚、奥地利、白俄罗斯、

扩展阅读 8-4　扩展阅读 8-5

保加利亚、比利时、波兰、波斯尼亚和黑塞哥维那、丹麦、德国、俄罗斯、法国、芬兰、荷兰、黑山、捷克、克罗地亚、拉脱维亚、卢森堡、罗马尼亚、北马其顿、摩尔多瓦、挪威、瑞典、瑞士、塞尔维亚、斯洛文尼亚、乌克兰、匈牙利、意大利和英国，美洲的加拿大和美国，亚洲的阿塞拜疆、格鲁吉亚、土耳其和亚美尼亚。

（2）寄主　　寄主植物为苹果（*Malus pumila*）。

（3）为害　　以幼虫钻蛀为害苹果果实，幼果被害易脱落，发育中果实被害产生畸形，也可能脱落。

3. 形态特征

苹叶蜂的形态特征具体见图 8-2。

（1）成虫　　体长 6～7mm。头部黄色，有 1 个大黑斑覆盖头顶、单眼和额。复眼前面观近乎平行。唇基前缘深凹，深度至少达唇基长的 1/2。中胸背板栗色或黑色，前胸背板和中后胸侧板黄褐色，中胸前侧片下部和中胸腹板大部光滑无毛。翅半透明，微带烟色，翅脉黑色到栗色，翅痣色基部比端部深。腹部背板两侧边缘和末节黄褐色，背板其余部分黑色，腹部腹侧全部黄褐色。雌成虫产卵器与后足胫节等长。雄成虫阳茎瓣头

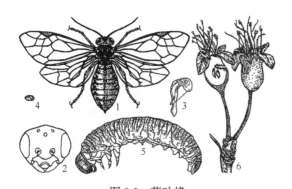

图 8-2　苹叶蜂

1. 成虫；2. 成虫头部正面；3. 雄成虫阳茎瓣；
4. 卵；5. 幼虫；6. 为害状

叶宽弯钩状，端部无弯曲的细长端突或刺突。

（2）卵　　长椭圆形，长 0.8～1.0mm。无色，半透明，有光泽。

（3）幼虫　　老熟幼虫体长 12～14mm，白色，蛆形。头部褐色。腹部末端 2 节褐色，具 7 对腹足。

（4）蛹　　裸蛹。体长 4～5mm。纺锤形。初为白色。

4. 发生规律

（1）生活史　　1 年发生 1 代，偶有 2 年 1 代，在欧洲以老熟幼虫在土表下 5～10cm 土壤中结茧滞育越冬。翌年 3 月化蛹，4～5 月成虫羽化和产卵，幼虫孵化后蛀果为害，老熟后脱果入土结茧滞育。

（2）生活习性　　成虫取食花粉，营孤雌生殖。雌成虫喜欢选择白色花产卵，产于花的雄蕊之下，单头雌虫产卵量为 30～90 粒。卵期 8～18d。初孵幼虫在果皮下蛀食，造成弯曲的带状伤痕。2 龄幼虫开始蛀入果实内部，可直达果心，果面蛀入孔明显，虫道内充满褐色虫粪。幼虫有转果为害习性，每头幼虫可为害幼果 2～6 个。幼虫 5 龄，蛀果为害 25～28d，老熟后在果实表面蛀脱果孔，脱入土结茧滞育，滞育期 9～21 个月。蛹期 17～20d。

（3）发生与环境的关系　　发生与温度关系密切，幼虫发育起点温度为 4.5℃，温度高于 15℃存活率降低，致死温度上限为 25℃。在欧洲，姬蜂（*Lathrolestes ensator*）可寄生幼虫。苹果品种间被害程度差异较大，较甜的品种被害较重。土壤干燥和玫烟色拟青霉（*Paecilomgcesfum osoroseus*）对蛹的发生有抑制作用。

5. 传播途径

以卵和幼虫随被害果实的运输进行远距离传播。成虫有飞翔能力，可短距离扩散蔓延。

6. 检疫检验方法

按 SN/T 5003《苹叶蜂检疫鉴定方法》进行检疫检验。对来自疫区的果实重点查验是否有被害状，可用放大镜观察果实表面是否有虫的坑道，坑道表面是否有褐色的疤痕、稍下陷等，检查果实果萼是否有虫孔、虫粪或可疑虫卵。若发现果面有蛀孔等，应剖果观察有无幼虫，虫粪是否散发臭蜡气味，并将带有幼虫的果实带回实验室，置于 8～15℃、相对湿度 65%～75%、光周期 L ∶ D＝14 ∶ 10 的光照培养箱中饲养，待羽化为成虫后进行种类鉴定。

扩展阅读 8-6

7. 检疫处理与防治技术

（1）检疫处理　　对携带有检疫对象的苹果果实应退货或销毁，或进行药剂熏蒸、热水浸泡或微波加热等检疫除害。

（2）防治技术　　在发生区，秋季深耕整地，可杀死土中部分幼虫。在苹果开花前或落花后幼虫蛀果前，及时喷洒噻虫啉、伏虫脲、拟除虫菊酯类等杀虫剂，也可喷洒苏里南苦木（*Quassia amara*）粗提物。在幼虫脱果入土前，在土表使用夜蛾斯氏线虫（*Steinernema feltiae*）等。在成虫发生期，用白色粘虫板大量诱杀成虫。

三、云杉树蜂

1. 名称

学名：*Sirex noctilio* Fabricius。

别名：云杉蓝树蜂、松树蜂、辐射松树蜂。

英文名：sirex woodwasp。

分类地位：膜翅目（Hymenoptera）树蜂科（Siricidae）。

检疫害虫类别：进境植物检疫性害虫。

2. 分布与为害

（1）分布　　原产于欧亚大陆和北非。目前在欧洲和地中海地区普遍发生，还分布于非洲的阿尔及利亚、北非、堪那利群岛、摩洛哥和南非，大洋洲的澳大利亚和新西兰，美洲的阿根廷、巴西、乌拉圭和亚速尔群岛，亚洲的蒙古、塞浦路斯和土耳其。

（2）寄主　　寄主多为松属（*Pinus*）植物，尤其对辐射松（*Pinus radiate*）为害最大。也为害落叶松属（*Larix*）、冷杉属（*Abies*）、云杉属（*Picea*）、南洋杉属（*Araucaria*）和黄杉属（*Pseudotsuga*）的一些针叶树种。

（3）为害　　主要为害来自雌成虫产卵时分泌的有毒黏液和携带的共生菌龟纹淀粉韧革菌（*Amylostereum areolalum*），在虫-毒-菌的复合作用下，可引起边材变白、腐朽，导致针叶枯萎黄化，阻断水分传导，致使木质干化，造成树势衰弱，在过密的松林和不健康的林分，能够造成树木的大量死亡。

扩展阅读 8-7　　扩展阅读 8-8

3. 形态特征

云杉树蜂的形态特征具体见图 8-3。

（1）成虫　　体长 9～36mm。深蓝色，具金属光泽，头部眼以上部分无淡色斑点。雌成虫角突三角形或亚三角形，眼宽约为长的 1.5 倍。触角 21 节，长约 7.8mm，基部几节红褐色，其余部分黑色。前翅具 1 条中肘横脉（M -Cu）。足除基节、转节外，均为黄褐色至红褐色，但各足第 5 跗节比前几节色暗，常为暗褐色，后足胫节具 2 个端距。腹末产卵器为针状突，产卵管腹面中部刻点间距离与直径等长。雄成虫触角 20 节，长约 6.8mm，黑色。双翅

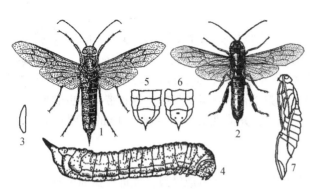

图 8-3　云杉树蜂
1. 雌成虫；2. 雄成虫；3. 卵；4. 幼虫；
5. 雌性幼虫腹末；6. 雄性幼虫腹末；7. 蛹

黄色。前足和中足橙褐色，后足加粗，黑色。腹部中区橘黄色。

（2）卵　　香肠形，长约 1.55mm，宽约 0.28mm。白色，柔软，光滑。

（3）幼虫　　老熟幼虫体长约 30mm，通常呈"S"形，乳白色，分节明显。胸足短。腹部后端有显著的脊，腹末有 1 个明显的深褐色硬刺。

（4）蛹　　乳白色，羽化前逐渐呈现出成虫体色。

4. 发生规律

（1）生活史　　年发生代数与温度相关，一般 1 年 1 代，以幼虫在取食的木材中越冬。在温度较高地区，3～4 个月完成 1 代。在较冷凉地区，完成 1 代则需要 2～3 年，某些卵也可越冬。在北半球，成虫在 5～9 月羽化，羽化盛期集中在 7 月末至 8 月初。在南半球，在 10 月至翌年 2 月成虫羽化，羽化盛期集中在 12 月末至翌年 1 月初。

（2）生活习性　　成虫羽化后在树皮可见直径为 3.1～6.1mm 的圆形羽化孔。雄成虫较雌成虫先羽化，羽化后多聚集在寄主树木的树冠顶部，雌雄比为 1：4～1：7，最高可达 1：20。雌成虫既可两性生殖也可孤雌生殖，孤雌生殖的后代均为雄虫。雌成虫羽化当天即可产卵，多选择树势弱或受伤的树，产卵前先用触角在树皮表面进行探测，然后将产卵器插入树皮形成 1 个产卵孔，继而插入木质部，形成 1～4 个深度为 10～19mm 的产卵道，每个产卵孔最多产卵 3 粒，并将体内的毒素和共生菌通过产卵器注入没有卵的产卵道内，单头雌虫产卵量为 20～500 粒。成虫不取食，依靠体内脂肪存活，有较强的飞翔能力，可飞行数千米，借助风力飞行更远。雌成虫的寿命为 5d 左右，雄成虫的寿命为 12d 左右。卵期 16～28d，最短 9d。幼虫孵化后在产卵道内活动取食，3 龄后开始向各个方向蛀食，蛀道可达树干中心。幼虫主要取食木材中的真菌，为 6～12 龄，龄期越多发育成的蛹和成虫个体越大。幼虫期为 10～11 个月，少数可达 2 年。幼虫老熟前开始向外钻蛀，在距树皮 3cm 左右处形成蛹室，进入预蛹期，3～5d 后开始化蛹，蛹期为 16～21d。

（3）发生与环境的关系　　幼虫龄期与活动取食部位温湿度条件密切相关，发育起始温度为 6.8℃，有效积温为 2500℃·d。阳光充足和 >21℃ 的温暖天气有利于雌雄成虫交配，而潮湿阴冷天气不利于交配。寄主树木生长状况影响发生为害程度，雌成虫喜欢选择过密的松林和不健康的树木产卵，生长衰弱或受伤树木被害较重。寄生蜂、线虫、啄木鸟等是主要自然天敌。

5. 传播途径

以卵、幼虫和蛹随寄主木质材料的运输进行远距离传播。成虫具有较强的飞翔能力，可借助风力飞行 150km，进行扩散蔓延。

6. 检疫检验方法

扩展阅读 8-9

按 SN/T 2963《云杉树蜂检疫鉴定方法》进行检疫检验。对来自疫区的木材或木质包装材料进行现场查验时，重点检查其表面是否有羽化孔、死成虫、幼虫蛀屑或虫粪等。发现羽化孔或蛀屑后，应用刀、锯、斧等剖检木材采集标本。若现场检疫时仅见到活体幼虫，应将幼虫连同被害木材一起送到实验室，置于 30～31℃、相对湿度 90%～95% 的培养箱中饲养，待羽化为成虫后进行种类鉴定。

7. 检疫处理与防治技术

（1）检疫处理　　对携带有检疫对象的检疫物，应进行密封药剂熏蒸或直接喷洒杀虫剂杀灭等检疫除害。

（2）防治技术　　在发生区，通过疏伐过密松林和培育健康树木，生态调控发生为害。在重发区，可引进使用寄生蜂、线虫等天敌进行生物防治。用辐射松树干粗提物或蒎烯等化合物制备诱虫饵料，也可大量诱杀成虫。

四、刺桐姬小蜂

1. 名称

学名：*Quadrastichus erythrinae* Kim。

别名：刺桐釉小蜂。

英文名：erythrina gall wasp。

分类地位：膜翅目（Hymenoptera）姬小蜂科（Eulophidae）。

检疫害虫类别：进境植物检疫性害虫，全国林业危险性害虫。

2. 分布与为害

（1）分布　　最早发现于马斯克林群岛和我国台湾。目前国外分布于非洲的法属留尼汪、毛里求斯、摩洛哥和塞舌尔，欧洲的西班牙和意大利，美洲的美国，亚洲的菲律宾、马来西亚、日本、泰国、新加坡、以色列、印度、印度尼西亚和越南。国内分布于广东、海南、福建、台湾和香港。

（2）寄主　　比较单一，主要寄主为刺桐属（*Erythrina*）植物。

（3）为害　　以幼虫取食为害刺桐叶片，引起叶肉组织畸变，被害部位逐渐膨大形成虫瘿，抑制光合作用，影响植株生长和美观，严重时引起大量落叶，甚至造成植株死亡。

3. 形态特征

刺桐姬小蜂的形态特征具体见图 8-4。

（1）成虫　　雌成虫体长 1.4～1.6mm。体黑褐色，间有黄色斑。单眼 3 个，红色，略呈三角形排列；复眼棕红色，近圆形。触角浅棕色，柄节柱状，环状节 1 节，索节 3 节，棒节 3 节，较索节

扩展阅读 8-10　　扩展阅读 8-11

粗。前胸背板黑褐色，有 3～5 对短刚毛，中间具一凹形浅黄色横斑。中胸背板中叶有从前缘切入的三角形黑褐色区域。小盾片棕黄色，具 2 对刚毛，少数 3 对，中间有 2 条浅黄色纵线。前翅无色透明，翅面纤毛黑褐色，翅脉褐色，亚前缘脉具 1 根刚毛，翅室无刚毛，后缘脉几乎退化。前、后足基节黄色，中足基节浅白色，腿节棕色。腹部略长于头部和胸部之和，腹部背面第 1 节浅黄色，第 2 节浅黄

图 8-4　刺桐姬小蜂
1. 雌成虫；2. 成虫头部正面观；3. 雌成虫触角；4. 雄成虫触角；
5. 成虫胸部背面观；6. 雌成虫外生殖器；
7. 雄成虫外生殖器；8. 卵；9. 幼虫；10. 蛹

色斑从两侧斜向中线，止于腹部第 4 节背板。腹部肛下板伸达第 6 节腹背板的后缘。雄成虫体长 1.0～1.1mm，体白色至浅黄色。触角索节 4 节，棒节 3 节。前胸背板中部有浅黄白色斑，小盾片浅黄色，中间有 2 条浅黄白色纵线。其余同雌成虫。

（2）卵　　长卵圆形，长 0.08～0.09mm，宽约 0.04mm，乳白色。卵柄长 0.22～0.25mm，略呈弓形弯曲，末端略膨大。

（3）幼虫　　老熟幼虫体长 0.89～1.05mm。蛆型，低龄幼虫乳白色，高龄幼虫常呈绿色或褐色。

（4）蛹　　体长 0.98～1.33mm。初化蛹时体略透明，之后颜色逐渐加深至乳白色、乳黄色、褐色、黑褐色，复眼逐渐变成深红色，体外为略呈黄褐色近透明的蛹膜。

4. 发生规律

（1）生活史　　生活周期短，世代重叠严重，不同寄主和气候条件下的发生期和发生高峰存在差别。在福建 4～5 月开始发生，9～10 月虫口密度达到高峰，此后逐步下降，12 月后进入越冬阶段。在广东深圳，1 年发生 9～10 代，无明显越冬现象，但冬季种群数量较少。在海南全年均可发生，1～2 月为发生高峰，3～5 月发生中等，6～10 月发生较轻。

（2）生活习性　　成虫多在白天羽化，羽化高峰在 7:00～9:00，具有一定的趋黄性和明显的趋光性。成虫羽化当天即可交配，交配次日雌成虫开始产卵，用产卵器刺破寄主表皮将卵产于嫩芽、嫩叶、叶柄、嫩枝、花蕾、荚果等部位的表皮下，单头雌虫产卵量为 40～210 粒。成虫寿命为 1～15d，取食补充营养可延长寿命。卵期 2～4d。幼虫孵出后取食叶肉、嫩茎等组织，在取食过程中的分泌物引起被害部位逐渐膨大，形成虫瘿，幼虫共 5 龄。幼虫老熟后在虫瘿内化蛹，蛹期 8～10d。

（3）发生与环境的关系　　温度是影响生长发育的关键因子，发育起点温度为 14.18℃，世代有效积温为 458.27℃·d。在 18～33℃，各虫态的发育历期随温度升高而缩短，37～40℃可引起成虫大量死亡。湿度主要影响雌成虫寿命，相对湿度高于 95% 或低于 55% 寿命明显缩短。该虫对不同刺桐品种的选择性不同，可能与寄主挥发物、叶片表面物理性状、形态结构等有关。在非洲，姬小蜂（*Eurytoma erythrinae*）是主要天敌。

5. 传播途径

主要以虫瘿随刺桐属植物苗木、栽培土及其运输工具等的运输进行远距离传播。成虫具有一定的飞翔能力，可进行近距离扩散蔓延。

6. 检疫检验方法

按 SN/T 2588《刺桐姬小蜂检疫鉴定方法》进行检疫检验。查验来自疫区的刺桐属植物苗木、栽培土及其运输工具时，应注意是否有虫瘿，收集有虫瘿的叶、枝、花和荚果，带回室内解剖虫瘿，取出其中的幼虫、蛹或成虫用于种类鉴定。需要饲养时，用剪刀剪取带有植株的完整虫瘿，放入网袋内，置于 27～28℃ 的培养箱中饲养，待羽化为成虫后进行种类鉴定。

扩展阅读 8-12

7. 检疫处理与防治技术

（1）检疫处理　　按 SN/T 2587《刺桐姬小蜂检疫处理技术标准》进行。对携带有检疫对象的刺桐苗木、盆景或移栽植株等，进行药剂熏蒸或浸泡等检疫除害。

扩展阅读 8-13

（2）防治技术　　在发生区，选种抗虫品种，优化种植密度和行间距，促进植株长势，增强抗虫能力。在发生为害较重的植株中、上部，悬挂黄色粘虫板大量诱杀成虫。引进释放寄生蜂，开展生物防治。在4～5月刺桐新梢萌发期，采用喷雾、包茎、灌根或树干注射等施药方法，化学防治控制为害。

五、苜蓿籽蜂

1. 名称

学名：*Bruchophagus roddi* Gussakovsky。

别名：苜蓿广肩小蜂。

英文名：alfalfa seed chalcid。

分类地位：膜翅目（Hymenoptera）广肩小蜂科（Eurytomidae）。

检疫害虫类别：进境植物检疫性害虫。

2. 分布与为害

（1）分布　　最早发现于美国。目前国外分布于美洲的阿根廷、巴西、加拿大、美国、秘鲁、墨西哥和智利，欧洲的奥地利、保加利亚、波兰、德国、俄罗斯、法国、捷克、黑山、罗马尼亚、摩尔多瓦、瑞典、塞尔维亚、斯洛伐克、乌克兰、西班牙和匈牙利，非洲的南非，大洋洲的澳大利亚和新西兰，亚洲的蒙古、土耳其、土库曼斯坦、乌克兰、乌兹别克斯坦、伊拉克、以色列和印度。国内分布于新疆、宁夏、甘肃、陕西、内蒙古、山西、河南、河北、山东和辽宁。

（2）寄主　　主要寄主为豆科植物。以紫花苜蓿（*Medicago sativa*）、白花苜蓿（*Medicago alba*）和沙打旺（*Astragalus adsurgens*）被害最重，其他寄主植物还有褐斑苜蓿（*Medicago arabica*）、黄花苜蓿（*Medicago falcata*）、小苜蓿（*Medicago minima*）、南苜蓿（*Medicago polymorpha*）、紫云英（*Astragalus sinicus*）、红三叶（*Trifolium pratense*）、白三叶（*T. repens*）和醉马草（*Achnatherum inebrians*）等。

（3）为害　　以幼虫蛀食种子的种仁，使种子不能发芽，重者将种子食成空壳。为害苜蓿时，种荚被害率可达50%以上，种子损失率达5%以上。为害沙打旺时，果穗被害率可达60%。

扩展阅读8-14　扩展阅读8-15

3. 形态特征

苜蓿籽蜂的形态特征具体见图8-5。

（1）成虫　　体长1.2～1.8mm，体黑色。雌成虫头大，有粗刻点。复眼酱褐色，单眼3个，着生于头顶呈倒三角形排列。触角柄节最长，索节5节，棒节5节。胸部特别隆起，具粗大刻点和灰色绒毛。前胸背板宽为长的两倍以上，其长与中胸盾片的长度约相等。足的基节和腿节黑色，腿节下端棕黄色，胫节中间黑色，两端棕黄色，胫节末端均有短距1根。翅无色，前翅缘脉和痣脉几乎等长。并胸腹节几乎垂直。腹部近卵圆形，有黑色反光，末端有绒毛。产卵器稍突出，外生殖器第2负瓣片端部和基部的连线与第2基支端部和

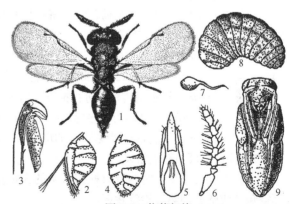

图8-5　苜蓿籽蜂

1. 雌成虫；2. 雌成虫腹部侧面观；3. 雌成虫外生殖器；
4. 雄成虫腹部侧面观；5. 雄成虫外生殖器；6. 雄成虫触角；
7. 卵；8. 幼虫；9. 蛹

基部连线之间的夹角大于 20°，小于 40°，第 2 负瓣片弓度较小。雄成虫体长 1.2～1.7mm。触角索节 5 节，念珠状，第 3 节有 3 或 4 圈较长的细毛，第 4～8 节各有 2 圈。阳茎顶端有条纹，背面有 4 个感觉孔，腹面顶端有 2 列 3 对感觉孔。阳茎侧突外缘有 3 根刚毛，侧突顶端有 1 个趾状附属物，上有 2 个指状齿。阳茎内突突出。

（2）卵　　长椭圆形，长 0.17～0.24mm，透明，有光泽。卵柄长 0.30～0.52mm。

（3）幼虫　　老熟幼虫体长 2.0～2.3mm。肾形，乳白色。头部有棕黄色上颚 1 对，其内缘有 1 个三角形小齿。无足。

（4）蛹　　体长 1.1～1.9mm。初化蛹时白色，后变为乳黄色，羽化时变为黑色。复眼红色。

4. 发生规律

（1）生活史　　1 年发生代数因地而异。在美国亚利桑那州 1 年发生 2 代，在新西兰 1 年发生 2 或 3 代，以幼虫或蛹在田间或仓库中的寄主植物种子内越冬。在我国新疆昌吉回族自治州 1 年发生 3 代，主要以 3 龄幼虫在苜蓿种子内越冬，越冬幼虫于翌年 4 月下旬开始化蛹，5 月上旬越冬代成虫开始羽化，5 月下旬为羽化盛期；6 月下旬为第 1 代幼虫发生盛期，7 月上旬出现第 1 代成虫，7 月中旬为成虫羽化盛期；7 月下旬至 8 月上旬为第 2 代幼虫发生盛期，7 月下旬出现第 2 代成虫，8 月中旬为成虫羽化盛期；8 月上旬出现第 3 代幼虫，在种子内取食发育至 2～3 龄后开始越冬。

（2）生活习性　　成虫羽化多集中在 10:00～14:00，羽化后即可交配，交配持续 2～6min，有多次交配习性。交配后雌成虫选择刚乳熟或嫩绿的种荚，用产卵器插入荚内，将卵产于种子胚芽处，每粒种子内只产卵 1 粒，单头雌虫产卵量为 40～65 粒。成虫寿命为 3～40d，取食补充营养可使寿命延长，产卵量也明显增加。卵期 3～12d。幼虫孵化后在 1 粒种子内取食并完成发育，共 4 龄，幼虫期 10～15d，越冬代幼虫达 200d 以上。幼虫老熟后在取食的种壳内化蛹，化蛹后种子开始干燥变硬，种粒明显小于正常种子，蛹期 8～30d。

（3）发生与环境的关系　　温度是影响不同地区发生代数和发生期的关键因子，化蛹最适宜温度为 20.2～27.7℃，越冬期间种荚所处的环境温度直接影响越冬幼虫的存活率。在特别干燥的情况下，幼虫在种子内可存活 1～2 年。不同苜蓿品种抗虫性差异明显，种荚荚毛密集和木质化程度高的品种抗虫性较强，而种荚荚毛稀疏和种荚卷曲程度低的品种被害较重。

5. 传播途径

主要以种子内的幼虫和蛹随苜蓿等寄主植物种子的运输进行远距离传播。成虫具有一定的飞行能力，可近距离扩散蔓延。

6. 检疫检验方法

可参考 DB15/T 538《苜蓿籽蜂检疫鉴定方法》进行检疫检验。对来自疫区的苜蓿等寄主植物种子进行抽样，将样品带回室内，在白瓷盘内用解剖针剥查种粒，收集幼虫、蛹用于种类鉴定。需要饲养时，将抽取的种子样品放入网袋内，置于 25～28℃、相对湿度 75% 的培养箱中饲养，待羽化为成虫后进行种类鉴定。

扩展阅读 8-16

7. 检疫处理与防治技术

（1）检疫处理　　对携带有检疫对象的大批量种子进行药剂熏蒸，对小批量种子可进行真空包装或微波加热等检疫除害。

（2）防治技术　　在发生区，秋冬耕翻整地将脱落的种子埋入 5～6m 深的土壤中，可杀死越冬幼虫。将种子浸泡在 15%～20% 的食盐水中，清除销毁上浮的种子。播种前用 50℃ 的热水烫种 30s，或用药剂拌种杀虫。

六、扁桃仁蜂

1. 名称

学名：*Eurytoma amygdali* Enderlein。

英文名：almond seed wasp，almond stone wasp。

分类地位：膜翅目（Hymenoptera）广肩小蜂科（Eurytomidae）。

检疫害虫类别：进境植物检疫性害虫。

2. 分布与为害

（1）分布　　原产于东南欧和中东地区。目前分布于欧洲的保加利亚、波斯尼亚和黑塞哥维那、德国、法国、黑山、克罗地亚、北马其顿、塞尔维亚、斯洛文尼亚、希腊和匈牙利，亚洲的塞浦路斯、黎巴嫩、叙利亚、土耳其、约旦、以色列、亚美尼亚、阿塞拜疆和格鲁吉亚。

（2）寄主　　寄主植物有樱桃（*Cerasus pseudocerasus*）、杏（*Prunus armeniaca*）、扁桃（*P. dulcis*）和李（*P. salicina*）。

（3）为害　　以幼虫取食发育中的核果胚乳，造成果实干瘪、脱落，导致产量和品质下降。

扩展阅读 8-17　扩展阅读 8-18

3. 形态特征

扁桃仁蜂的形态特征具体见图 8-6。

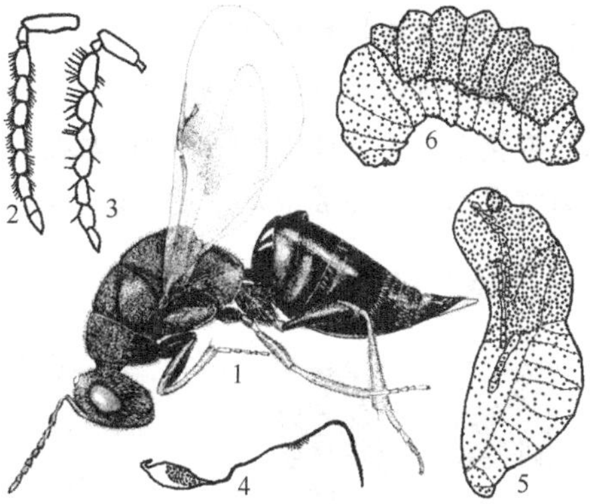

（1）成虫　　雌成虫体长 7～8mm，触角 6 个索节，2 个棒节。雄成虫体长 5～6mm，触角 7 个鞭节，未形成棒节。胸部有粗大刻点并被毛，中胸后侧片腹缘无脊。前翅黑化，有明显的黑斑。足基节和后足腿节黑色，前足和中足腿节中段红褐色，两端褐色，胫节红色。腹柄明显长于后足基节。雌成虫第 7 腹板约 2 倍长于第 6 腹板，腹末端明显上翘。

（2）卵　　椭圆形，长 0.29～0.42mm。卵前端形成短丝，卵柄长 1.37～1.99mm。

（3）幼虫　　老熟幼虫体长 5.5～6.5mm。乳白色，纺锤形略扁，两端向腹面弯曲，体背中线及侧线处略隆起。虫体表面刚毛短小，稀少。头小，淡黄色，大部分缩入前胸内，上颚褐色坚硬，基部有 1 小齿。胴部 13 节。气门 9 对，着生于第 2～10 节，圆形，黄褐色。无足。

图 8-6　扁桃仁蜂

1. 雌成虫；2. 雌成虫触角；3. 雄成虫触角；
4. 卵；5，6. 幼虫

（4）蛹　　体长 6～7mm。体黄白色，复眼红色。

4. 发生规律

（1）生活史　　1 年发生 1 代，少数多年 1 代，以滞育幼虫在蛀食的核果内越冬。在欧洲，翌年春天越冬幼虫化蛹、羽化，3 月中下旬成虫开始羽化和活动产卵，幼虫孵化后蛀果为害，夏末秋初开始滞育和越冬。在以色列，翌年 1～2 月越冬幼虫化蛹，3～4 月扁桃花期成虫羽化和产卵，幼虫孵化后在核果内蛀食，6～7 月幼虫开始滞育和越冬。

（2）生活习性　　成虫羽化时从被害果的羽化孔爬出，羽化后即可交配，交配后雌成虫选择发育中的果实产卵，每果产卵 1 到数粒，单头雌虫产卵量为 20～30 粒。成虫活动高峰多在中午，雌成虫寿命为 13d 左右，雄成虫寿命为 10d 左右。卵期 20～25d。幼虫期

291～296d。蛹期 36d 左右。

（3）发生与环境的关系　　发育起点温度为 10℃，秋季温度是诱发滞育的关键因素，而光周期影响较小。在不同寄主品种上的产卵量存在明显差异，被害程度也不同。在东南欧，主要天敌有啮小蜂（*Aprostocetus bucculentus*）、郭公虫（*Thanasimus* sp.）和蒲螨（*Pyemotes amygdali*）等。

5. 传播途径

主要以核果内的幼虫随核果的运输进行远距离传播。

6. 检疫检验方法

扩展阅读 8-19

按 SN/T 2683《扁桃仁蜂和李仁蜂检疫鉴定方法》进行检疫检验。对来自疫区的核果类鲜果应仔细查验，挑取萎缩变形的果实带回实验室，剖取果核后用果核总体积 2～3 倍容量的 5% 食盐水浸泡 1min，捞取上浮的果核。对来自疫区的核果类干果抽取样品，带回实验室用果核总体积 2～3 倍容量的 70% 乙醇溶液浸泡 1min，捞取上浮的果核。将上浮的果核盛于养虫笼中，置于 25℃、光周期 L ∶ D＝14 ∶ 10 的培养箱中饲养，获得成虫后进行种类鉴定。

7. 检疫处理与防治技术

（1）检疫处理　　对携带有检疫对象的核果应予以退运、转口或销毁，或进行低温冷处理、药剂熏蒸等检疫除害。

（2）防治技术　　在发生区，及时清除果园落果集中销毁，可有效压低发生基数。在卵孵化率低于 50% 时，及时喷洒农药，可取得较好的防治效果。幼虫钻蛀后进行化学防治，则效果不佳。在成虫发生期，也可用性诱剂大量诱杀雄成虫。

七、李仁蜂

扩展阅读 8-20　扩展阅读 8-21

1. 名称

学名：*Eurytoma schreineri* Schreiner。

英文名：plum seed wasp。

分类地位：膜翅目（Hymenoptera）广肩小蜂科（Eurytomidae）。

检疫害虫类别：进境植物检疫性害虫。

2. 分布与为害

（1）分布　　原产于欧洲，目前分布于欧洲的保加利亚、俄罗斯、罗马尼亚、摩尔多瓦、乌克兰和希腊，亚洲的格鲁吉亚、土耳其和亚美尼亚。

（2）寄主　　寄主植物有欧洲甜樱桃（*Cerasus avium*）、欧洲酸樱桃（*C. vulgaris*）、苹果（*Malus pumila*）、杏（*Prunus armeniaca*）、山樱桃李（*P. divaricata*）、欧洲李（*P. domestica*）、乌荆子李（*P. insititia*）和黑刺李（*P. spinosa*）。

（3）为害　　以幼虫取食发育中的核果胚乳，引起果实脱落。

3. 形态特征

李仁蜂的形态特征具体见图 8-7。

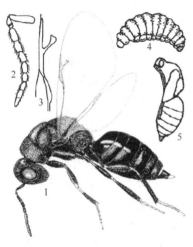

图 8-7　李仁蜂

1. 雌成虫；2. 雌成虫触角；3. 雄成虫前翅翅脉；4. 幼虫；5. 蛹

（1）成虫　　雌成虫体长 4～6mm；触角 6 个索节，2 个棒节。雄成虫体长 4.0～4.5mm；触角 7 个鞭节，未形成棒节。胸部有粗大刻点并被毛，中胸后侧片腹缘无脊。前翅轻微黑化，无明显的黑色翅斑。足基节和后足腿节黑色，前足和中足腿节中段红褐色，两端褐色，胫节红色。腹柄略长于后足基节。雌成虫第 7 腹板与第 6 腹板长度相当，腹末端不上翘。

（2）卵　　椭圆形，长 0.6mm。乳白色。卵柄长螺旋状。

（3）幼虫　　老熟幼虫体长 6～9mm。呈 "C" 形弯曲，体白色，头部黄色，下颚褐色。无足。

（4）蛹　　体长 5～6mm。

4. 发生规律

（1）生活史　　1 年发生 1 代，以滞育幼虫在蛀食的核果内越冬。在俄罗斯南部，4 月温度达 10℃时越冬幼虫开始化蛹，李开花期温度达 15℃时为成虫羽化产卵高峰，5 月为幼虫蛀果为害高峰，幼虫老熟后在取食的果实内滞育和越冬。

（2）生活习性　　成虫羽化时从被害果上直径 1.0～1.4mm 的羽化孔爬出，在李花上交配和潜伏。交配过的雌成虫通过产卵器将卵产于发育的果实中，每果 1 或 2 粒。单头雌虫产卵量为 20～30 粒，最多达 120 粒。成虫寿命 6～8d。卵期 5～10d。幼虫孵化后在果实中蛀食，导致果实停止发育和脱落。幼虫共 4 龄，发育持续时间 15～20d，老熟后在蛀食的果实内滞育和越冬。蛹期 15～30d。

（3）发生与环境的关系　　温度是影响发生的关键因子，气温达 10℃以上时越冬幼虫才能化蛹，达 15℃以上时成虫才能飞行。寄主果树开花期是否与成虫发生期相遇，是影响产卵量的主要因素。

5. 传播途径

主要以核果内的幼虫随核果的运输进行远距离传播。

6. 检疫检验方法

按 SN/T 2683《扁桃仁蜂和李仁蜂检疫鉴定方法》进行检疫检验（见资源 8-19）。具体方法与扁桃仁蜂相同。

7. 检疫处理与防治技术

（1）检疫处理　　同扁桃仁蜂。

（2）防治技术　　在发生区，及时清除果园落果集中销毁，可有效压低发生基数。进行化学防治时应在成虫产卵或幼虫孵化前进行。通常李子开花后 6～8d 施药 1 次，发生严重时 10～14d 后再施药 1 次。

八、红火蚁

1. 名称及检疫类别

学名：*Solenopsis invicta*（Buren）。

英文名：red imported fire ant（RIFA）。

分类地位：膜翅目（Hymenoptera）蚁科（Formicidae）。

检疫害虫类别：进境植物检疫性害虫，全国农业植物检疫性害虫。

2. 分布与为害

（1）分布　　红火蚁原分布于南美洲巴西、巴拉圭和阿根廷的巴拉那河流域，分布南界在南纬 32° 附近。目前已传播到秘鲁、玻利维亚、乌拉圭、美国、澳大利亚、新西兰、马来西亚、安提瓜和巴布达、特立尼达和多巴哥，以及英属维京岛等地。2003年在我国台湾发现入侵农田，2004年在广东吴川和香港、澳门等地相继发现；后经普查发现，广东的广州、深圳、珠海、惠州、东莞和中山，湖南的张家界，广西的南宁和岑溪的局部地方均有发生。应用地理信息系统预测结果表明，广东大部、广西中南部、云南南部的少数地区、海南、台湾、香港和澳门是红火蚁的高度适生区，云南南部、广西和广东北部、河南最南部、安徽西部、浙江大部、湖北中东部、重庆、湖南、江西和福建是红火蚁的适生区，河北中东部、山东中东部、北京、天津、江苏中北部、安徽大部、河南大部、浙江西北部、湖北西北部、陕西南部、四川东部、贵州中西部和云南中部的少数地区为轻度适生区，西北、东北和华北的大部分地区为非适生区。

（2）寄主　　红火蚁是杂食性土栖蚁类。取食多种植物的种子、幼芽、嫩茎和根系等，严重影响植物的生长发育，造成农林作物减产。捕食多种土栖动物，在严重发生区可将土壤中的小型无脊椎动物捕食殆尽，还可攻击鸟类、蜥蜴、啮齿类等地栖性脊椎动物。红火蚁还伤害人畜，叮咬家畜家禽，造成其受伤和死亡；人被红火蚁蜇伤后皮肤会出现红斑、红肿、痛痒，一些体质敏感的人会产生过敏性的休克反应，严重者甚至死亡。

（3）为害　　红火蚁是重要的农业、生态、卫生和公共安全害虫。目前美国南方有100万hm^2土地被红火蚁所盘踞，每年造成的农业损失超过7.5亿美元。由于红火蚁具有惊人的竞争优势，常造成本土无脊椎动物的种类和数量锐减，破坏生物多样性和影响土壤微生态环境。红火蚁还会造成公共卫生安全，如美国南卡罗来纳州1998年约有33 000人被红火蚁叮咬需要就医，其中有15%的人有局部严重的过敏反应。红火蚁的蚁巢常入侵户外与居家附近的电器设备中，造成电线短路或设施故障，因红火蚁造成的都会区、住宅区、学校、机场、园艺场、墓地、高尔夫球场等公共设施和电器与电讯设备的破坏等损失很难统计。

扩展阅读 8-22

3. 形态特征
红火蚁的形态特征具体见图 8-8。

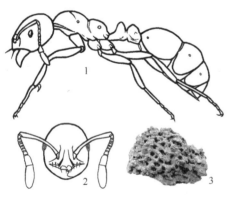

图 8-8　红火蚁
1. 成虫侧面观；2. 头部正面观；3. 蚁巢

扩展阅读 8-23　扩展阅读 8-24

红火蚁除了具有成虫、卵、幼虫和蛹4个虫态外，成熟蚁巢中有职蚁（兵蚁和工蚁）、蚁后、雄蚁，婚飞时期还有具翅的雌、雄繁殖蚁。

（1）职蚁　　体长3.0～6.0mm，红色或棕红色。头部宽度小于腹部宽度，脱裂线呈倒"Y"字形。上颚发达，唇基具两条纵向的脊或龙骨并向前延伸至齿，大颚具4齿。复眼明显，由数十个小眼构成。触角膝状，10节，末端2节明显膨大呈棒状。中胸侧板刻纹较密或表面粗糙。腹柄具两个节点，通常不具齿，或最多具1个微小的瘤。其中，兵蚁体长6.0～7.0mm，头宽约1.5mm，体橘红色，腹部背面色略深；体表略有光泽，体毛较短小；上颚发达，黑褐色；触角柄节几乎达到后头突；螯针常不外露。工蚁体长2.5～4.0mm，头宽约0.5mm，头部黄色，有深色额中斑，腹部棕褐色；额下方连接的唇基明显，两侧各有齿1个，唇基内缘中央具三角形小齿，小齿基部有刚毛1根；触角柄节不达头顶；前胸背板前侧角圆，背板后面部分中部平或凸起；腹部第 2、3 节背面中央常有近圆形淡色斑纹，腹部末端有螫针伸出。

扩展阅读 8-25

（2）繁殖蚁　　有翅雄蚁体长 7.0～8.0mm，体黑色，着生翅 2 对，头部细小，触角呈丝状，胸部发达，前胸背板显著隆起。有翅雌蚁体长 8.0～10.0mm，头及胸部棕褐色，腹部黑褐色，着生翅 2 对，头部细小，触角呈膝状，胸部发达。

扩展阅读 8-26

（3）卵　　直径 0.2～0.3mm，圆形或椭圆形，白色。

（4）幼虫　　共 4 龄，体柔软，乳白色。无足。

（5）蛹　　为裸蛹，工蚁蛹体长 0.7～0.8mm，繁殖蚁蛹体长 5～7mm，体柔软，白色。

4. 生物学特性

（1）生活史　　卵期 7～14d。幼虫共 4 个龄期，历期 6～15d，蛹期 9～15d。卵发育至成虫所需时间因虫态而异，工蚁需 20～45d，大型工蚁需 30～60d，兵蚁、蚁后和雄蚁需 180d。蚁后寿命为 6～7 年，职蚁寿命为 1～6 个月。

（2）生活习性　　红火蚁营社会性生活。通常一个蚁群包括 10 万～50 万个不同虫态的工蚁，数百个有繁殖力的有翅雄蚁和雌蚁，一个或多个有生殖力的蚁后及其所产生的卵、幼虫和蛹。蚁群一般为单蚁后型，群体密度较大时也会出现多蚁后型种群，但只有 1 头蚁后具有统治权，由大量工蚁护理；其他蚁后体型较小，由于雄性不育率较高，这些蚁后的受精概率较低，只产生很少的工蚁。在多蚁后型种群控制的地域，大多数新群体以脱离原群体的方式形成，在阳光充足的开阔地区其扩散距离通常为每年 20～50m，在寒冷林区则为每年 10～30m，一般新蚁群建立 4 个月以后，开始新一轮繁殖。职蚁可分为工蚁和兵蚁，阶级结构变化为连续性的多态型，年轻的工蚁负责照顾蚁巢，中年的工蚁保护群体和修补隧道，年老的工蚁负责觅食。

红火蚁属群居性昆虫，在地下构筑蚁巢。蚁巢是蚁后产卵、后代哺育和食物贮存的场所，高约 60cm，基部直径 60cm，呈蜂巢状结构，可区别于其他蚂蚁。成熟蚁巢会将土壤堆成高 10～30cm，直径 30～50cm 的蚁丘，但新蚁巢在 4～9 个月后才会出现明显蚁丘。蚁丘多呈圆丘形或沙滩状，通常建在田间、菜园、苗圃、果园、竹林、行道树、绿地、草坪、高尔夫球场、荒地、水源保护区、铁路、机场、村舍、家畜养殖场、垃圾场等有阳光的地方。蚁丘表面没有开口，只有在繁殖蚁要飞出时，工蚁才在上面钻出一些 5mm 左右的小孔。在地表下可见很多隧道，组成一个庞大的隧道系统，其中蚁巢下部的隧道较为稀疏，最深可达地下 2m 左右，为蚁巢输送所需的水分；蚁巢四周有大量放射型的水平隧道，最远可达 10～100m，供工蚁外出采集食物，还可在较大范围内调节蚁巢的温度。

红火蚁攻击性极强，有别于其他蚂蚁。除了攻击多种地栖性脊椎动物和畜禽外，还会攻击人类，稍受侵扰就会快速成群涌出，找到适合的位置后，立即用其上颚咬住皮肤作为支撑点，然后弯曲身体用腹部的毒针将毒液注射到体内，并能更换地方不断叮蜇，多者可达 7 或 8 次。红火蚁毒液中含有酸性毒素 piperadines，具有溶血和造成局部组织坏死的特性，人被叮蜇后会发生局部红肿并伴有火灼般的疼痛，数小时内出现奇痒的无菌性脓疱，完全恢复需要 2～3 周，但会留下黑色疤痕。

雌雄红火蚁的婚飞和交配发生在春末夏初。一般飞到 90～300m 的高空进行，雄蚁交配后死去，雌蚁则飞行到 3～5km 外寻觅新的筑巢地点，然后翅膀脱落并在地下 20～50mm 处挖掘小巢穴。雌蚁在交配后 24h 内产卵，最初产卵 10～15 粒，由蚁后照看直至发育到成虫，这些后代作为第一批工蚁承担群体维护工作。成熟蚁巢中的蚁后产卵 1500～5000 粒/d。

（3）发生与环境的关系　　低温和干旱是限制红火蚁发生的主要气候因子。小型工蚁的致死低温为 3.6℃，在年最低温度在−17.8℃以下的地区无法生存。一般地面温度达 10℃以上时工蚁开始觅食，达 19℃以上时进入持续觅食期，21～36℃为最适宜觅食温度，温度较高或较低时活动程度降低或转移到适宜温度的地方觅食，温度高于 40.7℃会引起小型工蚁死亡。适于繁殖蚁婚飞的气温为 24～32℃，新蚁后需寻找平均土壤温度 24℃的场所定居。红火蚁常选择池塘、河流、沟渠等离水源较近的地方筑巢，如远离水源，工蚁会向下挖掘取水道，但在地下水位较深的干旱地区很少发生。土壤湿度过大或过小时蚁群活动均减弱，婚飞时土壤相对湿度不小于 80%。

天敌是抑制原产地红火蚁成灾的主要生物因子。在南美洲，红火蚁的寄生性天敌包括至少 18 种寄生蚤蝇、10 多种病原微生物、3 种寄生性线虫、1 种寄生蜂和 1 种寄生蚁，其中 *Pseudoacteon* 属的寄生蚤蝇和微孢子虫、球孢白僵菌、绿僵菌等病原微生物已被证明对红火蚁有较好的控制作用。红火蚁的捕食性天敌有鸟类、蜘蛛、虱状蒲螨（*Pyemotes tritici*）、虎甲（*Cicindella punctulata*）、步甲（*Erparia castane*）、蜻蜓、螳螂、蚂蚁和其他一些节肢动物，除了捕食工蚁外，尤其对婚飞的繁殖蚁和落地建巢阶段的雌蚁攻击力较强。

5. 传播途径

红火蚁的传播与扩散主要有人为传播和自然扩散两种方式。远距离传播主要通过受蚁巢污染的种子、草皮、苗木、盆景等带有土壤的园艺产品，蛭石、泥炭土、珍珠石等栽培介质，纸张等垃圾，原木和木质包装材料，集装箱箱体等人为运输传播。近距离扩散主要靠有翅成虫迁飞，也可形成漂浮的蚁团随水流扩散。

6. 检疫检验方法

带有土壤的各种园艺产品和栽培介质是检疫的重点。检疫时可用铁丝轻轻扒动土壤，采集蚂蚁标本带回室内鉴定，并检查包装材料和运输工具的缝隙等处。也可在货物周围、运输工具、集装箱箱体内放置诱饵进行诱集，诱集方法见防治方法。在红火蚁的鉴定中注意与近缘种相区别。

7. 检疫处理及防治技术

（1）检疫处理　　对来自疫区的货物和运载工具等需采取严格的检疫处理措施。特别是发现感染蚁害后应立即进行药剂除害，常用的药剂有毒死蜱、敌敌畏、氯氰菊酯、联苯菊酯、七氟菊酯、锐劲特、阿维菌素等，可采用喷雾、浸液或浇灌等方法。对运载工具、货柜等可采取喷药或溴甲烷熏蒸的方法。

（2）防治方法　　在已经发生红火蚁的地区，比较成熟的防治方法是"二阶段处理法"。第一阶段采取饵剂处理，即将灭蚁饵剂洒在蚁丘周围让工蚁搬入蚁巢，以有效杀灭蚁巢深处的蚁后；第二阶段处理个别蚁丘，包括食饵诱杀、药剂和沸水处理等，杀灭活动中的工蚁、雄蚁和蚁巢中的蚁后。

1）饵剂处理。使用专用饵剂或自行配制。每年处理 2～4 次，在工蚁的活动高峰施药，夏季土壤温度高于 35℃时应在早晨或傍晚施药；若 12h 内有降雨则不宜施药，施药后 24h 内也不宜浇水。施药量根据红火蚁的发生情况而定，大面积发生时，按 $1kg/4000m^2$ 的用药量均匀撒布于田间；小面积发生时只处理蚁丘，在蚁丘周围 30～100cm 撒布一圈，每丘约 25g。常用的饵剂有 0.015% 多杀菌素、0.5% 吡丙醚、0.5% 硫氟磺酰胺、0.001% 氟虫腈、0.15% 氟虫胺等。自行配制饵剂时，以去油脂磨碎后的玉米颗粒为载体，按前述药剂的用量称取药剂，溶于大豆油中拌入玉米颗粒即可。

2）食饵诱杀。选择红火蚁喜欢取食的炸薯片、花生酱、花生油、热狗、面包或鱼罐头、狗饲料、猫饲料等，放置于直径10cm且有孔洞的塑料盒中，将塑料盒放置于诱杀场所。

3）药剂处理。主要用触杀性杀虫剂处理蚁丘。使用颗粒剂和粉剂时，应将药剂撒布在蚁丘上及其周围，之后每蚁丘均匀洒水4～8L，使土壤水分呈饱和状态；用药剂进行浇灌时，把乳油、可湿性粉剂等稀释2000～3000倍，由蚁丘顶部或周围外30cm向内灌注4～8L药液，使药液注满整个蚁丘。常用的药剂有阿维菌素、锐劲特、二嗪磷、吡虫啉以及氯氰菊酯、溴氰菊酯、氰戊菊酯等菊酯类农药。

4）其他方法。可从南美洲红火蚁原产地引入小芽孢真菌或火蚁寄生蚤蝇作为红火蚁的天敌；对少量的蚁丘也可采用沸水浇灌、液氮冻杀等方法。

第二节　检疫性等翅目害虫

等翅目（Isoptera）昆虫是社会性昆虫，通称白蚁。具有复杂的品级分化和多型性，形态结构比较复杂，分为长翅型、短翅型和无翅型等繁殖蚁，兵蚁和工蚁等非繁殖蚁，为中小型昆虫，种类鉴别主要根据有翅成虫和兵蚁的形态特征。白蚁营群体生活，具有集群筑巢的习性，形成土栖性蚁巢、木栖性蚁巢或土木栖性蚁巢，主要取食木材或其他植物材料，对木材及其建筑物和构筑物为害极大，常造成重大经济损失，是热带、亚热带地区和我国长江以南的重要害虫。全世界目前已知3000余种，分为6科。我国确定的检疫性种类集中在鼻白蚁科（Rhinotermitidae）和木白蚁科（Kalotermitidae）。除了本节介绍的进境植物检疫性害虫外，还有全国林业危险性害虫尖唇散白蚁（*Reticulitermes aculabialis* Tsai et Hwang）。

一、乳白蚁

1. 名称

学名：*Coptotermes* spp.（非中国种）。

别名：家白蚁。

英文名：subterranean termites。

分类地位：等翅目（Isoptera）鼻白蚁科（Rhinotermitidae）。

检疫害虫类别：进境植物检疫性害虫。

2. 分布与为害

（1）分布　　主要分布于热带和亚热带地区，但已知36种非中国种的主要分布区各不相同。

扩展阅读 8-27

（2）寄主　　不同乳白蚁种类有一些差别，但主要寄主植物均为分布区内的树木、植被和农作物等。

（3）为害　　通过植物的根部侵入树木，挖空树干心材，引起树木倒伏，大大降低木材价值。除取食活体植物外，乳白蚁对于干枯的植株和木材有特殊嗜好，甚至蛀食含纤维素的纸张、布匹、胶版、书籍等木材加工品，以及被木材腐朽菌寄生的枯木、檫木、芦苇、甘蔗渣等，房屋、电缆等也常受到乳白蚁的为害。

扩展阅读 8-28

3. 形态特征

乳白蚁的形态特征具体见图8-9。

（1）有翅成虫　　头部宽卵形。囟孔位于头中部，有1短管。后唇基极短而平。触角

扩展阅读 8-29

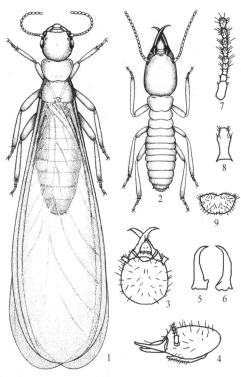

图 8-9 乳白蚁

有翅成虫：1. 虫体背面。

兵蚁：2. 虫体背面；3. 头部背面；4. 头部侧面；

5. 左上颚；6. 右上颚；7. 触角；8. 后颏；

9. 前胸背板

扩展阅读 8-30

18～25 节。前胸背板扁平，狭于头部。前翅鳞大于后翅鳞且覆盖后翅鳞之上，翅脉有极浅的网状纹，翅面具毛，前翅中脉由肩缝处独立伸出，后翅中脉由胫分脉基部分出，中脉距肘脉较近。

（2）兵蚁　头卵形，前端明显变狭。囟为大型孔口，位于头前端，呈短管延出，朝向前方。唇基短，无中沟，上唇尖吞形，上颚细而弯曲，除基部的锯形缺刻外，内缘光滑无齿。触角 13～17 节。前胸背板平坦，狭于头部。

4. 发生规律

（1）生活史　为群居社会性昆虫，生活史比较复杂。一般把其生命周期划分为分飞和建群两个阶段，有翅成虫出现时间和分飞期因种类和发生地而异，但每种乳白蚁在同一地区的分飞多发生在每年固定的季节。分飞结束后有翅成虫降落地面爬行，雌雄成虫开始追逐、求偶和交配，遇有障碍物的碰撞或摩擦时翅膀脱落，成为原始蚁王和蚁后。交配后寻找筑巢场所开始产卵，卵孵化为幼蚁后逐步发育，到兵蚁出现时为新群体建立的重要标志，具备了长期生存的基本功能。通常群体建立初期兵蚁所占比例较大，随着群体的发展兵蚁比例下降。此后群体不断壮大，在此过程中还会出现补充蚁王和蚁后。一个群体经 4～5 年发育成熟后，开始产生有翅成虫，从巢内向外分飞，建立新的种群。

（2）生活习性　为木栖性白蚁，主要筑巢于干燥的木材中，尤其对树桩和原木表现出明显的偏好。乳白蚁品级分化多样，蚁巢结构颇为复杂，在一个巢内，蚁王、蚁后负责交配产卵。工蚁占整个群体的绝大多数，担负筑巢、取食、清扫、喂食和搬运、照料幼蚁等任务。兵蚁担负防卫任务，当工蚁外出觅食时兵蚁跟随防卫，当遇敌害时兵蚁群起而攻之。乳白蚁个体的发育历期和寿命因种类而异，一般蚁王和蚁后寿命较长，兵蚁和工蚁的寿命较短。不同种类的蚁群的寿命各不相同，寿命长的，如大家白蚁（*Coptotermes curvignathus* Holmgren）可达 50 年。

（3）发生与环境的关系　高温、高湿的环境有利于乳白蚁发生为害，分飞多发生在高温季节的雨后。但多数种类对环境的适应性较强，长期高温、土壤干燥和食料不足仍可生存。在自然森林系统中，本土树木很少受到乳白蚁的攻击，而人工林系统中的外来树种最容易受到侵害。白僵菌、绿僵菌、线虫等病原微生物是重要天敌。

5. 传播途径

主要通过原木、板材、木方、木质包装和铺垫材料等的运输进行远距离传播。有翅成虫不善飞翔，但可以随风飘散蔓延。

6. 检疫检验方法

按 SN/T 5007《乳白蚁属（非中国种）检疫鉴定方法》进行检疫检验。现场查验时应首先观察原木、木方等检疫物表面是否有明显的蚁路、泥被、蚁巢、取食活动或蛀孔等为害状，用锤子敲打原木或木方两端和中部，若有空心回声应撬开空心处，用铲子掏出木屑或泥土，检查是否有活动的乳白蚁、死亡的虫体。若原木带树皮时应用铲子或螺丝刀掀开树皮，观察树皮内侧和原木木质部是否有为害状或虫体。然后检查集装箱等运输工具，用手电筒仔细查找周边白蚁活动迹象或虫体。采集乳白蚁、木头碎屑、土壤等标本，带回实验室用于种类鉴定。

扩展阅读 8-31

7. 检疫处理与防治技术

（1）检疫处理　对没有检疫证书的进境木材或携带有乳白蚁的木材、木质制品和包装材料等，进行密封药剂熏蒸或直接喷洒杀虫剂等检疫除害。

（2）防治技术　在乳白蚁发生地，选种健康种苗，加强营林管理，减少发生为害。对乳白蚁已经钻蛀的树木可注射内吸性杀虫剂，或使用绿僵菌、白僵菌、线虫等进行生物防治。也可在冬季挖除蚁巢，或在乳白蚁活动高峰期进行毒饵诱杀，或在成虫分飞期进行引诱剂或灯光诱杀。

二、欧洲散白蚁

1. 名称

学名：*Reticulitermes lucifugus*（Rossi）。

英文名：Italian subterranean termite。

分类地位：等翅目（Isoptera）鼻白蚁科（Rhinotermitidae）。

检疫害虫类别：进境植物检疫性害虫。

2. 分布与为害

（1）分布　原产于欧洲西南部。目前分布于欧、亚、非三大洲交接处，包括巴尔干半岛、法国、黑海沿岸、葡萄牙、西班牙、意大利和英国。

（2）寄主　涉及多种农林植物和木建筑，如桉属（*Eucalyptus*）、松属（*Pinus*）和李属（*Prunus*）植物，榕树（*Ficus microcarpa*）、云杉（*Picea asperata*）、可可（*Theobroma cacao*）、葡萄（*Vitis vinifera*），以及粮食、蔬菜和坚果等。

（3）为害　不仅严重为害森林地区老、干木材，也严重为害建筑木材，同时还啃食农作物的根茎叶，导致作物产量下降。

扩展阅读 8-32　扩展阅读 8-33

3. 形态特征

欧洲散白蚁的形态特征具体见图 8-10。

（1）有翅成虫　体长 10.00～10.82mm（包括翅）。头酱褐色，近圆形，头宽不连眼，侧面观头顶较平。头壳 Y 缝不可见，囟距额缘 0.41mm，头长至颚基 0.94～1.02mm，额区低凹。上唇、后唇基淡酱褐色，后唇基宽约 0.5mm，明显隆起高出头顶之上，长约为宽的 1/3。触角 17 节，淡酱褐色，触角斑模糊，稍拱起。复眼黑褐色，近三角形，单眼近圆形，单眼短径大于单复眼间距，复眼至触角窝间距约为单眼至触角窝间距的 1/3。前胸背板黑褐色，前后缘中央凹入明显，两侧宽

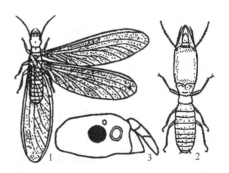

图 8-10 欧洲散白蚁
1. 有翅成虫虫体背面；2. 兵蚁虫体背面；
3. 兵蚁头部侧面

圆，缓向后狭，中缘稍凹入。T 纹模糊。翅灰褐色。足腿节深褐色，胫节和跗节淡褐色。

（2）兵蚁　　头壳黄褐色，被毛稀疏。头长方形，约为 1.62mm×1.10mm，两侧平行，头后缘宽圆，侧面现额脊隆起，脊顶缓平，额坡约为 45°，背面现双脊型。上颚紫褐色；上唇黄褐色，长约为宽的 1.23 倍，最宽处位于后段 1/3 处，上唇具端毛，亚端毛各 1 对，唇背具几根长毛和毛；上唇左上额长 0.94～0.99mm，后额宽区位于前段 1/4 处，后额狭为 0.21～0.23mm，位于中后段，两侧近平行，后额长为后额狭的 4.56～5.48 倍。触角浅黄褐色，15 或 16 节。前胸背板黄色带褐色，为长的 1.58～1.70 倍，中区毛近 20 根，前后缘中央宽"V"形浅凹入，中凹率 10%。足黄色带褐色，后足胫节长 0.89～0.97mm。

4. 发生规律

（1）生活史　　为群居社会性昆虫。有翅成虫出现时间因地而异，一般在 4～5 月，分飞期和分飞时间也受纬度、海拔和气候因子的影响。求偶成功后蚁后和蚁王寻找木材上的裂缝、凹槽等筑巢场所，并开始交配，28d 内蚁后产第 1 批卵。3～4 年后部分幼蚁发育为兵蚁，6 年后开始出现新的有翅成虫，飞离蚁巢去建立新的种群。

（2）生活习性　　蚁王交配后不久死亡，蚁后一生只交配 1 次，通过有性生殖繁殖后代，通过孤雌生殖产生下一代蚁后。初期孵化的幼蚁由蚁后照料，幼蚁发育到一定阶段后开始挖掘隧道、取食木材和饲喂、照料新的幼蚁。1 个蚁群的存活时间一般为 9～10 年，也可达 10～15 年或更长时间。

（3）发生与环境的关系　　发生的适宜温度为 26～27℃，超过 30℃容易引起死亡。蚁巢位于相对干燥的环境有利于种群发展，而潮湿的环境对其有不利影响，如土壤湿度接近 20% 或空气湿度达 95% 时，停止进食或引起死亡。

5. 传播途径

通过干燥木材、木质家具和包装材料等的运输进行远距离传播。有翅成虫飞行可达 5000m，具有较强的扩散能力。

6. 检疫检验方法

按 SN/T 3413《欧洲散白蚁检疫鉴定方法》进行检疫检验。查验原木、板材、方木和木制品时，应首先检查货物表面和四周是否有蚁道或蚁巢等，然后用斧、凿等工具进行剖材，采集白蚁标本。查验苗木时，应首先观察植株及其周围携带的土壤/介质中有无白蚁、蚁道、蚁巢或活动痕迹，然后观察树干、枝叶是否有白蚁或蚁道，并用小铲挖开土壤/介质，采集白蚁标本。查验运输工具和包装时，应观察运输工具的箱体和周边、木质包装或纸箱底部是否有可疑碎土，废纸箱或纸捆表面是否有白蚁或其活动痕迹，发现蚁道可沿蚁道方向寻找白蚁或蚁巢；对可疑的捆纸应拆开仔细检查，采集白蚁标本。将采集的白蚁标本带回实验室进行种类鉴定，发现可疑症状的检疫物也要一并取样。

扩展阅读 8-34

7. 检疫处理与防治技术

（1）检疫处理　　对来自疫区的木材、木质包装箱、集装箱、废纸等，若发现疫情要及时对该批次货物及其运输工具等进行全面清理、杀灭等检疫除害，或退运、销毁。

（2）防治技术　　在发生区，采用诱杀法防治效果较好，可在田间挖大小约 30mm 见方的诱集坑，坑内堆放松木、杨木、高粱秆或甘蔗渣等白蚁喜爱食物，拌入或浸渍灭蚁灵等慢性胃毒药剂，然后用土封埋，诱杀白蚁取食。土壤消毒是杜绝白蚁由土壤入侵房屋的基本方法，将药液灌入墙基、柱基等建筑物基部。

三、小楹白蚁

1. 名称

学名：*Incisitermes minor*（Hagen）。

别名：小木白蚁。

英文名：western drywood termite。

分类地位：等翅目（Isoptera）木白蚁科（Kalotermitidae）。

检疫害虫类别：进境植物检疫性害虫。

2. 分布与为害

（1）分布　　原产于美国西南部和墨西哥北部。目前国外分布于美洲的加拿大、美国和墨西哥，亚洲的日本。国内分布于江苏、上海和浙江。

（2）寄主　　涉及桦木属（*Betula*）、胡桃属（*Juglans*）、松属（*Pinus*）、栎属（*Quercus*）和北美红杉属（*Sequoia*）植物，以及顶果树（*Acrocarpus fraxinifolius*）、红枝桤木（*Alnus rubra*）、美国尖叶扁柏（*Chamaecyparis lawsoniana*）、铅笔柏（*Juniperus virginiana*）和柽柳（*Tamarix chinensis*）等多种树木，还有建筑物、船舶和家具的木结构，木质电线杆、枕木、工艺品和包装物等。

扩展阅读8-35　扩展阅读8-36

（3）为害　　钻蛀为害健康树木和干木材，发生严重时木材被蛀食一空，只剩下外表一层很薄的皮壳，里面则充满粉末及排泄物。

3. 形态特征

小楹白蚁的形态特征具体见图8-11。

（1）有翅成虫　　体长11.0～12.5mm（包括翅）。头部近圆形，长宽几乎相等，棕黄色。上唇灰白色。复眼圆形，突出，黑褐色；单眼稍圆，不触及复眼，色较淡。触角细长，15～20节，第3节深褐色，略长于第2和第4节，末端5～6节较粗壮，端节较小，近圆形。胸部棕黄色，前胸背板前缘中央有凹口，后缘稍平。翅棕色透明。足黄色，足胫节3-3-3式，跗节4节。

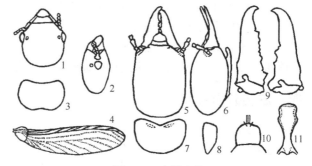

图8-11　小楹白蚁

有翅成虫：1. 头部背面；2. 头部侧面；3. 前胸背板背面；4. 前翅。
兵蚁：5. 头部背面；6. 头部侧面；7. 前胸背板背面；
8. 前胸背板侧面；9. 上颚；10. 上唇；11. 后额

（2）兵蚁　　体长8～12mm。体表有细短而疏的毛，具光泽。头部红棕色，长方形，两侧近平行，背面稍平；头端部和上颚基部深褐色或黑褐色，额面色较深。头额部稍下陷，并向前倾斜。复眼浅色。上唇短舌形，较宽短，前缘微突，有长毛数根；上颚粗壮，外缘稍直，颚端向内弯曲，基部稍扩大；左上颚内缘有3根缘齿，右上颚有2根缘齿。触角10～14节，1～3节红棕色，其余各节色淡，第3节较长，呈棒状。前胸背板宽于头，前缘中央深凹陷，前侧角近方形，后侧角宽圆，后缘近平直。胸足和腹部浅黄色。

4. 发生规律

（1）生活史　　为群居社会性昆虫。在美国加利福尼亚州，9月底到11月为成虫求偶交配期，交配后3～4d蚁王和蚁后寻找筑巢场所产卵，卵经9个月孵化为幼蚁，前期由蚁王和蚁后喂养，发育一定时间后开始蛀食木材，成熟种群建立需要 5～7 年。后产生新的有翅成虫，飞离蚁巢去建立新的种群。

（2）生活习性　　为木栖性白蚁，主要筑巢于干燥木材中，蛀食木材时并不破坏木材的表层，但在表皮上会形成一些排泄粪便的小洞。成虫有成群求偶的习性，多选择26.7～37.8℃时群集求偶。求偶后翅膀脱落，蚁王和蚁后爬行寻找有孔洞的木材，挖掘孔洞潜入其中，并堵塞洞口，开始交配产卵和照顾后代。缺少真正的工蚁，由幼蚁负责筑巢、取食、清扫和饲喂、照料新孵化的幼蚁，兵蚁则负责防卫。幼蚁从卵到发育成熟大约需要 1 年的时间。

（3）发生与环境的关系　　生活于热带、亚热带的温暖潮湿地区，温度高低与其活动能力密切相关，春季和夏季活动最为频繁，冬季温度升高时活动也明显增加。对不同木材的喜好程度存在明显差异，最不喜欢的木材是一种叫作"Karamatsu"的商业木材。

5. 传播途径

主要通过木材、木质制品和包装材料等的运输进行远距离传播。

6. 检疫检验方法

扩展阅读 8-37

按 GB/T 28104《小楹白蚁检疫鉴定方法》进行检疫检验。现场查验时应注意木材表面是否有粉状或砂粒状的虫粪，有没有分飞孔和通气孔。然后敲打检疫物表面，若有异常声响，应撬开空洞，查看是否有蚁道和相关行踪，采集成虫和兵蚁标本用于种类鉴定。

7. 检疫处理与防治技术

（1）检疫处理　　对携带有检疫对象的木材、木质制品和包装材料等，进行密封药剂熏蒸或直接喷洒杀虫剂等检疫除害。

（2）防治技术　　在发生区，对小楹白蚁钻蛀的树木可注射内吸性杀虫剂。在白蚁活动高峰期，可配制专用凝胶毒饵进行持续诱杀。在成虫求偶期，进行灯光诱杀。

四、麻头砂白蚁

1. 名称

学名：*Cryptotermes brevis*（Walker）。

英文名：dry wood termite，furniture termite，tropical rough-headed powder-post termite，west Indian drywood termite。

分类地位：等翅目（Isoptera）木白蚁科（Kalotermitidae）。

检疫害虫类别：进境植物检疫性害虫。

2. 分布与为害

（1）分布　　最早发现于西印度群岛。目前在美洲已普遍发生，国外还分布于大洋洲的澳大利亚、波利尼西亚、斐济、基里巴斯、夏威夷群岛、新喀里多尼亚和新西兰，非洲的埃及、东非、佛得角、冈比亚、刚果（布）、加纳、津巴布韦、科特迪瓦、马达加斯加、南非、尼日利亚、塞尔加尔、塞拉利昂、圣赫勒拿、乌干达和刚果（金），欧洲的葡萄牙、西班牙和意大利，亚洲的马来西亚和印度。国内分布于香港。

（2）寄主　　涉及槭树科（Aceraceae）、柏科（Cupressaceae）、壳斗科（Fagaceae）、楝科（Maliaceae）、木樨科（Oleaceae）、松科（Pinaceae）、椴树科（Tiliaceae）和榆科（Ulmaceae）等多种干燥木材、木质家具和包装材料。

（3）为害　　在木材结构或木制品内筑巢，咀嚼木头纤维，破坏建筑物的结构木材和家具等木质物体。

3. 形态特征

麻头砂白蚁的形态特征具体见图8-12。

扩展阅读8-38　扩展阅读8-39

（1）有翅成虫　　体长约11.0mm（包括翅）。体棕色。翅长约9mm，干燥翅膀有棱齿光泽，翅前缘3～4条翅脉变暗或变粗，中脉通常在近外缘1/3处弯曲。

（2）兵蚁　　体长4～5mm。头部宽1.2～1.4mm，黑色，皱纹较深，下颚不像其他木白蚁那样突出，而头部扩大形成短钝、高度硬化的障碍物，用于堵塞蚁路防止入侵者进入巢内。前胸背板与头壳等宽，或宽于头壳。

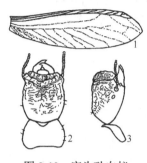

图 8-12　麻头砂白蚁

有翅成虫：1. 前翅

兵蚁：2. 头部背面；3. 头部侧面

4. 发生规律

（1）生活史　　为群居社会性昆虫。在美国佛罗里达州，每年4～6月为成虫分飞和求偶交配期，2～3年内出现兵蚁，成熟种群建立需要5年时间。5年后产生新的有翅成虫，飞离蚁巢去建立新的种群。

（2）生活习性　　为木栖性白蚁，主要筑巢于干燥的木材结构或木制品内。1个成熟的蚁群有1000多个体，1扇木门上可以有20个蚁群。有翅成虫具有趋光性，分飞高峰集中在黄昏或黎明。分飞求偶后翅膀脱落，蚁王和蚁后爬行寻找有裂缝、结节或钉孔等缺陷的木材结构或木制品，潜入其中并用肠道分泌物堵塞洞口，开始交配产卵和照顾后代。卵6个月孵化为幼蚁，前期孵化的幼蚁由蚁王和蚁后喂养，幼蚁发育到一定阶段后开始挖掘隧道、取食木材和饲喂、照料新的幼蚁。取食过程中不断排出六角形粪球，后期在木材表面会形成直径1～2mm的排粪孔或水泡。2～3年后部分幼蚁发育成兵蚁，5年后部分幼蚁发育为新的有翅成虫。1个蚁群可存活10年以上。

（3）发生与环境的关系　　因在硬木或软木中筑巢，蚁巢微气候环境中的食物和水平衡与其发生密切相关。幼蚁适应温暖、干燥或潮湿、凉爽的小气候，而湿度的变化直接决定温度的变化。成虫则喜欢低温、高湿，在潮湿、凉爽条件下更有利于产卵。

5. 传播途径

主要通过干燥木材、木质家具和包装材料等的运输进行远距离传播。

6. 检疫检验方法

现场查验时应注意木质材料，特别是床头板、橱柜和相框之类的小家具表面是否有奶油色、红色或黑色的六角形粪球、排粪孔或水泡。然后敲打表面，若有异常声响，应撬开空洞，查看是否有蚁道和相关行踪，采集成虫和兵蚁标本用于种类鉴定。

7. 检疫处理与防治技术

（1）检疫处理　　对携带有检疫对象的木材、木质家具和包装材料等，进行密封药剂熏蒸或直接注射杀虫剂等检疫除害，也可用微波加热或电击处理小型木质家具。

（2）防治技术　　在制作木制品时，用木材防腐剂铬化砷酸铜对木材进行加压处理，或用硼酸盐粉尘处理空洞和缝隙，能有效预防麻头砂白蚁的发生。房屋的阁楼、门廊或卧室等发生白蚁时，可用气密防水油布包围木结构进行氟化硫熏蒸处理，也可进行加热或冷冻处理。

第三节　检疫性缨翅目害虫

缨翅目（Thysanoptera）昆虫通称蓟马。体细长，小型到微小型，口器锉吸式，翅狭长，边缘有长缨毛。多数种类为植食性，常见于花上，取食花粉和发育中的果实，部分种类取食植物汁液，不仅直接伤害植物，还传播植物病毒。全世界已知6000余种，分为5科，我国确定的检疫性种类有进境植物检疫性有害生物和全国林业危险性有害生物各1种，均属于蓟马科（Thripidae）。

一、梨蓟马

1. 名称

学名：*Taeniothrips inconsequens*（Uzel）。

别名：梨带蓟马。

英文名：pear thrip。

分类地位：缨翅目（Thysanoptera）蓟马科（Thripidae）。

检疫害虫类别：进境植物检疫性害虫。

2. 分布与为害

（1）分布　　原产于欧洲，目前分布于欧洲的奥地利、保加利亚、波兰、波斯尼亚和黑塞哥维那、丹麦、德国、俄罗斯、法国、荷兰、黑山、捷克、克罗地亚、罗马尼亚、北马其顿、摩尔多瓦、挪威、葡萄牙、瑞典、瑞士、塞尔维亚、斯洛文尼亚、乌克兰、西班牙、希腊、匈牙利、意大利和英国，美洲的阿根廷、巴西、加拿大、美国和摩洛哥，亚洲的朝鲜、格鲁吉亚、韩国、黎巴嫩、日本、塞浦路斯、塔吉克斯坦、土耳其、亚美尼亚、伊朗和以色列。

（2）寄主　　为多食性种类，记载的寄主植物达200多种。包括蔷薇科（Rosaceae）的苹果属（*Malus*）、梨属（*pyrus*）和李属（*Prunus*）多种果树，以及槭树科（Aceraceae）、桦木科（Betulaceae）、壳斗科（Fagaceae）和木樨科（Oleaceae）植物等。

扩展阅读8-40　扩展阅读8-41

（3）为害　　以成虫和若虫锉吸植物的芽苞、叶片、花器和果实，引起茎叶、果萼和果实黑化，花瓣缺损，果实变形、流胶和出现疤痕，造成减产和品质下降。此外，它还是梨火疫病菌（*Erwinia amylovorus*）的媒介昆虫，与糖枫致病真菌的为害也有关联。

3. 形态特征

梨蓟马的形态特征具体见图8-13。

（1）成虫　　体长1.5~2.0mm。刚羽化时鲜黄褐色，后变为棕褐色。前单眼具有外侧鬃，缺少前鬃，单眼间鬃发达。触角8节，第3节色较淡，第3和第4节着生叉状感觉锥。前胸背板近矩形，后缘角有2对等长的后角鬃。后胸腹片叉骨中央无小刺。翅有长缨毛，前翅褐色，近基部色浅，上脉基部鬃3~4根或5根，端鬃3~5根，下脉鬃12~14根。足一般褐色，前足跗节端部有

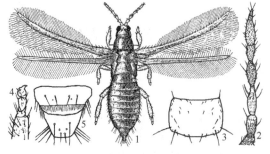

图8-13　梨蓟马

1. 成虫；2. 触角；3. 前胸背板；4. 前足跗节；
5. 腹末8~9节

1 钩状爪。腹部 10 节，第 8 节背板气门正常，不特化，无微弯的梳毛，背板后缘梳毛完整。腹部末节背板无刺状鬃。雌成虫产卵器基节末端向腹面弯曲。

（2）卵　　肾形，长 0.2～0.3mm。表面光滑柔软，无毛。

（3）若虫　　体细长。初孵化时白色透明，老熟后呈黄色。触角 7 节。腹部第 9 和第 10 腹节骨化，其他腹节欠骨化。

4. 发生规律

（1）生活史　　在美国 1 年发生 1 代，以伪蛹在土壤中越冬。翌年 4 月成虫羽化出土，在寄主植物上产卵，若虫孵化后取食植物的芽苞、叶片、花器和果实，6 月中旬若虫老熟后掉落到地面入土越夏，9 月中旬若虫进入伪蛹状态，气温下降后开始越冬。

（2）生活习性　　成虫有取食花蕾和幼嫩部位的习性，交配后雌成虫用产卵器将卵产于植物组织中。卵期 6～10d。卵孵化后，产卵部位常残留有褐色的疤痕。若虫共 2 龄，取食植物的叶片、花芽、花蕾和果实，被害部位往往有棕色的边缘。若虫老熟后掉落地面，在土表下 5～10cm 处建造洞穴潜入其中。

（3）发生与环境的关系　　土壤理化性质和土壤生物与发生密切相关。土壤含水量直接影响发生数量，若虫入土期若遇暴雨则会造成大量死亡。土壤中的一些致病真菌也会感染若虫，自然感染率达 12% 以上。

5. 传播途径

以卵、若虫或成虫随寄主植物的芽、花、叶和果实等的运输进行远距离传播。

6. 检疫检验方法

按 SN/T 3286《梨蓟马检疫鉴定方法》进行检疫检验。对来自疫区的寄主植物进行现场查验时，重点检查植物体黑化、果实变形和流胶并出现疤痕、果萼黑化的样品，借助放大镜仔细观察植物的幼芽、花、叶片和果实，尤其是果蒂、果萼等隐蔽处，并采集蓟马标本带回实验室进行种类鉴定。

扩展阅读 8-42

7. 检疫处理与防治技术

（1）检疫处理　　对发现携带有检疫对象的植株或切花等植物组织，应进行药剂熏蒸或药剂浸泡等检疫除害。

（2）防治技术　　在发生地，加强水肥管理，增强梨、苹果和李等果树的抗害能力。在开花前或开花后蓟马成虫活动产卵期，及时喷洒油剂、杀虫剂等进行化学防治。

二、西花蓟马

1. 名称

学名：*Frankliniella occidentalis*（Pergande）。

别名：苜蓿蓟马。

英文名：western flower thrips。

分类地位：缨翅目（Thysanoptera）蓟马科（Thripidae）。

检疫害虫类别：全国林业危险性害虫。

2. 分布与为害

（1）分布　　原产于北美洲，目前在国外分布于美洲的阿根廷、巴西、波多黎各、多米尼加、厄瓜多尔、哥伦比亚、哥斯达黎加、圭亚那、加拿大、马提尼克、美国、秘鲁、墨西哥、危地马拉、委内瑞拉、乌拉圭和智利，欧洲的阿尔巴尼亚、爱尔兰、爱沙尼亚、奥地利、保加利亚、比利时、波兰、丹麦、德国、俄罗斯、法国、芬兰、荷兰、黑山、捷克、克罗地亚、立陶宛、罗马尼亚、马耳他、北马其顿、挪威、葡萄牙、瑞典、瑞士、塞尔维亚、斯洛伐克、斯洛文尼亚、苏格兰、西班牙、希腊、匈牙利、意大利和英国，非洲的阿尔及利亚、津巴布韦、肯尼亚、留尼汪、摩洛哥、南非和斯威士兰，大洋洲的澳大利亚和新西兰，亚洲的韩国、科威特、马来西亚、日本、塞浦路斯、斯里兰卡、土耳其和以色列。国内分布于北京、云南、浙江、贵州和台湾。

（2）寄主　　已记载寄主植物有66科240余种，涉及杨桃（*Averrhoa carambola*）、桃（*Prunus persica*）、杏（*P. armeniaca*）、欧洲李（*P. domestica*）和葡萄（*Vitis vinifera*）等果树，番茄（*Lycopersicon esculentum*）、辣椒（*Capsicum annuum*）、甜菜（*Beta vulgaris*）、胡萝卜（*Daucus carota*）、甜豌豆（*Lathyrus odoratus*）、豌豆（*Pisum sativum*）、菜豆（*Phaseolus vulgaris*）和洋葱（*Allium cepa*）等蔬菜，菊属（*Gossypium*）、炽花属（*Gerbera*）、蔷薇属（*Rosa*）、石竹属（*Dianthus*）和唐菖蒲属（*Gladiolus*）等多种花卉。

扩展阅读 8-43　　扩展阅读 8-44

（3）为害　　以成虫和若虫的锉吸式口器吸食植物的叶、花、茎和果实汁液，影响植株生长、开花，轻则导致变色、疤痕、畸形，重则引起生长停滞，矮小甚至枯萎，同时还传播多种植物病毒，是果树、蔬菜和花卉的重要害虫。

3. 形态特征

西花蓟马的形态特征具体见图8-14。

（1）成虫　　雌成虫体长 1.2～1.7mm。体淡黄色至棕色，头和胸部色较腹部略淡。雄成虫体形瘦小，体色淡。头宽略大于长，短于前胸，颊后部略收窄。单眼间鬃位于前、后单眼中间连线上，复眼后鬃6对，从内向外第4对鬃最长，约与单眼间鬃等长。触角8节，第3、4节具叉状感觉锥。前胸背板有4对长鬃，前缘和前缘角各有1对长鬃，前缘角鬃长于前缘长鬃，后缘角有2对长鬃，后缘鬃5对，其中从中央向外第2对鬃最长。中后胸背板愈合，前缘具4根长鬃，中胸盾片布满细横纹，后胸盾片中央有不规则的网纹状，后方有1对亮点状钟形感觉孔。前翅前脉鬃22根，后脉鬃18根，均等距排列。腹部第8节背片后缘梳完整，两侧梳毛较长，中央梳毛较短。雄成虫腹部第3～7节腹片上有长椭圆形、颜色稍浅的腹腺域。

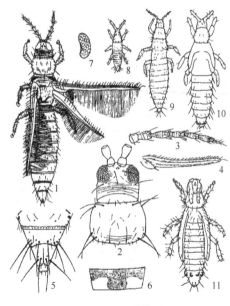

图 8-14　西花蓟马
1. 雌成虫；2. 成虫头部和前胸背板；3. 触角；
4. 前翅；5. 腹部 8～11 节；6 腹部背板夏季着色点；
7. 卵；8. 一龄若虫；9. 二龄若虫；10. 早期伪蛹；
11. 后期伪蛹

（2）卵　　肾形，长约 0.2mm。不透明。

（3）若虫　　初孵化时无色透明，2 龄若虫金黄色。老熟后变为伪蛹，呈白色，触角、翅芽和胸足可见。

4. 发生规律

（1）生活史　　年发生代数与气候温度密切相关，在温暖地区以成虫和若虫在作物和杂草上越冬，在相对较冷的地区在耐寒作物上越冬，在寒冷季节还能在枯枝落叶和土壤中存活。在温室内全年繁殖，1 年发生 12～17 代。

（2）生活习性　　成虫对蓝色、黄色和粉色有明显趋性。雌成虫营两性生殖和孤雌生殖，单雌产卵量为 18～45 粒，多将卵产于叶、花和果实的薄壁组织中，有时也将卵产于花芽中。在室内条件下，雌成虫寿命为 40～80d，雄成虫寿命约为雌成虫的一半。若虫孵化后立即取食，27℃下历期 1～3d，2 龄若虫非常活跃，多在叶片背面等隐蔽场所取食，老熟后变得慵懒并停止取食，蜕皮变为伪蛹。化蛹场所多在土中，也可在花中，伪蛹期 3～10d。

（3）发生与环境的关系　　　温度是影响发生程度的关键因子，发育起点温度为 6.7℃，有效积温为 233.4℃·d。最适温度 30℃，温度 >33℃ 时发育有所延迟。在 20℃ 时卵孵化率最高，可达 95.5%，但卵对失水敏感，死亡率较高。花蝽、捕食螨、寄生蜂、真菌和线虫等天敌对其发生有一定抑制作用。

5. 传播途径

以卵、若虫或成虫随寄主植物的叶片、枝条、花器和果实等的运输进行远距离传播。

6. 检疫检验方法

按 SN/T 2084《西花蓟马检疫鉴定方法》进行检疫检验。对来自疫区的寄主植物进行现场查验时，应注意检查植株的花器、叶面、叶背和枝条的隐蔽处，观察是否有蓟马为害状、卵、若虫和成虫。检查切花时，可在白瓷盘内铺深色纸，倒持切花轻轻抖动。采集蓟马标本，带回实验室进行种类鉴定。

扩展阅读 8-45

7. 检疫处理与防治技术

（1）检疫处理　　对发现携带有检疫对象的植株或切花等植物组织，应进行药剂熏蒸或药剂浸泡等检疫除害。

（2）防治技术　　在发生区，利用夏季休耕期进行高温闷棚，或田间覆盖黑色地膜，或主栽植物周围种植开花植物诱虫等，进行栽培防治。田间或大棚悬挂诱虫色板，进行物理防治。保护利用自然天敌，人工释放小花蝽、钝绥螨等天敌，开展生物防治。及时喷洒杀虫剂，开展化学防治。

第四节　检疫性软体动物

软体动物（Mollusca）是仅次于节肢动物（Arthropoda）的最大类群。其中腹足纲（Gastropoda）的陆生蜗牛、蛞蝓等取食植物的幼芽、嫩叶、嫩枝、茎皮和果实等，对农作物为害较大。我国确定的进境植物检疫性有害生物涉及玛瑙螺科（Achatinidae）、嗜石螺科（Hygromiidae）、巴蜗牛科（Bradybaenidae）和大蜗牛科（Helicidae）多种蜗牛，它们食性较杂，刚孵化的幼螺多为腐食性，发育中的幼螺取食腐殖质、植物的幼苗和嫩芽，成螺则取食植物的叶片和嫩梢，取食时用颚片固定食物，用齿舌舐刮食物，形成明显的孔洞，不同于咀嚼口器昆虫取食后形成的缺刻。

一、非洲大蜗牛

1. 名称

学名：*Achatina fulica* Bowdich。

别名：褐云玛瑙螺，非洲巨螺，菜螺，花螺。

英文名：giant African snail。

分类地位：柄眼目（Stylommatophora）玛瑙螺科（Achatinidae）。

检疫害虫类别：进境植物检疫性有害生物。

2. 分布与为害

（1）分布　　原产于非洲东部沿岸的坦桑尼亚和马达加斯加。目前国外分布于非洲的埃塞俄比亚、多哥、加纳、科摩罗群岛、科特迪瓦、肯尼亚、留尼汪、马达加斯加、马约特岛、毛里求斯、摩洛哥、南非、尼日利亚、塞舌尔和坦桑尼亚，大洋洲的巴布亚新几内亚、波利尼西亚、关岛、马绍尔群岛、帕劳、瓦努阿图、新喀里多尼亚和新西兰，美洲的巴巴多斯、巴拉圭、巴西、特立尼达和多巴哥、厄瓜多尔、圭亚那和马提尼克岛、哥伦比亚、加拿大、美国、秘鲁、圣卢西亚、苏里南和委内瑞拉，欧洲的奥地利、比利时、德国、法国、荷兰和英国，亚洲的帝汶岛、菲律宾、柬埔寨、老挝、马尔代夫、马来西亚、孟加拉国、缅甸、尼泊尔、日本、圣诞岛、斯里兰卡、泰国、土耳其、文莱、新加坡、印度、印度尼西亚和越南。国内分布于广东、海南、广西、云南、福建、香港、澳门和台湾。

（2）寄主　　杂食性，寄主植物范围较广，已经记载的农作物、蔬菜和花卉等寄主植物有近 500 种。

（3）为害　　是重要的农业有害生物。生长螺和成螺以齿舌磨碎植物茎叶或根造成孔洞，尤其喜欢取食幼芽和嫩叶，可咬断各种作物的幼芽、嫩叶、嫩枝、茎皮等，发生量大时短时间内可将作物摄食一空。此外，其还是植物病菌、人畜共患寄生虫的传播媒介。

3. 形态特征

非洲大蜗牛的形态特征见图 8-15。

扩展阅读 8-46

（1）成螺　　贝壳大型，长卵圆形，壳高 130mm，壳宽 54mm。壳质稍厚，有光泽，具 6.5～8 个螺层，螺旋部呈圆锥形，体螺层膨大，其高度为壳高的 3/4。壳顶尖，缝合线深，壳面黄色或深黄底色，有焦褐色雾状花纹。胚壳一般呈玉白色，其他各螺层有断续的棕色条纹，生长线粗而明显。壳内为淡紫色或蓝白色。体螺层上的螺纹不明显，各螺层的螺纹与生长线交错。壳口卵圆形，口缘简单、完整，外唇薄而锋利、易碎。内唇贴覆于体螺层上，形成"S"形蓝白色胼胝部，轴缘外折，无脐孔。

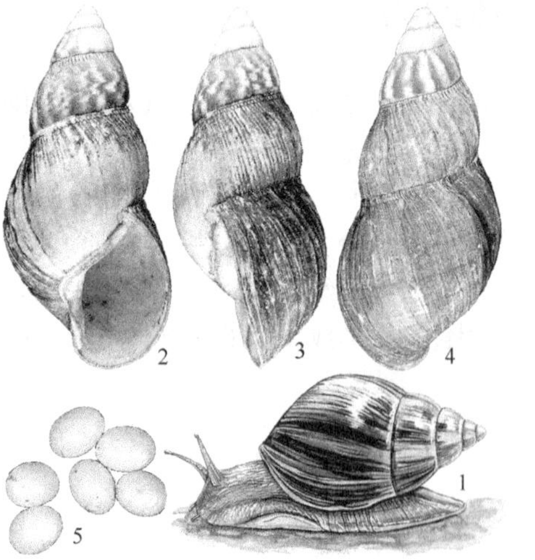

（2）卵　　圆形或椭圆形，长 4.5～6.5mm，宽 4.0～5.0mm。外壳石灰质，色泽乳白色或淡青黄色。

（3）幼螺　　刚孵化幼螺具 2.5 个螺层。壳面为黄或深黄底色，壳质薄，易碎。其他形态特征似成螺贝壳。

（4）螺体　　多为黑褐色。头、颈、触角部有许多网状皱纹，齿舌中央齿 1 枚，侧齿 27 枚，缘齿 35 枚，侧齿有 3 个齿尖。足部肌肉发达，背面棕黑色，跖面灰黄色，黏液无色。

4. 发生规律

（1）生活史　　在我国广西，以成螺和生长

图 8-15　非洲大蜗牛

1. 成螺形态；2. 成螺贝壳螺口正面；

3. 成螺贝壳螺口侧面；4. 成螺贝壳螺口背面；5. 卵

螺在杂草、乱石堆中或土洞内等隐蔽处越冬。翌年 3 月气温回升到 16℃，土壤相对湿度达 60% 以上时开始活动取食。成螺和生长螺混合发生，1 年成螺有 3 次交配产卵高峰，分别是 5 月上旬、7 月上旬和 9 月上旬。11 月下旬至 12 月初遇 14℃ 以下持续降温时，成螺和幼螺形成膜厣开始越冬。越冬期长短与气温成反比，一般为 3~4 个月。

（2）生活习性　　昼伏夜出，具有群居性，喜栖息于阴暗潮湿处。雌雄同体，异体交配，交配一般在黄昏或黎明进行，交配持续 2~4h，交配后 5~7d 开始产卵，卵产于腐殖质多而潮湿的表土下 1~2mm 处或较潮湿的枯草堆、垃圾堆中，每年产卵 4 次，每次 150~250 粒，1 年可产卵 600~1200 粒，一生产卵 6000 余粒。卵期 7~10d。初孵幼螺 3~4d 后开始取食，幼螺经 5~6 个月发育为成螺。寿命为 5~6 年，长的可达 9 年以上。

（3）发生与环境的关系　　生存温度为 0~39℃，最适温度为 23~30℃，适宜生存的相对湿度为 75%~95%。喜中性偏酸土壤（pH5~7）。产卵最适土壤含水量为 50%~75%、pH6.3~6.7。抗逆性强，遇到低温、酷热、缺食、少水等不利条件时，分泌黏液结成膜厣，封闭壳口进入休眠状态。天敌有蟾蜍、青蛙、蚂蚁、鸟类、鸡、鸭、鹅等。

5. 传播途径　　不需要特定寄主，凡接触过的物品均可附着其上，随这些物品的运输进行远距离传播。

6. 检疫检验方法　　按 GB/T 29576《非洲大蜗牛检疫鉴定方法》进行检疫检验。重点查验来自疫区的运输工具和货物、木质包装物、未经加工的植物材料等，观察有没有蜗牛爬行留下的银灰色丝带状黏液痕迹，检查各处特别是阴暗避光处有没有蜗牛。若为盆景等携带土壤或其他细碎衬垫材料时，需过筛检查是否有卵或幼螺。采集蜗牛标本，带回实验室进行种类鉴定。

扩展阅读 8-47

7. 检疫处理与防治技术

（1）检疫处理　　对发现蜗牛污染的货物和运输工具必须进行灭螺处理，可用 130g/m³ 溴乙烷熏蒸 72h，或喷洒贝螺杀、杀贝等杀螺药剂，或用高压水枪冲洗等进行检疫除害。对一些运输工具底部可用 -17.8~-12.2℃ 冷处理 1~2h，或采用水冲刷清洗。

（2）防治技术　　在发生地，铲除田边、沟边、坡地、塘边杂草，破坏蜗牛滋生地。在产卵前，选择晴天的傍晚，在被害植株根部附近的行间喷洒拟除虫菊酯类、有机磷类杀虫剂或杀螺药剂，或采用毒饵诱杀。保护利用蟾蜍、青蛙、蚂蚁、鸟类或利用鸡、鸭、鹅捕杀，开展生物防治。

二、地中海白蜗牛

1. 名称

学名：*Cernuella virgata*（Da Costa）。

别名：普通白蜗牛。

英文名：Mediterranean white snail，common white snail，white snail，vineyard snail，striped snail。

分类地位：柄眼目（Stylommatophora）嗜石螺科（Hygromiidae）。

检疫害虫类别：进境植物检疫性有害生物。

2. 分布与为害

（1）分布　　原产于地中海盆地和西欧地区。目前分布于欧洲的爱尔兰、保加利亚、荷兰、西班牙和英国，非洲的摩洛哥，美洲的美国，大洋洲的澳大利亚。

（2）寄主　　杂食性，寄主植物范围较广，包括禾谷类作物和多种果树。

（3）为害　　是重要的农业有害生物。生长螺和成螺以齿舌磨碎植物的茎叶和果实造成孔洞，对谷类作物和柑橘类果实为害较重，不仅造成产量损失，还大量附着于大麦、小麦、玉米等禾谷类农作物上，污染农产品，影响机械收割。此外，也是许多人畜共患寄生虫的中间宿主。

3. 形态特征

扩展阅读 8-48

地中海白蜗牛的形态特征见图 8-16。

（1）成螺　　贝壳圆球形，壳高 6～19mm，壳宽 8～25mm。壳表光滑，白色或微黄色，有时略带红色，通常在上部有两条褐色条带，下部有 3 或 4 条狭窄条带。有明显的圆锥形螺旋部。一般具 6～7 个螺层，各螺层膨胀略成凸形。体螺层圆形，其周缘圆滑。体螺层上有许多排列不规则、从细到中等粗细的生长线，有些个体螺层下部有螺纹。壳口圆形，少数非常大的个体呈椭圆形，有中等厚度的内唇肋。唇白色或略带红色，边缘稍外折，不反转。脐孔窄而深，形状多变，但通常开放，不被轴缘遮盖。

（2）卵　　圆形，直径 1.5mm 左右。白色。

（3）幼螺　　贝壳较小，壳质薄，易碎，壳口内侧无环唇肋。其他形态特征与成螺贝壳基本相似。

（4）螺体　　长 8mm 左右，浅灰色，略带红色或淡黄色，背部黑色，有大的结节，外套膜红棕色。触角浅灰色，透明。阴茎牵引肌短，阴茎本体长，通常是鞭状体的 3～4 倍。输精管细长，约为阴茎本体的 1.5 倍。矢囊大，插入腔室内。黏液腺多，从副矢囊长出，4 支，每支有分叉，

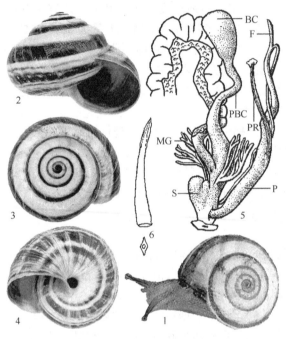

图 8-16　地中海白蜗牛
1. 成螺形态；2. 成螺贝壳侧面；3. 成螺贝壳背面；4. 成螺贝壳腹面；5. 生殖系统（BC 为受精囊，F 为鞭状体，PBC 为受精囊柄，PR 为阴茎牵引机，MG 为黏液腺，P 为阴茎，S 为矢囊）；6. 恋矢及其横切面

中等长度，不卷曲。受精囊大，受精囊柄粗短，宽大。

4. 发生规律

（1）生活史　　在地中海 2 年发生 1 代，在澳大利亚 1 年发生 1 代。在地中海一般夏季休眠，秋季雨后开始活动，10～11 月为成螺活动高峰，晚秋或初冬产卵，冬季和春季多潜伏在杂草丛等处。

（2）生活习性　　昼伏夜出，白天在植株上或其他场所潜伏，夜间在植株上活动取食。雌雄同体，异体交配，单头成螺产卵量为 100～200 粒。卵期为 15～20d。刚孵化的幼螺取食土壤腐殖质，随着生长发育也取食植物的嫩叶和嫩芽，幼螺期 1～2 年。具有群集休眠的习性，在炎热的夏季常爬到树上、栅栏上或垂直的墙上等明亮的高处，形成团簇状的聚集休眠。

（3）发生与环境的关系　　喜欢土壤潮湿和空气相对湿度高的环境，也可生活在干燥的环境中，如沙丘和石灰岩底层、草本植物中层或下层、沿海岸边、路边、耕地和铁路两旁等处。不喜欢高温，也经不起冬季霜冻，环境条件不适宜时开始休眠。自然天敌有鸟类、掠食性节肢动物、线虫和其他腹足动物。

5. 传播途径

不需要特定寄主，凡接触过的物品均可传播。主要通过运输工具、木质包装材料、花卉盆景、被污染的散装农副产品等的运输进行远距离传播。

6. 检疫检验方法

按 SN/T 4637《地中海白蜗牛检疫鉴定方法》进行检疫检验。重点查验来自疫区的谷物和柑橘等农产品、运输工具、集装箱和木质包装物等，观察各处特别是船舱、集装箱顶部等明亮处有没有蜗牛。对来自疫区的原木、苗木、盆景和水果等，观察有没有蜗牛爬行过后留下的银灰色丝带状黏液痕迹。若为盆景等携带土壤或其他细碎衬垫材料时，需过筛检查是否有卵或幼螺。采集蜗牛标本，带回实验室进行种类鉴定。

扩展阅读 8-49

7. 检疫处理与防治技术

（1）检疫处理　　对发现蜗牛污染的货物和运输工具必须进行灭螺处理，可参考非洲大蜗牛的检疫处理方法进行药剂熏蒸、喷洒药剂或高压水枪冲洗等检疫除害。对来自疫区可能被蜗牛污染的物品和运输工具，可进行药剂熏蒸或冲洗冲刷等预防性处理。

（2）防治技术　　在发生地，清除和销毁农田周围的杂草和灌木，或喷洒除草剂，加强土壤耕作，改造蜗牛栖息地。3～6 月和 9～11 月是蜗牛活动高峰期，在首次降雨后及时投放诱杀蜗牛毒饵，进行人工捕杀或喷洒杀螺药剂。

三、硫球球壳蜗牛

1. 名称

学名：*Acusta despecta*（Gray）。

英文名：Ryukyu round snail，Korean round snail。

分类地位：柄眼目（Stylommatophora）巴蜗牛科（Bradybaenidae）。

检疫害虫类别：进境植物检疫性有害生物。

2. 分布与为害

（1）分布　　原产于我国台湾。目前国外分布于欧洲的俄罗斯，大洋洲的关岛，亚洲的朝鲜、东帝汶、缅甸和日本。国内分布于台湾。

（2）寄主　　杂食性，寄主植物范围较广，包括粮、棉、麻、蔬菜、豆类等农作物和桑树、果树、花卉、烟草等经济作物。

（3）为害　　是重要的农业有害生物。生长螺和成螺以齿舌磨碎植物的茎叶或果实造成孔洞，特别喜欢取食蔬菜和花卉等园艺作物，引起作物减产。蜗牛爬行过后还留下白色的黏液痕迹，影响蔬菜和果品的商品价值。此外，还是人畜共患寄生虫的传播媒介。

扩展阅读 8-50

3. 形态特征

硫球球壳蜗牛的形态特征具体见图 8-17。

（1）成螺　　贝壳中等大小，圆球形，壳高 17.5～21.0mm，壳宽 21.0～23.0mm。壳面

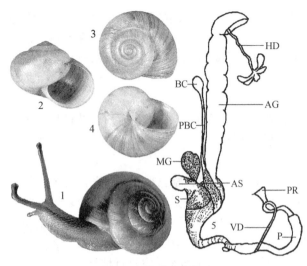

图 8-17　硫球球壳蜗牛

1. 成螺形态；2. 成螺贝壳侧面；3. 成螺贝壳背面；4. 成螺贝壳腹面；5. 生殖系统（HD 为二性管，BC 为受精囊，AG 为蛋白腺，PBC 为受精囊柄，MG 为黏液腺，AS 为副矢囊，S 为矢囊，PR 为阴茎牵引肌，VD 为输精管，P 为阴茎）

黄褐色、淡褐色或赤褐色，具有细致而稠密的生长线和较粗的皱纹。壳质薄，但坚固。具 5～6 个螺层，前几个螺层均匀，略凸出，螺旋部低矮，呈矮圆锥形。体螺层下部特别膨大，呈弧形。壳顶钝，缝合线深。壳口宽大圆形，口缘简单，不外折，锋利，内唇贴覆于螺层上形成细薄的淡白色胼胝部，轴缘外折，略遮盖脐孔。脐孔狭小，呈孔穴状。

（2）卵　圆形，直径 2.0mm 左右。白色。

（3）幼螺　贝壳较小，壳质薄，透明，易碎。其他形态特征与成螺贝壳相似。

（4）螺体　色泽变化较大，多为淡灰色到茶色，透过贝壳可见外套膜形态。触角颜色明显较腹足深。输卵管短，粗大。阴道有部分插入矢囊，远端稍呈球形到扁球形。副矢囊被压扁成弧状，中间有 2 支黏液腺，分叉成葡萄状。输精管与阴茎本体之间界限不明显。阴茎牵引肌的基部稍变粗，阴茎鞘明显比阴茎牵引肌肥厚，粗细均匀。受精囊小乳头状，顶部稍肥厚，其后逐渐变细。

4. 发生规律

（1）生活史　在日本有 4～6 月和 9～10 月 2 个活动取食高峰，夏季和冬季休眠，越冬后第 1 次交配一般发生在 3 月下旬，12 月初也可见到交配的蜗牛。

（2）生活习性　昼伏夜出，喜栖息于阴暗潮湿处。雌雄同体，异体交配，最多可交配 2～3 次，交配后在土表挖洞产卵。卵期 3～4 周，幼螺发育到成螺 5～6 个月。成螺寿命 1 年以上。

（3）发生与环境的关系　最适温度为 25～30℃，在此温度范围内，随着温度升高生长发育速度明显加快。在 15℃时可以存活，但停止生长。取食不同植物的生长发育速度和成螺产卵量有明显差别，如取食甘蓝等 C_3 植物的发育速度快于取食玉米等 C_4 植物。

5. 传播途径

不需要特定寄主，凡接触过有蜗牛地面的物品均可附着其上，随物品的运输进行远距离传播。

6. 检疫检验方法

按 GB/T 33116《琉球球壳蜗牛检疫鉴定方法》进行检疫检验。重点查验来自疫区的运输工具和货物、废塑料、木质包装箱、苗木、水果、蔬菜、花卉、未经加工的植物性材料等，观察有没有蜗牛爬行过后留下的银灰色丝带状黏液痕迹，检查各处特别是阴暗避光处有没有蜗牛。若为盆景等携带土壤或其他细碎衬垫材料时，需过筛检查是否有卵或幼螺。采集蜗牛标本，带回实验室进行种类鉴定。

扩展阅读 8-51

7. 检疫处理与防治技术

（1）检疫处理　　对发现蜗牛污染的货物和运输工具必须进行灭螺处理，可参考非洲大蜗牛的检疫处理方法进行药剂熏蒸、喷洒药剂或高压水枪冲洗等检疫除害。对来自疫区可能被蜗牛污染的货物和集装箱等运输工具，可进行药剂熏蒸或冲洗冲刷等预防性处理。

（2）防治技术　　在发生地，于蜗牛发生期进行人工捕杀或喷洒灭达、贝螺杀、百螺敌等杀螺药剂进行化学防治。

四、花园葱蜗牛

1. 名称

学名：*Cepaea hortensis*（Muller）。

英文名：white-lipped banded snail，while-lipped grove snail，white-lipped garden snail。

分类地位：柄眼目（Stylommatophora）大蜗牛科（Helicidae）。

检疫害虫类别：进境植物检疫性有害生物。

2. 分布与为害

（1）分布　　原产于欧洲。目前分布于欧洲的爱沙尼亚、白俄罗斯、比利时、冰岛、波兰、德国、俄罗斯、法国、芬兰、荷兰、拉脱维亚、卢森堡、挪威、瑞典、乌克兰和英国，美洲的加拿大和美国。

（2）寄主　　杂食性，寄主植物范围较广，包括蔬菜、瓜果和花卉等。

（3）为害　　是重要的农业有害生物。生长螺和成螺以齿舌磨碎植物的茎叶造成孔洞，不仅为害各种蔬菜、瓜果、花卉和其他农作物造成减产，而且爬行过后分泌的黏液污染果品，降低商品价值。此外，也是许多人畜共患寄生虫的中间宿主。

扩展阅读 8-52

3. 形态特征

花园葱蜗牛的形态特征具体见图 8-18。

（1）成螺　　贝壳扁球形，壳高 10～15mm，壳宽 14～20mm。色泽鲜亮，有光泽，有微弱而不规则的生长线和螺旋状的色带 0～5 条，但颜色和色带数量变化较大。贝壳较细薄，具5.0～5.5 个偏圆螺层。脐孔完全被唇缘覆盖。壳口"U"形，口唇白色粗短，偶尔有褐色。外唇向外延伸反折，内唇贴覆于体螺层上，形成一薄的白色胼胝部。

（2）卵　　卵圆形，长径约 2.5mm，短径约 2.0mm。白色。

（3）幼螺　　贝壳较小，壳质薄，易碎，口缘外唇不向外延伸扩展。其

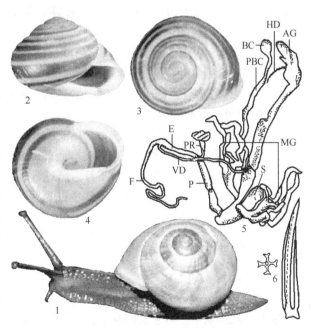

图 8-18　花园葱蜗牛

1. 成螺形态；2. 成螺贝壳侧面；3. 成螺贝壳背面；4. 成螺贝壳腹面；
5. 生殖系统（HD 为二性管，AG 为蛋白腺，BC 为受精囊，PBC 为受精囊柄，E 为阴茎本体，MG 为黏液腺，PR 为阴茎牵引肌，VD 为输精管，S 为矢囊，F 为鞭状体，P 为阴茎）；6. 恋矢及其横切面

他形态特征与成螺贝壳相似。

（4）螺体 头部棕色，从触角基部中央到颈部之间有1浅色的线条。腹足肌肉发达，通常灰绿色。阴茎长，阴茎本体略带紫色，与阴茎差不多等长。鞭状体细长。牵引肌薄而宽，中等长度。受精囊柄长，略粗。矢囊大，椭圆形，无副矢囊。黏液腺管状，粗实且长，光滑，共2支，分别在阴道两侧，每支2分叉，分叉后每叉再分2~3叉，即1支黏液腺有4~6个分叉。阴道呈紫色。

4. 发生规律

（1）生活史 在欧洲，活动取食和交配产卵主要在晚春到夏季，气候温暖的地区可以持续到初秋，其中英国在6~8月，法国在5~10月，其他时间则休眠。

（2）生活习性 昼伏夜出，喜欢生活在废物堆、林地、灌木丛、草地和稠密的植被下，白天常躲藏在乱石堆中、岩石缝隙或树叶底下等隐蔽潮湿处。具有群居活动习性。雌雄同体，异体交配，交配后可储存精子一段时间。也可自我受精。卵产于土壤中，卵期15~20d。生长缓慢，幼螺发育到成螺一般需1年。成螺平均寿命4年。

（3）发生与环境的关系 喜欢潮湿的气候条件，在干旱或无食物等恶劣环境下，则附着在植株背阴处休眠。喜欢取食荨麻、豕草和菊科的刘寄奴属植物。

5. 传播途径

不需要特定寄主，凡接触过的物品均可传播。主要通过蔬菜、瓜果等农副产品和植物无性繁殖材料夹带卵和幼螺传播，也可爬到车辆、集装箱等运输工具上，以休眠方式随货物运输进行远距离传播。

6. 检疫检验方法

扩展阅读 8-53

按GB/T 33122《花园葱蜗牛检疫鉴定方法》进行检疫检验。重点查验来自疫区的运输工具和货物、废塑料、木质包装物、未经加工的植物性材料、苗木、花卉、盆景等，观察有没有蜗牛爬行过后留下的银灰色丝带状黏液痕迹，检查各处特别是阴暗避光处有没有蜗牛。若为盆景等携带土壤或其他细碎衬垫材料时，需过筛检查是否有卵或幼螺。采集蜗牛标本，带回实验室进行种类鉴定。

7. 检疫处理与防治技术

（1）检疫处理 对发现蜗牛污染的货物和运输工具必须进行灭螺处理，可参考非洲大蜗牛的检疫处理方法进行药剂熏蒸、喷洒药剂或高压水枪冲洗等检疫除害。对来自疫区可能被蜗牛污染的货物和集装箱等运输工具，可进行药剂熏蒸或冲洗冲刷等预防性处理。

（2）防治技术 在发生地，于蜗牛发生期进行人工捕杀和喷洒灭达、贝螺杀、百螺敌等进行化学防治。

五、散大蜗牛

1. 名称

学名：*Helix aspersa* Müller。

别名：花园蜗牛、褐色花园蜗牛、欧洲褐色蜗牛。

英文名：garden snail，brown garden snail，common garden snail，European brown snail。

分类地位：柄眼目（Stylommatophora）大蜗牛科（Helicidae）。

检疫害虫类别：进境植物检疫性有害生物。

2. 分布与为害

（1）分布　　原产于地中海沿岸国家。目前分布于欧洲的爱尔兰、比利时、德国、俄罗斯、法国、荷兰、捷克、克罗地亚、卢森堡、马耳他、挪威、葡萄牙、瑞典、瑞士、西班牙、希腊、意大利和英国，美洲的阿根廷、巴西、厄瓜多尔、圭亚那、海地、加拿大、美国、秘鲁、墨西哥、乌拉圭、亚速尔群岛和智利，大洋洲的澳大利亚、诺福克岛、新喀里多尼亚和新西兰，非洲的埃及、阿尔及利亚、冈比亚、莱索托、利比亚、留尼汪、毛里求斯、摩洛哥、南非、塞舌尔、圣赫勒拿和突尼斯，亚洲的土耳其和黑海沿岸国家。

（2）寄主　　杂食性，寄主植物范围较广，包括多种蔬菜、花卉、果树、禾谷类作物和灌木。

（3）为害　　是重要的农业有害生物。生长螺和成螺以齿舌磨碎植物的茎叶、果实或树皮造成孔洞，对蔬菜、瓜果和花卉等园艺作物的为害特别严重，不仅造成产量损失，而且爬行过后分泌的黏液污染蔬菜和果品，降低商品价值。此外，也是许多人畜共患寄生虫的中间宿主。

扩展阅读 8-54

3. 形态特征

散大蜗牛的形态特征具体见图 8-19。

（1）成螺　　贝壳大型，卵圆形或球形，壳高 29～33mm，壳宽 32～38mm。贝壳表面呈淡黄褐色，有稠密和细致的刻纹，并有多条（一般 5 条）深褐色螺旋状的色带，阻断于与其相交叉的斑点或条纹处。壳质稍薄或结实，不透明，有光泽。贝壳具 4.5～5.0 个螺层，壳面有明显的螺纹和生长线。螺旋部矮小，体螺层特膨大，在前方向下倾斜，壳口位于其背面。壳口大而完整，卵圆形或新月形，向下倾斜，口缘锋利，外唇稍增厚，向外延伸外折。无脐孔。

（2）卵　　圆形，直径约 3.0mm。白色。

（3）幼螺　　贝壳光滑，淡褐色，有细小的黑斑，无条状色带和色斑。壳质薄，口缘外唇不向外延伸反折。其他形态特征与成螺贝壳相似。

（4）螺体　　黄褐色到绿褐色，

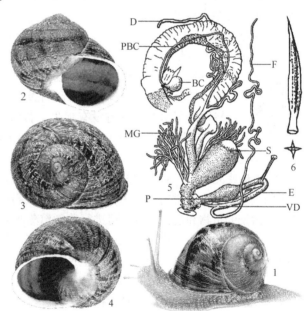

图 8-19　散大蜗牛
1. 成螺形态；2. 成螺贝壳侧面；3. 成螺贝壳背面；
4. 成螺贝壳腹面；5. 生殖系统（D 为盲管，PBC 为受精囊柄，
F 为鞭状体，BC 为受精囊，MG 为黏液腺，S 为矢囊，E 为阴茎本体，
P 为阴茎，VD 为输精管）；6. 恋矢及其横切面

从触角基部中央到贝壳之间有 1 条浅色的线条。足部肌肉发达，黑褐色。阴茎肿胀，梭形至棒状。鞭状体细长，长度为阴茎本体长的 3～5 倍。阴茎上端部的腔包含厚壁、瘤状表面的球状物。阴茎鞘较薄，阴茎牵引肌连接在阴茎本体较低部位。输卵管较长，矢囊很大。黏液腺分支状，具有短的共同导管。输精管短，受精囊柄长，有时具有长而稍膨胀的颈部、弯曲的盲管和薄而直的柄。

4．发生规律

（1）生活史 在美国西北部2年发生1代，在南非1年发生1代，以生长螺和成螺在土壤裂缝和石缝等隐蔽处休眠越冬，每年2～10月活动取食和交配产卵。

（2）生活习性 昼伏夜出，白天潜伏，夜间在5～20m的范围内活动取食。刚孵化的幼螺取食腐殖质，生长螺和成螺取食植物的茎叶、果实和树皮。生长螺发育4～10个月即可性成熟。冬季或干旱时进入休眠状态，具有群集休眠的习性。成螺寿命可达数年，雌雄同体，异体交配，交配持续时间4～12h。交配后5～10d开始产卵，产卵时选择疏松潮湿的土壤，用腹足铲出深2.5～4.0cm的卵穴，产卵时用分泌的黏液、粪便和泥土混合物将卵块隐藏。每年产卵4～6次，每次产卵30～120粒。卵期14d左右。

（3）发生与环境的关系 温暖湿润的条件有利于发生为害。适宜温度范围为4.5～21.5℃，温度较低时则进入休眠状态，但在-10℃的严寒下仍能生存。干旱不利于发生为害，低湿条件特别是干燥的土壤不利于产卵。休耕和滴灌的农田土壤环境适宜，发生为害往往较重。

5．传播途径

不需要特定寄主，凡接触过的物品均可传播。主要通过原木、木质包装材料、集装箱等的运输进行远距离传播。

6．检疫检验方法

扩展阅读 8-55

按 SN/T 3171《散大蜗牛检疫鉴定方法》进行检疫检验。重点查验来自疫区的运输工具、木质包装物、未经加工的植物性材料、苗木、花卉、盆景、废料等是否有蜗牛附着其上，观察有没有蜗牛爬行过后留下的银灰色丝带状黏液痕迹，检查各处特别是阴暗避光处有没有蜗牛。若为盆景等携带土壤或其他细碎衬垫材料时，需过筛检查是否有卵或幼螺。采集蜗牛标本，带回实验室进行种类鉴定。

7．检疫处理与防治技术

（1）检疫处理 对发现蜗牛污染的货物和运输工具必须进行灭螺处理，可参考非洲大蜗牛的检疫处理方法进行药剂熏蒸、喷洒药剂或高压水枪冲洗等检疫除害。对来自疫区可能被蜗牛污染的货物和运输工具，可进行药剂熏蒸或冲洗冲刷等预防性处理。

（2）防治技术 在发生地，采用中耕除草、翻晒土壤、焚烧垃圾、搞好果园清洁卫生等措施，破坏蜗牛栖息、产卵和越冬场所。在果园中养鸭或引进释放捕食性蜗牛，开展生物防治。将瓜皮、杂草等堆放在田间四周引诱蜗牛栖息，在雨天、黄昏、黎明等蜗牛活动期进行人工捕杀。在温暖潮湿的傍晚，投放毒饵进行诱杀，或喷洒杀螺药剂。

六、盖罩大蜗牛

1．名称

学名：*Helix pomatia* L.。

别名：葡萄蜗牛，法国蜗牛。

英文名：burgundy snail，bourgogne snail，Roman snail，Roman garden snail。

分类地位：柄眼目（Stylommatophora）大蜗牛科（Helicidae）。

检疫害虫类别：进境植物检疫性有害生物。

2．分布与为害

（1）分布 原产于欧洲中部。目前分布于欧洲的奥地利、巴尔干半岛、比利时、波兰、波斯尼亚和黑塞哥维那、丹麦、德国、法国、芬兰、荷兰、黑山、捷克、克罗地亚、卢森堡、罗马尼亚、北马其顿、挪威、瑞典、瑞士、塞尔维亚、斯洛伐克、斯洛文尼亚、乌克兰、希腊、匈牙利、意大利和英国，非洲的乌干达和北非，美洲的美国和阿根廷，亚洲的土耳其。

（2）寄主　　杂食性，寄主植物范围较广，尤其在葡萄种植园内发生较多。

（3）为害　　是重要的农业有害生物。生长螺和成螺以齿舌磨碎植物的茎叶和果实，对葡萄等园艺作物的为害特别严重，取食葡萄茎、叶、芽、果后造成产量损失，降低商品价值。

扩展阅读 8-56

3. 形态特征

盖罩大蜗牛的形态特征具体见图 8-20。

（1）成螺　　贝壳大型，卵形或球形，壳高 38~45mm，壳宽 45~50mm。贝壳表面呈奶白色或米黄色，有较粗的肋纹、条纹和生长线，色带多条但颜色变异较大。贝壳具 5~6 个螺层，体螺层特膨大并向下倾斜，螺旋部较矮小，稍突出，无光泽。胚螺层光滑。脐孔较小，缝隙状，常被轴缘遮盖。壳口大，向下倾斜，呈"U"形。口缘简单，锋利，不外折。

（2）卵　　约 8.6mm×7.2mm。白色。

（3）幼螺　　贝壳个体较小，壳质薄，易碎。其他形态特征与成螺贝壳相似。

（4）螺体　　足部肌肉发达，淡黄色。爪仅为弯曲的两性管，隐藏或暴露。阴茎长，有 2 个边缘部，阴茎本体短小纤细。鞭状体长短适中。受精囊柄的盲管短小或完全消失。黏液腺和矢囊发达，黏液腺有分支。

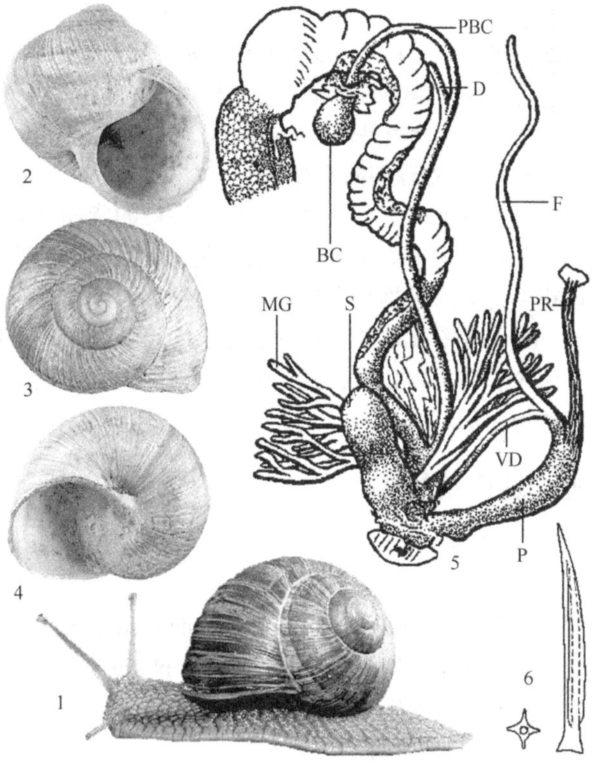

图 8-20　盖罩大蜗牛
1. 成螺形态；2. 成螺贝壳侧面；3. 成螺贝壳背面；
4. 成螺贝壳腹面；5. 生殖系统（PBC 为受精囊柄，D 为盲管，
F 为鞭状体，BC 为受精囊，MG 为黏液腺，S 矢囊，
PR 阴茎牵引肌，VD 输精管，P 阴茎）；6. 恋矢及其横切面

4. 发生规律

（1）生活史　　在欧洲，冬季以生长螺和成螺在土壤中挖洞或在其他隐蔽处休眠越冬，翌年 5 月下旬开始活动，6~7 月为交配产卵和取食活动高峰，若 10 月环境适宜仍可产卵。

（2）生活习性　　昼伏夜出，白天潜伏，23:00 左右为活动取食高峰。刚孵化的幼螺取食腐殖质，生长螺和成螺取食植物的茎叶和果实。生长螺发育 2~4 年性成熟。雌雄同体，异体交配，成螺每年交配 2 次，每次交配持续几个小时。交配后选择疏松潮湿的土壤产卵，并用分泌的黏液与土壤的混合物覆盖。单头成螺产卵量为 40~65 粒。卵期 20~28d。成螺寿命为 5~10 年，最长可达 20 年以上。

（3）发生与环境的关系　　温暖湿润和阴暗避光的条件有利于发生为害。适宜温度为

20~28℃，相对湿度 85%～90%，砂土湿度 30%～40%。温度较低时则进入休眠状态。怕强烈的光照，多选择灌木丛、枯草或树叶堆下活动取食，或潜藏于阴暗疏松的土壤、洞穴和岩石缝隙中。自然天敌有鸟类、蟾蜍、青蛙、老鼠、刺猬、蜈蚣、昆虫和寄生性线虫等。

5. 传播途径

不需要特定寄主，凡接触过的物品均可传播。主要以浅休眠状态随运输工具进行远距离传播。

6. 检疫检验方法

扩展阅读 8-57

按 SN/T 3164《盖罩大蜗牛检疫鉴定方法》进行检疫检验。重点查验来自疫区的运输工具、木质包装物、未经加工的植物性材料、苗木、花卉、盆景、废料等是否有蜗牛附着其上，观察有没有蜗牛爬行过后留下的银灰色丝带状黏液痕迹，检查各处特别是阴暗避光处有没有蜗牛。若为盆景等携带土壤或其他细碎衬垫材料时，需过筛检查是否有卵或幼螺。采集蜗牛标本，带回实验室进行种类鉴定。

7. 检疫处理与防治技术

（1）检疫处理　　对发现蜗牛污染的货物和运输工具必须进行灭螺处理，可参考非洲大蜗牛的检疫处理方法进行药剂熏蒸、喷洒药剂或高压水枪冲洗等检疫除害。对来自疫区可能被蜗牛污染的货物和集装箱等运输工具，可进行药剂熏蒸或冲洗冲刷等预防性处理。

（2）防治技术　　在发生地，采用各种农艺措施破坏蜗牛栖息、产卵和越冬场所。在葡萄园中养鸭捕食蜗牛，开展生物防治。在蜗牛活动期进行人工捕杀，或投放毒饵诱杀，或喷洒杀螺药剂。

七、比萨茶蜗牛

1. 名称

学名：*Theba pisana* Muller。

英文名：white garden snail，white Italian snail，sandhill snail，pisana helix snail，vine snail。

分类地位：柄眼目（Stylommatophora）大蜗牛科（Helicidae）。

检疫害虫类别：进境植物检疫性有害生物。

2. 分布与为害

（1）分布　　起源于欧洲和非洲的地中海沿岸国家。目前分布于欧洲的阿尔巴尼亚、爱尔兰、比利时、冰岛、法国、荷兰、黑山、葡萄牙、瑞士、塞尔维亚、西班牙、希腊、意大利和英国，非洲的摩洛哥、南非、索马里、阿尔巴尼亚、埃及、埃塞俄比亚、博茨瓦纳、津巴布韦、利比亚、莫桑比克、纳米比亚、苏丹和突尼斯，大洋洲的澳大利亚，美洲的美国、巴西和阿根廷，亚洲的黎巴嫩、沙特阿拉伯、叙利亚、也门、伊拉克、约旦、埃及、伊朗和以色列。

（2）寄主　　杂食性，寄主植物范围较广，包括柑橘类、葡萄、豆类、麦类等果树和农作物，观赏植物，以及芦笋、甜菜、朝鲜蓟、紫花苜蓿等。

（3）为害　　是重要的农业有害生物。生长螺和成螺以齿舌磨碎植物的茎叶和果实，引起落叶和果实腐烂，对已收获的果实和麦粒也造成为害，不仅造成产量损失和影响机械收割，而且爬行过后分泌的黏液污染农产品，降低商品价值。此外，也是疟原虫等寄生虫的中间宿主。

3. 形态特征

比萨茶蜗牛的形态特征具体见图 8-21。

（1）成螺 贝壳中等大小，扁球形，壳高9～12mm（最高20mm），壳宽12～15mm（最宽25mm）。壳面不光滑，具许多明显的垂直螺纹，其底色乳白色，极少数粉红色，上有数量不等、狭窄的黑褐色螺旋形色带，色带颜色和类型常与栖息环境有关。壳质稍厚，坚实，不透明。具5.5～6.0个螺层，各螺层略膨胀，螺旋部稍低矮，体螺层膨大。壳顶尖，缝合线浅。脐孔狭小，部分或完全被螺轴外折所遮盖。壳口圆形或新月形，稍倾斜，口唇锋利而不外折，但有些个体内唇壁处增厚。胚螺层一般1.5个，壳面茶褐色，几乎是黑色，壳顶有1个从棕黄色到茶黑色的圆点。

扩展阅读 8-58

（2）卵 圆形，直径约2.2mm。白色。

（3）幼螺 贝壳个体较小，壳质较薄。体螺层周缘有1个锋利的龙骨状突起，有别于成螺体螺层周缘仅有1不明显的肩角突起。其他形态特征与成螺贝壳相似。

（4）螺体 头部触角2对，前触角短，后触角长。头部颜色较腹足深，头部两侧各有2个黑色斑点，腹足淡黄色。齿舌中央齿3个齿突，侧齿2个齿突，缘齿多齿突。爪较大，暴露于体外。两性管连接在爪的近顶部。输精管长度适中，在靠近阴茎本体顶点之前进入，留下残留部分阴茎

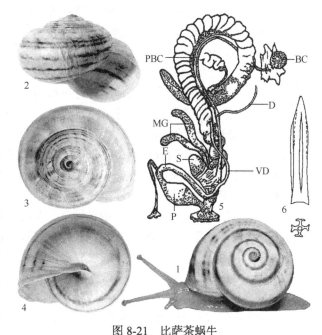

图 8-21 比萨茶蜗牛
1. 成螺形态；2. 成螺贝壳侧面；3. 成螺贝壳背面；
4. 成螺贝壳腹面；5. 生殖系统（PBC为受精囊柄，BC为受精囊，
D为盲管，MG为黏液腺，E为阴茎本体，S为矢囊，
VD为输精管，P为阴茎）；6. 恋矢及其横切面

本体成鞭状体。阴茎本体不长，阴茎肿胀，近端形成1个大的内腔，腔内有横向皱褶。阴茎牵引肌插在阴茎本体较低的部位。输卵管长，盘旋状。阴道相当短。矢囊卵形，没有明显的颈部。黏液腺肺泡状，在矢囊基部稍上方连接在阴道上。受精囊球状，不大，依附在蛋白腺旁。受精囊柄细长，很薄，有1个稍退化的盲管，颈部长。

4. 发生规律

（1）生活史 年发生代数因地而异。在英国和法国1年1代，夏季和秋季为活动取食和繁殖高峰；在地中海地区2年1代，秋季和冬季为活动取食和繁殖高峰，其他季节则休眠。休眠前多爬行到树木、篱笆或其他直立物表面等开放环境中，然后分泌黏液结成膜厣，封闭壳口进入休眠状态。

（2）生活习性 昼伏夜出，白天潜伏。具有群居、树栖习性，在田间可见到大量蜗牛群集在龙舌兰、麦秆、葡萄藤、各类果实和树木上越冬或越夏休眠。刚孵化的幼螺取食腐殖质，生长螺和成螺取食植物的茎叶和果实。雌雄同体，异体交配，成螺交配后7～14d开始产卵，卵多产于乱石堆中或表土层下，每次产卵60粒左右。成螺寿命为2年以上。

（3）发生与环境的关系 夏季高温干旱不利于活动取食，雨后湿度较高时活动取食频繁。喜欢栖息于海岸附近砂质土壤园地，直接暴露在阳光下对越夏也影响不大。自然天敌有

鸟类、食肉性节肢动物、线虫和其他腹足类动物等。

5. 传播途径

不需要特定寄主，凡接触过的物品均可传播。主要以浅休眠状态附着在木条箱等包装材料的表面，随调运进行远距离传播。

6. 检疫检验方法

按 SN/T 3405《比萨茶蜗牛检疫鉴定方法》进行检疫检验。重点查验来自疫区的运输工具、木质包装物、未经加工的植物性材料、苗木、花卉、盆景、新鲜蔬菜等是否有蜗牛附着

扩展阅读 8-59

其上，观察有没有蜗牛爬行过后留下的银灰色丝带状黏液痕迹，检查各处特别是货物包装材料外表高处和集装箱内壁高处等明亮的地方有没有蜗牛。若为盆景等携带土壤或其他细碎衬垫材料时，需过筛检查是否有卵或幼螺。采集蜗牛标本，带回实验室进行种类鉴定。

7. 检疫处理与防治技术

（1）检疫处理　　对发现蜗牛污染的货物和运输工具必须进行灭螺处理，可参考非洲大蜗牛的检疫处理方法进行药剂熏蒸、喷洒药剂或高压水枪冲洗等检疫除害。对来自疫区可能被蜗牛污染的货物和集装箱等运输工具，可进行药剂熏蒸或冲洗冲刷等预防性处理。

（2）防治技术　　在发生地，中耕除草、焚烧地面杂草、深翻土壤、及时处理蜗牛栖息的垃圾和枯枝落叶等，破坏栖息场地。在作物田周围撒施药剂形成保护带，屏蔽蜗牛进入农田。在蜗牛活动期进行人工捕杀，或投放毒饵诱杀，或喷洒杀螺药剂。

<h2 style="text-align:center">复习思考题</h2>

1．简述李叶蜂和苹叶蜂两个近缘种的形态特征及其区别。

2．云杉树蜂的为害特点与其他植食性蜂类有何不同？

3．简述刺桐姬小蜂在我国的发生规律和防治技术。

4．苜蓿籽蜂的形态鉴别特征有哪些？

5．简述扁桃仁蜂和李仁蜂两个近缘种的形态特征及其区别。

6．红火蚁的为害有哪些特点？

7．概述红火蚁在我国的传播蔓延和发生为害情况。

8．试述不同检疫性白蚁的发生为害特点。

9．我国已经记载的乳白蚁属种类有哪些？

10．试述乳白蚁属非中国种的主要鉴别特征。

11．乳白蚁属白蚁的发生规律有哪些共同特点？

12．简述欧洲散白蚁和小楹白蚁两个近缘种的形态特征及其区别。

13．简述检疫性白蚁的检疫处理技术。

14．不同种类检疫性白蚁的防治技术有何异同？

15．简述梨蓟马的形态特征及其区别。

16．简述西花蓟马在我国的发生规律和防治技术。

17．检疫性蜗牛对植物的为害有何异同？

18．试述检疫性蜗牛种类鉴定常用的形态特征。

19．简述散大蜗牛和盖罩大蜗牛两个近缘种的形态特征及其区别。

20．试述检疫性蜗牛发生规律和传播特点。

主要参考文献

安华轩, 彭靖里, 齐欢. 2001. 在经济全球化发展进程中要切实加强我国"生态安全"管理. 中国农业科技导报, 3（3）: 57-59.

鲍丽芳, 孟建中. 2000. 浅谈森林植物检疫检查程序. 植物检疫, 14（1）: 23-25.

鲍竹芳. 1998. 杏仁蜂的生物学特性及防治. 落叶果树,（1）: 53-54.

北京林学院. 1982. 森林昆虫学. 北京: 中国林业出版社.

北京农业大学. 1989. 植物检疫学. 北京: 北京农业大学出版社: 75-90.

蔡春锡, 安静杰. 2017. 苹果绵蚜的发生及轻简化防治技术. 现代农村科技,（8）: 29.

蔡建, 刘奇华. 2006. 红火蚁的生物学性状及防治. 安徽农学通报, 12（10）: 142-143.

蔡青年, 赵欣, 胡远. 2007. 苹果蠹蛾入侵的影响因素及检疫调控措施. 中国农学通报, 23（11）: 279-283.

曹骥等. 1988. 植物检疫手册. 北京: 科学出版社: 201-209.

陈兵, 赵云鲜, 康乐. 2002. 外来斑潜蝇入侵和适应机理及管理对策. 动物学研究, 23（2）: 155-160.

陈晨, 龚伟荣, 胡白石, 等. 2006. 基于地理信息系统的红火蚁在中国适生区的预测. 应用生态学报, 17（11）: 2093-2097.

陈洪俊, 李镇宇, 骆有庆. 2005. 检疫性有害生物三叶斑潜蝇. 植物检疫, 19（2）: 99-102.

陈辉, 袁锋. 2000. 秦岭华山松大小蠹生态系统与综合治理. 北京: 中国林业出版社: 36-43.

陈景辉. 2004. 桔小实蝇综合防治技术的初步研究. 华东昆虫学报, 13（1）: 107-110.

陈乃中. 1994a. 按实蝇的检疫背景（三）. 植物检疫, 8（4）: 220-222.

陈乃中. 1994b. 按实蝇的检疫背景（一）. 植物检疫, 8（2）: 91-94.

陈乃中. 1995. 关于苹绕实蝇的鉴定问题. 植物检疫, 9（2）: 119.

陈乃中. 1998. 具有检疫意义的果实害虫（实蝇科-部分种属）. 植物检疫, 12（5）: 298-301.

陈乃中. 1999. 美洲斑潜蝇等重要潜蝇的鉴别. 昆虫知识, 36（4）: 222-226

陈乃中, 沈佐锐. 2002. 水果果实害虫. 北京: 中国农业科技出版社: 480.

陈世骧, 谢蕴贞. 1995. 关于桔大实蝇的学名及其种征. 昆虫学报, 5（1）: 123-126.

陈顺立, 吴晖, 邓招娣, 等. 2010. 马尾松不同家系营养物质含量与松突圆蚧抗性的关系. 林业科学, 46（2）: 87-94.

陈艳. 2003. 杆草螟属几种主要害虫及其检疫处理. 植物检疫, 17（4）: 223-225.

陈永林. 1997. 新疆的蝗虫及其防治. 乌鲁木齐: 新疆人民出版社.

陈志麟. 1984. 三种榆小蠹幼虫的鉴别. 植物检疫,（05）: 8.

陈志麟. 1990. 双钩异翅长蠹. 植物检疫, 4: 264-267.

程桂芳, 杨集昆. 1997a. 北京发现的检疫性新害虫——蔗扁蛾初报. 植物检疫, 11（2）: 95-105.

程桂芳, 杨集昆. 1997b. 蔗扁蛾——巴西木上的一种新害虫. 植物保护, 23（1）: 33-35.

褚栋, 张友军, 丛斌, 等. 2004. 世界性重要害虫 B 型烟粉虱的入侵机制. 昆虫学报, 47（3）: 400-406.

褚栋, 张友军, 万方浩. 2007. 分子标记技术在入侵生态学研究中的应用. 应用生态学报, 18（6）: 1383-1387.

党志红, 李耀发, 高占林, 等. 2015. 河北省冀中地区苹果绵蚜越冬状况研究. 河北农业科学, 19（2）: 44-46, 62.

邓晓峰, 谢森, 吴际云. 1994. 对马来西亚、新加坡可可豆生产和检疫的考察报告. 植物检疫, 2: 124-126.

邓永学, 朱文炳. 1993. 温度和湿度对巴西豆象生长发育的影响. 植物保护学报, 20（1）: 37-41.

董丹丹, 刘崇怀, 樊秀彩, 等. 2011. 葡萄根瘤蚜在中国的风险性分析. 植物检疫, 25（1）: 21-25.

杜予州, 鞠瑞亭, 陆亚娟, 等. 2003. 江苏地区蔗扁蛾发生危害与防治. 江苏农业科学,（2）: 38-40.

杜远鹏, 王兆顺, 杨阳, 等. 2008. 根瘤蚜侵染不同抗性葡萄对根结形成及植株营养消耗的影响. 昆虫学报, 51（10）: 1050-1054.

杜占文. 2001. 生物入侵. 国外科技动态, 01: 52-54.

段吉元. 2003. 浅谈黄斑星天牛对林木的危害及防治措施. 甘肃科技, 19（12）: 133, 168.

番启山, 焦晓品. 1991. 灰豆象的生物学特性及防治研究. 云南农业大学学报, 6（4）：241-245.

冯士明, 曾述圣, 杨棱轩, 等. 1999. 杨干透翅蛾的初步研究. 西南林学院学报, 19（4）：231-234.

高峻崇, 山广茂, 吴学贵, 等. 2003. 吉林省森林植物检疫对象封锁除治对策与措施. 吉林林业科技, （32）1：55.

高文通. 1995. 进境船舶检疫截获鹰嘴豆象的疫情分析及检疫处理. 动植物检疫, （2）：38-39.

高秀美, 邵增顺, 张连乃. 2003. 双条杉天牛的生物学特性及综合防治试验. 中国农学通报, 19（6）：129-130.

葛泉卿, 宫兆栋. 1991. 植物检疫的抽样检验方法及其统计学原理浅析. 植物检疫, 5（6）：416-419.

耿宇鹏, 张文驹, 李博, 等. 2004. 表型可塑性与外来植物的入侵能力. 生物多样性, 12（4）：447-455.

古菊兰, 林楚琼, 李晓虹, 等. 1996. 入境旅客携带果菜传带地中海实蝇等危险性害虫检疫检验方法研究及其应用. 动植物检疫, 21（2）：6-10.

顾杰, 郭建波, 吴新华, 等. 2007. 家天牛在中国的适生区分析. 植物检疫, 21（2）：67-70.

管维, 王章根, 蔡先全, 等. 2006. 三叶草斑潜蝇和美洲斑潜蝇的分子鉴定. 昆虫知识, 04：558-561.

韩敏晖, 吴华新, 黄满涛. 2003. 蚕豆象的田间发生特点和防治技术. 植保技术与推广, 23（10）：20-21.

何国锋, 温瑞贞, 张古忍, 等. 2001. 蔗扁蛾生物学及温度对发育的影响. 中山大学学报, 40（6）：63-66.

和万忠, 孙兵召, 立翠菊, 等. 2002. 云南河口县桔小实蝇生物学特性及防治. 昆虫知识, 39（1）：50-52.

贺春玲, 吴国新, 孙丹萍. 2004. 锈色粒肩天牛研究进展. 西北林学院学报, 19（2）：103-106.

贺春玲. 2004. 我国苹果绵蚜发生及防治研究进展. 陕西林业科技, （1）：34-38.

洪霓. 2006. 植物检疫方法与技术. 北京：化学工业出版社.

胡平均, 侯引侠. 1997. 泰加大树蜂的识别与检疫. 陕西林业, 3：31.

黄维正, 申富勇, 鄢广运, 等. 1993. 锈色粒肩天牛检疫技术研究初报. 植物检疫, 12（6）：332-334.

江世宏, 刘栋, 李广京. 2005. 入侵红火蚁生物学特性的研究. 西南农业大学学报（自然科学版）, 27（3）：312-318.

蒋书楠, 蒲富基, 华立中. 1985. 中国经济昆虫志（第三十五册）, 鞘翅目 天牛科. 北京：科学出版社.

蒋小龙, 任丽卿, 肖枢, 等. 2002. 桔小实蝇检疫处理技术研究. 西南农业大学学报, 24（4）：303-306.

金瑞华, 魏淑秋. 1991. 黑头型美国白蛾在我国适生地初探. 植物检疫, 5（4）：241-246.

金瑞华, 张家娴, 刘龙, 等. 1996. 苹果蠹蛾在我国危险性评估研究简报. 植物保护学报, 23（2）：191-192.

金瑞华. 1989. 植物检疫学（中册）. 北京：北京农业大学出版社：50-171.

金瑞华. 1997. 检疫性危险害虫苹果蠹蛾在我国分布的调查研究. 中国科学基金, 124-125.

金尚维, 吕杰. 1997. 菜豆象检验鉴定及处理研究. 中国进出境动植检, （1）：31-33.

鞠瑞亭, 杜予州, 戴霖, 等. 2004. 蔗扁蛾在中国的适生性分布研究初报. 植物检疫, 18（3）：129-133.

鞠瑞亭. 2003. 入侵害虫蔗扁蛾的生物学及其在中国的风险性分析. 扬州：扬州大学硕士学位论文.

康乐. 1998. 斑潜蝇的生态学与持续控制. 北京：科学出版社：3-7, 87-98.

匡红梅, 刘元明, 柯善祥, 等. 2004. 灰豆象的发生危害及检疫控制对策. 湖北植保, （4）：22-23.

雷仲仁, 朱灿健, 张长青. 2007. 重大外来入侵害虫三叶草斑潜蝇在中国的风险性分析. 植物保护, 33（1）：37-41.

李东军, 秦绪兵, 邵文惠. 1997. 35种森林植物检疫对象简介. 山东林业科技, 1：10-13.

李国鹏, 刘光华, 张林辉, 等. 2008. 云南省芒果象甲的发生与防治. 广东农业科学, （04）：44-46.

李海明, 王洪建. 1998. 清河林场华北落叶松主要病虫害调查及防治. 甘肃林业科技, 3：52-53.

李建苗, 李菊. 2003. 浅议黄斑星天牛的防治措施. 中国森林病虫, 22（11）：41-42.

李娟, 许秋. 2013. 枣大球蚧的发生现状与防治措施. 陕西林业科技, （2）：81-83.

李明, 高宝嘉, 李淑丽, 等. 2003. 红脂大小蠹成虫生物学特性研究. 河北农业大学学报, 26（3）：86-88.

李尚义, 李宁. 2002. 经济全球一体化须防有害生物入侵. 安徽农学通报, 8（3）：48-49

李尉民. 2003. 有害生物风险分析. 北京：中国农业出版社：13-435.

李文蓉. 1988. 东方果实蝇之防治. Chinese Entomol（Special publ）, （2）：51-60.

李祥. 1991. 植物检疫概论. 武汉：湖北科学技术出版社：17-21.

李新岗, 燕新华. 1990: 黄斑星天牛研究概况. 陕西林业科技, 3：53-58.

李学锋, 黄华章, 张文吉, 等. 1997. 国外三叶草斑潜蝇的综合防治. 农药科学与管理, 02：19-20.

李玉. 2002. 四纹豆象的检疫与防治方法. 安徽农业, （2）：21.

李志红. 2004. 动植物检疫概论. 北京：中国农业大学出版社.

梁光红, 陈家骅, 杨建全, 等. 2003. 桔小实蝇国内研究概况. 华东昆虫学报, 12 (2): 90-98.

梁广勤, 梁国真, 林明, 等. 1993. 实蝇及其防除. 广州: 广东科技出版社: 93-104.

梁广勤, 杨国海, 吴佳教, 等. 1998. 实蝇及其检疫处理. 动植物检疫 (增刊), 27: 45-57.

梁广勤. 1996. 亚太地区寡毛实蝇. 广州: 广东科技出版社: 1-275.

梁广勤. 2001. 按实蝇. 北京: 中国农业出版社: 1-205.

梁金兰. 1993. 植物检疫学. 郑州: 河南科学技术出版社: 39-82.

梁忆冰. 2002. 植物检疫对外来有害生物入侵的防御作用. 植物保护, 28 (2): 45-47.

林进添, 曾玲, 陆永跃, 等. 2004. 桔小实蝇的生物学特性及防治研究进展. 仲恺农业技术学院学报, 17 (1): 60-67.

林明光, 林娟娟. 1992. 进口原木中截获的刺角沟额天牛的研究. 昆虫知识, (6): 349-351.

林小琳. 1990. 苹果实蝇. 动植物检疫, (2): 64.

林业部野生动物和森林植物保护司, 林业部森林病虫害防治总站. 1996. 中国森林植物检疫对象. 北京: 中国林业出版社: 34-98.

刘发邦, 李占鹏, 李传礼, 等. 2002. 蔗扁蛾生物学特性观察. 山东林业科技, 4: 18.

刘玲玲. 2002. 甘肃省森林植物检疫对象发生及趋势分析. 植物检疫, 6: 364-366.

刘青松, 胡想顺, 仵均祥. 2007. 进境旅客携带水果中危险性害虫的检疫方法及效果探讨. 陕西农业科学, (5): 39-41, 77.

刘若思, 张丽杰, 赵晓丽, 等. 2013. 应用纳米磁珠快速检测芒果核象甲. 北京农学院学报, 28 (04): 8-9.

刘伟, 徐婧, 张润志. 2012. 苹果蠹蛾不育昆虫释放技术研究进展. 应用昆虫学报, 49 (1): 268-274.

刘玉章. 1981. 台湾东方果实蝇之研究. 兴大昆虫学会会报, 16 (1): 9-26.

刘元明, 张原. 1998. 美洲斑潜蝇综合防治技术手册. 北京: 中国农业出版社: 1-41.

刘元明. 2000. 植物检疫手册. 武汉: 湖北科学技术出版社: 221-232.

罗开壮. 2001. 芒果肉象甲的发生及防治. 云南农业, 8: 16.

吕杰, 宋保深. 1996. 菜豆象种群生命表种群增殖规律及为害损失的研究. 昆虫知识, 33 (1): 39-43.

吕淑杰. 谢寿安. 张军灵, 等. 2002. 红脂大小蠹、华山松大小蠹和云杉大小蠹形态学比较. 西北林学院学报, 17 (2): 58-59.

马建海, 马如俊, 赵生海, 等. 2003. 杨干透翅蛾生物学特性及发生规律. 西北林学院学报, 18 (4): 81-83.

孟秀芹, 李怀业, 张炳义, 等. 2002. 伐根涂柴油防治泰加大树蜂试验. 辽宁林业科技, 4: 19-20.

苗振旺, 周维民, 霍履远, 等. 2001. 强大小蠹生物学特性研究. 山西林业科技, 1: 34-40.

农业部全国植保总站. 1991. 植物检疫学. 北京: 农业出版社.

农业部植物检疫实验所. 1990. 中国植物检疫对象手册. 合肥: 安徽科学技术出版社.

潘涌智, 阿兰, 罗阔斯, 等. 1998. 丽江云杉种子大瘿小蜂的研究. 西南林学院学报, 18 (2): 118-120.

齐曼古丽·阿卜来提, 米力克木·艾买提. 2015. 枣大球蚧的监测与预报办法. 科技资讯, (18): 95-96.

钱明惠. 2003. 我国松突圆蚧研究进展. 广东林业科技, 19 (4): 51-55.

乔格霞. 2001. 九种检疫性蚜虫概说. 植物检疫, 15 (5): 279-284, 344-350.

乔勇进, 张敦论, 张强. 2002. 试论生物入侵的 "生态安全" 与相应对策. 防护林科技, 02: 41-43.

秦占毅, 刘生虎, 岳彩霞, 等. 2007. 苹果蠹蛾在甘肃敦煌的生物学特性及综合防治技术. 植物检疫, 21 (3): 170-171.

全国农业技术推广服务中心. 1998. 植物检疫对象手册. 北京. 中国农业出版社: 66-71, 209-211.

全国农业技术推广服务中心. 2001. 植物检疫性有害生物图鉴. 北京: 中国农业出版社: 274-276.

商晗武, 祝增荣, 赵琳, 等. 2003. 外来蔗扁蛾的寄主范围. 昆虫知识, 40 (1): 55-59.

商鸿生. 1997. 植物检疫学. 北京: 中国农业出版社: 8-173.

申建茹, 武强, 万方浩. 2015. 苹果蠹蛾的综合防控和遗传控制研究进展. 生物安全学报, 24 (4): 256-264.

盛茂领, 孙淑萍, 任玲, 等. 2002. 中国钻蛀杏果的广肩小蜂 (膜翅目: 广肩小蜂科). 中国森林病虫, 21 (3): 9-10.

宋玉双, 杨安龙, 何嫩江. 2000. 森林有害生物红脂大小蠹的危险性分析. 森林病虫通讯, (6): 34-37.

苏新林, 胡长效. 2005. 白杨透翅蛾生物学、生态学及防治技术. 安徽农业科学, 33 (7): 1176-1177.

孙东, 许志春, 温俊宝, 等. 2011. 马鞭草烯酮与 3-蒈烯对红脂大小蠹趋性的协同效应研究初报. 山西农业科学, 39 (03): 266-269.

孙江华, 张旭东, 徐盖彬, 等. 1994. 东北地区兴安落叶松和红皮云杉球果种实害虫危害调查初报. 东北林业大学学报, 22

（3）：1-5.

覃伟权，陈思婷，黄山春，等. 2006. 椰心叶甲在海南的危害及其防治研究. 中国南方果树，35（1）：46-47.

汤祊德. 2001. 我国蚧虫研究的历史、现状和展望. 武夷科学，17：82-86.

万方浩，郭建英，王德辉. 2002. 中国外来入侵生物的为害与管理对策. 生物多样性，10（1）：119-125.

万方浩，郭建英. 2007. 农林危险生物入侵机理及控制基础研究. 中国基础科学，9（59）：8-14.

万方浩，李保平，郭建英. 2008a. 生物入侵：生防篇. 北京：科学出版社.

万方浩，谢丙炎，褚栋. 2008b. 生物入侵：管理篇. 北京：科学出版社.

万方浩，郑小波，郭建英. 2005. 重要农林外来入侵物种的生物学与控制. 北京：科学出版社.

万方浩. 2007. "973"项目"农林危险生物入侵机理与控制基础研究"简介. 昆虫知识，44（6）：790-797.

汪善勤，肖云丽，张宏宇. 2015. 我国柑橘木虱潜在适生区分布及趋势分析. 应用昆虫学报，52（5）：1140-1148.

汪兴鉴. 1995. 寡鬃实蝇属重要害虫的鉴定. 植物检疫，9（6）：347-351.

汪兴鉴. 1997. 按实蝇属重要害虫种类的鉴定. 植物检疫，11（1）：29-35.

王爱平. 1997. 植物检疫性害虫芒果象甲. 植物检疫，11（6）：342-344.

王翠娣. 2002. 境外有害生物传入的教训及对策. 安徽农业科学，30（4）：635-636.

王德安，安建辉，任文义，等. 1998. 仁用杏蛀果害虫的发生危害及防治技术. 河北农业大学学报，21（1）：16-22.

王福祥. 2002a. 植物检疫在农业生产与贸易中的地位和作用（上）. 世界农业，11：38-40.

王福祥. 2002b. 植物检疫在农业生产与贸易中的地位和作用（下）. 世界农业，12：36-38.

王鸿哲. 2000. 枣瘤大球坚蚧研究. 西北农业学报，9（4）：83-86.

王莎莎，何锦华，罗世念，等. 2017a. 虫生广布拟盘多毛孢侵染对松突圆蚧海藻糖酶活性、海藻糖、葡萄糖和蛋白质含量的
　　　影响. 南方农业学报，48（05）：820-824.

王莎莎，何锦华，罗世念，等. 2017b. 松突圆蚧生防菌不同喷施次数及用量对松突圆蚧的防治效果. 安徽农业科学，45（6）：
　　　157-159.

王绍文，刘发邦，李克庆，等. 2003. 双条杉天牛的发生及防治检疫对策. 植物检疫，17（3）：147-148.

王天录. 2000. 中条山林区强大小蠹危害状况及防治的研究. 山西师范大学学报，14（3）：68-71.

王雅军. 2000. 美国白蛾生物学特性及防治方法. 河北林业科技，2：42-43.

王雅男，万方浩，沈文君. 2007. 外来入侵物种的风险评估定量模型及应用. 昆虫学报，50（5）：512-520.

王永模，王满困，刘元明，等. 2018. 稻水象甲发生现状与综合防治措施. 湖北植保，（04）：25-27.

王宇飞，王维升. 2002. 浅谈桃仁蜂与杏仁蜂的形态识别. 植物检疫. 16（3）：153-155.

王志明，刘国荣，王永民，等. 1998. 关于吉林省森林植物检疫对象问题的探讨. 吉林林业科技，3：30-32.

王子清. 2001. 中国动物志（昆虫纲，第二十二卷，同翅目，蚧总科）. 北京：科学出版社.

韦修平. 2002. 芒果果实象甲防治措施. 广西园艺，43（4）：23-24.

魏初奖，陈顺立，乐通潮. 2013. 松突圆蚧在我国潜在的适生分布区研究. 福建林学院学报，33（2）：165-169.

温瑞贞，张古忍，何国锋，等. 2002. 新侵入害虫蔗扁蛾生活史. 昆虫学报，45（4）：556-558.

吴国华. 2003. 内蒙古森林检疫对象普查及危害分析. 植物检疫，17（1）：34-35.

吴海军，李友莲，王寅，等. 2007. 入侵生物苹果棉蚜在中国的风险性分析. 山西农业大学学报，27（4）：368-371.

吴洪源，张德海，陈道玉. 1992. 圆柏大痣小蜂 Megastigmus sabinae Xu et He 的生物生态学研究. 林业科学，28（4）：367-
　　　371.

吴慧琳. 2013. 入侵小丑瓢虫携带生物学武器来对付本地的竞争者. 农业生物技术学报，21（9）：1018.

吴佳教，梁广勤，梁帆. 2000. 桔小实蝇发育速率与温度关系的研究. 植物检疫，14（6）：321-324.

夏红民. 2002. 图说动植物检疫. 北京：新世界出版社.

夏忠敏. 1998. 贵州省植物检疫对象的种类及危害. 贵州农业科学，26（4）：21-23.

肖春，李正跃，陈海如. 2004. 柑桔小实蝇的行为学与综合治理技术研究进展. 江西农业学报，16（1）：34-40.

肖进才，袁淑琴，王健生，等. 2001. 美国白蛾生物学特性及防治. 山东林业科技，2（1）：54-55.

萧刚柔. 1992. 中国森林昆虫. 2版. 北京：中国林业出版社：1222-1237.

谢伟宏. 1995. 深圳口岸首次截获芒果核象甲. 特区科技，2：17-18.

谢蕴贞. 1937. Study on the Trypetidae or Fruit Flies of China. Sinenia，（2）：103-226.

徐德钦，秦盛五，潘培秀，等. 1980. 柳杉大痣小蜂的初步研究. 森林病虫通讯，1：24-25.

徐国淦. 1995. 有害生物熏蒸及其他处理使用技术. 北京：中国农业出版社.

徐亮，王跃进，张广平，等. 2005. QFTU移动熏蒸装置的研制. 植物检疫，（04）：217-220.

徐志宏，何俊华，刘仲仁. 1998. 长尾小蜂科一新种——杜松大痣小蜂（膜翅目：小蜂总科）. 昆虫分类学报，24（4）：297-299.

徐志宏，何俊华. 1995. 中国大痣小蜂属食植群记述（膜翅目：长尾小蜂科）. 昆虫分类学报，17（4）：243-253.

徐志宏，何俊华. 1996. 中国大痣小蜂属食植群种类特征及检索. 森林病虫通讯，2：12-14.

许渭根，王建伟. 1999. 四纹豆象发生规律和生活习性观察. 浙江农业科学，（5）：222-224.

许益镌，陆永跃，曾玲，等. 2006. 红火蚁局域扩散规律研究. 华南农业大学学报，27（1）：34-36.

许志刚. 2003. 植物检疫学. 北京：中国农业出版社：191-355.

薛惠明. 2014. 我国葡萄根瘤蚜发生及防控技术综述. 浙江农业科学，（12）：1794-1796.

闫志利，韩立萍，赵成民，等. 2001. 美国白蛾越冬蛹分布规律及调查方法的研究. 河北林业科技，5：20-21.

杨冠煌. 2005. 引入西方蜜蜂对中蜂的危害及生态影响. 昆虫学报，48（3）：401-406.

杨晖，王宁萍. 2000. 黄斑星天牛的发生规律与防范措施. 植物检疫，14（4）：247-248.

杨平均，梁铬球. 1996. 生物入侵的生态学问题及现状. 昆虫天敌，18（1）：91-97.

杨平澜. 1982. 中国蚧虫分类概要. 上海：上海科学技术出版社.

杨永茂，叶向勇，李玉亮. 2004. 瘤背豆象属4种检疫性害虫及其防治. 山东农业科学，（3）：54-56.

杨长举，张宏宇. 2005. 植物害虫检疫学. 北京：科学出版社.

叶淑琴，孙建文，许水威，等. 2003. 泰加大树蜂生物学特性的研究. 中国森林病虫，22（3）：19-20.

殷惠芬，黄复生，李兆麟. 1984. 中国经济昆虫志第二十九册. 北京：科学出版社.

殷惠芬. 2000. 强大小蠹的简要形态学特征和生物学特征. 动物分类学报，25（1）：43.

殷玉生，安榆林，朱明道，等. 2002. 浅谈加强天牛检疫的重要性. 中国森林病虫，21（6）：40-41.

于江南，吾木尔汗，肉孜加玛丽，等. 2004. 苹果蠹蛾越冬生物学及有效积温的研究. 新疆农业科学，41（5）：319-321.

余道坚，郑文华. 1998. 警惕三叶斑潜蝇的侵入. 中国进出境动植检，（3）：39-41.

袁锋. 1996. 昆虫分类学. 北京：中国农业出版社.

岳朝阳，王成祥，张新平，等. 2012. 葡萄根瘤蚜在新疆的风险分析. 江苏农业科学，40（10）：125-127.

詹国平，高美须. 2013. 辐照技术在检疫处理中的应用与发展. 植物检疫，27（06）：1-12.

张波，朱惠明，江雪伦，等. 2015. 广东外来有害生物松突圆蚧入侵的历史阶段与特点. 广西民族大学学报（自然科学版），21（3）：35-44.

张古忍，古德祥，温瑞贞，等. 2000. 新害虫蔗扁蛾的形态、寄主、食性、生物学及其生物防治. 广西植保，13（4）：6-9.

张古忍，张文庆，古德祥. 1998. 新侵入害虫蔗扁蛾的寄主范围调查初报. 昆虫天敌，20（4）：18.

张广学. 1983. 中国经济昆虫志·同翅目·蚜虫类（一）. 北京：科学出版社.

张宏宇，李红叶. 2018. 柑橘病虫害绿色防控彩色图谱. 北京：中国农业出版社.

张慧杰，李建设，段运虎. 1999. 三叶斑潜蝇和美洲斑潜蝇汉译名的演变. 植物检疫，13（3）：46-47.

张健如. 2002. 进出境植物检疫及检疫程序. 中国花卉盆景，1（2）：18-19.

张历燕，陈庆昌，张小波. 2002. 红脂大小蠹形态学特征及生物学特性研究. 林业科学，38（4）：95-99.

张萍，薛根生，孙志红，等. 2015. 枣大球蚧田间发生规律的研究. 新疆农垦科技，（12）：26-28.

张强. 2002. 苹果绵蚜发生危害特点及防治对策. 昆虫知识，39（5）：340-342.

张清源，林振基，刘金耀，等. 1998. 桔小实蝇生物学特性. 华东昆虫学报，7（2）：65-68.

张绍红，庄永林，刘勇. 2006. 红火蚁在世界的潜在分布和我国的检疫对策. 植物检疫，20（2）：126-127.

张生芳，刘永平，武增强. 1998. 中国储藏物甲虫. 北京：中国农业科技出版社：237-238.

张旭东，周玉江. 1990. 大兴安岭一种新种子害虫——欧洲落叶松大痣小蜂. 森林病虫通讯，2：20-21.

张耀荣，蒋银荃. 2001. 苹果蠹蛾生物学及综合防治. 中国森林病虫，1：21-23.

张英伟，张巍，董金波，等. 2003. 泰加大树蜂疫材熏蒸处理试验. 中国森林病虫，22（6）：36-37.

张永乐. 2007. 美国白蛾生物学特性观测. 河北果树，（1）：36-37.

张执中. 1993. 森林昆虫学. 2版. 北京：中国林业出版社：365-366.

张执中. 1995. 森林昆虫学. 北京：中国林业出版社.

张执中. 1997. 森林昆虫学. 北京：林业出版社.

赵怀俭. 2004，红脂大小蠹生物生态学特性及防治的研究. 山西林业科技，1：16-19.

赵养昌，陈元清. 1980. 中国经济昆虫志（第二十册）. 北京：科学出版社：1-22.

赵养昌. 1974. 植物检疫害虫鉴定手册. 北京：科学出版社：75-83.

赵志模. 2001. 农产品储运保护学. 北京：中国农业出版社：80-82.

浙江农业大学汇编. 1979. 植物检疫. 上海：上海科学技术出版社：129-1422.

中华人民共和国北京动植物检疫局. 1999. 中国植物检疫性害虫图册. 北京：中国农业出版社：6-209，227-233.

中华人民共和国动植物检疫局，农业部植物检疫实验所. 1997. 中国进境植物检疫有害生物选编. 北京：中国农业出版社：19-418.

中华人民共和国动植物检疫局. 1996. 中国进出境植物检疫手册. 北京：中华人民共和国动植物检疫局：7-108.

中华人民共和国农业部植物检疫实验室. 1956. 对内植物检疫对象图说. 北京：财政经济出版社.

周二峰，宋红梅，马丽清. 2007. 美国白蛾在廊坊的发生规律及综合防治. 植物检疫，21（4）：245.

周茂建，2004. 我国检疫性森林有害生物发生现状及其分析（续）. 植物检疫，18（3）：164.

周明华，杜国兴，汪利忠，等. 2004. 松针盾蚧. 植物检疫，18（4）：218-220.

周霞，张林艳，叶万辉. 2002. 生态空间理论及其在生物入侵研究中的应用. 地球科学进展，17（4）：588-593.

周尧. 1982. 中国盾蚧志（第一卷）. 西安：西安科学技术出版社.

周又生，王华，周庆辉，等. 2002，咖啡旋皮天牛生态学及发生危害规律和治理研究. 西南农业大学学报，24（5）：408-412，430.

周又生，王华，周庆辉，等. 2003. 咖啡旋皮天牛与咖啡灭字虎天牛发生危害比较研究. 西南农业大学学报，25（1）：24-27.

朱家颖，肖春，严乃胜，等. 2004. 橘小实蝇生物学特性研究. 山地农业生物学报，23（1）：46-49.

朱文炳，邓永学. 1991. 巴西豆象生物学特性研究. 西南农业大学学报，13（3）：243-246.

朱西儒，徐志宏，陈枝楠. 2004. 植物检疫学. 北京：化学工业出版社：235-267.

祝列克. 2002. 要重视和防范外来有害生物的入侵为害. 中国森林病虫，21（6）：36-39.

Adina CG, Alejandra MS, Natalia A, et al. 2019. Ecosystem services by birds and bees to coffee in a changing climate: a review of coffee berry borer control and pollination. Agriculture, Ecosystems and Environment, 1：280.

Arancibia C, Riaz S, Agüero C. 2018. Grape phylloxera (*Daktulosphaira vitifoliae* Fitch) in Argentina: ecological associations to diversity, population structure and reproductive mode. Australian Journal of Grape and Wine Research, 24 (1)：284-291.

Banks WA. 1994. Chemical control of the red imported fire ants. *In*：Williams DF. Exotic Ants：Biology, Impact, and Control of Introduced Species. Boulder：Westview Press.

Bessin RT, Reagan TE. 1993. Cultivar resistance and arthropod predation of sugarcane borer (Lepidoptera: Pyralidae) affects incidence of deadhearts in Louisiana sugarcane. Journal of Economic Entomology, (86)：929-932.

Blackman RL. 1985. Aphids on the Word's an Indentification Guide.Chichester：John Wiley and Sons.

Bradshaw CJA, Leroy B, Bellard C, et al. 2016. Massive yet grossly underestimated global costs of invasive insects. Natare Communication, 7：12986.

Brown JK, Frohlich DR, Rosell RC. 1995. The sweetpotato or silverleaf whiteflies: biotypes of *Bemisia tabaci* or a species complex. Annual Review Entomology, 40：511-534.

Buren WF. 1972. Revisionary studies on the taxonomy of the imported fire ants. J Ga Entomol Soc, 7：1-27.

Carrol LE, White IM, Friedberg A, et al. 2002. Pest Fruit Flies of the World: Descriptions, Illustrations, Identification, and Information Retrieval. *In*: EcoPort, Version 8th August.

Chu D, Zhang YJ, Brown JK, et al. 2006. The introduction of the exotic Q biotype of *Bemisia tabaci* from the Mediterranean region into China on ornamental crops. Florida Entomologist, 89：168-174.

Cotterell GS. 1927. Life history and habits, etc. of *Sahlbergella singularis* Hagl. and *Sahlbergella theobroma* Dist. Bull Dept Agr Gold Coast, 7：40-43.

Culotta E. 1991. "Supper" bug attacks California crops. Science, 254：1444-1447.

Dadour IR, Yeates DK, Postke AC. 1993. 两种区分昆士兰实蝇和地中海实蝇的快速鉴定方法. 植物检疫，7（6）：447-448.

Davis DR, Pena JE. 1990. Biology and morphology of the banana moth, *Opogona sacchari* (Bojer), and its introduction into Florida (Lepidoptera: Tineidae). Proc Entomol Soc Wash, 92 (4): 593-661.

Deng P, Xu QY, Fu KY, et al. 2018. RNA interference against the putative insulin receptor substrate gene chico affects metamorphosis in *Leptinotarsa decemlineata*. Insect Biochemistry and Molecular Biology, 103: 1-11.

Dey RK. 1999. Recent studies on the behavior of *Hoplocerambyx spinicornis*. Journal of Tropical Forestry, 15 (1): 76-79.

Drew R, Hancock DL. 1994. The *Bactrocera dorsalis* complex of fruit flies (Diptera: Tephritidae: Dacinae) in Asia. Bulletin of Entomological Research, 84 (2): 68.

Elton CS. 1958. The Ecology of Invasions by Animals and Plants. London: Methuen.

Follett PA. 2018. Irradiation for quarantine control of coffee berry borer, *Hypothenemus hampei* (Coleoptera: Curculionidae: Scolytinae) in coffee and a proposed generic dose for snout beetles (Coleoptera: Curculionoidea). Journal of Economic Entomology, 111(4): 1633-1637.

Green HB. 1952. Biology and control of the imported fire ant in Mississippi. J Econ Entomol, 4 (5): 593-597.

Gwiazdowski RA, Normark BB. 2014. An unidentified parasitoid community (Chalcidoidea) is associated with pine-feeding *Chionaspis* scale insects (Hemiptera: Diaspididae). Annals of the Entomological Society of America, 107 (2): 356-363.

Hedges SA. 1997. Handbook of Pest Control. 8th ed. Cleveland: Mallis Handbook and Technical Training Company: 531-535.

Hill DS. 1975. Agricultural Insect Pests of the Tropics & Their Control. Cambridge: Cambridge University Press.

Hinton HE. 1945. A Monograph of the Beetles Associated with Products. London: British Museum (Nat, Hist).

Hussain T, Aksoy E, Calıskan ME, et al. 2019. Transgenic potato lines expressing hairpin RNAi construct of molting-associated EcR gene exhibit enhanced resistance against Colorado potato beetle (*Leptinotarsa decemlineata* Say). Transgenic Research, 2(11): 333.

James TV, Arthur GA, Mark SW. 2000. Hight energet ics and dispersal capability of the fire ant, *Solenopsis invicta* Buren. Journal of Insect Physiology, (46): 697-707.

Jones DR. 2003. Plant viruses transmitted by whiteflies. European Journal of Plant Pathology, 109: 195-219.

Lockwood J, Hoopes M, Marchetti M. 2007. Invasion Ecology. Oxford: Oxford Blackwell Science.

Lukowsky D. 2017. The decline of the house longhorn beetle (*Hylotrupes bajulus*) in Europe and its possible causes. International Wood Products Journal, (1): 1-6.

Maredia KM, Mihm JA. 1991. *Sugarcane borer* (Lepidoptera: Pyralidae) damage to maize at four plant growth stages. Environmental Entomology, (20): 1019-1023.

Meikle RW, Doane S, Globus OA. 1963. Fumigant mode of action, drywood termite metabolism of vikane fumigant as shown by labeled pool technique. Journal of Agricultural and Food Chemistry, 11: 226-230.

Mitchell CE, Power AG. 2003. Release of invasive plants from fungal and viral pathogens. Nature, 421 (6923): 625-627.

Ojo A. 1985. A Note on the Qualitative Damage Caused to Cocoa Pods by *Sahlbergella singularis* (Hagl.) (Hemiptera: Miridae). Turrialba. San Jose: Instituto Interamericano de Ciencias Agricolas: 87-88.

Oliveiro GF. 2006. Coffee leaf miner resistance. Braz J Plant Physiol, 18 (1): 109-117.

Omole MM, Ojo A. 1982. Field trials with insecticides and spraying equipments to control cocoa mirid *Sahlbergella singularis* Hagl. *In*: Nigeria. 8th International Cocoa Research Conference. Cartagena: Cocoa Producers Alliance: 339-343.

Rodger AG, Benjamin BN. 2014. An unidentified parasitoid community (Chalcidoidea) is associated with pine-feeding *Chionaspis* scale insects (Hemiptera: Diaspididae). Annals of the Entomological Society of America, 107(2): 356-363.

Sakai AK, Allendorf FW, Holt JS, et al. 2001. The population biology of invasive species. Annual Review of Ecology and Systematics, 32: 305-332.

Shea K, Cheeson P. 2002. Community ecology theory as a framework for biological invasions. Trends in Ecology and Evolution, 17 (4): 170-176.

Su M, Tan X, Yang Q, et al. 2017. Laboratory comparison of two *Aphelinus mali* clades for control of woolly apple aphid from Hebei Province, China. Bulletin of Entomological Research, 108 (3): 400-405.

Tedders WL, Reilly CC, Wood BW, et al. 1990. Behavior of *Solenopsis invicta* (Hymenoptera: Formicidae) in pecan orchards. Environ Entomol, 19: 44-53.

Tsutsui ND, Suarez AV, Holway DA, et al. 2000. Reduced genetic variation and the success of an invasive species. Proceedings of the National Academy of Sciences, 97: 5948-5953.

Wallace AR. 1876. The Geographical Distribution of Animals. New York: Harper & Brothers.

Wang SQ, Zhang HY, Li ZL. 2016. Small-scale spatio-temporal distribution of *Bactrocera minax* (Enderlein) (Diptera: Tephritidae) using probability kriging. Neotrop Entomol, 45: 453-462.

Weidner H. 1982. Cerambycidae (Coleoptera) inported to Hamburg. Anzeiger für Schädlingskunde, Petanzenschutz, Umweltschutz, 55(8): 113-118.

White IM, Elson-Harris MM. 1992. Fruit Flies of Economic Significance: Their Identification and Bionomics. Wallingford: CAB International Redwood Press.

Williamson M. 1996. Biological Invasions. London: Chapman and Hall.

Wu JJ, Chen ZC, Wang YW, et al. 2019. Silencing chitin deacetylase 2 impairs larval-pupal and pupal-adult molts in Leptinotarsa decemlineata. Insect Molecular Biology, 28 (1): 52-64.